石油和化工行业"十四五"规划教材

高等职业教育本科教材

化工传质与分离技术

李爱红　李　晋　主编

薛叙明　主审

U0359522

化学工业出版社

·北京·

内容简介

本书包括液体蒸馏分离技术、气体吸收分离技术、液液萃取分离技术、吸附分离技术、膜分离技术和非均相混合物分离技术六个项目。每个项目以化工分离中的典型工作任务为主线，按照认知规律和企业对新员工的培训流程，分解成原理分析、流程确定、设备选择、工艺参数计算与分析、过程操作与控制等子任务。子任务以"任务描述-知识准备-任务实施-思考与实践"的方式指引学习过程。为了使读者更直观、清晰地理解各分离技术中的主要过程与设备，书中以二维码的形式配套了相应动画资源。

本教材与《流体输送与传热技术》配套使用。可供应用化工技术、现代精细化工技术、现代分析测试技术及相关专业的职业本科院校（或专业）的师生使用，也可供化工及相关专业的应用型本科、高职专科学生和在化工、材料、制药、环境等领域从事生产操作、技术管理、工程设计等岗位工作的工程技术人员参考。

图书在版编目（CIP）数据

化工传质与分离技术 / 李爱红，李晋主编. -- 北京：化学工业出版社，2025. 2. --（高等职业教育本科教材）. -- ISBN 978-7-122-46688-4

Ⅰ. TQ02

中国国家版本馆 CIP 数据核字第 20240LU477 号

责任编辑：王海燕　提　岩　刘心怡　　文字编辑：张瑞霞
责任校对：李　爽　　　　　　　　　　装帧设计：关　飞

出版发行：化学工业出版社
　　　　　（北京市东城区青年湖南街 13 号　邮政编码 100011）
印　　装：河北延风印务有限公司
787mm×1092mm　1/16　印张 20¼　字数 502 千字
2025 年 2 月北京第 1 版第 1 次印刷

购书咨询：010-64518888　　　　　售后服务：010-64518899
网　　址：http://www.cip.com.cn
凡购买本书，如有缺损质量问题，本社销售中心负责调换。

定　　价：56. 00 元　　　　　　　　　　版权所有　违者必究

前言 >>>

本书是为了更好地服务职教本科专业新标准实施，尽快补充紧缺教材，由中国化工教育协会组织编写的石油和化工行业"十四五"职教本科第一批规划教材。本教材与《流体输送与传热技术》配套使用。

教材全面贯彻党的教育方针，以立德树人为根本，以职业能力培养为核心。紧密对接国家专业教学标准，围绕专业人才培养目标选择教学内容和确定编写思路。与行业龙头企业合作开发，对接产业转型升级，融入绿色化、智能化、精益化等新理念，引入新技术、新工艺、新标准，以及企业高效的工作方法和先进的管理理念。

基于职业岗位（群）的典型工作任务，教材采用了"项目载体、任务驱动"的编写方式。每个项目以情境案例导入，按照认知规律和企业对新员工的培训流程，分解成原理分析、流程确定、设备选择、工艺参数计算与分析、过程操作与控制等子任务。子任务以"任务描述-知识准备-任务实施-思考与实践"的方式组织，以使学生真正形成主动学习、合作学习、终身学习的可持续职业发展观。

相比高职专科教材，本书拔高了基础理论，增加了产业前沿，包含复杂操作和复杂问题；相比普通本科教材，强调了理论知识的应用、强化了过程操作与控制。

为了使读者更直观、清晰地理解各种分离技术中的主要过程和设备，书中以二维码的形式配套了相应动画资源。书中二维码链接的动画素材由东方仿真科技（北京）有限公司提供。

本教材由河北石油职业技术大学李爱红、四川化工职业技术学院李晋主编，万华化学集团股份有限公司关建、河北石油职业技术大学刘涛、兰州石化职业技术大学张甲、湖南化工职业技术学院刘绚艳、扬州工业职业技术学院周寅飞、东营职业学院李雪梅参编。具体编写分工如下：绪论、项目二的任务六、项目五的任务三由李晋编写；项目一的任务一～任务四、项目四的任务一、任务二由李爱红编写；项目一的任务五、任务六由李雪梅编写。项目二的任务一～任务五由张甲编写；项目三由刘涛编写；项目四的任务三、项目六的任务一由关建编写；项目五的任务一、任务二由刘绚艳编写；项目六的任务二由周寅飞编写；全书由李爱红统稿，常州工程职业技术学院薛叙明教授主审。

本教材是职业本科化工技术类专业核心课程教材建设的有益尝试，由于编者水平有限，不妥之处在所难免，敬请读者批评指正。

编者

2024 年 10 月

目录 »»»

配套二维码资源目录 ≫≫≫

一、传质与分离在化工生产中的应用

传质与分离是过程工业通用的甚至是关键的生产单元，覆盖了从化工、石化、生化、能源、材料、环保到资源开发利用、轻工、信息、国防、航空航天等领域。传质与分离操作一方面可为化学反应提供符合纯度要求的原料，消除有害杂质对反应本身、催化剂或设备的影响；另一方面也可对反应产物进行分离精制，得到合格产品并使未反应的原料得以循环利用。

早在公元前人们就知道从矿石中提取金属和从植物中提取药物的方法，这些是传质分离过程最早的应用。在现代化学工业中，更是几乎没有一个生产过程是不需要对原料或反应产物进行分离和提纯的，用来作为分离装置的高耸塔群已成为化工厂最醒目的标志。例如：经分离制得纯净的氮气和氢气，使得合成氨的大规模工业生产成为可能；将原油分离制得各种燃料油、润滑油和化工原料，则成了石油化学工业的基础；没有分离提纯制得的高纯度乙烯、丙烯、丁二烯等单体，就不可能生产出各种合成树脂、合成橡胶和合成纤维。图 0-1 展示了蒸馏、吸收等常用分离技术在化工生产中的典型应用实例。在很多情况下，一个新产品能否开发成功并非取决于是否能够实现化学合成，而是取决于是否存在有效的方法将该产品从混合产物中提取出来。一个已有产品的使用价值与价格也常因其纯度的提高而成倍甚至成十倍地增加。

(a) 常减压蒸馏分离　　　　　　(b) 乙烯装置精馏分离　　　　　　(c) 低温甲醇洗分离酸性气

图 0-1　分离技术在化工生产中的典型应用实例

二、化工分离技术

1. 分离过程的分类

常用的分离过程可分为机械分离和传质分离两大类。机械分离过程指利用机械力（密度差、粒度差等）分离非均相混合物，其目的只是简单地将各相加以分离，例如过滤、沉降、离心和静电除尘等。

传质分离过程用于分离各种均相混合物，其特点是依靠物质的传递来实现混合物中各组分的分离。按所依据的物理化学原理不同，传质分离过程又分为平衡分离和速率分离两类。

（1）平衡分离过程　指借助分离媒介（如热能、溶剂、吸附剂），将均相混合物系变为两相，再依据混合物中各组分在两相间的平衡分配不同而实现分离的过程。如蒸馏、萃取、浸取、吸收、吸附、离子交换等。

（2）速率分离过程　在某种推动力（如浓度差、压力差、温度差、电位差）的作用下，利用混合物中各组分扩散速度的差异而实现分离的过程。这类过程所处理的原料和产品通常属于同一相态，仅有组成上的差别。如膜分离（超滤、反渗透、电渗析、渗透汽化等）和场分离（电泳、热扩散、超速离心分离等）。

表 0-1 列出了常用的化工分离单元操作。

▶ **表 0-1　常用的化工分离单元操作**

单元操作	原料相态	分离媒介	产物相态	分离依据	设备举例
蒸馏	液	热	液、气	均相液体混合物中各组分挥发度的差异	板式精馏塔
吸收	气	液体吸收剂	液、气	气体组分在液体溶剂中的溶解度差异	填料吸收塔
萃取	液	液体萃取剂	液、液	液体混合物中各组分在液体萃取剂中的溶解度差异	转盘萃取塔
吸附	气、液	固体吸附剂	液、气、固	流体中各组分与固体吸附剂表面分子结合力的差异	固定床吸附器
膜分离	气、液、固	膜	液、气、固	膜对流体中各组分渗透能力的差异	中空纤维膜组件
结晶	液	冷	固、液	不同温度下溶质溶解度的差异	连续冷冻结晶器
沉降	液-固或气-固	重力或离心力	液、固、气、固	利用密度差在力场中发生流体与固体的相对运动而实现非均相混合物的分离	沉降槽
过滤	液-固或气-固	压力差或离心力	液、固、气、固	利用多孔性介质将悬浮的固体颗粒截留而实现非均相混合物的分离	板框压滤机

2. 分离过程的展望

传质分离过程中一些具有较长历史的单元操作已经应用很广，如蒸馏、吸收、萃取等，积累了丰富的操作经验和资料。但在深入研究这些过程的机理和传质规律、开发高效传质设备、掌握它们的放大规律等方面，仍有许多工作要做。这类传质分离过程的能耗很高，约占整个化工过程能耗的 70%，因此加强传质过程中的节能研究越来越受到重视。现列举几项典型的节能技术：①热能的综合利用，特别是低温位废热的回收利用；②开发新的添加剂或分离剂，如新传质促进剂、新吸收剂、新萃取剂、新超临界流体；③增加化学作用，如反应精馏、化学吸收；④借助外力场，如超重力精馏；⑤采用系统工程方法，如在全厂或化工园区内实施热量集成。

膜分离和场分离是一类新型的分离操作，在处理稀溶液、分离生化产品、降低能耗、使产品免受污染等方面，已显示出极大的优越性。研究和开发新的分离方法，以及将多种分离方法耦合使用等，也是化工分离领域的研究热点。

绿色分离技术可以实现资源的高效利用，减少污染物排放，所以在国家"双碳"目标背景下，传质与分离技术将在我国的经济与社会发展中发挥更加重要的作用。

三、分离技术的选择原则

1. 被分离物系的相态

通常，不同的分离技术适用于不同相态（气态、液态和固态）混合物的分离。例如，吸收用于气体混合物的分离，萃取用于液体混合物的分离，沉降用于气（液）固非均相混合物的分离等。

2. 被分离物系的性质

分离过程得以进行的依据就是混合物中各组分性质的差异。物理性质指沸点、蒸气压、溶解度、密度、黏度、渗透压、临界点、分子大小等，力学性质指表面张力、摩擦力等。例如，若溶液中各组分挥发度相差较大，则考虑用蒸馏方法分离。

3. 分离产物的特性

分离产物的特性是指产物的热敏性、吸湿性、放射性、氧化性、分解性、易碎性等一系列物理化学特征。这些物理化学特征常是导致产物变质、变色、损坏等的根本原因。例如，对热敏性（物料受热易分解、聚合或氧化等）物系的分离，不宜采用蒸馏方法。

4. 分离过程的经济性

分离技术的选择要充分考虑过程的经济性。分离过程的经济性主要取决于设备投资及操作费用。例如，20世纪80年代多级闪蒸技术在海水淡化中居首位，但2000年以来反渗透法因投资低、能耗低等优点而占据了主导地位。

5. 生产规模

分离方法的选择往往与过程的生产规模密切相关。对廉价产物，如合成氨，常采用低能耗的大规模生产过程；而高附加值的产物，如药物中间体，则应采用中小规模生产过程。例如，很大规模的空气分离采用低温精馏过程最为经济，而小规模的空气分离则采用变压吸附或中空纤维气体膜分离更为经济。

在分离多种物质组成的混合物料时，确定分离顺序的原则通常为：首先分离最容易分离的组分，最难分离的组分留到最后分离；为确保整个分离过程的安全性和环保性，尽量先分离出易导致极其有害或发生副反应的物质；尽可能预先除尽物流中的固体，因为它们在输送中消耗的能量相对较大，而且易堵塞管道。

选择分离方法除考虑上述主要因素外，还应考虑场地和环境条件、环境保护要求和可变因素（如原料组成、温度等）的影响。应根据具体条件，选择技术上先进、经济上合理、有利于可持续发展的最佳方案，以便充分调动有利因素，因地制宜，取得最大的经济效益和社会效益。

四、课程目标与学法指导

1. 课程目标

（1）素质目标

① 落实立德树人根本任务，贯彻党的二十大精神；以习近平新时代中国特色社会主义思想为指导，践行社会主义核心价值观，具有坚定的理想信念、深厚的爱国情感和中华民族自豪感。

② 了解相关产业文化，遵守职业道德准则，熟练掌握与本课程职业活动相关的国家法律和行业规定；掌握绿色化工生产、环境保护、化工安全防护、质量管理等相关知识与技能；通过工艺计算、经济核算，培养成本效益意识。

③ 弘扬劳动光荣、技能宝贵、创造伟大的时代精神，热爱劳动、珍惜劳动成果、树立劳动观念、积极投身劳动，具备与本课程职业发展相适应的劳动素养、劳动技能；培养"践行爱国奋斗精神、担当报国使命"的新时代化工人；培养"敬业、专注、精益、创新"的工匠精神。

④ 具有探究学习、终身学习能力，能够适应新技术、新岗位的要求；具有批判性思维，以及较强的分析问题和解决问题的能力；形成"一线积累、终身学习、自主管理、全面提升"的职业发展观；通过分组合作学习，培养表达能力、沟通能力和团队协同意识。

（2）知识目标

① 理解精馏、吸收、萃取、吸附、膜分离、沉降与过滤技术的原理和特点。

② 熟悉常用传质分离设备的结构、特点和适用范围。

③ 熟练掌握精馏、吸收、萃取、吸附、膜分离、沉降与过滤过程的基本流程和主要工艺参数的计算方法。

④ 了解分离过程中的智能控制、过程优化、节能降耗、源头减排等行业前沿知识。

（3）能力目标

① 能根据物系特点和分离要求选择合适的分离技术和相应的设备。

② 能识读并绘制蒸馏、萃取、吸收、吸附、膜分离、沉降与过滤等单元操作的工艺流程图，并根据节能、安全、环保等理念对流程进行优化。

③ 会计算过程的工艺参数，并根据任务要求对工艺参数进行控制与调节。

④ 能分析判断上述单元操作中的异常现象并进行处理。

⑤ 能对上述单元操作进行开停车操作并维持其稳定运行、完整规范地记录数据，会正确使用装置中的安全与环保设施，会简单维护与管理设备和仪表。

⑥ 能够参与制订或修订上述单元操作的标准操作程序。

⑦ 能对上述单元操作进行过程强化、精益优化与技术改造。

⑧ 能对上述单元操作的新技术、新设备和新材料等进行市场调研并撰写建议报告。

2. 学法指导

（1）认识课程的重要性　化工传质与分离技术是应用化工技术等专业的一门专业核心课程，对于获取化工运行与生产管理岗位的核心知识与技能具有至关重要的作用。只有认识到课程的重要性，才能产生学习兴趣，进而成为自主学习的主体。

（2）树立工程观念　本课程是专业人才培养方案中开设较早的工程类课程。与已经学过的基础化学类课程相比，课程性质发生了很大变化。学习中要树立经济观念，要习惯通过查图、查表和动手实验等途径自行获取数据，要注意公式的前提条件和应用范围，要树立标准意识，要考虑装置长周期运行对参数选择和操作控制的影响等。

（3）采用类比和总结等学习方法 各分离技术之间具有密切的联系和类似的规律。要不断通过类比和对比掌握各单元操作之间的内在联系、共性和特殊性，使所学知识融会贯通。学完一个项目之后，用思维导图的方式把基本理论、主要公式、图形分析及其工程应用清晰地表示出来，以便抓住主线，以线带面，形成系统化的知识与能力结构。

（4）养成小组合作学习的习惯 化工生产以班组的形式组织运行，每完成一项任务都需要班组成员之间密切配合。通过在校期间的小组合作学习，培养较强的集体意识、良好的语言表达能力、沟通交流能力和团队合作能力，为适应岗位能力需求打下坚实的基础。

（5）注重实践技能的提升和操作经验的积累 本课程学习中要高度重视理论与实践的密切结合。将理论学习、实训操作、单元仿真、课程设计、技能大赛有机结合。逐渐具备解决化工生产过程中较复杂问题、进行较复杂操作的能力，以及较强的就业能力和可持续发展能力。

项目一

液体蒸馏分离技术

 【学习目标】

知识目标：

    1. 了解液体蒸馏分离的特点及分类；

    2. 理解气液相平衡关系及其应用，以及进料热状态、进料位置、回流比等参数变化对精馏操作的影响；

    3. 掌握精馏原理与流程，以及两组分连续精馏过程的计算（包括产品产量和组成的计算、精馏塔尺寸的确定、适宜回流比的选择等）；

    4. 熟悉板式塔的基本结构及其操作性能；

    5. 了解简单蒸馏、平衡蒸馏、特殊精馏等其他类型蒸馏的特点和适用场合。

技能目标：

    1. 能根据均相液体混合物的物系特点及分离要求选择合适的分离方法；

    2. 能根据工程项目的要求，通过工艺计算确定精馏分离方案，包括精馏方式、精馏设备、工艺流程、操作参数等；

    3. 会操作精馏实训装置，分析并处理精馏过程中的异常现象、控制与调节工艺参数、识别蒸馏单元的安全隐患并正确使用精馏装置中的安全设施；

    4. 能根据安全、环保和节能等理念提出蒸馏装置的优化与改造建议。

素质目标：

    1. 培养践行"爱国奋斗精神、担当报国使命"的新时代化工人；

    2. 培养"敬业、专注、精益、创新"的工匠精神；

    3. 树立能源安全意识，践行节能降碳生活方式；

    4. 掌握普遍性与特殊性的辩证关系。

项目情境

    对二甲苯（PX）是连接炼油与化工的重要石化产品，是聚酯产业的龙头原料。直接来自芳烃抽提等生产过程中的 PX 远不能满足市场需求，而甲苯和 C_{9+} 芳烃资源则相对过剩。

甲苯歧化与烷基转移是实现油品向高价值芳烃及烯烃转化的关键技术。多年来，中国石油化工集团有限公司推进实施创新驱动发展战略，成功开发出甲苯选择性歧化（SSTDP）工艺，于 2005 年在天津分公司实现了工业化。甲苯选择性歧化的产物包括苯和高 PX 浓度的混合二甲苯，未反应的甲苯也留在混合物料中。该混合物中，苯是一种用途广泛的基本化工原料，需要作为高纯度的副产物分离出来；甲苯是本装置的原料，亦需要从混合物中分离出来循环使用。那如何分离出高纯度的苯和甲苯呢？

这是一个典型的均相液体混合物分离任务。有多种方法可以实现均相液体混合物的分离，其中应用最广泛的是蒸馏操作。对于各组分的挥发度具有较大差异的混合液通常可采用蒸馏方法进行分离。上述混合物中，苯、甲苯和对二甲苯的沸点分别为 80.1℃、110.6℃和 138.4℃，相差较大，因此适于采用蒸馏方法分离。典型的 SSTDP 工艺流程如图 1-1 所示，其中苯塔塔顶产物为高纯度的苯，塔底产物为甲苯以及比甲苯沸点更高的组分。虽然该塔塔底依然是混合物，但若将苯和甲苯取为关键组分，则二者能够得到近乎完全的分离（清晰分割）。因此，本项目将以苯-甲苯二元物系的分离为例，完成蒸馏分离液体混合物的学习任务。

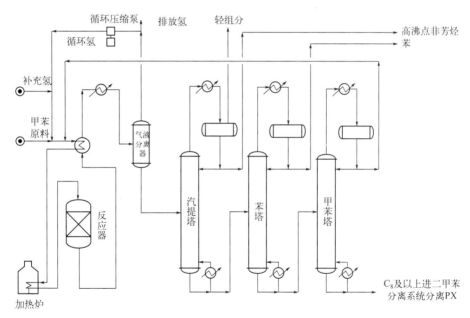

图 1-1 典型的 SSTDP 工艺流程

要想完成此分离任务，需要依次解决下述子问题：

（1）对苯-甲苯混合物实施蒸馏分离的依据是什么？选择什么蒸馏方式才能获得高纯度的苯和甲苯？该蒸馏方式中，获得高纯度产品需要哪些条件？

（2）若要实现苯-甲苯的连续精馏分离，需要设计什么样的流程？怎样优化流程更节能？

（3）苯-甲苯的精馏分离需要选择什么样的设备？

（4）苯-甲苯的精馏过程需要设定哪些操作参数？如何计算与分析？

（5）精馏单元标准操作程序编制和优化的依据是什么，如何实现精馏开停车操作和正常运行调整？怎样进行产品质量控制？

（6）特殊物系如何实现精馏分离？

项目导言

1. 蒸馏分离的依据

蒸馏是利用均相液体混合物中各组分挥发度的差异而实现分离的一种单元操作。例如，在一定压力下对乙醇-水混合液进行加热，使之部分汽化，因乙醇的沸点低于水的沸点（即在一定温度下乙醇比水更易挥发），故在产生的蒸气中乙醇的含量将高于其在原混合液中的含量。若将汽化得到的蒸气全部冷凝，便可获得乙醇含量高于原混合液的产品。该操作中，乙醇称为易挥发组分或轻组分，在气相中富集；水称为难挥发组分或重组分，在液相中富集。

2. 蒸馏分离的特点

（1）适用范围广　不仅液体混合物可以采用蒸馏方法分离，常温常压下呈气态或固态的混合物也可先行液化后采用蒸馏操作进行分离。例如，可先将空气加压液化，再用蒸馏方法获得氧、氮产品。蒸馏可用于分离各种浓度组成的液体混合物，而萃取等操作只有在被提取组分含量较低时才比较经济。对于挥发度相同或接近的混合物，则可采用特殊精馏方法进行分离。

（2）流程简单　蒸馏通过对混合液加热而建立两相体系，所以可直接获得高纯度的产品。而吸收、萃取等分离方法通过外加溶剂形成两相体系，需进一步对所提取的组分与外加溶剂进行分离。

（3）能耗较高　蒸馏不仅需要对混合液加热建立两相体系，还需对产生的气相进行冷凝，因此蒸馏过程需要消耗大量的能量并产生大量的余热。蒸馏操作的强化与节能是全世界普遍关注的重要问题，既任务迫切，但也潜力巨大。

3. 蒸馏过程的分类

实际生产中，蒸馏有不同的分类方法，具体如表 1-1 所示。

▶ **表 1-1　蒸馏的分类方法**

分类方法	蒸馏类别	应用场合	应用实例
蒸馏方式	简单蒸馏	容易分离的物系或对产品纯度要求不高的场合（间歇非稳态操作）	蒸馏发酵醪液得到饮用酒
	平衡蒸馏（闪蒸）	容易分离的物系或对产品纯度要求不高的场合（连续操作）	海上油田采用闪蒸对低闪点原油进行处理以增加油品的安全性
	精馏	难分离物系或产品纯度要求高的场合	苯-甲苯的分离
	特殊精馏	普通精馏无法分离或很难分离的物系	采用恒沸精馏生产无水乙醇；采用萃取精馏分离苯-环己烷
操作流程	连续蒸馏	现代大规模工业生产中	乙烯装置中的乙烯精馏塔
	间歇蒸馏	小批量、多品种或某些有特殊要求的场合；实验研究中	青霉素生产中有机溶剂的回收
操作压力	常压蒸馏	通常场合	乙醇-水的分离
	减压蒸馏	沸点高（一般高于 150℃）或热敏性物系	苯乙烯-焦油的分离
	加压蒸馏	常压下为气态或常压下沸点较低的物系（一般低于 30℃）；出于节能需要的多效蒸馏	乙烯装置裂解气的深冷分离；甲醇三塔精馏流程中的加压塔

续表

分类方法	蒸馏类别	应用场合	应用实例
组分数目	多组分蒸馏	工业生产中绝大多数为多组分蒸馏	乙烯装置中的脱甲烷塔
	双组分蒸馏	直接出产品的精馏塔；同时也是理解多组分蒸馏原理和计算方法的基础	乙烯装置中的丙烯精馏塔

本项目主要解决常压下双组分连续精馏问题。

任务一 蒸馏分离原理的分析

【任务描述】

1. 蒸馏有多种分类方法，请为项目情境中提到的苯-甲苯混合液的分离选择一种适宜的蒸馏方式。

2. 该蒸馏方式中，获得高纯度的苯和甲苯产品需要哪些条件？产品从何处采出？

【知识准备】

一、双组分理想溶液的气液相平衡

溶液的气液相平衡是阐明精馏原理、进行精馏计算和控制精馏操作过程的重要基础。这种相平衡关系可用气液平衡关系式或平衡相图来表示。关系式表示法概念清晰、结果准确，图形表示法形象直观、便于分析参数变化的影响。两种方法同样重要，均在本项目以及后续的吸收、萃取等项目中得到了广泛的应用。

1. 基于拉乌尔定律的泡点方程和露点方程

对于 A、B 两组分组成的理想溶液，如苯-甲苯、甲醇-乙醇、正己烷-正庚烷等，在一定温度下达到平衡时，气、液相组成遵循拉乌尔定律，即

$$p_A = p_A^\circ x_A \tag{1-1}$$

$$p_B = p_B^\circ x_B = p_B^\circ (1 - x_A) \tag{1-1a}$$

式中 p_A，p_B——平衡时组分 A、B 在气相中的蒸气分压，Pa；

        p_A°，p_B°——纯组分 A、B 在溶液温度下的饱和蒸气压，Pa；

        x_A，x_B——平衡时组分 A、B 在液相中的摩尔分数。

当总压不太高（一般不高于 $10^4 \, \text{kPa}$）时，可以认为气相为理想气体，服从道尔顿分压定律，即气相总压等于各组分的分压之和：

$$p_总 = p_A + p_B = p_A^\circ x_A + p_B^\circ (1 - x_A) \tag{1-2}$$

整理式（1-2）可得：

$$x_A = \frac{p_总 - p_B^\circ}{p_A^\circ - p_B^\circ} \tag{1-3}$$

式（1-3）称为泡点方程，描述了一定总压下二元理想物系达到平衡时液相组成与温度之间的关系。

根据道尔顿分压定律，平衡时组分 A 在气相中的摩尔分数为：

$$y_A = \frac{p_A}{p_\text{总}} \tag{1-4}$$

将式（1-1）与式（1-3）代入式（1-4），可得

$$y_A = \frac{p_A^\circ}{p_\text{总}} \times \frac{p_\text{总} - p_B^\circ}{p_A^\circ - p_B^\circ} \tag{1-4a}$$

式（1-4a）称为露点方程，描述了一定总压下二元理想物系达到平衡时气相组成与温度之间的关系。

纯组分的饱和蒸气压 p° 仅为温度的函数，可由安托因（Antoine）方程计算：

$$\lg p^\circ = A - \frac{B}{t+C} \tag{1-5}$$

式中，A、B、C 为安托因常数；t 为温度，℃。常见组分的安托因常数可从物性数据手册查得。

泡点方程和露点方程阐明了一定压力下平衡组成与温度之间的对应关系。工艺人员可利用这一简单关系，由易于观测的温度与压力求得不方便测量的气、液相组成，具体见例1-1。

2. 基于相对挥发度的气液平衡方程

如前所述，蒸馏分离的依据是液体混合物中各组分挥发度的差异。纯物质的挥发度可用一定温度下的饱和蒸气压来表示。同一温度下，饱和蒸气压越大，表示该物质的挥发性越强。对于混合液，某一组分的蒸气压因其他组分的存在而比其为纯物质时要低，故混合液中组分的挥发度 v 可用平衡时该组分在气相中的分压与其在液相中的摩尔分数之比来表示。

$$v_A = \frac{p_A}{x_A} \tag{1-6}$$

$$v_B = \frac{p_B}{x_B} \tag{1-6a}$$

对于理想溶液，因其遵循拉乌尔定律，则有：

$$v_A = \frac{p_A^\circ x_A}{x_A} = p_A^\circ \tag{1-7}$$

$$v_B = p_B^\circ \tag{1-7a}$$

显然，溶液中组分的挥发度随温度而变。为了便于比较混合液中各组分挥发度的差异，有必要引入一个随温度变化不大的参数——相对挥发度。习惯上将相对挥发度定义为易挥发组分的挥发度与难挥发组分的挥发度之比，以 α 来表示，即

$$\alpha = \frac{v_A}{v_B} = \frac{p_A/x_A}{p_B/x_B} \tag{1-8}$$

对于理想气体，因其遵循道尔顿分压定律，式（1-8）可写成：

$$\alpha = \frac{p y_A/x_A}{p y_B/x_B} = \frac{y_A x_B}{y_B x_A} \tag{1-9}$$

将 $x_B = 1 - x_A$ 和 $y_B = 1 - y_A$ 代入式（1-9），并整理得：

$$y_A = \frac{\alpha x_A}{1+(\alpha-1)x_A} \tag{1-10}$$

式（1-10）称为气液平衡方程。若 α 值已知，则可根据该式求得与给定一相呈平衡的另一相的组成。气液平衡方程是用逐板计算法求取理论塔板数的基本方程之一。

对于理想溶液，α 值可由式（1-11）求得。对于非理想溶液，由于不服从拉乌尔定律，α 值只能由实验测定气、液相组成后用定义式（1-8）算得。

$$\alpha = \frac{p_A^\circ}{p_B^\circ} \tag{1-11}$$

表 1-2 为根据苯-甲苯饱和蒸气压数据计算得到的该混合液的相对挥发度值。可以看出，对于这种可视为理想溶液的物系，由于两种物质的饱和蒸气压随温度沿相同的方向变化，α 值随温度变化并不大，可取几何平均值后按定值处理，则该体系的平均相对挥发度 $\alpha_m = \sqrt{2.56 \times 2.35} \approx 2.45$。

▶ 表 1-2　苯-甲苯混合液的相对挥发度（$p_总 = 101.3\text{kPa}$）

温度 $t/^\circ\text{C}$	苯饱和蒸气压 p_A°/kPa	甲苯饱和蒸气压 p_B°/kPa	相对挥发度 α
80.1	101.3		
84.0	113.6	44.4	2.56
88.0	127.6	50.6	2.52
92.0	143.7	57.6	2.49
96.0	160.5	65.6	2.45
100.0	179.2	74.5	2.41
104.0	199.3	83.3	2.39
108.0	221.1	93.9	2.35
110.6		101.3	

利用 α 值可方便地判断混合液蒸馏分离的难易程度：

当 $\alpha > 1$ 时，$y_A > x_A$，则该物系能够采用蒸馏方法加以分离，并且 α 值偏离 1 的程度越大，蒸馏分离越容易进行；

当 $\alpha = 1$ 时，$y_A = x_A$，该物系不能采用普通蒸馏方法加以分离，而需要采用特殊精馏或其他分离方法，如萃取、结晶或膜分离。

【例 1-1】现测得某苯-甲苯精馏塔的塔顶压力为 103.3kPa，塔顶液相温度为 81.5℃，试求该塔塔顶的气、液相平衡组成。

苯（A）-甲苯（B）的饱和蒸气压可由下列安托因方程计算：

$$\lg p_A^\circ = 6.032 - \frac{1206.35}{t + 220.24}$$

$$\lg p_B^\circ = 6.078 - \frac{1343.94}{t + 219.58}$$

式中，p° 的单位为 kPa，t 的单位为℃。

解：苯-甲苯可视为理想物系，故本例可采用泡点与露点方程或气液平衡方程来计算气、液相平衡组成。

81.5℃下，苯和甲苯的饱和蒸气压分别为：

$$\lg p_A^\circ = 6.032 - \frac{1206.35}{81.5 + 220.24} = 2.034 \quad p_A^\circ = 108.1\text{kPa}$$

$$\lg p_B^{\circ} = 6.078 - \frac{1343.94}{81.5+219.58} = 1.614 \quad p_B^{\circ} = 41.11\text{kPa}$$

则

$$x_A = \frac{p_{总} - p_B^{\circ}}{p_A^{\circ} - p_B^{\circ}} = \frac{103.3 - 41.11}{108.1 - 41.11} = 0.9283$$

$$y_A = \frac{p_A^{\circ}}{p_{总}} x_A = \frac{108.1}{103.3} \times 0.9283 = 0.9714$$

或由气液平衡方程计算气相组成：

$$\alpha = \frac{p_A^{\circ}}{p_B^{\circ}} = \frac{108.1}{41.11} = 2.630$$

$$y_A = \frac{\alpha x_A}{1+(\alpha-1)x_A} = \frac{2.630 \times 0.9283}{1+(2.630-1) \times 0.9283} = 0.9715$$

【例 1-2】 有一含苯 0.5（摩尔分数）的苯-甲苯混合液，试计算其在 101.3kPa 下的泡点。苯和甲苯的饱和蒸气压用例 1-1 中的安托因方程计算。

解：已知液相组成，由式（1-3）计算指定压力下的泡点时，因式中含有饱和蒸气压，而饱和蒸气压亦取决于温度，故需采用试差法。

设泡点为 93℃，则：

$$\lg p_A^{\circ} = 6.032 - \frac{1206.35}{93+220.24} = 2.181 \quad p_A^{\circ} = 151.7\text{kPa}$$

$$\lg p_B^{\circ} = 6.078 - \frac{1343.94}{93+219.58} = 1.778 \quad p_B^{\circ} = 60.0\text{kPa}$$

将上述数据代入泡点方程：

$$x_A = \frac{p_{总} - p_B^{\circ}}{p_A^{\circ} - p_B^{\circ}} = \frac{101.3 - 60}{151.7 - 60} = 0.45 < 0.5$$

该结果表明初设泡点偏高，再次设泡点为 91.5℃，此次

$$p_A^{\circ} = 145.3\text{kPa}, \quad p_B^{\circ} = 57.28\text{kPa}$$

$$x_A = \frac{101.3 - 57.28}{145.3 - 57.28} = 0.5$$

则 91.5℃ 即为所求泡点。

3. 气液平衡相图

蒸馏操作的气液相平衡关系除了利用平衡关系式表达外，还通常需要绘制成平衡相图，因为平衡相图更便于分析蒸馏原理以及用图解法求取理论塔板数。

绘制平衡相图所需要的数据通常来源于三个途径：①常压下常见双组分物系的平衡数据可从化工数据手册等资料中查得，附录一列出了一些二元物系的气液平衡数据；②对于理想溶液，可用安托因方程计算纯组分在一系列温度下的饱和蒸气压，进而由泡点方程和露点方程计算出 x、y 值；③由实验测定。

平衡相图通常包括以下两种类型。

（1）温度-组成（t-x-y）图 图 1-2 为 101.3kPa 下苯-甲苯混合液的温度-组成（t-x-y）图，纵坐标为温度，横坐标为液（气）相组成（以易挥发组分的摩尔分数表示）。图中有两条曲线，下方曲线为 t-x 线，表示混合物的平衡温度 t 与液相组成 x 之间的关系，称为饱和液体线或泡点线；上方曲线为 t-y 线，表示混合物的平衡温度 t 与气相组成 y 之间的关系，称为饱和蒸气线或露点线。两条曲线构成三个区域：t-x 线以下为溶液尚未沸腾的过冷液体区，t-y 线以上为溶液已全部汽化的过热蒸气区，两条曲线之间的区域为气液共存区。

　　在恒定的总压下，组成为 x、温度为 t_1（图中的 A 点）的混合液升温至 t_2，达到该溶液的泡点，产生的第一个气泡的组成为 y_1。继续升温至 t_3 时，气、液两相共存，气相组成为 y_G、液相组成为 x_L，两相的量由杠杆规则确定。同样，组成为 y、温度为 t_5 的过热蒸气（图中的 B 点）降温至 t_4，达到该蒸气的露点，凝结出的第一个液滴的组成为 x_1。继续降温至 t_3 时，气、液两相共存。

　　由图 1-2 可见，当气、液两相达到平衡状态时，两相具有相同的温度，其值随物系中易挥发组分含量的增加而减小，且气相中易挥发组分的含量高于液相；当气、液两相组成相同时，蒸气的露点高于溶液的泡点。恒压条件下的 t-x-y 图是分析精馏原理的理论基础。

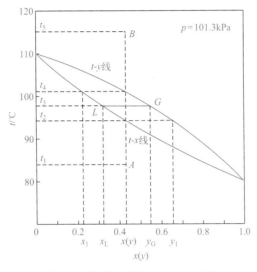

图 1-2　苯-甲苯混合液的 t-x-y 图

　　（2）气相-液相组成（y-x）图　图 1-3 为 101.3kPa 下苯-甲苯混合液的气-液相平衡组成（y-x）图，横坐标为液相组成，纵坐标为气相组成，对角线（$y=x$）供使用该图时参考。曲线上各点表示在压力一定时，不同温度下达到平衡时的气相组成与液相组成间的关系。对于理想物系，气相组成 y 恒大于液相组成 x，因而平衡曲线位于对角线上方；并且平衡曲线离对角线越远，说明可获得的增浓程度越大，分离越容易进行。应用 y-x 图进行两组分精馏过程的计算与分析非常快捷直观。

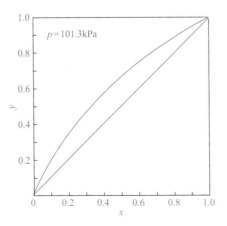

图 1-3　苯-甲苯混合液的 y-x 图

气液相平衡随总压的改变而改变。图 1-4 为不同压力下苯-甲苯混合液的 y-x 图。由图可见，压力增高，气相组成和液相组成差别减少，不利于采用蒸馏方法进行分离。平衡数据通常都是在一定压力下测得的，但实验表明，总压变动不超过 $20\%\sim30\%$，y-x 曲线变动不超过 2%。因此，实际操作中总压变化不大时，可忽略外压对 y-x 曲线的影响。

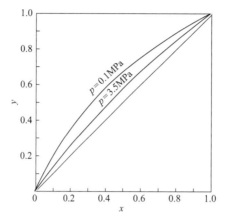

图 1-4   不同压力下苯-甲苯混合液的 y-x 图

二、双组分非理想溶液的气液相平衡

溶液中异种分子间的作用力往往不同于同种分子间的作用力，溶液的非理想性由此而产生。这种非理想性表现为各组分在气相中的蒸气分压偏离拉乌尔定律，偏差有正有负，实际溶液中以具有正偏差者居多。

1. 具有正偏差的非理想溶液

对于 A、B 二元溶液，异种分子间的吸引力远小于同种分子间的吸引力时，A、B 分子更易"逃逸"至气相，以至于在某一组成时，体系的总压（两组分的蒸气压之和）出现最高值，与此对应的是溶液在该组成下的泡点为最低，该温度称为最低恒沸点。如图 1-5 所示的乙醇-水物系，在总压 101.33kPa 下，其 t-x 线和 t-y 线有共同的最低点 M，此处的气、液两相组成相等，为恒沸组成 0.894，对应的最低恒沸点为 78.15℃，低于易挥发组分乙醇的沸点（78.3℃）。

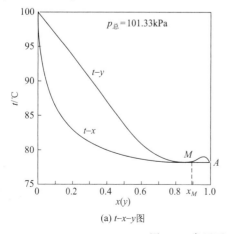

(a) t-x-y 图

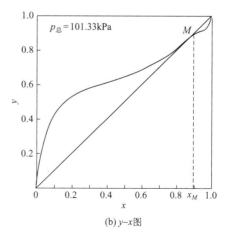

(b) y-x 图

图 1-5   常压下乙醇-水物系的相图

2. 具有负偏差的非理想溶液

对于某些溶液，异种分子间的吸引力远大于同种分子间的吸引力，A、B分子不易"逃逸"至气相，以至于在某一组成时，体系的总压出现最低值，与此对应的是溶液在该组成下的泡点为最高，该温度称为最高恒沸点。如图1-6所示的硝酸-水物系，在总压101.33kPa下，其恒沸组成为0.383，对应的最高恒沸点为121.9℃，高于难挥发组分水的沸点（100℃）。

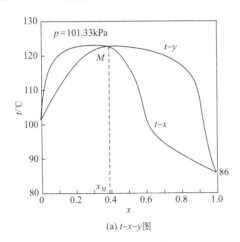
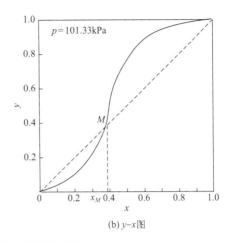

(a) t−x−y图　　　　　　　　　(b) y−x图

图1-6　常压下硝酸-水物系的相图

对于能够形成恒沸物的非理想物系，用普通蒸馏方法只能将其分离成一种纯组分和一种具有恒沸组成的溶液。要想得到两种纯组分，需采用特殊精馏或其他方法加以分离。

三、简单蒸馏与平衡蒸馏

1. 简单蒸馏

有机化学实验室通常采用的蒸馏方式即为简单蒸馏，如图1-7（a）所示。简单蒸馏又称微分蒸馏，是一种单级蒸馏操作。图1-7（b）是工业生产中的简单蒸馏装置，待分离的原料液一次性加入蒸馏釜中，在一定压力下加热至沸腾，液体不断汽化，蒸气引出经冷凝器冷凝为液体，称为馏出液。馏出液中易挥发组分含量高于原料液，但随着蒸馏的不断进行，釜内剩余液体中易挥发组分含量不断下降，馏出液中易挥发组分含量也相应降低。可见，简单蒸馏为非定态过程，馏出液通常按不同浓度范围收集到不同储罐内。当馏出液的平均组成或釜液组成低于规定值后，停止操作，釜残液一次性排出。

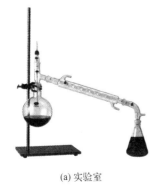

(a) 实验室　　　　　　　　　　　(b) 工业生产

图 1-7　简单蒸馏装置

M1-3　简单蒸馏
装置

2. 平衡蒸馏

平衡蒸馏又称闪蒸，也是一种单级蒸馏操作，但一般以连续、定态方式进行。平衡蒸馏装置如图 1-8 所示，原料液经泵加压后进入加热器，被加热升温至高于下游闪蒸罐压力下体系的泡点，然后经减压阀减压至预定压力。由于压力突然降低，液体成为过热液体，其高于泡点的显热随即转变为潜热而发生自蒸发，液体部分汽化，平衡的气、液两相分别从闪蒸罐的顶部和底部引出。

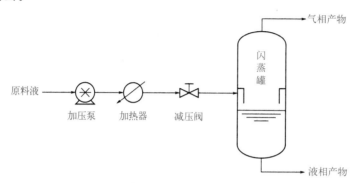

图 1-8　平衡蒸馏装置

M1-4　平衡蒸馏

简单蒸馏和平衡蒸馏主要用于组分挥发度相差较大、分离要求不高的场合，如煤焦油的粗馏。其中平衡蒸馏在工业中的应用更为普遍，因为很多场合液体是有一定温度和一定压力的，只需增加一个减压阀和闪蒸罐便可达到初步分离的目的。

四、精馏原理

由以上分析可知，简单蒸馏和平衡蒸馏只能使混合物得到初步分离。要想得到高纯度的产品，往往需要精馏才能实现。

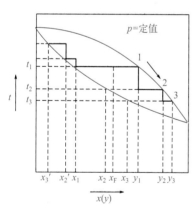

图 1-9　多次部分汽化与多次
部分冷凝的 t-x-y 图

现以图 1-9 所示的 t-x-y 图来阐明精馏过程的原理。将组成为 x_F 的混合液加热到温度 t_1，使其部分汽化，所得气相组成为 y_1，液相组成为 x_1。可以看出，$y_1 > x_F > x_1$，气、液两相的量可用杠杆规则确定。若对组成为 x_1 的液相加热使之部分汽化，则可得到组成为 x_2' 的液相和组成为 y_2'（图中未标出）的气相；继续将组成为 x_2' 的液相进行部分汽化，可得到组成为 x_3' 的液相和组成为 y_3'（图中未标出）的气相，且 $x_3' < x_2' < x_1$，可见液体混合物经过多次部分汽化后可获得高纯度的难挥发组分。同理，若将组成为 y_1 的气相进行部分冷凝，可得到组成为 y_2 的气相和组成为 x_2 的液相；继续将组成为 y_2 的气相部分冷凝，则可得到组成为 y_3 的气相和组成为 x_3 的液相，$y_3 > y_2 > y_1$，可见气体混合物经多次部分冷凝后可获得高纯度的易挥发组分。与上述分别采用液相多次部分汽化和气相多次部分冷凝直接对应的装置如图 1-10（a）所示，但该装置在工业上很少采用。由图可见，这将需要多个加热（或冷凝）和分离设备、消耗大量的加热剂（冷凝剂），且因产生大量中间馏分而导致所获产品量极少。因此，工业上需要将多次部分汽化和多次部分冷凝过程有机结合，即采用精馏操作实现混合物的高纯度分离。

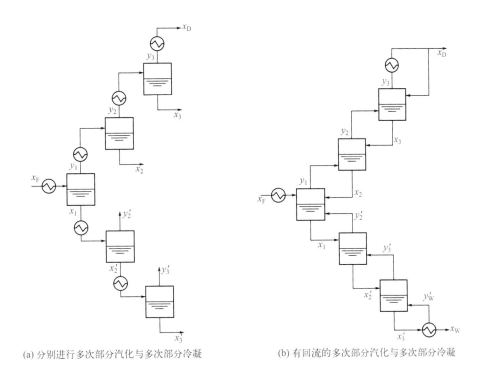

(a) 分别进行多次部分汽化与多次部分冷凝　　　(b) 有回流的多次部分汽化与多次部分冷凝

图 1-10　多次部分汽化与多次部分冷凝示意图

由图 1-9 和图 1-10 （a） 可以看出，组成为 y_1 的气相温度较高且需部分冷凝，组成为 x_3 的中间液相产物温度较低且与组成为 y_1 的气相互不平衡。如果将 x_3 与 y_1 直接在第 2 级中混合，高温蒸气会加热低温液体，从而使液体部分汽化，而蒸气本身被部分冷凝。这样不仅同时实现了易挥发组分由液相向气相的转移以及难挥发组分由气相向液相的转移，而且消除了中间产物、节省了使蒸气部分冷凝所需的冷凝剂。由此可见，不同温度且互不平衡的气、液两相接触时，必然会产生传质和传热双重作用，这就可以省去中间加热（或冷凝）设备并消除中间产物。

从上述分析可知，将每一级中间液相产物返回到下一级中，不仅是为了提高产品的收率，而且为过程进行提供了必不可少的传热传质条件。显然，每一级都需要有回流液，那么对于最上一级而言，将 y_3 经全凝器冷凝成液相后不是全部作为产品，而是将其中一部分返回与 y_2 混合，这就是回流，是保证精馏过程连续稳定操作必不可少的条件之一。有回流的多次部分汽化与多次部分冷凝的装置示意图如图 1-10 （b） 所示。塔顶回流的液体量与塔顶产品采出量之比称为回流比，是精馏操作最重要的控制参数之一，将在后面任务中分析讨论。同时，为了保证最下一级也有气液两相同时存在，必须将最下一级下降的液体部分汽化，再将蒸气引回到最下一级。该汽化所用的加热器称为再沸器。如同最上一级的液相回流一样，通过再沸器使液体部分汽化而产生上升蒸气，也是精馏过程得以连续稳定操作必不可少的条件。当某级的组成与原料液的组成相同或相近时，原料液就由此级加入。

综上所述，精馏是通过同时进行多次部分汽化和多次部分冷凝而将均相液体混合液分离成几乎纯态产品的单元操作。其中，最上一级产品的部分回流和最下一级液体的再次部分汽化是精馏操作得以连续稳定进行的两个必不可少的条件。精馏分离通常在塔器中进行，塔内传热传质的结果是易挥发组分浓度从塔底到塔顶逐渐升高，相应地塔内温度从塔底到塔顶逐渐降低。

> **中国制造**
>
> 　　高纯度化学品是电子信息、航空航天等领域急需的关键性高端材料。精馏正是一种能够提供高纯度化学品的重要分离技术。然而精馏方法生产超高纯化学品存在分离物系复杂、杂质与产品沸点相近、所需设备费用和能耗随纯度提高呈指数增长等世界性难题。北京化工大学"超高纯度化学品精馏关键技术开发及应用"团队以国家重大需求为己任，凭借执着专注、精益求精的科学精神，通过塔板技术创新等多种手段，创造了 10N 级（99.99999999%）单晶硅纯度的奇迹。2008 年，该技术在国内知名的高纯硅企业江苏中能集团率先实现应用，纯度比美国 REC 公司的 9N 级高一个数量级，能耗仅为其 50% 左右，改变了我国以约 1 万元/t 出口 99% 粗硅，再以约 350 万元/t 进口高纯硅且受制于人的局面，解决了我国芯片制备急需的电子化学品生产"卡脖子"工程难题，提升了"中国制造"在国际竞争中的影响力和竞争力。

 【任务实施】

　　蒸馏可分为简单蒸馏、平衡蒸馏、精馏等方式，其中前两种只能实现初步分离的效果，用于分离要求不高的场合，而精馏通过将多次部分汽化和多次部分冷凝有机结合，可将液体混合液分离成几乎纯态的产品。对于项目情境中提到的苯-甲苯混合液的分离，由于需要得到高纯度的苯和甲苯产品，所以应选择精馏分离方式。

　　要想通过精馏分离获得高纯度的苯和甲苯产品，除了需要同时进行多次部分汽化和多次部分冷凝外，还需要最上一级产品的部分回流和最下一级液体的再次部分汽化两个必不可少的条件。塔内传热传质的结果是易挥发组分浓度从塔底到塔顶逐渐升高，难挥发组分浓度从塔顶到塔底逐渐升高。因此，在塔顶可采出高纯度的易挥发组分苯，在塔底可采出高纯度的难挥发组分甲苯。

 【思考与实践】

　　1. 请查阅 2～3 个生产实践中的精馏应用案例，认识精馏在化工生产中的重要地位。

　　2. 从数据手册等资料中查取一个较常见二元物系的气液相平衡数据或饱和蒸气压数据，绘制 t-x-y 和 y-x 平衡相图，首先判断该物系是否为理想物系，然后依据绘制的相图分析精馏原理。

任务二　精馏装置流程的确定

 【任务描述】

　　1. 请描述工业生产中精馏分离苯-甲苯混合液的工艺流程。

　　2. 为了节约再沸器的加热介质量和冷凝器的冷凝介质量，试提出对基本流程的改进建议。

【知识准备】

一、连续精馏装置流程

工业生产中，精馏分离是通过精馏装置实现的。最基本的精馏装置包括精馏塔主体、塔顶冷凝器和塔底再沸器三个设备。精馏塔内装有足够数量的塔板或足够体积的填料，为气液两相的传热和传质提供场所。本任务以板式塔为例讨论塔内进行的精馏过程。

图 1-11 为连续精馏装置的基本流程。原料液自塔中部的适宜位置进入精馏塔的某块塔板上，进料板将塔体分为上、下两段，上段称为精馏段，下段称为提馏段。在精馏段，上升蒸气与下降液体在塔板上进行接触，气相发生部分冷凝、液相被部分汽化，难挥发组分从气相向液相转移，易挥发组分从液相向气相转移，其结果是上升蒸气中难挥发组分被除去而得到了精制。将塔顶易挥发组分含量很高的蒸气引入冷凝器，所得冷凝液一部分作为塔顶产品（馏出液）被采出，另一部分作为回流液用泵送回至第一层塔板上。同理，在提馏段，下降液相中的易挥发组分被上升气相所提出。将塔底难挥发组分含量很高的液相引入再沸器，使其发生部分汽化，产生的蒸气被引至塔釜液面上方作为气相回流，再沸器中没有汽化的液体作为塔底产品（釜残液）采出。只要原料持续不断地进入塔内，在再沸器和冷凝器的作用下，塔内就能维持蒸气上升和液体下降的物料循环。若能保证塔顶、塔底采出的产品与进料的物料平衡，则精馏系统就会连续稳定地运行。回流是精馏区别于简单蒸馏和平衡蒸馏的本质特征。

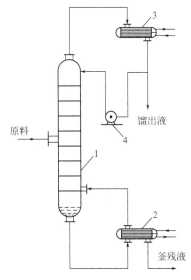

图 1-11 连续精馏装置的基本流程
1—精馏塔；2—再沸器；3—冷凝器；4—回流液泵

M1-5 板式塔工作原理

二、考虑节能的连续精馏装置流程

据相关资料统计，化工生产过程中有 $40\%\sim70\%$ 的能耗用于分离过程，而精馏所消耗的能量就占据了其中的 95%。随着世界能源的日益短缺，精馏过程的节能问题受到了越来越多的重视。为此，我国提出了"完善能源消耗总量和强度调控，重点控制化石能源消费，逐步转向碳排放总量和强度'双控'制度"。考虑节能的常用精馏流程有以下 4 种。

1. 利用塔顶蒸气或塔底釜残液预热原料液

精馏塔的塔顶蒸气需要冷凝，塔底产品在送往产品储罐之前也常常需要冷却。利用这些冷凝或冷却所放出的热量或工艺流程中的其他热流股对进料进行预热，是精馏中历来采用的简单节能方法之一。图 1-12 即为利用塔底产品预热进料的典型流程。

2. 增设中间再沸器和中间冷凝器

在简单塔中，精馏所需的全部再沸热量均从塔底再沸器输入，所需移除的全部冷凝热量均从塔顶冷凝器输出。但实际上，塔的总热负荷不一定非要从塔底再沸器输入、从塔顶冷凝器输出。当塔底和塔顶温差较大时，在精馏段中间设置冷凝器、在提馏段中间设置再沸器，可减少低温位冷凝剂的用量或高温位加热剂的用量。图 1-13 为增设了中间再沸器的乙烯精馏塔。

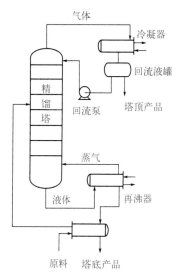

图 1-12　利用塔底产品预热进料的精馏流程

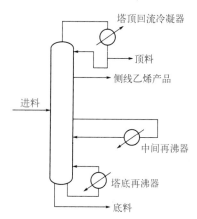

图 1-13　增设了中间再沸器的乙烯精馏塔

3. 多效精馏

多效精馏可采用与多效蒸发类似的流程，将压力依次降低的若干个精馏塔串联操作，前塔的塔顶蒸气用作后塔再沸器的加热介质。这样，除两端精馏塔外，中间精馏装置不必从外界引入加热介质和冷却介质。由于受到投资费用、第一个塔中允许的最高压力和温度，以及最后一个塔塔顶冷凝器中冷却水温度等条件的限制，一般多效精馏的效数为 2。双效精馏操作所需热量与单塔精馏相比较通常可以减少 30%～40%。图 1-14 中的加压塔和常压塔为甲醇-水的双效精馏流程。

4. 热泵精馏

常见的热泵精馏是将精馏塔塔顶蒸气加压升温，用作塔底再沸器的热源，而被压缩的塔顶蒸气本身被冷凝成液体，以达到减少冷、热公用工程的目的。采用图 1-15 所示的热泵精馏流程，除开工阶段外，基本上不需向再沸器提供额外的热量。该系统运行中唯一需要由外界提供的能量是压缩机消耗的能量，比再沸器直接加热消耗的能量少得多，一般只相当于后者的 20%～40%。例如，乙烯装置中丙烯和丙烷的分离，为了能使用冷却水进行冷凝，必

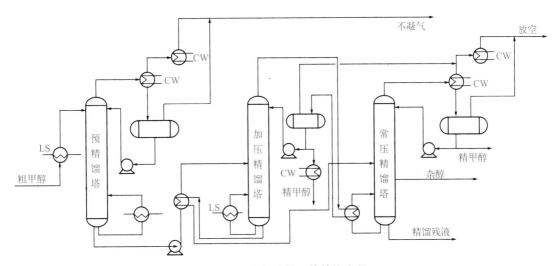

图 1-14　甲醇-水的双效精馏流程

须在较高压力下操作，而由于二者的沸点非常接近，必须采用较大的回流比；在低压下运行可以降低回流比，但必须采用冷冻剂进行冷凝。某厂采用热泵精馏，可在更低的压力下操作，使该塔的总操作费用从 636 元/h 降低到 157.5 元/h。

　　以上从流程的角度介绍了精馏过程常用的节能技术。除此之外，精馏节能与强化技术还包括改进设备结构（如选用新型高效塔板或新型规整填料）、优化精馏操作工艺（如采用最佳回流比）、置精馏于全局考虑的系统节能（换热网络优化）、采用超重力强化精馏、提升工厂智能化水平等新技术。

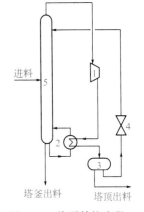

图 1-15　热泵精馏流程
1—压缩机；2—再沸器；3—回流罐；
4—节流阀；5—精馏塔

 【任务实施】

1. 苯-甲苯混合液的基本精馏分离流程

　　苯-甲苯精馏塔采用常压操作，混合液自塔中部的适宜位置加入塔内。塔顶纯度很高的苯蒸气引入全凝器，冷凝得到的液态苯一部分作为塔顶产品采出，另一部分作为回流液送回至第一层塔板上。塔底纯度很高的甲苯液体引入再沸器，使之部分汽化，产生的甲苯蒸气引回至最下一块塔板作为气相回流，再沸器中没有汽化的甲苯液体作为塔底产品采出。

2. 考虑节能的苯-甲苯混合液分离流程

　　苯和甲苯沸点相差较大，采用基本精馏流程即可满足分离要求，流程中塔底产品可用来预热原料液。为了大幅降低能耗，可采用图 1-14 中所示的由加压塔和常压塔组成的双效精馏系统。此外，苯-甲苯精馏塔通常处于一个较复杂的流程系统中，如芳烃抽提装置，若考虑该塔与整个系统间的热量集成，可获得更大的节能效果。

 【思考与实践】

　　1. 请在任务一所查阅到的精馏应用案例中，识别整体装置中精馏单元采取了哪些节能措施。
　　2. 到校内实训基地找到精馏装置并画出其工艺流程图。

任务三 精馏设备的选择

 【任务描述】▓▓▓▓▓

　　化工生产要求"三懂四会"(三懂：懂生产原理、懂工艺流程、懂设备构造；四会：会操作、会维护保养、会排除故障和处理事故、会正确使用消防和防护器材)。在已熟悉精馏原理和流程的基础上，请继续掌握精馏塔的构造和类型。然后，为某企业一个 10000kg/h 的苯-甲苯混合液分离任务选择合适的塔板类型。

【知识准备】▓▓▓▓▓

　　精馏过程可以在板式塔中进行，也可以在填料塔中进行。在大型化工装置的连续精馏操作中，板式塔的应用更为广泛，本任务重点介绍板式塔。

　　如图 1-16 所示，板式塔由一个直立圆筒以及按一定间距水平设置的若干层塔板构成。操作时，液体在重力作用下由塔顶逐板流向塔底，并在各层塔板上形成流动的液层；气体则在压差推动下，自塔底向上经由均布在塔板上的开孔，依次穿过各层板上液层由塔顶排出。

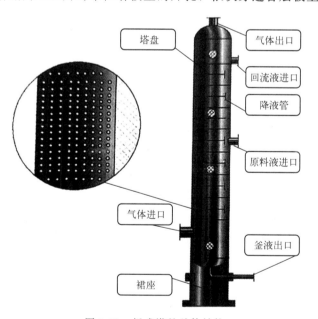

图 1-16　板式塔的总体结构

M1-6　板式塔结构

一、板式塔的流体力学性能

1. 塔板上气液两相的接触状态

　　气、液两相在塔板上的流动情况和接触状态直接影响气液两相的传质和传热效果。实验研究表明，气液两相在塔板上的接触状态主要与气体通过塔板上元件的速度和液体的流量等因素有关，一般可分为 3 种接触状态。

（1）鼓泡接触状态 当气体通过塔板的气速很低时，气体以分散的气泡形式通过塔板上液层。这种接触状态称为鼓泡接触状态，如图 1-17（a）所示。此时，塔板上有大量的清液层，通过液层的气泡数量少，气液两相接触面积不大，气液两相湍动程度也不剧烈。因此，在鼓泡接触状态时，塔板上气液两相传质效率低、传质阻力较大。在鼓泡接触状态下，气相为分散相，液相为连续相。

（2）泡沫接触状态 随着气速的增加，气体通过液层的气泡数量也急剧增加，气泡之间不断碰撞和破裂。塔板上液体大部分形成液膜，存在于气泡之间，但在塔板表面还是存在一层很薄的清液层，如图 1-17（b）所示。在这种状态下，气液两相湍动较为剧烈，气泡和液膜表面由于不断的合并与破裂而更新，两相接触面积不再是鼓泡状态时的气泡表面，而是很薄的液膜，所以气液两相传质效率高。在泡沫接触状态下，仍是气相为分散相、液相为连续相。

（3）喷射接触状态 当气速增加到一定程度时，由于气相动能很大，气流以喷射状态穿过塔上液层，将液体分散成许多大小不等的液滴，并随气流抛向塔板上方，然后由于重力作用，液滴会落下，又形成很薄的液膜，再次与喷射气流接触，破裂成液滴而抛出，如图 1-17（c）所示。在喷射接触状态下，液滴数量多而且在不断更新，气相转变为连续相、液相转变为分散相，因此传质面积大、传质效率高。

 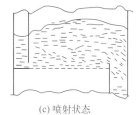

(a) 鼓泡状态　　　　　　　(b) 泡沫状态　　　　　　　(c) 喷射状态

图 1-17　气液两相在塔板上的接触状态

M1-7　鼓泡接触　　　**M1-8　泡沫接触**　　　**M1-9　喷射接触**
状态　　　　　　　　　　**状态**　　　　　　　　　　**状态**

处于泡沫接触状态和喷射接触状态时，接触面积大而且不断更新，因此工业上多数传质过程都控制在这两种状态下操作。

2. 塔板压降

上升的气流通过塔板时需要克服以下几种阻力：塔板本身的干板阻力（即板上各部件所造成的局部阻力）、板上充气液层的静压力，以及液体的表面张力。气体通过塔板时克服的这三部分阻力之和就形成了该板的总压降。

气体通过塔板时的压降是影响板式塔操作特性的重要因素，因为气体通过各层塔板的压降直接影响塔底的操作压力。特别是对真空精馏，塔板压降成为主要性能指标，因为塔板压降增大，导致釜压升高，便失去了真空操作的特点。

而从另一方面分析，若精馏过程的干板压降增大，一般可使塔板效率提高；若使板上液层适当增厚，则气液传质时间增长，效率也会提高。因此，进行塔板设计时，应全面考虑各种因素对塔板效率的影响，在保证较高塔板效率的前提下，力求减小塔板压降，以降低能耗及改善塔的操作性能。

3. 液面落差

当液体横向流过板面时，为克服板面的摩擦阻力和板上部件（如泡罩、浮阀等）的局部阻力，需要一定的液位差，这就形成了塔板上液体由进入到离开的液面落差。液面落差过大，将导致气流分布不均，从而造成漏液现象，使塔板的效率下降，因此在塔板设计中应尽量减小液面落差。

二、塔板结构

塔板有整块式和分块式两种。直径（$D \leqslant 800\text{mm}$）较小的塔板多采用整块式，直径（$D \geqslant 1200\text{mm}$）较大的塔板多采用分块式，直径介于 $800 \sim 1200\text{mm}$ 的塔板可视具体情况做出选择。现以筛孔塔板为例介绍塔板的结构。

1. 塔板布置

不同类型塔板的板面布置大同小异。图 1-18 为单溢流筛板塔的板面布置和结构参数，按塔板板面所起作用的不同可分为 4 个区域。

（1）鼓泡区 图 1-18 中虚线以内的区域，也称开孔区，为气液接触的有效传质区域。开孔区面积以 A_a 表示。

（2）溢流区 指降液管及受液盘所占的区域。其中，降液管所占面积以 A_f 表示，受液盘所占面积以 A_f' 表示。对于最常见的垂直降液管，$A_f = A_f'$。

（3）安定区 鼓泡区与溢流区之间的不开孔区域。在塔板上的液流入口处，液层很厚，如果开孔，可能会有大量液体从此处直接漏下，为此在受液盘和开孔区之间设置宽度为 W_s' 的入口安定区。如果在液流出口附近开孔，可能会有大量的气泡被液流夹带到降液管内，为此在开孔区和溢流堰之间设置宽度为 W_s 的出口安定区。进行塔板设计时，入口安定区宽度通常在 $50 \sim 100\text{mm}$ 内选取，出口安定区宽度通常在 $70 \sim 100\text{mm}$ 内选取。对于直径小于 1m 的塔，安定区的宽度要选得更小一些。

（4）边缘区 边缘区指塔板上靠近塔壁处设置的宽度为 W_c 的不开孔区域，也称无效区，为支承塔板的边梁之用。小塔边缘区宽度一般为 $30 \sim 50\text{mm}$，大塔一般为 $50 \sim 70\text{mm}$。

2. 溢流装置

筛板塔的溢流装置包括溢流堰、降液管和受液盘等，如图 1-18 所示。正常工作时，液体从上层塔板的降液管流至本层塔板的受液盘，横向流过开有筛孔的塔板，越过溢流堰，进入该层塔板的降液管。

（1）降液管 降液管一方面是液体从上一层塔板流向下一层塔板的通道，另一方面也起到气液分离的作用。为充分利用塔板面积，一般采用弓形降液管，但对于小直径的塔，也可以采用圆形降液管。

（2）出口堰 为保证气、液两相在塔板上有足够的相际接触表面，塔板上需要贮有一定厚度的液体。为此，在塔板上液体的出口端设有溢流堰，称出口堰。溢流堰的高度在很大程

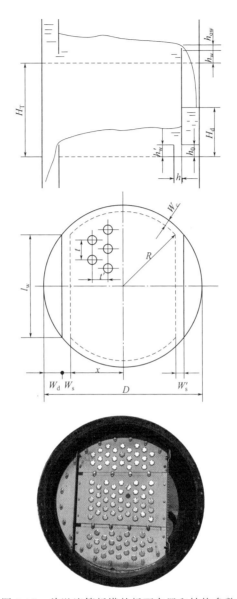

图 1-18 单溢流筛板塔的板面布置和结构参数

h_w—出口堰高，m；h_{ow}—堰上液层高度，m；h_0—降液管底隙高度，m；h_1—进口堰与降液管间的水平距离，m；
h_w'—进口堰高，m；H_d—降液管中清液层高度，m；H_T—塔板间距，m；l_w—堰长，m；W_d—弓形降液管宽度，m；
W_c—无效区宽度，m；W_s、W_s'—出口、入口安定区宽度，m；D—塔径，m；R—鼓泡区半径，m；
x—鼓泡区宽度的 $1/2$，m；t—同一横排的阀孔中心距，m

度上决定着板上液层厚度，从而对两相的接触效果产生很大影响。最常见的溢流堰顶端是平直的，称为平顶堰；对于液体流量很小的塔，宜采用锯齿状的齿形堰。

为了保证液体能够从降液管底部顺畅地流入下一层塔板，降液管与下层塔板之间应有一定的间距。而为了保持液封，防止气体由下层塔板进入降液管，此间距应小于出口堰高度。

（3）进口堰 在塔径较大的塔中，为了减少液体自降液管下方流出的水平冲击，常设置进口堰。为保证液流畅通，进口堰与降液管间的水平距离不应小于降液管与塔板的间距。

3. 溢流方式

降液管的布置方式决定着板上液体流动的路径和溢流方式。常用的溢流方式如图1-19所示。

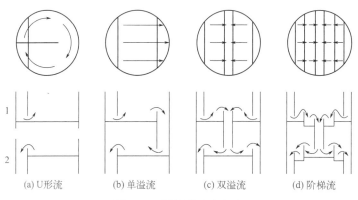

(a) U形流   (b) 单溢流   (c) 双溢流   (d) 阶梯流

图1-19   塔板的溢流方式

（1）U形流（回转流）　以挡板将板面隔成折流通道，同时也将塔体同一侧的弓形隔开，一半作受液盘，另一半作降液管，如图1-19（a）所示。正视图1表示板上液体进口侧，2表示液体出口侧。如此，液体在板上将呈现U形流。U形流的液体流径很长，板面利用率也很高，但板上液面落差很大，仅在小塔或液流量很小的塔中采用。

（2）单溢流（直径流）　液体自受液盘直接流向溢流堰，如图1-19（b）所示。单溢流中，液体流径长，塔板效率高，塔板结构简单，广泛用于直径2.2m以下的塔中。单溢流塔板的结构参数标准见附录四。

（3）双溢流（半径流）　来自上层塔板的液体分别从左、右两侧降液管进入塔板，横向流过半个塔板，进入中间的降液管；在下一层塔板上，液体则由中心流到两侧的降液管，如图1-19（c）所示。双溢流方式行程短因而液面落差小，但塔板结构复杂，且降液管占用塔板面积较多，一般用于直径2m以上的大塔中。

（4）阶梯流　为减小液面落差而不缩短液体行程，可以把塔板做成阶梯形，每一个阶梯均有溢流堰，如图1-19（d）所示。这种塔板结构更为复杂，仅在塔径很大、液流量很大的特殊场合使用。

三、塔板类型的选择

塔板是气液两相接触传质的基本构件，直接决定塔的性能。为有效地实现两相之间的传质，必须保证气体和液体在塔板上保持密切而充分的接触，形成足够大而且不断更新的相际接触表面，减小传质阻力。

评价塔板性能优劣的指标通常包括生产能力、塔板效率、塔板压降、操作弹性、制造成本等。正是人们对大通量、高效率、大弹性、低压降的追求，推动着新型塔板结构的不断开发和创新。

1. 泡罩塔板

泡罩塔板主要由升气管和泡罩构成，结构如图1-20所示。泡罩安装在升气管顶部，分圆形和条形两种，前者使用较广。泡罩有ϕ80mm、ϕ100mm、ϕ150mm三种尺寸，可根据塔径大小进行选择。泡罩在塔板上呈正三角形排列，底缘开有很多齿缝。操作时，齿缝浸没于液层之中形成液封，升气管顶部应高于齿缝上沿，以防止液体从中漏下。上升气体通过齿缝进入液层时，被分散成许多细小的气泡或流股，在板上形成鼓泡层和泡沫层，为气液两相提供了大量的传质界面。

　　泡罩塔板的优点是不易发生漏液现象，操作弹性较大，塔板不易堵塞；缺点是结构复杂，造价高，塔板压降大，生产能力及板效率较低。泡罩塔板是在 1813 年随着工业蒸馏操作的兴起而出现的，但由于上述的明显缺点，现正在被其他类型的塔板所取代。

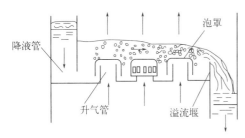

图 1-20　泡罩塔板　　　　　　　　　　**M1-10　泡罩塔板
介绍**

2. 筛孔塔板

　　筛孔塔板简称筛板，顾名思义为在塔板上开有许多均匀的小孔，图 1-16 板式塔的总体结构中所展示的塔板即为筛板。根据孔径大小，可分为小孔径筛板（3～8mm）和大孔径筛板（10～25mm）。筛孔在塔板上通常呈正三角形排列。在正常的操作气速下，通过筛孔上升的气流应能阻止液体经筛孔向下泄漏。

　　筛板的优点是结构简单，造价低廉，板上液面落差小，气体压降低，生产能力及传质效率较泡罩塔板高。缺点是操作弹性小，筛孔小时易堵塞，不宜处理易结焦、黏度大的物料。采用大孔径筛板可以很好地解决这一问题，但需要有效控制气速、防止严重漏液。

　　筛板的出现略迟于泡罩塔板，但长期被认为操作弹性小、不易稳定，故过去工业上应用较为谨慎。20 世纪 50 年代以来，人们对筛板塔的结构、性能做了较为充分的研究，加之设计和控制水平的不断提高，因此筛板塔的应用日趋广泛。特别是当面对真空精馏时，使用筛板更能发挥其压降小的优势，以降低塔的操作温度。

　　筛板的结构一直在不断改进。导向筛板，又称林德筛板，最早应用于要求低压降的空分装置中，1963 年后开始应用于乙苯-苯乙烯等精馏装置中。北京化工大学从 20 世纪 70 年代展开了对导向筛板的系统研究，于 2004 年推出了高效导向筛板并获得专利授权，结构如图 1-21 所示。高效导向筛板在普通筛板的基础上做了两项改进：一是在塔板上增设了百叶窗导向孔，通过导向孔的气体推动液体均匀稳定地向前流动，克服了普通塔板上的液面落差和液相返混，提高了生产能力和塔板效率；二是在液流的入口处设置了凸成斜台状的鼓泡促进器，有助于液体进入塔板就能较好地鼓泡，带来了良好的气液接触与传质效果。高效导向筛板具有生产能力大、塔板效率高、塔压降低、结构简单、造价低廉、维修方便等优点。

3. 浮阀塔板

　　浮阀塔板出现于 20 世纪 50 年代，其兼具泡罩塔板和筛孔塔板的优点，操作弹性大、塔板效率高、生产能力大而气体压降低，现已成为炼油、化工等行业应用最广泛的塔板类型。

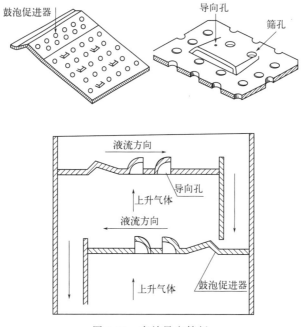

图 1-21   高效导向筛板

图 1-22（a）所示为在我国广泛使用的 F-1 型浮阀，阀片为圆形（直径 48mm），带有三条"腿"，插入阀孔（直径 39mm）后将各腿底脚扳转 90°，确保阀片不被通过阀孔的高速气流带走。阀片周边冲出三块略向下弯的定距片，当气速很低时，定距片与塔板呈点状接触，使阀片主体与塔板保持一定的距离，避免阀片启闭不均的脉动现象。同时，这种点接触也可防止停工后阀片与板面黏结。

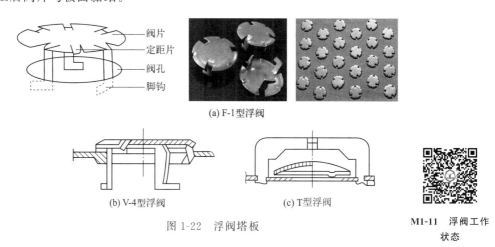

图 1-22   浮阀塔板

M1-11   浮阀工作状态

F-1 型浮阀分重阀与轻阀两种：重阀采用厚度为 2mm 的薄钢板冲制，每阀质量约为 33g；轻阀采用厚度为 1.5mm 的薄钢板冲制，每阀质量约为 25g。一般情况下采用重阀，只有处理量大且要求压降很低的系统（如减压塔）才用轻阀。关于 F-1 型浮阀更详细的参数请参阅国家机械行业标准（NB/T 10557—2021）。

除 F-1 型浮阀外，较常用的浮阀还有 V-4 型和 T 型，分别如图 1-22（b）、（c）所示。V-4 型浮阀结构与 F-1 型浮阀类似，只是阀孔被冲成向下弯曲的文丘里形，目的是减小板压降，以便用于减压精馏。T型浮阀采用拱形阀片，由固定于塔板上的支架来限制其活动范围，这种浮阀结构复杂，适于处理含固体颗粒和易聚合的物料。

4.喷射型塔板

上述三种塔板（尤其是筛板）若气速过高，会造成较为严重的液沫夹带现象，使塔板效率下降，因而生产能力受到一定限制。为解决这一矛盾，研究人员开发出了喷射型塔板。

喷射型塔板的主要特点是气体通道中的气流方向和塔板倾斜有一个较小的角度，气体从气流通道中以较高的速度（可达 20～30m/s）喷出，将液体分散为细小液滴，以获得较大的传质面积，且液滴在塔板上反复多次落下和抛起，传质表面不断更新，促进了两相之间的传质。即使气体流速较高，但因气体以倾斜方向喷出，气流带出的液滴向上分速度较小，液沫夹带量亦不致过大。另外塔板上气流与液流的流动方向一致，气流起到了推动液体流动的作用，液面落差小，塔板上液层薄。

图 1-23 所示为固定舌形塔板。在塔板上冲出许多舌孔，方向朝塔板液流出口一侧张开，舌片与板面成一定角度，有 18°、20°、25°三种，一般以 20°应用最广；舌片尺寸有 50mm×50mm 和 25mm×25mm 两种，舌孔按正三角形排列。塔板的液流出口侧不设溢流堰，只保留降液管，降液管截面积要比一般塔板设计得大些。操作时，上升的气流沿舌片喷出，其喷出速率可达 20～30m/s。舌形塔板的优点是生产能力大、塔板压降低、传质效率较高，缺点是操作弹性较小，气体喷射作用易使降液管中的液体将气泡夹带至下层塔板，从而降低塔板效率。

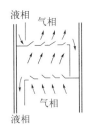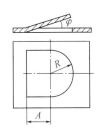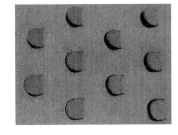

图 1-23 固定舌形塔板　　　　　　　　　　　　M1-12 浮舌工作
状态

浮舌塔板是在舌形塔板的基础上改进而来的，其舌片可上下浮动。因此，浮舌塔板兼有浮阀塔板和固定舌形塔板的特点，具有处理能力大、压降低、操作弹性大等优点，特别适宜于热敏性物系的减压分离。

斜孔塔板是另一种典型的喷射型塔板。其由我国清华大学在 20 世纪 70 年代开发，具有自主知识产权，经过几十年的实验研究和工业实践，技术上趋于成熟，在工业上特别是在石油炼制行业得到了广泛应用。斜孔塔板的结构如图 1-24 所示，斜孔的开口方向与液流方向垂直，同一排孔的孔口方向一致，相邻两排开孔方向相反。这样，相邻两排孔的气体向相反方向喷出，不会对喷，既可得到水平方向较大的气速，又阻止了液沫夹带，使板面上液层低而均匀。气体和液体不断分散和聚集，表面不断更新，气液接触良好，传质效率提高。斜孔塔板克服了筛孔塔板、浮阀塔板和舌形塔板液层厚度不均的缺点，生产能力比浮阀塔板大30%左右，效率与之相当，但结构更为简单。

5.立体塔板

上述介绍的塔板均属平面式塔板。从充分利用塔板空间的角度考虑，采用立体结构可将

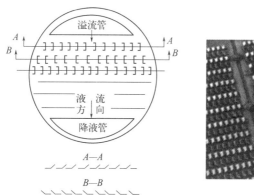

图 1-24　斜孔塔板

气液接触传质区域从塔板上的泡沫层扩展到塔板空间。20 世纪 60 年代日本三井造船公司开发了一种立体结构的并流喷射型垂直筛板（VST），其具有气体处理量大、效率高、板压降低和操作范围宽的优点。

河北工业大学在对立体塔板进行深入研究的基础上，开发了一系列大通量高效立体传质塔板（combined trapezoid spray tray，CTST），已获多项国家发明专利并获 2012 年国家科技进步奖二等奖。如图 1-25 所示，CTST 由塔板、梯形喷射罩和分离板组成。塔板上是矩形开孔，矩形开孔上方是喷射罩，喷射罩两侧是带筛孔的喷射板，两端为梯形端板，上部为分离板，喷射板和分离板之间有气液通道。喷射板与塔板间有一定的底隙，是液体进入罩体的通道。CTST 塔板的特殊结构决定了其喷射工况特点：气液经过拉膜、碰顶返回、破碎、喷射、互喷、分离六个过程，气液传质面积增大，传质区域扩大到立体空间，同时又利用分离板使气液两相有效分离，减少雾沫夹带。与浮阀塔板相比，CTST 塔板效率提高 10% 以上，通量可提高 50%～100%，压降低 20% 以上，操作弹性高达 5.4～7.2。如某炼油厂常压蒸馏塔，原为浮阀塔板，经改造成该立体塔板后，生产能力提高了 1 倍以上，塔底蒸汽量比设计值降低 36.7%，单板压降降低，油品质量提高。

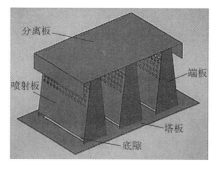

图 1-25　CTST 立体传质塔板

　【任务实施】

根据上述塔板类型的介绍，可以总结出工业上常见的几种塔板的性能特点，如表 1-3 所示。

▶ 表 1-3 工业上常见的几种塔板性能比较

塔板类型	相对生产能力	相对塔板效率	操作弹性	压降	结构	相对成本
泡罩塔板	1.0	1.0	中	高	复杂	1.0
筛孔塔板	1.2～1.4	1.1	低	低	简单	0.4～0.5
浮阀塔板	1.2～1.3	1.1～1.2	大	中	一般	0.7～0.8
舌形塔板	1.3～1.5	1.1	小	低	简单	0.5～0.6
斜孔塔板	1.5～1.8	1.1	中	低	简单	0.5～0.6

任务描述中某企业 10000kg/h 的苯-甲苯混合液分离任务，生产负荷较大，产品纯度要求高，但相对挥发度较大，也不易结焦，故选择筛孔塔板或浮阀塔板均可满足要求。但当生产要求操作弹性较大时，更宜选择浮阀塔板。

【思考与实践】

采用新型高效的精馏塔板可大幅提升塔的处理能力或产品品质。保持追踪行业前沿是化工人重要的职业态度。请查阅 1 个通过更换新型塔板对精馏塔进行改造的生产案例，并分析该新型塔板是如何增强分离性能的。

任务四 精馏操作参数的计算与分析

【任务描述】

任务三中提到的某企业 10000kg/h 的苯-甲苯混合液分离任务，在已选择了筛板塔（或浮阀塔）完成任务的基础上，请继续完成下列设计内容：

（1）混合液中苯的质量分数为 40%，请根据装置下达的产品质量指标或回收率，求出苯和甲苯产品的产量。

（2）为该分离任务选择适宜的操作参数，如进料热状态、进料位置、回流比等。

（3）计算达到指定分离要求所需要的塔高和塔径。

（4）计算冷热公用工程消耗量。

【知识准备】

一、产品产量和组成的计算与分析

通过对精馏塔进行全塔物料衡算，可以求出塔顶、塔底产品的产量和组成。

对图 1-26 所示的连续精馏装置作物料衡算，并以单位时间为基准，则：

总物料：
$$F = D + W \tag{1-12}$$

易挥发组分：
$$F x_F = D x_D + W x_W \tag{1-13}$$

式中　F，D，W——原料、塔顶产品、塔底产品的流量，
kmol/s 或 kmol/h；

x_F，x_D，x_W——原料、塔顶产品、塔底产品中易挥发
组分的摩尔分数。

精馏计算中，原料的流量和组成通常为已知，联立式（1-12）
和式（1-13），可用于解决下述问题：规定两种产品的组成，
求其产量；规定一种产品的产量和组成，求另一种产品的产
量和组成。

除了产品组成外，规定的分离要求还可有下列形式：

规定馏出液的采出率或釜残液的采出率：

$$\frac{D}{F}=\frac{x_F-x_W}{x_D-x_W} \tag{1-14}$$

$$\frac{W}{F}=\frac{x_D-x_F}{x_D-x_W} \tag{1-15}$$

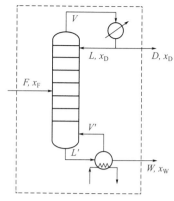

图 1-26　精馏塔的全塔物料衡算

规定塔顶易挥发组分的回收率或塔底难挥发组分的回收率：

$$\eta_D=\frac{Dx_D}{Fx_F}\times100\% \tag{1-16}$$

$$\eta_W=\frac{W(1-x_W)}{F(1-x_F)}\times100\% \tag{1-17}$$

全塔物料衡算既可用于计算产品的产量和组成，更可用于分析产品的产量、组成与进料
量、进料组成间的相互制约关系。显然，组分的回收率应小于或等于 1，即 $Dx_D\leqslant Fx_F$，或
$x_D\leqslant Fx_F/D$。当 F 和 x_F 一定时，如果 D 取得过大，即使精馏塔有足够的分离能力，塔顶
仍得不到高纯度的产品。

榜样力量

　　余国琮（1922—2022），中国科学院院士，我国精馏分离学科创始人、现代工业精馏
技术的先行者、化工分离工程科学的开拓者。他始终将"国之所需，心之所向"作为科学
研究孜孜以求的动力源泉。1958 年，我国刚刚起步的核工业面临危机，自主开发重水生
产技术成为当务之急。余国琮肩负起周恩来总理的重托"现在有人要卡我们的脖子，我们
一定要争一口气！"，率领团队在极其简陋的条件下刻苦攻关，终于在 1965 年研发出重水
生产技术，为新中国核工业起步做出了重要贡献。20 世纪 80 年代初，我国首批巨资引进
的大庆油田原油稳定装置因无法适应我国原油的特殊性，投运后无法正常运行。余国琮带
领团队攻坚克难，应用自主技术对装置实施改造，使改造后装置的技术指标不仅成功达到
而且远远超过了原设计，大大助长了中国人的志气。此后，他又带领团队对我国全套引进
的燕山石化 30 万吨/年乙烯装置等一系列超大型精馏塔进行"大手术"，助推了我国石化
工业的跨越式发展。余国琮认为，工业技术的革命性创新必须先在基础理论和方法上取得
突破，引入其他学科的最新理论和研究成果。为此他开辟了一个全新的研究领域——化工
计算传质学，从根本上解决现有精馏过程的工业设计中对经验的依赖，使化工过程设计从
一门"技术"逐步走向"科学"。余国琮先生一生爱国奉献、淡泊名利，持之以恒，为我
国的科学和教育事业做出了卓越贡献。

二、精馏塔尺寸的计算

(一) 计算思路与基本假定

精馏塔尺寸主要指塔的有效高度。板式塔的有效高度为塔板数与板间距的乘积。然而精馏过程涉及参数众多，且相互影响，所以塔板数的计算颇为复杂。为了简化过程计算与分析，通常需要做出一些假定。

工程设计时，引入理论板概念，首先求得理论塔板数，然后利用全塔效率予以修正，便可求得实际塔板数。可见，理论塔板数的计算是精馏塔设计型计算的核心内容，那如何顺利求算理论塔板数呢？如前所述，若某物系的气-液相平衡关系已知，则离开任意理论板（第 n 层）的气、液两相组成 y_n 与 x_n 间的关系就已确定；若自第 n 层板下降的液相组成 x_n 与其下一层板（第 $n+1$ 层）上升的气相组成 y_{n+1} 间的关系也能确定，则可逐板确定精馏塔内的气、液相组成分布，因此而得到指定分离要求下的理论板数。上述 y_{n+1} 和 x_n 之间的关系是由精馏操作条件决定的，因此称为操作关系。操作关系可在假定塔内气、液两相呈恒摩尔流动的情况下，由物料衡算求得。

1. 理论板概念

所谓理论板是指这样一种理想化塔板：气、液两相在其上充分接触，且传热及传质阻力为零，因此无论进入该板的气、液两相组成如何，离开时两相均能达到平衡状态，即两相温度相等、组成互成平衡。实际上，由于板上气、液两相接触面积和接触时间是有限的，因此在任何形式的塔板上两相都难以达到平衡状态，但将理论板作为衡量实际板分离程度的最高标准，在计算与分析中是十分有用的。

2. 恒摩尔流假定

恒摩尔气流是指在精馏塔内，从精馏段或提馏段每层塔板上升的气相摩尔流量各自相等，但两段上升的气相摩尔流量不一定相等，即：

精馏段　　$V_1 = V_2 = V_3 = \cdots = V = $ 常数

提馏段　　$V_1' = V_2' = V_3' = \cdots = V' = $ 常数

恒摩尔液流是指在精馏塔内，从精馏段或提馏段每层塔板下降的液相摩尔流量各自相等，但两段下降的液相摩尔流量不一定相等，即：

精馏段　　$L_1 = L_2 = L_3 = \cdots = L = $ 常数

提馏段　　$L_1' = L_2' = L_3' = \cdots = L' = $ 常数

若有 1kmol 蒸气冷凝，相应地有 1kmol 液体汽化，恒摩尔流动的假设才能成立。故恒摩尔流假定成立的条件为：①混合物中各组分的摩尔汽化潜热相等；②气液接触时因温度不同而交换的显热可忽略；③塔设备保温良好，热损失可忽略。

恒摩尔流虽然是一种假定，但有些物系基本上能符合上述条件。本项目后面的计算与分析均是建立在此假定基础上的。

(二) 操作线方程

1. 精馏段操作线方程

按图 1-27 虚线范围（包括精馏段第 $n+1$ 层塔板以上塔段和冷凝器）作物料衡算，以单位时间为基准，得：

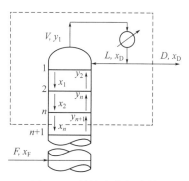

图 1-27　精馏段物料衡算

总物料 $\qquad V=L+D$ $\qquad$ (1-18)

易挥发组分 $\qquad Vy_{n+1}=Lx_n+Dx_D$ $\qquad$ (1-19)

式中　x_n——精馏段中第 n 层板下降液体中易挥发组分的摩尔分数；

$\qquad y_{n+1}$——精馏段中第 $n+1$ 层板上升蒸气中易挥发组分的摩尔分数。

式（1-19）可写成：

$$y_{n+1}=\frac{L}{V}x_n+\frac{D}{V}x_D$$ (1-19a)

将式（1-18）代入式（1-19a）可得：

$$y_{n+1}=\frac{L}{L+D}x_n+\frac{D}{L+D}x_D$$ (1-20)

定义 $R=L/D$ 为回流比，代入式（1-20）可得：

$$y_{n+1}=\frac{R}{R+1}x_n+\frac{1}{R+1}x_D$$ (1-21)

回流比 R 的值由设计者选定，其影响和选择将在后文讨论。

式（1-19a）、式（1-20）和式（1-21）均称为精馏段操作线方程。根据恒摩尔流假定，精馏段内 L 和 V 为定值；对于定态操作，D 和 x_D 也为定值。故该方程在 $y\text{-}x$ 图上为一直线，直线的斜率为 $R/(R+1)$，截距为 $x_D/(R+1)$。由式（1-21）可知，当 $x_n=x_D$ 时，$y_n=x_D$，即精馏段操作线通过点 (x_D,x_D)，该点位于对角线上。连接点 a (x_D,x_D) 和点 $b(0,x_D/(R+1))$，可很方便地在 $y\text{-}x$ 图上作出精馏段操作线，简称精馏线，如图 1-28 所示。

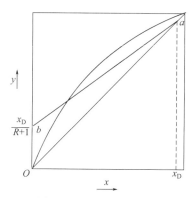

图 1-28　精馏线的作法

【例 1-3】在某两组分连续精馏塔中，精馏段内自第 n 层理论板下降的液相组成 x_n 为 0.65（易挥发组分的摩尔分数，下同），进入该板的气相组成为 0.75，塔内气液摩尔流量之比 V/L 为 2，物系的相对挥发度为 2.5。试求回流比 R、从该板上升的气相组成 y_n 以及进入该板的液相组成 x_{n-1}。

解：（1）回流比 R

由式（1-19a）可以看出，精馏段操作线的斜率为液气比，即

$$\frac{R}{R+1}=\frac{L}{V}=\frac{1}{2}$$

解得 $\qquad R=1$

（2）从第 n 层理论板上升的气相组成 y_n

根据理论板概念，y_n 与 x_n 呈平衡关系，所以：

$$y_n=\frac{\alpha x_n}{1+(\alpha-1)x_n}=\frac{2.5\times0.65}{1+(2.5-1)\times0.65}=0.823$$

（3）进入第 n 层理论板的液相组成 x_{n-1}

根据精馏段操作线方程的物理意义，有 $y_n=\dfrac{R}{R+1}x_{n-1}+\dfrac{x_D}{R+1}$

可见，只需再求出 x_D，即可由该式求得 x_{n-1}，而 x_D 可由已知的 y_{n+1} 与 x_n 间的关系获得。

$$y_{n+1}=\frac{R}{R+1}x_n+\frac{1}{R+1}x_D$$

即　　　　　　　　　　　　$$0.75=\frac{1}{2}\times0.65+\frac{x_D}{2}$$

解得　　　　　　　　　　　　$$x_D=0.85$$

于是　　　　　　　　　　　$$0.823=\frac{1}{2}x_{n-1}+\frac{0.85}{2}$$

解得　　　　　　　　　　　$$x_{n-1}=0.796$$

通过本例，可进一步熟悉精馏段操作线方程和气液平衡方程的物理意义与应用。

2. 提馏段操作线方程

按图 1-29 虚线范围（自提馏段任意相邻两板 m 和 $m+1$ 间至塔底釜残液出口）作物料衡算，得：

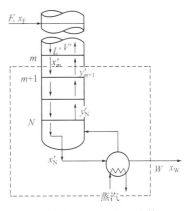

总物料　　　　　$L'=V'+W$　　　　　　(1-22)

易挥发组分　　$L'x'_m=V'y'_{m+1}+Wx_W$　(1-23)

式中　x'_m——提馏段中第 m 层板下降液体中易挥发组分的摩尔分数；

y'_{m+1}——提馏段中第 $m+1$ 层板上升蒸气中易挥发组分的摩尔分数。

联立式（1-22）和式（1-23），可得：

$$y'_{m+1}=\frac{L'}{L'-W}x'_m-\frac{W}{L'-W}x_W \qquad (1-24)$$

图 1-29　提馏段物料衡算

式（1-24）称为提馏段操作线方程。与精馏段的分析类似，该方程在 y-x 图上亦为一直线，直线的斜率为 $L'/(L'-W)$，截距为 $-Wx_W/(L'-W)$，且通过点 (x_W,x_W)。

提馏段内液体的摩尔流量 L' 不如精馏段 L（$L=RD$）那样容易求得，因为 L' 不仅与 L 的大小有关，而且受进料量及进料热状态的影响。

3. 进料热状态

由气液相平衡的 t-x-y 图（图 1-2）可知，进入精馏塔的原料可能有 5 种热状态，即过冷液体、饱和液体、气液混合物、饱和蒸气和过热蒸气。

（1）引入进料热状态参数的提馏段操作线方程　为了定量地表达进料量一定时，各种进料热状态下 L' 与 L 的关系，需要定义一个进料热状态参数。为此，对图 1-30 所示虚线范围

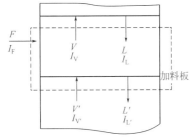

图 1-30　进料板上的物料
衡算和热量衡算

内的进料板分别作物料衡算和热量衡算，以单位时间为基准，得：

物料衡算　　　$F+V'+L=V+L'$　　　(1-25)

热量衡算　$FI_F+V'I_{V'}+LI_L=VI_V+L'I_{L'}$　(1-26)

式中　I_F——原料液的焓，kJ/kmol；

I_V，$I_{V'}$——进料板上、下处饱和蒸气的焓，kJ/kmol；

I_L，$I_{L'}$——进料板上、下处饱和液体的焓，kJ/kmol。

由于与进料板相邻的上、下板的温度及气、液相组成

各自都很接近，故有 $I_V \approx I_{V'}$ 和 $I_L \approx I_{L'}$。

联立式（1-25）和式（1-26）可得：

$$\frac{L'-L}{F}=\frac{I_V-I_F}{I_V-I_L} \tag{1-27}$$

从热量的角度，定义：

$$q=\frac{I_V-I_F}{I_V-I_L} \tag{1-28}$$

q 称为进料热状态参数，式（1-28）显示其物理意义为：将 1kmol 进料变为饱和蒸气所需热量与原料液的千摩尔汽化潜热之比。根据该含义，可用热负荷计算式（1-29）得出不同进料热状态下的 q 值。

$$q=\frac{c_{pL}(t_b-t_F)+r}{r} \tag{1-29}$$

式中 c_{pL}——原料液的平均比热容，kJ/(kg·℃)；

$\quad\quad t_b$——原料液的泡点，℃；

$\quad\quad t_F$——原料液的温度，℃；

$\quad\quad r$——原料液的汽化潜热，kJ/kg。

计算得知，进料越"热"，q 值越小。5 种进料热状态下的 q 值（范围）为：

① 冷液进料 $q>1$

② 饱和液体进料 $q=1$

③ 气液混合物进料 $q=0\sim1$

④ 饱和蒸气进料 $q=0$

⑤ 过热蒸气进料 $q<0$

从物料的角度，式（1-27）可写为：

$$q=\frac{L'-L}{F} \tag{1-30}$$

式（1-30）表明，从物料的角度，q 值为以 1mol/h 进料为基准，提馏段中液相流量比精馏段中液相流量增加的值。对于泡点、气液混合物及露点三种进料状态而言，q 值即为进料中的液相分数。

由式（1-30）可得：

$$L'=L+qF \tag{1-31}$$

将式（1-31）代入式（1-25），可得：

$$V=V'+(1-q)F \tag{1-32}$$

式（1-31）和式（1-32）表达了进料量一定时，塔内精馏段和提馏段中液相流量间的关系及两段中气相流量间的关系均取决于进料热状态参数，其关系如图 1-31 所示。

将式（1-31）代入式（1-24），则提馏段操作线方程可写为：

$$y'_{m+1}=\frac{L+qF}{L+qF-W}x'_m-\frac{W}{L+qF-W}x_W \tag{1-33}$$

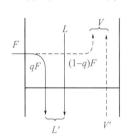

图 1-31 基于进料热状态参数的精馏段和提馏段的液、气相流量间的关系

需要指出的是，在明确精馏段和提馏段操作线方程物理意义的基础上，为简洁起见，通常略去各塔板气、液组成的上下标，

如式（1-33）可简写为：

$$y = \frac{L+qF}{L+qF-W}x - \frac{W}{L+qF-W}x_W \tag{1-33a}$$

【例1-4】 在一连续操作的精馏塔中分离含甲醇 0.45（摩尔分数，下同）的甲醇-水溶液，其流量为 100kmol/h。现要求馏出液中甲醇含量为 0.96，釜残液中甲醇含量为 0.03，回流比为 2.6。试求以饱和液体进料时，该塔的提馏段操作线方程。

解：提馏段操作线方程由式（1-33）求得，其中 L 和 W 未知，而 $L=RD$，所以首先需要进行全塔物料衡算求出 D。

将已知数据代入全塔物料衡算，得：

$$D+W=100$$
$$0.96D+0.03W=0.45\times100$$

解得
$$D=45.2\text{kmol/h},\quad W=54.8\text{kmol/h}$$
$$L=RD=2.6\times45.2=117.5\text{kmol/h}$$

饱和液体进料，$q=1$

所以，提馏段操作线方程为：

$$y'_{m+1} = \frac{L+qF}{L+qF-W}x'_m - \frac{W}{L+qF-W}x_W = \frac{117.5+100}{117.5+100-54.8}x - \frac{54.8\times0.03}{117.5+100-54.8}$$
$$=1.337x-0.010$$

由本例的计算结果可知，提馏段操作线的截距很小，且为负值，一般情况下均为如此。同时，x_W 的数值也很小，因此采用连接点（x_W,x_W）与截距的方法不易准确作出提馏线，而且这种作图方法不能直接反映进料热状况对提馏线的影响，所以需要采用其他方法。

（2）提馏线的作法　解决问题的思路为：再找出提馏线上的一个点，与点（x_W,x_W）相连，作出提馏线。因精馏段与提馏段通过进料而关联，故精馏线与提馏线必存在一个交点，联立两操作线方程可得到该点。

略去式（1-19）和式（1-23）中变量的上、下标，可得：

$$Vy=Lx+Dx_D$$
$$V'y=L'x-Wx_W$$

上二式相减得

$$(V'-V)y=(L'-L)x-(Dx_D+Wx_W) \tag{1-34}$$

将式（1-31）、式（1-32）和式（1-13）代入式（1-34），并整理得：

$$y=\frac{q}{q-1}x-\frac{x_F}{q-1} \tag{1-35}$$

式（1-35）称为进料方程或 q 线方程，表明了两操作线交点的轨迹。在连续定态操作中，当进料热状况一定时，进料方程标绘在 y-x 图上也表现为一条直线，该线称为 q 线，斜率为 $q/(q-1)$，截距为 $-x_F/(q-1)$，且通过点（x_F,x_F）。

提馏线的作法如图 1-32 所示：通过点 $d(x_F,x_F)$ 作斜率为 $q/(q-1)$ 的直线 df 即为 q 线，q 线与精馏线相交于点 e；连接点 e 和点 $c(x_W,x_W)$，即可得到提馏段操作线。

（3）进料热状态对提馏段操作线的影响　进料热状态不同，q 线的斜率就不同，q 线和精馏段操作线的交点也会随之移动，从而提馏段操作线的位置也会发生相应变化。当进料组成 x_F、回流比 R 及分离要求（x_D 及 x_W）一定时，进料热状态对 q 线及提馏段操作线的影响如图 1-33 所示。

由图 1-33 可以看出，进料组成一定时，随着进料变"热"，q 线向逆时针方向旋转，q 线与精馏段操作线的交点向下移动，操作线逐渐向平衡线靠近，该变化对精馏过程的影响将在图解法求理论塔板数时显现。

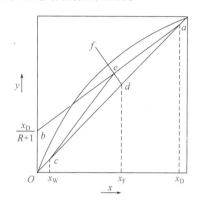 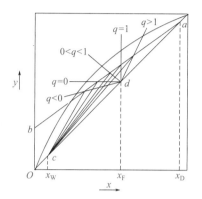

图 1-32　q 线和提馏段操作线的作法　　　图 1-33　进料热状态对操作线的影响

(三) 理论塔板数的计算

理论塔板数的计算思路为：对于已知的物系（F、x_F、α），按照规定的分离要求（D 或 W，x_D 或 x_W）和所确定的操作条件（p、q 及 R），交替利用平衡关系和操作关系，逐级得到气、液相平衡组成，便可确定出所需理论塔板数和适宜的进料位置。工程上确定理论塔板数的方法主要有逐板计算法和图解法。

1. 逐板计算法

① 如图 1-26 所示，塔顶为全凝器，则离开第 1 层理论板的气相组成与馏出液（以及回流液）的组成完全相同，即

$$y_1 = x_D$$

② 根据理论板概念，自第 1 层理论板下降的液相组成 x_1 与 y_1 符合平衡关系，即

$$x_1 = \frac{y_1}{\alpha - (\alpha - 1)y_1}$$

③ 根据操作线方程的物理意义，自第 2 层理论板上升的蒸气组成 y_2 与 x_1 符合操作关系，即

$$y_2 = \frac{R}{R+1}x_1 + \frac{x_D}{R+1}$$

如此交替利用气液平衡方程和精馏段操作线方程进行逐板计算，直至 $x_m \leqslant x_q$，其中 x_q 为两操作线交点之横坐标（对于最常见的泡点进料，x_q 即为 x_F）。每使用一次平衡关系，表示需要一块理论板，第 m 块板为进料板。按惯例规定进料板属提馏段，故精馏段所需理论板层数为（$m-1$）。

④ 自进料板以下，改用提馏段操作线方程代替精馏段操作线方程，继续按上述步骤逐板计算，直至 $x'_N \leqslant x_W$ 为止。

若 x_W 为塔底液体经过再沸器部分汽化后排出液体的组成，如图 1-29 所示，且再沸器内气、液两相视为平衡，则再沸器相当于第 N 层理论板，故精馏塔内需要的理论板层

数为（$N-1$）。

逐板计算法结果准确，不仅适用于双组分，也可用于多组分精馏过程的计算。计算机的广泛应用使得以前显得较为烦琐的该方法变成了一种简洁可靠的计算方法。

2. 图解法

图解法求理论塔板数的基本原理与逐板计算法完全相同，只是将气液平衡方程和操作线方程绘于 y-x 图上，以画梯级代替逐级交替计算。该法虽然结果准确性略差，但图解过程简明清晰，且便于分析操作参数变化对理论塔板数的影响，因而在两组分精馏计算中也得到了广泛应用。

图解法步骤如下（参见图 1-34）：

① 在 y-x 图上作平衡线和对角线；

② 作精馏线、q 线和提馏线；

③ 由点 a（x_D，x_D）开始，在平衡线和精馏线之间绘直角梯级：首先从点 a 作水平线与平衡线交于点 1（x_1，y_1），即由点 1 确定出了 x_1；由点 1 作垂线与精馏线相交于点 $1'$（x_1，y_2），即由点 $1'$ 确定出了 y_2；再由点 $1'$ 作水平线与平衡线交于点 2 而确定出 x_2……如此重复，直至梯级跨过两操作线交点 d，则改在平衡线和提馏线之间绘梯级，直至梯级的垂线达到或越过点 c（x_W，x_W）为止。

平衡线上每个梯级的顶点代表一层理论板，跨过点 d 的梯级为进料板，最后一个梯级代表再沸器，总理论板层数为梯级数减 1。

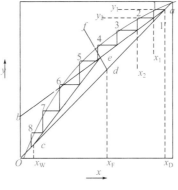

图 1-34　图解过程

M1-13　图解法求
理论板数

3. 进料热状态参数和进料位置对理论塔板数的影响

（1）设计时进料位置不当的影响　用图解法求理论塔板数时，适宜的进料位置设在跨越两操作线交点的梯级上，于一定的分离任务而言所需理论塔板数最少（图 1-34），而图 1-35（a）所示的提前进料和图 1-35（b）所示的滞后进料均会导致理论塔板数的增加。从图解法可以直观地看出，在图 1-35（a）的 3～5 块塔板和图 1-35（b）的 5～7 块塔板，操作线与平衡线趋于相交，两线间距离很近，所以画出的梯级数将会增加。从物理意义上则是，操作已接近平衡，过程的推动力变小，所以需要的理论塔板数增加。

（2）操作时进料位置不当的影响　在实际操作中，塔板数已固定，若进料位置不当，可能会导致馏出液和釜残液不能同时达到要求。进料位置过高，使馏出液中难挥发组分含量增高；反之，进料位置过低，使釜残液中易挥发组分含量增高。

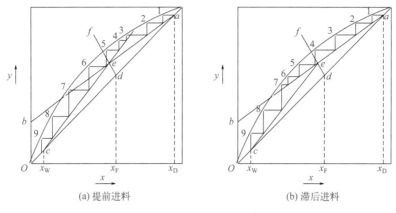

图 1-35   进料位置对理论塔板数的影响

（3）进料热状态参数 q 的影响   当进料组成 x_F 一定时，进料位置随进料热状态而异。由图 1-33 可以看出，随着进料变"热"，进料位置下移。

(四) 有效塔高的计算

板式塔的有效高度指安装塔板部分的高度，不包括塔釜和塔顶空间、人孔等处的高度。实际塔板上气液两相间的传质达不到平衡状态，这种传质的不完善程度用塔板效率来表示。在设计计算中，按如前所述方法计算出理论板层数 N_T 后，可通过全塔效率将理论塔板数换算为实际塔板数，再选择板间距，即可得到实际塔高，即

$$N_P = \frac{N_T}{E_T} \tag{1-36}$$

$$Z = (N_P - 1)H_T \tag{1-37}$$

式中 N_P——实际塔板数；

E_T——全塔效率，%；

Z——板式塔的有效高度，m；

H_T——板间距，m。

1. 板间距的选择

板间距，即相邻两层塔板之间的距离。板间距小，塔高就可以降低。但如果板间距过小，上升气流中的液滴就没有充裕时间沉降下来，上一层塔板的液体也没有充裕时间通过降液管顺利流向下一层塔板，所以会导致较严重的液沫夹带，严重时甚至会发生淹塔事故。设计时通常根据塔径的大小，按表 1-4 中的经验值取整数，如 300、350、400、450、500、600、800mm 等。

▶ 表 1-4   浮阀塔板间距参考数值

塔径 D/m	0.3~0.5	0.5~0.8	0.8~1.6	1.6~2.0	2.0~2.4	≥2.4
板间距 H_T/mm	200~300	300~350	350~450	450~600	500~800	≥800

选取板间距时，还要充分考虑实际情况。例如，塔板层数很多时宜用较小的板间距，易发泡物系宜取较大的板间距，减压塔因气速一般很大宜取较大的板间距，生产负荷波动较大的场合需加大塔板间距以提高操作弹性。

2. 全塔效率的求法

全塔效率又称总板效率。通常板式塔内各层塔板的传质效率是不相同的，总板效率可以反映全塔各层板的平均传质效果，其值恒小于100％。影响总板效率的因素通常可归纳为以下三个方面：

① 物系性质，主要包括密度、黏度、表面张力、扩散系数、相对挥发度等；

② 操作参数，主要包括温度、压力、气体流量、液体流量等；

③ 塔板结构，主要包括塔板类型、塔径、板间距、开孔率及堰高等。

总板效率的影响因素多而复杂，一般可采用下列两种方法来确定：一是从条件相近的生产装置或中试装置中取得经验数据，这种数据最为可靠；二是用经验关联式估算，比较有代表性的是奥康内尔（O'Connell）经验估算方法。该法将总板效率对液相黏度与相对挥发度的乘积进行关联，得到如图1-36所示的曲线，该曲线也可用下式表达：

$$E_T = 0.49(\alpha\mu_L)^{-0.245} \tag{1-38}$$

式中　α——塔顶与塔底平均温度下的相对挥发度；

　　　μ_L——按进料组成计算的塔顶与塔底平均温度下的液相黏度，mPa·s。

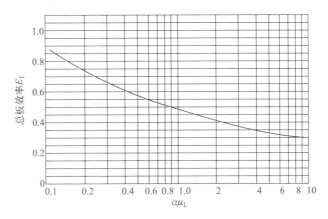

图1-36　奥康内尔关联图

应予指出，图1-36及式（1-38）是根据若干老式的工业塔及试验塔的总板效率关联的，对于新型高效塔板，总板效率要适当提高。

3. 单板效率的含义

上述总板效率是基于所需理论板数的概念而定义的。反映某一层塔板传质效果的参数称为单板效率，又称默弗里（Murphree）板效率，各层塔板的单板效率通常各不相等。即使塔内各单板效率相等，总板效率在数值上也不等于单板效率，因为二者定义的基准不同。

单板效率基于某块塔板的理论增浓程度而定义，指气相或液相经过一层塔板前后的实际组成变化与经过该层塔板前后的理论组成变化的比值，可基于气相或液相组成的变化以下述两种方式表达：

气相默弗里效率

$$E_{MV} = \frac{y_n - y_{n+1}}{y_n^* - y_{n+1}} \tag{1-39}$$

液相默弗里效率

$$E_{ML} = \frac{x_{n-1} - x_n}{x_{n-1} - x_n^*} \tag{1-40}$$

式中　y_n^*——与x_n成平衡的气相组成；

x_n^*——与 y_n 成平衡的液相组成。

(五) 塔径的计算

精馏塔可看作是一段大直径的管道，所以其直径 D 的计算与管径相同，即

$$D = \sqrt{\frac{4q_V}{\pi u}} \tag{1-41}$$

式中　q_V——操作状态下气相的体积流量，m^3/s；

　　　u——空塔气速，即按空塔截面积计算的气体流速，m/s。

计算塔径的关键是确定适宜的空塔气速。空塔气速的上限由严重的液沫夹带或液泛决定，下限由漏液决定。设计中，首先求出最大允许空塔气速 u_{max}，然后根据设计经验乘以一定的安全系数，便可得到适宜的空塔气速 u，通常：

$$u = (0.6 \sim 0.8)u_{max} \tag{1-42}$$

$$u_{max} = C\sqrt{\frac{\rho_L - \rho_V}{\rho_V}} \tag{1-43}$$

式中　C——负荷因子，m/s；

　　　ρ_V——气相密度，kg/m^3；

　　　ρ_L——液相密度，kg/m^3。

负荷因子 C 的值与气液相负荷、物性及塔板结构有关。史密斯（Smith）汇集了大量的泡罩、筛板和浮阀塔数据，整理出如图 1-37 所示的史密斯关联图。

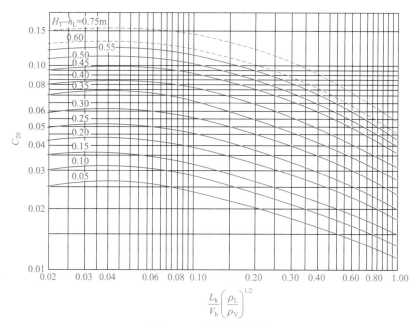

图 1-37　史密斯关联图

V_h、L_h—塔内气、液相的体积流量，m^3/s；ρ_V、ρ_L—塔内气、液相的密度，kg/m^3；

H_T—板间距，m；h_L—板上液层高度，m

横坐标为无量纲比值，反映了气、液相负荷和密度的影响；纵坐标 C_{20} 为液体表面张力 $\sigma = 20mN/m$ 时的负荷因子；参数 $H_T - h_L$ 反映了塔板间液滴沉降空间高度对 C_{20} 的影响。

板间距 H_T 可按表 1-4 选取，板上液层高度 h_L 一般常压塔取 $0.05\sim0.08m$，减压塔取 $0.025\sim0.03m$。

若液体的表面张力 σ_L 为其他值时，负荷因子 C 应按下式进行校正。

$$C=C_{20}\left(\frac{\sigma_L}{20}\right)^{0.2} \tag{1-44}$$

由于进料热状态及操作条件的不同，当算出的精馏段与提馏段塔径相差较大时，可设计成变径塔。若两段塔径相差不大，为简化塔的结构，塔径宜取两段中之较大者。

算出的塔径还需根据标准系列予以圆整。最常用的标准塔径（单位 mm）为 600、700、800、1000、1200、1400、1600、1800、2000、2200、…、4200。

三、回流比的影响和选择

由精馏原理可知，回流是保证精馏塔连续定态操作的必要条件之一。设计中，回流比是影响精馏装置投资费用和操作费用的重要参数；对于现有设备，回流比则对分离效果具有显著影响。回流比有两个极限，上限为全回流，下限为最小回流比。在精馏塔的设计和操作中，应在两极限值之间选定适宜的回流比。

1. 全回流和最少理论塔板数

精馏塔塔顶上升的蒸气经全凝器冷凝后全部回流至塔内的操作方式称为全回流。在全回流操作下，通常既不向塔内进料，也不从塔内取出产品。此时装置的生产能力为零，因此对正常生产无实际意义，但在精馏实验研究中、精馏塔操作的开工阶段或操作严重失稳时，多采用全回流操作，这样可缩短稳定时间且便于操作控制。

全回流时，$D=0$，根据回流比的定义，此时回流比的值为无穷大。因此，精馏段操作线的斜率 $R/(R+1)=1$、截距 $x_D/(R+1)=0$，即在 y-x 图上，精馏段操作线、提馏段操作线与对角线重合，全塔无精馏段和提馏段之分，此时操作线方程可写为：

$$y_{n+1}=x_n \tag{1-45}$$

全回流时操作线距平衡线最远，表示塔内气-液两相间的传质推动力最大，因此对于一定的分离任务而言，所需理论板数为最少，以 N_{min} 表示。

N_{min} 可由在 y-x 图上于平衡线和对角线之间绘梯级求得，也可用平衡方程和对角线方程逐板计算得到。后者经推导可得到全回流条件下的 N_{min} 解析式，称为芬斯克（Fenske）方程，见式（1-46），其中 α_m 为全塔的平均相对挥发度，通常取塔顶和塔底相对挥发度的几何平均值，N_{min} 中不含再沸器。

$$N_{min}=\frac{\ln\left[\left(\dfrac{x_D}{1-x_D}\right)\left(\dfrac{1-x_W}{x_W}\right)\right]}{\ln\alpha_m}-1 \tag{1-46}$$

2. 最小回流比

对于一定的分离要求，若减小回流比，精馏段操作线的斜率 $R/(R+1)$ 将变小，两操作线向平衡线靠近，表示气-液两相间的传质推动力减小，因此达到特定分离要求所需的理论塔板数增多。当回流比减小至某一数值时，两操作线的交点 e 落在平衡线上，如图 1-38 所示，此情况下不论在平衡线和操作线之间绘多少梯级都不能跨过点 e，表示所需的理论板数为无穷多，相应的回流比称为最小回流比 R_{min}。在点 e 附近（通常在进料板上下区域），

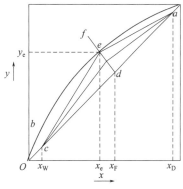

图 1-38　最小回流比的确定

气、液两相组成基本不发生变化，即无增浓作用，故此区域称为恒浓区或夹紧区，e 点称为夹点。

需要强调的是，最小回流比是对于一定原料液、为达到一定分离程度所需回流比的最小值。实际操作回流比应大于最小回流比，否则不论有多少层理论板，都不能达到规定的分离要求。在精馏操作中，因塔板数已固定，不同回流比下操作将达到不同的分离程度，此时也就不存在 R_{min} 问题了。

最小回流比可根据两操作线与平衡线相交时精馏段操作线的斜率求得，如图 1-38 所示，交点为 (x_e, y_e)，此时精馏段操作线的斜率为：

$$\frac{R_{min}}{R_{min}+1} = \frac{x_D - y_e}{x_D - x_e} \tag{1-47}$$

整理可得：

$$R_{min} = \frac{x_D - y_e}{y_e - x_e} \tag{1-48}$$

x_e 和 y_e 的值可由图中读得，也可联立求解 q 线方程和气液平衡方程而得。两种特殊的进料情况分别为：泡点进料时，$x_e = x_F$；露点进料时，$y_e = x_F$。

有些物系的平衡曲线存在下凹部分，如图 1-39 所示，此种情况下夹点可能在两操作线与平衡线交点前出现，如该图（a）的夹点出现在精馏段操作线与平衡线相切的位置，该图（b）的夹点出现在提馏段操作线与平衡线相切的位置。此时，无论是图（a）还是图（b），仍可用式（1-48）求得 R_{min}，但其中 x_e 和 y_e 的值需要更换成相应情况下操作线和 q 线的交点坐标，该坐标可由图中直接读得。

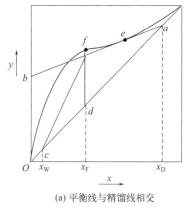

(a) 平衡线与精馏线相交

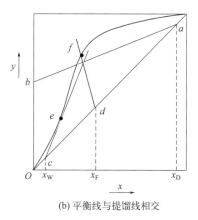

(b) 平衡线与提馏线相交

图 1-39　非正常平衡曲线的 R_{min} 的确定

3. 适宜回流比

适宜回流比的选择是个经济优化问题。总费用（等于设备费用与操作费用之和）为最低时的回流比，称为适宜回流比。

精馏过程的操作费用，主要包括再沸器加热介质消耗量、冷凝器冷却介质消耗量及动力消耗费用。由 $V = (R+1)D$ 和 $V' = V + (q-1)F$ 可知，当 D、F 和 q 一定时，V 和 V' 均随 R 的增加而增加，故加热及冷却介质的用量随之增加，精馏操作费用增加。操作费用和 R

的关系如图 1-40 中曲线 1 所示。

精馏系统的设备费用，当设备类型和材料一经选定，主要取决于塔高（即塔板数）、塔径、再沸器和冷凝器的换热面积等因素。当回流比为 R_{min} 时，需无穷多理论板，故设备费用为无穷大；加大回流比，所需理论板数急剧减小，设备费用显著降低。随着 R 的进一步增加，所需理论板数减小的趋势变缓，与此同时，因 R 的增大（即 V 和 V' 的增加）而导致的塔径、塔板尺寸、再沸器和冷凝器的尺寸均相应增大，所以在 R 增大至某值后设备费用反而增加。设备费用与 R 的关系如图 1-40 中曲线 2 所示。总费用与 R 的关系如图 1-40 中曲线 3 所示，曲线 3 最低点对应的回流比为适宜回流比。

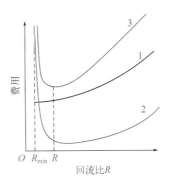

图 1-40　适宜回流比的确定
1—操作费；2—设备费；3—总费用

M1-14　最小回流比的确定

在精馏过程设计中，适宜回流比一般可根据生产经验取为：

$$R = (1.1 \sim 2.0) R_{min} \tag{1-49}$$

四、精馏系统的热量衡算

通过对精馏装置的不同范围进行热量衡算，可求得再沸器和冷凝器的热负荷、加热和冷却介质的消耗量，以及确定热量的合理加入位置。

1. 全塔总热量衡算

进行如图 1-41 所示的全塔热量衡算，有：

$$Q_F + Q_B = D I_D + W I_W + Q_C + Q_L \tag{1-50}$$

式中　Q_F——原料带入的热量，kJ/h；

　　　Q_B——再沸器的热负荷，kJ/h；

　　　Q_C——全凝器的热负荷，kJ/h；

　　　Q_L——再沸器的热损失，kJ/h；

　　　I_D——馏出液的焓，kJ/kmol；

　　　I_W——釜残液的焓，kJ/kmol。

如果分离任务（F、x_F、D、x_D、W、x_W）和操作条件（R）一定，则：

$$Q_F + Q_B = 定值 \tag{1-51}$$

此热量可分别通过原料和再沸器加入。但从热力学角度分析，加入的热量应在全塔发挥作用，即热量首选从再沸器加

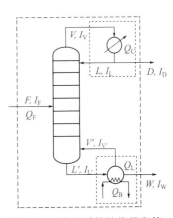

图 1-41　精馏系统的热量衡算

入，原料以泡点状态进料。

2. 冷凝器热量衡算

塔顶冷凝器通常为全凝器。对图 1-41 中的全凝器进行热量衡算，若忽略热损失，则：

$$Q_C = VI_V - (L+D)I_L \tag{1-52}$$

因 $V = L + D$，代入上式得：

$$Q_C = V(I_V - I_L) \tag{1-53}$$

如塔顶饱和蒸气被冷凝为饱和液体，则式（1-53）中的（$I_V - I_L$）为塔顶蒸气的冷凝潜热。

全凝器中冷却介质消耗量 W_C 为：

$$W_C = \frac{Q_C}{c_{pc}(t_2 - t_1)} \tag{1-54}$$

式中　c_{pc}——冷却介质的平均比热容，kJ/(kg·℃)；

t_1，t_2——冷却介质在全凝器的进、出口温度，℃。

3. 再沸器热量衡算

对图 1-41 中的再沸器进行热量衡算，可得：

$$Q_B = V'I_{V'} + WI_W - L'I_{L'} + Q_L \tag{1-55}$$

近似地，$I_W \approx I_{L'}$，且 $V' = L' - W$，则

$$Q_B = V'(I_{V'} - I_{L'}) + Q_L \tag{1-56}$$

式（1-56）中，（$I_{V'} - I_{L'}$）为塔釜液体的汽化潜热。若用饱和蒸汽加热，且冷凝液在饱和温度下排出，则加热蒸汽消耗量 W_h 为：

$$W_h = \frac{Q_B}{r} \tag{1-57}$$

式中　r——加热蒸汽的冷凝潜热，kJ/kg。

由式（1-53）～式（1-57）可以看出，R 越大，V 和 V' 就越大，两换热器的热负荷就越高，冷却剂和加热剂的消耗量也越大。事实上，生产中调节回流比最常用的方式就是靠调节再沸器的热负荷而实现的。需要注意的是，调整再沸器的热负荷时必须相应调整冷凝器的热负荷，才能维持精馏系统的稳态操作。

五、精馏的操作型计算与分析

精馏过程的操作型计算与分析要解决的问题是：在某些参数条件下，塔的运行结果是什么？参数如果发生变化，会对运行结果产生什么样的影响？为消除不利影响，应该采取怎样的调整措施？正确回答这些问题，对于维持生产过程稳定、保证产品质量具有重要意义。操作型计算及影响因素分析所遵循的基本关系与设计型计算完全相同，所采用的方法也是逐板计算法或图解法，但操作型计算更为复杂，往往需借助试差法求解。有些情况下，利用吉利兰（Gilliland）关联图可避免试差计算。

吉利兰关联图可用于初步设计中精馏塔理论板层数的简捷计算。它是用 8 种物系在广泛精馏条件下通过逐板计算得出的结果，主要适用于理想物系，对甲醇-水等非理想物系也适用，还可用于多组分精馏的计算。如图 1-42 所示，吉利兰关联图为双对数坐标图，横坐标为 $(R - R_{min})/(R+1)$，纵坐标为 $(N - N_{min})/(N+2)$，N 和 N_{min} 分别代表理论板层数

和最少理论板层数，均不包含再沸器。求理论板层数时，先根据已知条件求出最小回流比 R_{min} 及全回流条件下的最少理论板层数 N_{min}；选择适宜的操作回流比 R，然后计算出横坐标；利用图 1-42 读出纵坐标，进而求得 N。

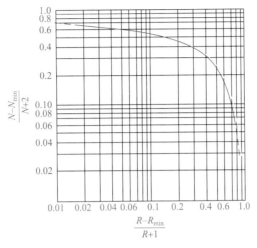

图 1-42　吉利兰关联图

1. 影响因素分析

精馏过程影响因素众多，各种参数与产品的产量、组成以及精馏塔的操作状况之间构成了复杂的因果关系。

【例 1-5】 对一个二元连续精馏塔，若操作中减少塔顶产品的采出量，在维持进料流量、组成、热状态和提馏段上升蒸气流量不变的情况下，试问轻组分回收率如何变化？

解：由 $V=V'+(1-q)F=(R+1)D$ 可知，当 F、q 和 V' 值保持不变时，采出量 D 的减少会使回流比 R 增大，精馏段的液气比相应会增大，这将使塔顶产品纯度 x_D 上升，但据此还无法确定 Dx_D 的变化方向。

再对精馏段进行物料衡算：$V=L+D$，可见 D 减少，精馏段下降液体量 L 将增加，提馏段下降液体量（$L'=L+qF$）也将相应增加，提馏段液气比增加，从而不利于提馏段下降液体的提浓，故 x_W 上升。由全塔物料衡算可知，减少 D 会使塔底产品采出量 W 增加，故 Wx_W 上升，Dx_D 下降，即轻组分回收率下降。本例因 D 减少而导致的 x_D 和 x_W 的变化如本例附图所示。

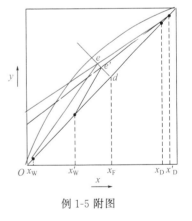

例 1-5 附图

产品组成 x_D 和 x_W 的变化方向往往分别取决于精馏段和提馏段液气比的变化方向。利用物料衡算式（包括全塔的和某段的）确定液气比的变化方向往往是分析操作性问题的关键。生产中，通过减小 D 以增大 R 可提高塔顶产品纯度，固然可解一时之急，但毕竟是以降低轻组分产品的产量和回收率为代价的，并不可取。

2. 操作型计算

典型的二元连续精馏操作型计算问题可描述如下：已知进料量 F、进料组成 x_F 和热状态参数 q，产品产量 D、W，理论板数 N，进料位置（第 m 块板），回流比 R。求产品组成

x_D 和 x_W。

求解步骤如下：

① 假定塔底产品组成 x_W；

② 由全塔物料衡算式（1-13）求出 x_D；

③ 从 y_1（塔顶采用全凝器，$y_1 = x_D$）出发，采用逐板计算法或图解法求出 x_N；

④ 比较 x_N 与假定的 x_W，如果两者足够接近，则本轮结果有效，计算结束；否则返回至第①步，重新假定 x_W，再进行计算，直到 x_N 与假定的 x_W 足够接近为止。

【例 1-6】 某精馏塔有 10 层理论板（包括再沸器），含摩尔分数为 0.55 的苯-甲苯混合液以饱和液体状态连续加入塔内第 6 层塔板。塔顶采用全凝器，回流比为 2.8，塔顶产品的采出率为 0.56。操作条件下物系的平均相对挥发度为 2.5。求：（1）塔顶、塔底产品组成 x_D 和 x_W；（2）若将回流比提高至 4.5，求 x_D 和 x_W。

解：（1）假设塔底产品组成 $x_W = 0.05$，则由全塔物料衡算式（1-13）可知，

塔顶产品组成

$$x_D = \frac{x_F - x_W}{D/F} + x_W = \frac{0.55 - 0.05}{0.56} + 0.05 = 0.9429$$

精馏段操作线方程

$$y = \frac{R}{R+1}x + \frac{x_D}{R+1} = \frac{2.8}{2.8+1}x + \frac{0.9429}{2.8+1} = 0.737x + 0.248$$

提馏段操作线方程

$$y = \frac{RD/F + q}{(R+1)D/F - (1-q)}x - \frac{1 - D/F}{(R+1)D/F - (1-q)}x_W$$

$$= \frac{2.8 \times 0.56 + 1}{(2.8+1) \times 0.56 - (1-1)}x - \frac{1 - 0.56}{(2.8+1) \times 0.56 - (1-1)} \times 0.05$$

$$= 1.207x - 0.010$$

相平衡方程

$$y = \frac{\alpha x}{1 + (\alpha - 1)x} = \frac{2.5x}{1 + 1.5x}$$

从 $y_1 = x_D$ 开始，逐板计算离开各板的气、液相组成，由 x_6 计算 y_7 时改用提馏段操作线方程，直至算出 x_{10}，结果如本例附表 1 所示。

▶ **例 1-6 附表 1**

板号	1	2	3	4	5	6	7	8	9	10
x	0.8686	0.7605	0.6281	0.4959	0.3884	0.3146	0.1898	0.1007	0.0476	0.0194
y	0.9429	0.8881	0.8085	0.7109	0.6135	0.5343	0.3693	0.2187	0.1111	0.0471

$x_{10} = 0.0194$，明显小于所设 x_W，这是由所设 x_W 偏高所致。

重设 $x_W = 0.0305$，则 $x_D = 0.9582$

精馏段操作线方程 $y = 0.737x + 0.252$

提馏段操作线方程 $y = 1.207x - 0.006$

再次进行逐板计算，结果如本例附表 2 所示。

▶ **例 1-6 附表 2**

板号	1	2	3	4	5	6	7	8	9	10
x	0.9017	0.8146	0.6978	0.5674	0.4485	0.3583	0.2290	0.1289	0.0656	0.0305
y	0.9582	0.9165	0.8524	0.7663	0.6703	0.5826	0.4261	0.2700	0.1492	0.0728

$x_{10} = 0.0305$，与本轮所设 x_W 极为接近，故 $x_W = 0.0305$、$x_D = 0.9582$ 即为所求。

（2）回流比为 $R = 4.5$ 时，设 $x_W = 0.0182$，则 $x_D = 0.9678$

精馏段操作线方程　$y = 0.818x + 0.176$

提馏段操作线方程　$y = 1.143x - 0.003$

进行逐板计算，结果如本例附表 3 所示。

▶ 例 1-6 附表 3

板号	1	2	3	4	5	6	7	8	9	10
x	0.9232	0.8443	0.7224	0.5684	0.4167	0.2997	0.1708	0.0871	0.0412	0.0183
y	0.9678	0.9313	0.8668	0.7671	0.6411	0.5169	0.3399	0.1926	0.0970	0.0445

$x_{10} = 0.0183$，与本轮所设 x_W 极为接近，故 $x_W = 0.0183$、$x_D = 0.9678$ 即为所求。

通过本例方法，可以计算某一操作条件下的塔顶、塔底产品组成，以及判断操作条件改变对产品组成的影响。一般来说，如果某一操作条件变化，在设计型计算中可以减少理论板数，则同样的变化在塔板数一定的操作型计算中就可以提高产品纯度。本例中回流比的增加，设计时可以减少达到指定产品纯度所需要的理论塔板数，则在操作中可以提高产品的纯度。

【任务实施】

一、设计基础数据

1. 原料液的流量与组成

流量：10000kg/h；

组成：苯的质量分数 40%，甲苯的质量分数 60%。

2. 产品的质量指标

组分	摩尔质量/(kg/kmol)	质量分数/%
苯	78	97
甲苯	92	2

3. 常压下苯-甲苯的气液平衡数据

温度 t/℃	液相中苯的含量 x_A（摩尔分数）	气相中苯的含量 y_A（摩尔分数）
80.1	1.00	1.00
82.3	0.90	0.957
84.6	0.80	0.909
87.0	0.70	0.854
98.5	0.60	0.791
92.0	0.50	0.713

续表

温度 t/℃	液相中苯的含量 x_A（摩尔分数）	气相中苯的含量 y_A（摩尔分数）
95.3	0.40	0.620
98.5	0.30	0.507
102.5	0.20	0.373
106.2	0.10	0.210
110.6	0.00	0.00

4. 操作温度与压力

位置	温度/℃	压力/kPa
塔顶	80	104
进料板	88	116

二、主要设计参数的计算

1. 产品苯和甲苯的产量

将原料液与产品的质量分数转化成摩尔分数：

$$x_D = \frac{97/78}{97/78 + 3/92} = 0.974$$

$$x_W = \frac{2/78}{2/78 + 98/92} = 0.0235$$

$$x_F = \frac{40/78}{40/78 + 60/92} = 0.44$$

原料液的平均摩尔质量为：

$$M_F = 0.44 \times 78 + 0.56 \times 92 = 85.8 (kg/kmol)$$

原料液的摩尔流量为：

$$F = 10000/85.8 = 116.5 (kmol/h)$$

由全塔物料衡算，可得：

$$D + W = F = 116.5 kmol/h \tag{a}$$

$$0.974D + 0.0235W = 116.5 \times 0.44 kmol/h \tag{b}$$

联立式（a）和式（b），解得：

$$D = 51.05 kmol/h, \quad W = 65.45 kmol/h$$

馏出液中易挥发组分的回收率为：

$$\frac{Dx_D}{Fx_F} \times 100\% = \frac{51.05 \times 0.974}{116.5 \times 0.44} \times 100\% = 97\%$$

2. 塔高的计算

本精馏分离采用最常见的泡点进料，即 $q = 1$。选取回流比 R 为 3.5。根据常压下苯-甲苯的气液平衡数据，得到物系的平均相对挥发度为 2.47。下面分别采用逐板计算法和图解法求取理论塔板数。

（1）逐板计算法

精馏段操作线方程为：

$$y=\frac{R}{R+1}x+\frac{x_{D}}{R+1}=\frac{3.5}{3.5+1}x+\frac{0.974}{3.5+1}=0.778x+0.217$$

提馏段操作线方程为：

$$y=\frac{L+qF}{L+qF-W}x-\frac{W}{L+qF-W}x_{W}$$

$$=\frac{3.5\times51.05+1\times116.5}{3.5\times51.05+1\times116.5-65.45}x-\frac{65.45}{3.5\times51.05+1\times116.5-65.45}\times0.0235$$

$$=1.285x-0.0067$$

气液平衡方程为：

$$x=\frac{y}{\alpha-(\alpha-1)y}=\frac{y}{2.47-1.47y}$$

因塔顶采用全凝器，故：

$$y_{1}=x_{D}=0.974$$

用气液平衡方程由 y_1 求 x_1：

$$x_{1}=\frac{0.974}{2.47-1.47\times0.974}=0.9381$$

用精馏段操作线方程由 x_1 求 y_2：

$$y_{2}=0.778\times0.9381+0.217=0.9469$$

依上述方法逐板计算，因为是泡点进料，当求得 $x_m\leqslant0.44$ 时，该板为进料板。然后改用提馏段操作线方程和平衡方程进行计算，直至 $x_N\leqslant0.0235$ 为止。计算结果列于任务四附表中。

▶ **任务四附表**

序号	y	x	备注
1	0.974	0.9381	
2	0.9469	0.8783	
3	0.9003	0.7852	
4	0.8279	0.6608	
5	0.7311	0.5239	
6	0.6246	$0.4025<x_q$	（进料板）改用提馏段操作线方程
7	0.5105	0.2969	
8	0.3748	0.1953	
9	0.2443	0.1231	
10	0.1515	0.0719	
11	0.0857	0.0391	
12	0.0436	$0.0184<x_W$	（再沸器）

计算结果表明，该分离过程所需理论板数为 11（不包括再沸器），第 6 层为进料板。

（2）图解法

① 在直角坐标图上利用平衡数据绘制平衡曲线，并绘对角线，如本任务附图所示。

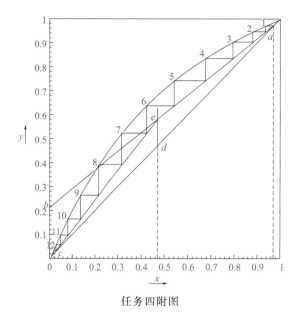

任务四附图

② 在对角线上定点 a（0.974，0.974），在 y 轴上截距为 0.217，据此在 y 轴上定出点 b，连接 ab 即为精馏段操作线。

③ 在对角线上定点 d（0.44，0.44），过点 d 作垂直于 x 轴的直线，即为 q 线。q 线与精馏段操作线相交于点 e。

④ 在对角线上定点 c（0.0235，0.0235），连接 ce 即为提馏段操作线。

⑤ 自点 a 开始在平衡线和精馏段操作线间绘直角梯级，当梯级跨过点 e 后更换操作线，在平衡线和提馏段操作线之间绘直角梯级，直到梯级达到或跨过点 c 为止。

图解结果：所需理论板数为 11（不包括再沸器），自塔顶往下的第 6 层为进料板。图解结果与逐板计算法相同。

若全塔效率为 60%，则实际塔板数为：

$$N_P = \frac{N_T}{E_T} = \frac{11}{0.6} = 19$$

若板间距取 400mm，则塔的有效高度为：

$$Z = (19-1) \times 0.4 = 7.2 \text{(m)}$$

3. 塔径的计算

精馏段的平均温度 $\quad t_m = \dfrac{80+88}{2} = 84(\text{℃})$

精馏段的平均压力 $\quad p_m = \dfrac{104+116}{2} = 110(\text{kPa})$

气相的摩尔流量 $\quad V = (R+1)D = 4.5 \times 51.05 = 229.7(\text{kmol/h})$

气相的体积流量 $\quad q_V = \dfrac{229.7 \times 22.4}{3600} \times \dfrac{273+84}{273} \times \dfrac{101.3}{110} = 1.72(\text{m}^3/\text{h})$

取空塔气速为 0.85m/s

则 $\qquad D = \sqrt{\dfrac{4q_V}{\pi u}} = \sqrt{\dfrac{4 \times 1.72}{3.14 \times 0.85}} = 1.61(\text{m})$

根据系列标准，取塔径为 1.6m。此时，实际空塔气速为

$$u=\frac{q_V}{\frac{\pi}{4}D^2}=\frac{1.72}{0.785\times1.6^2}=0.856(\mathrm{m/s})$$

对于泡点进料，精馏段与提馏段气相流量相等，塔径取相同值。

4. 冷热公用工程的计算

（1）冷凝器的热负荷与冷却水消耗量　塔顶饱和蒸气可近似看作纯苯，且被冷凝为饱和液体，苯的冷凝潜热为 393.9kJ/kg，则冷凝器的热负荷为：

$$Q_C=Vr_A=229.7\times393.9\times78=7.0573\times10^6(\mathrm{kJ/h})$$

设冷却水的进、出口温度分别为 25℃ 和 35℃，则冷却水消耗量为：

$$W_c=\frac{Q_C}{c_{pc}(t_2-t_1)}=\frac{7.0573\times10^6}{4.174\times(35-25)}=1.691\times10^5(\mathrm{kg/h})$$

（2）再沸器的热负荷与加热蒸汽消耗量　釜残液中苯的含量很少，可近似看作纯甲苯，甲苯的汽化潜热为 363kJ/kg。泡点进料时，$V'=V$。忽略热损失，则再沸器的热负荷为：

$$Q_B=V'r_B=229.7\times363\times92=7.6711\times10^6(\mathrm{kJ/h})$$

现采用绝对压力为 1.0MPa 的蒸汽（比汽化焓为 2019kJ/kg）加热，冷凝液在饱和温度下排出。忽略再沸器的热损失，则加热蒸汽消耗量为：

$$W_h=\frac{Q_B}{r}=\frac{7.6711\times10^6}{2019}=3800(\mathrm{kg/h})$$

【思考与实践】

通常认为经济效益是企业生产最重要的目标，但责任关怀体系（或称可持续发展体系，包括经济、环境和社会三个维度）目前正成为现代企业生存和发展的基石。各大石化企业多在其官网发布年度可持续发展报告，请调研之。

任务五　精馏过程的操作与控制

【任务描述】

某精馏车间计划分离一批组成为 12%（乙醇的质量分数）左右的乙醇-正丙醇二元混合液，要求塔顶乙醇含量大于 90%，塔底乙醇含量低于 0.05%。流程简述如下：原料储槽内的混合液体经原料液泵输送至原料液加热器，经预热后由精馏塔中部进入塔内，气相由塔顶馏出，经全凝器冷凝后进入塔顶冷凝液罐，再进入常压回流罐，部分回流液经回流泵送至精馏塔顶。釜液在塔釜和列管式再沸器间形成循环流动。分析回流罐中产品的乙醇含量，合格后控制一定的回流比并分别从塔顶、塔底采出产品。釜残液主要是正丙醇和少量乙醇组分。

基于该生产案例，完成下列学习任务：

（1）认识精馏装置中的设备及其作用；

（2）熟悉精馏装置的管路连接和物料走向；

（3）能够独立完成开车前准备；

（4）掌握精馏实训装置开、停车方法和安全隐患处置。

 榜样力量

孙一倩，山东华鲁恒升化工股份有限公司首席主任技师，全国技术能手、国家级技能大师工作室领办人、全国五一劳动奖章获得者、全国优秀共产党员、全国三八红旗手、党的二十大代表。1993 年，孙一倩中专毕业来到华鲁恒升，30 年时间完成了从操作工到首席主任技师的跃升。2000 年，孙一倩被抽调参与企业自主研发的 DMF（二甲基甲酰胺）新建项目。由于国外技术封锁、国内行业壁垒，没有可借鉴的操作经验，投产面临巨大的挑战。作为团队技术核心，孙一倩刻苦钻研，全身心投入，在装置一次性开车成功过程中练就了过硬本领。随后，孙一倩致力于技术革新和优化控制，先后总结编制出"甲胺不同产品比例生产操作法""萃取精馏塔萃取剂量控制法""精馏塔液泛的先期判断和控制法"等 10 余套操作方案，保证了装置的稳产高产、节能降耗。2010 年，她又投入到煤制乙二醇新项目中，发挥拼命学习、拼命钻研、拼命干好的精神，为 50 万吨煤制乙二醇项目成功开车做出了突出贡献。2019 年，华鲁恒升以年产 50 万吨乙二醇为平台，着手联产碳酸二甲酯新工艺的开发，这个重任再次落到了孙一倩的肩上。她身兼数职，守正创新，完成了小试-中试-工业化装置的测试。年产 30 万吨碳酸二甲酯项目于 2021 年 10 月成功下线，华鲁恒升也因此进入了新能源材料这一新赛道。孙一倩从一名普通操作工不断成长为国家级技能大师，用行动生动弘扬了宝贵的工匠精神。

【知识准备】

一、精馏开停车操作

（一）精馏开车前准备

1. 开车前安全状态检查

（1）开车前岗位操作人员必须穿戴好劳保用品。

（2）对初次使用或者长期未使用的设备及管线进行清洗，设备及管线清洗过程中要加强巡检，发现漏点及时处理。

（3）对岗位上检修或新安装的管线进行打压试漏，确保管线设备无漏点。

（4）确认冷却水、电、仪表气等公用工程符合开车条件。

（5）检查精馏塔、再沸器、冷凝器、塔釜冷却器、进料预热器、各储罐、各机泵、各气动阀是否正常，检查阀门、测量点、分析取样点是否灵活好用。

2. 开车前准备（以单塔精馏分离为例）

（1）检查确认装置中各阀门开关状态是否正常。

（2）检查确认压力控制仪表、温度控制仪表、液位控制仪表、流量控制仪表状态。

（3）检查原料罐液位，并确认原料罐内物料充足。

（4）检查精馏塔、残液罐、回流罐和产品罐是否已排空，若未排空，需要排出液体。

(二) 精馏开车操作

1. 进料

进料之前再次检查确认现场各阀门开关状态是否正常。物料混合均匀后开始进料，规范打开进料泵，塔釜液位达到 $1/2 \sim 2/3$ 时停止进料，准备加热。

2. 加热

打开再沸器加热控制开关，观察塔釜温度变化情况，当塔釜混合液开始沸腾时，精馏塔温度由下而上逐步升高，开启塔顶冷凝器的冷却水。

3. 凝液回流

当塔顶温度开始上升时，观察冷凝液罐，会有冷凝液出现且液位逐渐上升，当冷凝液罐液位达到 $1/2$ 后，打开回流泵，开启回流。

4. 二次进料控制平衡

适时开始二次进料。使物料预热后持续进入精馏塔。精馏塔连续进料调整稳定后对精馏系统进行全面检查，保证生产正常运行。

5. 产品采出

当塔顶产品纯度合格后，开始塔顶产品采出。

6. 排出残液

当塔釜液位过高或塔釜温度过高时，需要排出残液。随时观测塔内各点温度、液位、流量和压力等各参数的变化情况，每5分钟依次记录数据，若出现异常情况及时处理。

(三) 精馏停车操作

1. 正常停车

正常停车的基本流程为：停加热、停止进料、停塔顶采出、停塔釜采出、停回流、停冷却水。

（1）停加热：关闭预热器，关闭再沸器。

（2）停止进料：关闭进料调节阀，停进料泵。

（3）停塔顶采出：关闭塔顶采出阀，停塔顶采出泵。

（4）停塔釜采出：关闭塔釜采出阀，停塔釜采出泵。

（5）停回流：关闭回流流量调节阀，关闭回流泵。

（6）停冷却水：当塔内温度降至合适温度后停冷却水。

2. 紧急停车

紧急停车指化工装置运行中，突然出现不可预见的设备故障、人员操作失误或工艺操作条件恶化等情况，无法维持装置正常运行造成的非计划性被动停车。停水、停电、停蒸汽、停仪表风等均会触发紧急停车事故，其主要现象和处理要点见表1-5。

3. 停车后续处理

精馏残液经过分析后，可以重复使用。若残液可继续作为下一工序的原料，则回收后输入下一道工序。残液的处理一定要合规，不可乱丢乱放。

▶ 表 1-5 紧急停车事故现象和处理要点

事故原因	事故现象	紧急停车步骤
冷却水中断	回流罐液位降低，塔顶压力升高，冷凝罐放空阀门处有气体泄漏	停加热；停止进料；停塔顶采出；停塔釜采出；停回流；停冷却水，停仪表风
原料中断	进料流量降为0，原料罐液位降低	停加热；停塔顶采出；停塔釜采出；停回流；停冷却水，停仪表风
加热蒸汽中断	塔釜压力逐渐降低，塔顶温度降低，塔釜液位逐渐升高，回流罐液位逐渐降低	停进料；停塔顶采出；停塔釜采出；停回流，停冷却水，停仪表风
仪表风停	操作界面上所有仪表显示为零	仪表风停后，气动调节阀失效。根据安全需要，现场阀门均为气开阀门，即能源中断时，阀门处于关闭状态。若想继续进行正常生产，需要打开气动调节阀旁路管线上的手阀。但是手阀对于流量难以控制，因此当气源中断后，大部分生产装置执行紧急停车操作。基本流程为：停加热；停止进料；停止塔顶采出；停止塔釜采出；停回流；停冷却水

二、精馏过程的调节与控制

(一)精馏过程的正常运行调节

在精馏装置的正常运行过程中，需要监控和调节多项参数指标，其中包括塔压、塔釜温度、塔顶温度、塔釜液位、回流量和采出量等。下面介绍精馏过程中主要参数变化对精馏过程的影响及相应的调节方法。

1. 压力

精馏塔的正常操作中，稳定塔压是基础。压力的波动对精馏操作会产生如下影响。

（1）影响相平衡关系   压力升高，组分间的相对挥发度降低，分离效率将下降；反之亦然。

（2）影响产品的质量和产量   压力升高，液体汽化更加困难，气相中难挥发组分减少，同时也使气相量降低，其结果是馏出液中轻组分浓度增加但数量却相对减少，釜残液中轻组分含量增加、残液量增多。反之，压力降低，馏出液产量增加，轻组分浓度降低；残液量减少，轻组分浓度减少。

（3）影响操作温度   温度与气液相组成间有严格的对应关系，所以生产中常以温度作为衡量产品质量的标准，但这只有在塔压恒定的前提下才是正确的。当塔压改变时，混合物的泡点和露点发生变化，温度和产品质量的对应关系也将发生改变。对真空操作，真空度的少量波动就会给精馏操作带来显著的影响，所以更应精心操作，控制好压力。

（4）改变生产能力   塔压升高，气相密度增大，可以处理更多的料液而不会造成液泛。

生产中，进料量、进料组成、回流量、回流温度、加热剂和冷却剂的压力与流量以及塔板堵塞等都会引起塔压的波动，应查明原因并及时调整。通常的判断与调节方法如下。

① 若加料量、釜温以及塔顶冷凝器的冷凝量等条件均不发生变化，则塔压将随采出量的多少而变。采出量少则塔压升高，采出量大则塔压降低。因此，可适当地采取调节塔顶采出量的方法来控制塔压。

② 若加料量、釜温以及塔顶采出量等均未变化，塔压却升高，可能是冷凝器的冷剂量不足或冷剂温度升高所致，此时应尽快联系供冷单位恢复正常。若冷剂一时不能恢复，则可在允许的条件下适当维持高一点的塔压或适当加大塔顶采出，并降低釜温，以保证不超压。

③ 在加料量、回流量及冷剂量不变的情况下，塔釜温度的波动将引起塔压的相应波动。如果塔釜温度突然升高，塔内上升蒸气量增加，必然导致塔压升高。这时除调节塔顶冷凝器的冷剂和加大采出外，更重要的是设法降低塔釜温度，使其回归正常值。如果处理不及时，将使重组分被带到塔顶，导致塔顶产品不合格。如果单纯考虑调节压力，加大冷剂量，不去恢复釜温，则易产生液泛。如果单从调节采出量方便的角度来稳定塔压，则会改变塔内各板上的物料组成。当釜温突然降低时，处理方法对应地反向变化。

④ 若因设备、仪表故障或塔板堵塞等问题引起塔压变化，联系相应岗位处理，严重时停车检修。

2. 温度

（1）塔釜温度　只有保持塔釜温度在合理范围，才能保证精馏产品的质量。研究表明，塔釜温度升高，釜液中易挥发组分含量减少，蒸汽上升速度加快，能够提高传质效率。如果精馏产品由塔顶得到，升高塔釜温度能够减少损失；如果产品是由塔釜得到，升高温度能使产品纯度提高，但部分重组分会从塔顶排出。

塔压是引起塔釜温度变化的重要因素。当塔压突然升高时，釜温会随之升高，而后又下降。这是由于压力升高引起了釜液泡点的升高，而同时塔内上升蒸气量则会因为压力的升高而减少。这样，塔液中轻组分的蒸出就不完全，将导致釜液泡点下降，因而釜温又随之下降。反之，当塔压突然下降时，塔内的上升蒸气量会增加，造成塔釜液面迅速降低，这样重组分可能会被带至塔顶。随着釜液中组分的变重，釜液的泡点升高，釜温也会随之升高。因此，操作中只有首先把塔压控制在规定的指标，才能确切地知道釜温是否符合工艺要求，否则会导致错误的操作。

釜温也会随进料中轻组分浓度的增加而降低，随重组分浓度的增加而升高。此外，釜中有水、再沸器中物料聚合堵塞了部分列管、加热蒸汽压力波动、调节阀失灵、物料采出平衡受到破坏等，都能引起釜温的波动。

当釜温变化时，要分析引起波动的原因并加以消除，才能将釜温调至正常。例如，塔顶采出量过小，使轻组分压入塔釜而引起釜温下降。此时若不增加塔顶采出，单纯地加大塔釜加热蒸汽量，不但对釜温没有作用，严重时还会造成液泛。又如，再沸器的列管因物料聚合而堵塞，致使釜温下降，此时，应停车对设备进行检修。

（2）塔顶温度　在塔压不变的前提下，塔顶温度升高，塔顶产品中重组分含量增加，产品质量下降。

在精馏操作中，塔顶温度由回流温度来控制。影响回流温度的直接因素是塔顶蒸气组成和塔顶冷凝器的冷凝效果。如果由于冷凝器效果不好或冷剂条件差，使回流温度升高而导致塔顶温度上升进而塔压升高不易控制时，应尽快解决塔顶冷凝器的冷却效果问题。

在操作压力正常的情况下，塔顶温度随塔釜温度的变化而变化。塔釜温度下降，塔顶温度随之下降，反之亦然。遇到这种情况，且产品质量很好时，可通过适当调节釜温来恢复塔顶温度。

如果压力变化导致塔顶温度变化，必须按压力调节方法，恢复正常操作压力，方能使塔顶温度正常。

3. 流量

流量的变化会破坏塔内的物料平衡和气液相平衡，引起塔温的波动，如不及时调节，将会导致产品的质量不合格或者增加产品损失。精馏塔的流量调节，主要是进料量、采出量及回流量的调节。

（1）进料量　若进料量发生变化，要相应地调节加热剂和冷凝剂用量，此时塔顶温度和塔釜温度不会有明显变化，但是会影响塔内蒸气上升的速度：进料量增大，蒸气上升速度接近液泛速度时，传质效果好，分离效率高，但要注意蒸气上升速度超过泛液速度会破坏塔的正常操作；进料量降低，气速下降，传质效果变差，严重时会造成漏液现象，导致分离效率降低。

进料量的变化范围不宜过大，否则超过塔顶冷凝器和塔釜再沸器的负荷，会造成塔内温度发生变化，从而影响气液平衡，导致塔顶和塔底产品质量不合格，增加物料损失。

（2）采出量　塔顶采出量和进料量有着相互对应的关系。进料量增大，采出量应增大，否则将会破坏塔内的气液平衡。

如果进料量未变而塔顶采出量增大，则回流量势必减小，气液接触变差，传质效率下降；同时，塔压也将下降，引起各塔板上气液组成发生变化，结果是重组分被带到塔顶，在强制回流操作中易造成回流罐抽空。

如果进料量加大而塔顶采出量未变，其后果是回流比增大，塔内物料增多，上升气速增大，塔顶塔底压差增大，严重时会引起液泛；在强制回流操作中易造成回流罐满罐憋压，严重时可能引起事故。

（3）回流量　回流比是根据对原料的分离要求确定的。回流比过大或过小，都会影响精馏操作的经济性和产品的质量。正常操作中应保持适宜的回流比，在保证产品质量的前提下，争取最好的经济效益。只有在塔的正常生产条件受到破坏或产品质量不合格时，才能调节回流比。调节回流比的方法有如下几种：

① 减少塔顶采出量以增大回流比。

② 塔顶冷凝器为分凝器时，可增加冷剂用量，以提高凝液量、增大回流比。

③ 有回流液中间贮罐的强制回流，可暂时加大回流量，以提高回流比，但不得将回流罐抽空。

4. 塔釜液位

只有塔釜液位维持稳定，才能保证塔釜传热稳定以及由此决定的塔釜温度、釜液组成和塔内上升蒸气量等参数稳定，从而确保塔的正常生产。

塔釜液位通常由釜液的排出量来控制。塔釜液位增高，增大排出量；塔釜液位降低，减少排出量。也有用加热剂量来控制塔釜液位的，塔釜液位高，则增大加热剂用量。但是只知道这些是不够的，必须先了解影响塔釜液位变化的原因，才能有针对性地进行处理。影响塔釜液位变化的原因主要有以下几方面：

（1）釜液组成的变化　在压力不变的前提下，釜温降低，将加大釜液量和釜液中轻组分的含量。这种情况应首先恢复正常的釜温，否则会造成大量轻组分的损失。

（2）进料组成的变化　当进料中重组分含量增加时，根据物料衡算，釜液量将增加，此时应相应地加大釜液排出量。如果保持正常的釜液排出量而用升高釜温的方法去恢复塔釜液位，将会使重组分被带到塔顶。

（3）进料量的变化　进料量增大，釜液排出量应相应地加大，否则塔釜液位会升高。

（4）调节机构失灵　调节机构失灵时，应改自动调节为手动调节，同时联系检修。

(二) 精馏产品质量监控与灵敏板温度

精馏原理中已述及，由塔底至塔顶，塔内温度逐渐降低。$t\text{-}x\text{-}y$ 图表明了生产中压力一定时，塔内某处的物料组成变化可以通过温度的变化反映出来，图 1-43 中的曲线 1 表达了塔内的温度分布。显然，通过监测易测且测量误差很小的温度，比采用误差较大且不易实施的直接取样分析浓度的方法，能更及时、准确地获悉精馏产品组成的变化情况。

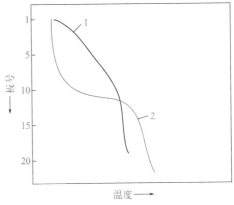

然而，很多物系都存在着温度对组成变化不是很敏感的一段浓度区间。例如，在分离乙苯-苯乙烯的减压精馏塔中，当馏出液中乙苯的含量由 99.9％降至 90.0％时，塔顶温度仅升高 0.7℃。这说明，选择合适的感温元件放置位置，对监控精馏产品纯度非常重要。对于各种物系，精馏塔内总存在一些塔板，当来自外界的各种干扰使这些板上的

图 1-43　塔内的温度分布曲线和灵敏板

组成发生微小变化时，组成的微小变化将通过板上明显的温度变化反映出来，这样的塔板称为灵敏板。图 1-43 中的温度分布曲线 2，对应的灵敏板为第 11～13 层塔板。显然，为监控精馏产品纯度而设的感温元件应放置于灵敏板上。

实践表明，灵敏板往往存在于进料板附近，但又需与进料板有一定间隔，以使灵敏板温度不受进料温度波动的干扰。监控灵敏板温度可在塔顶馏出液组成尚未产生变化之前先感受到操作参数的变动并及时采取调节手段，以稳定馏出液的组成。这对于大型的工业塔，特别是滞后性很强的板式塔的平稳生产、少出不合格产品具有重要意义。

图 1-44 为某甲醇-水分离塔的灵敏板温度控制方案。灵敏板温度 TICA10014 通过人工手动调节或 DCS 自动调节再沸器 E1012 蒸汽量 FICA10024 而控制在工艺规定的范围内。

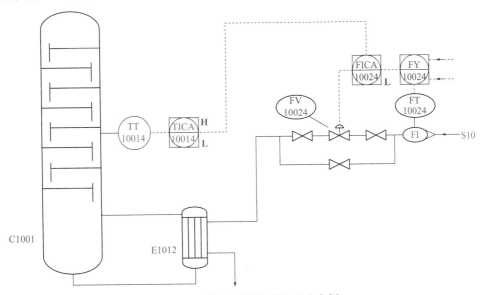

图 1-44　灵敏板温度控制的工业案例

当温度高于设定值时，FT10024 蒸汽量减少，控制 TICA10014 温度下降；温度低于设定值时，FT10024 蒸汽量增加，控制 TICA10014 温度升高。

三、精馏过程中的常见异常现象及处理

正常操作状况下，气液两相在塔内总体上呈逆流流动，而在每块塔板上为错流流动，这样可使气液两相在塔板上进行充分接触，并具有较大的传质推动力。气液两相在塔板上接触的好坏，主要取决于两相的流速、物性以及塔板的结构形式。如果在操作过程中某些参数控制不当，会降低塔板效率，甚至会出现无法正常操作的情况。发现并及时处理非正常操作现象是工艺操作人员需掌握的重要能力。

1. 异常操作现象

（1）分离能力不足　在塔板数一定的情况下，馏出液浓度下降而釜残液浓度上升，说明精馏所需要的塔板数不够。此时，应加大回流比，则操作线与平衡线之间的距离增大，直角梯级数减小，即分离所需的塔板数减小，从而满足分离所需的理论塔板数要求。增大回流比的同时需加大塔釜加热量。

（2）严重漏液　正常操作时，液体经上层塔板降液管进入，横向流过塔板，然后经出口堰和降液管流入下层塔板。当气相通过塔板的速度较小时，通过塔板开孔处上升气体的动压头和克服液层及液体表面张力所产生的压降，不足以阻止塔板上液体从开孔处往下漏，这种现象称为漏液。实际操作中少量漏液是不可避免的，但严重漏液会使板上液体量减少，以致建立不起一定厚度的液层，从而导致塔板效率下降，甚至无法正常操作。

M1-15　板式精馏塔漏液

实际生产中，为了维持塔的正常操作，漏液量应小于液体流量的 10%，此时的气体速度称为漏液速度，这是塔操作气速的下限。引起漏液的主要原因除了气速太小外，还有液面落差太大所致。因此，在塔板设计时，液体入口处要设置安定区，液面落差太大时则应设置多个降液管。

（3）过量液沫夹带和泡沫夹带　上升气体穿过液层时，会将液体分散成液滴或雾沫，气体离开液体时夹带少量液滴和雾沫进入上层塔板的现象称为液沫夹带（或雾沫夹带）。另外，经过气液接触的液体，越过出口堰进入降液管时，由于夹在液体中的少量气泡来不及分离而被液体带入下层塔板的现象称为泡沫夹带。两种夹带现象都会影响塔板效率，甚至引起液泛。为了保持塔的正常操作，一般控制液沫夹带量 $e_V < 0.1\text{kg}$ 液体/kg

M1-16　过量雾沫夹带

气体。影响液沫夹带的主要因素是操作气速和塔板间距。空塔气速增高，液沫夹带量增大；塔板间距增大，液沫夹带量减小。

（4）液泛　当气体流量过大而气速很高时，大量液沫被夹带到上层塔板，气体穿过板上液层造成的两板间压降增大也会使降液管内液体不能流下，塔内充满大量气液混合物，这种现象称为夹带液泛。发生液泛时的气速为塔操作气速的上限。

若液体流量过大，降液管的截面将不足以使液体顺利流下，管内液面升高，直至达到上层塔板出口堰顶部，这时液体淹至上层塔板，最终使整个塔充满液体，这种现象称为降液管液泛。为防止此类液泛发生，一是尽量加大降液管截面积，但这会减少塔板开孔面积；二是改进塔板结构以降低塔盘压降，同时加大降液管底隙高度；三是控制液体回流量不要太大。

影响液泛的主要因素除气、液两相流量和流体物性外，塔板结构特别是塔板间距也是重要参数，设计中可采用较大的塔板间距来提高泛点气速。

M1-17　板式精馏塔液泛

2. 板式塔气液负荷调节的依据——负荷性能图

综上所述，当塔板结构参数一定时，对一定的物系来说，要维持塔的正常操作，必须使气、液负荷限制在一定的范围内。为了检验塔的设计是否合理、了解塔的操作情况以及改善塔的操作性能，通常在直角坐标系中，以气相流量 q_V 为纵坐标、液相流量 q_L 为横坐标，绘制各种极限条件下的 q_V-q_L 关系曲线，从而得到气、液相负荷的允许波动范围，该图称为塔板的负荷性能图。如图 1-45 所示，负荷性能图由五条线组成。

① 气相负荷下限线（漏液线）。图中线 1 为气相负荷下限线，此线表示不发生严重漏液现象的最低气相负荷。气相负荷点在线 1 下方时，表明漏液严重，塔板效率严重下降。

② 过量液沫夹带线（气相负荷上限线）。图中线 2 为过量液沫夹带线。气相负荷点在线 2 上方时，表明液沫夹带量超过允许范围，塔板效率将大为降低。

③ 液相负荷下限线。图中线 3 为液相负荷下限线。液相负荷低于该下限时，塔板上液体严重分布不均，导致塔板效率大幅下降，甚至出现"干板"现象。

④ 液相负荷上限线。图中线 4 为液相负荷上限线。液相负荷超过该上限时，液体在降液管内停留时间过短，夹带在其中的大量气泡被带入下层塔板，从而降低塔板效率，严重时会形成降液管液泛。

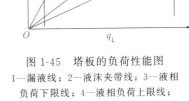

图 1-45　塔板的负荷性能图
1—漏液线；2—液沫夹带线；3—液相负荷下限线；4—液相负荷上限线；5—液泛线

⑤ 液泛线。图中线 5 为液泛线。当气、液负荷点位于线 5 的右上方时，塔内将发生液泛现象，塔不能正常操作。

由上面各条线所围成的区域是塔的稳定操作区，操作点必须落在稳定操作区内。必须指出，物系一定时，塔板负荷性能图的形状因塔板类型及结构尺寸的不同而异。在塔板设计时，根据操作点在负荷性能图中的位置，可以适当调整塔板的结构参数来满足所需要的操作范围。

对于一定气液比的操作过程，操作线可用负荷性能图上通过原点 O 的直线表示。此直线与负荷性能图中的线有两个交点，分别代表塔的操作上、下极限。上、下极限下操作的气相负荷（或液相负荷）之比称为塔板的操作弹性。不同气液比的操作情况，上、下限的控制条件（如 OAB、OCD、OEF 三条操作线）不一定相同，操作弹性也不相同，在设计和生产操作时需要具体情况具体分析。

【思考与实践】

结合精馏装置的流程与操作程序，请描述为了保证安全运行，装置采取了哪些安全控制方案？为了降低运行成本，装置可采取哪些节能措施？

任务六 特殊精馏问题的解决

【任务描述】

糠醛是一种重要的化工原料，我国目前主要采用以玉米芯等植物纤维素为原料的水解工艺生产糠醛。然而，水解会产生低沸点副产物，如甲醇、丙酮等，为了防止对环境的污染，同时也为了充分回收资源，这部分低沸点物质需要冷凝后分离成甲醇和丙酮两种用途广泛的化工原料。

甲醇沸点为 64.5℃，丙酮沸点为 56.1℃，二者在常压下会形成最低恒沸物，最低恒沸点为 55.3℃，用前述的普通精馏只能获得恒沸组成下的产品，那么采用何种精馏方式才能获得接近纯的甲醇和丙酮产品呢？请设计出该物系分离的流程。

【知识准备】

一、几种特殊情形的精馏流程调整

1. 分凝器

精馏系统中多采用之前介绍的全凝器。然而有些场合，会采用如图 1-46 所示的分凝器。塔顶蒸气在第一个换热器中发生部分冷凝，故称其为分凝器。出自分凝器的冷凝液作为回流液被引回塔内，而出自分凝器的蒸气则进入第二个换热器，全部冷凝，冷凝液作为馏出液采出。

分凝器中既然发生蒸气的部分冷凝，则气、液两相在分凝器内会达到一次相平衡，即图中的 x_0 与 y_0 符合平衡关系，可见分凝器具有分离作用。因此，分凝器与再沸器一样，也相当于一层理论板，可视其为精馏塔的第 0 层理论板。

分凝器通常用于以下场合：①塔顶产品不需要液化；②塔顶产品中有不凝气；③节省高品位冷剂。

2. 回收塔

当精馏的目的是如下两种情况时，可采用如图 1-47 所示的回收塔：①回收稀溶液中的轻组分，而对馏出液浓度要求不高；②物系在低浓度下相对挥发度较大，不用精馏段也能达到所要求的馏出液浓度。

回收塔的料液从塔顶加入，即塔内没有精馏段只有提馏段，故回收塔又称提馏塔。其进料状态为 $q \geq 1$（泡点或冷液进料），这样在塔顶可以有回流也可以没有回流。

3. 多股进料

当多股组成不同但组分相同的原料液需要在同一塔内分离时，不同组成的原料液应分别在适宜位置加入塔内，即如图 1-48 所示的多股进料。因为精馏的初衷是分离，若将多股料液混合成一股进料，则与精馏的目标背道而驰。在设计中的表现就是会增加所需的理论板层数，在操作中则是增加分离的能耗。例如，乙烯生产的深冷分离流程中，裂解气通常经过多级冷凝后分 4 股进入脱甲烷塔中。

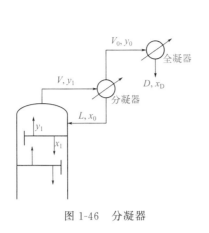

图 1-46　分凝器

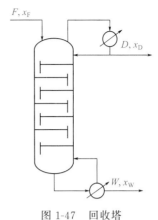

图 1-47　回收塔

4. 侧线采出

精馏塔内各塔板上物料的组成不同，这意味着除了可获得塔顶、塔底产品外，还可以从某层塔板上引出物料，获得其他组成的产品或采出杂质，这称为侧线采出，其结构如图 1-49 所示。侧线采出的产品可以是液体，也可以是气体。还是乙烯生产中，加氢脱炔后通常不设第二脱甲烷塔，而是将乙烯成品从乙烯精馏塔侧线采出。

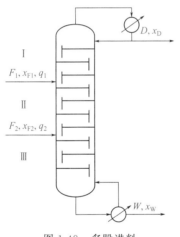

图 1-48　多股进料

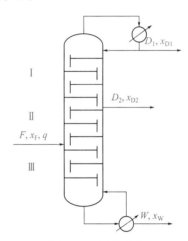

图 1-49　侧线采出

二、恒沸精馏

生产中若待分离的物系具有恒沸点，则采用普通精馏无法获得纯度超过恒沸组成的产品，这时可采用恒沸精馏方法加以分离。恒沸精馏是指在待分离的混合液中加入第三组分，该组分与原混合液中的一个或两个组分形成新的二元或三元恒沸物，且其沸点要与原来的某一组分 A（或 B）沸点相差很大，这样就可用精馏方法实现恒沸物与该组分的分离，获得几乎纯态的 A（或 B），上述添加的第三组分称为挟带剂。

从工业乙醇制取无水乙醇是恒沸精馏的典型应用实例。常压下乙醇与水形成恒沸物，恒沸点为 78.15℃，恒沸物组成为 0.894（摩尔分数，下同），用普通精馏只能得到乙醇含量接近恒沸组成的工业乙醇，不能得到无水乙醇。若在原料液中加入苯作为挟带剂，可形成苯-乙醇-水的三元恒沸液（恒沸点为 64.6℃，恒沸物组成为苯 0.544、乙醇 0.230、水 0.226）。只要加入的苯适量，原料液中的水分就可以全部转移到三元恒沸液中，从而得到无水乙醇。

恒沸精馏流程如图 1-50 所示。原料液与苯进入恒沸精馏塔中，塔底得到无水乙醇产品，塔顶蒸出苯-乙醇-水三元恒沸物，在冷凝器中冷凝后，部分液相回流至塔内，其余部分进入分层器。分层器上层为富苯层，返回恒沸精馏塔作为补充回流；下层为富水层（含少量苯），进入苯回收塔的顶部，苯回收塔顶部引出的蒸气也进入冷凝器中，底部的稀乙醇溶液进入乙醇回收塔中。乙醇回收塔中的塔顶产品为乙醇-水恒沸液，送回恒沸精馏塔作为原料。精馏过程中，苯是循环使用的，但有部分损失，应及时补充。

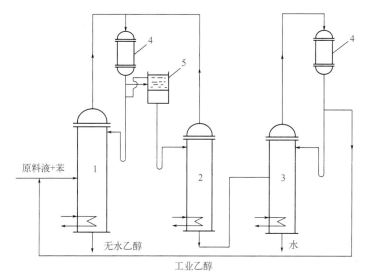

图 1-50   乙醇-水恒沸精馏流程示意图
1—恒沸精馏塔；2—苯回收塔；3—乙醇回收塔；4—冷凝器；5—分层器

M1-18   恒沸精馏
流程示意

恒沸精馏的关键是选择合适的挟带剂。对挟带剂的要求是：
① 形成的新的恒沸液沸点要低，与被分离组分的沸点差一般不应小于 10℃；
② 新恒沸液所含挟带剂量要少，这样挟带剂用量与汽化量均少，热量消耗低；
③ 新恒沸液宜为非均相混合物，这样可用分层法分离挟带剂；
④ 性能稳定、使用安全、价格便宜等。

三、萃取精馏

对于相对挥发度接近于 1 的物系，采用普通精馏需要的理论板数过多、操作回流比过大，即设备投资和操作费用都很高。此时也可以添加第三组分，其挥发性应很小且能与原来的某一组分具有较强的分子间作用力，这样可以增加原溶液中两组分间的相对挥发度，或使原来的恒沸点消失，从而使分离过程易于进行，这种精馏过程称为萃取精馏，所加入的溶剂称为萃取剂。

苯-环己烷物系的分离是萃取精馏的典型应用实例。常压下苯的沸点为 80.1℃，环己烷的沸点为 80.7℃，二者挥发度相差很小，难以用普通精馏方法予以分离。若在苯-环己烷溶液中加入萃取剂糠醛（沸点为 161.7℃），糠醛分子与苯分子间的作用力较强，从而可使环己烷和苯间的相对挥发度增大。图 1-51 为分离苯-环己烷溶液的萃取精馏流程示意图。原料液从萃取精馏塔的中部进入，萃取剂糠醛从塔顶加入，其在塔中每层塔板上与苯接触，塔顶蒸出环己烷。为避免糠醛蒸气从顶部带出，在萃取精馏塔顶部设萃取剂回收段，用回流液回收。糠醛与苯一起从塔釜排出，送入糠醛回收塔中，因苯与糠醛的沸点相差很大，故两者很易分离。糠醛回收塔底部排出的糠醛循环使用。

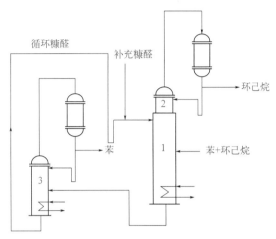

图 1-51　苯-环己烷萃取精馏流程示意图
1—萃取精馏塔；2—萃取剂回收段；3—苯回收塔

**M1-19　苯-环己烷
萃取精馏**

用于萃取精馏的萃取剂应尽量满足以下条件：

① 选择性好，即加入少量萃取剂即可使原组分间的相对挥发度有较大提高；

② 沸点较高，且不与原溶液中的组分形成恒沸物，以易于回收使用；

③ 与原料液的互溶性好，不产生分层现象；

④ 性能稳定，使用安全，价格便宜等。

萃取剂在塔内液相中的浓度对原组分间的相对挥发度有重要影响。为了保持萃取剂浓度足够高且在塔内分布均匀，除加入萃取剂外，萃取精馏塔在操作上还与普通精馏有如下不同之处：

① 常采用饱和蒸气进料，以使精馏段和提馏段的液相流量大体一致，两段液相中的萃取剂浓度基本相同。

② 回流液和萃取剂加入的温度不宜过低，否则会造成塔内蒸气的"额外"冷凝，冲淡液相，降低萃取剂浓度。

③ 过大的进料量、过小的萃取剂加入量和过大的回流比均会降低塔板上萃取剂的浓度。在进料量和萃取剂加入量一定时，存在一个使馏出液浓度最高的最优回流比，而并非回流比越大，馏出液浓度越高。

四、反应精馏

为了提高原料转化率、减少副反应、充分利用反应热、降低设备投资和能耗，出现了将"反应和分离"耦合在同一个设备中进行的新型反应-分离过程。反应精馏便是将化学反应和精馏分离有机地耦合在一起的化工过程。化学反应若在液相中进行，称之为反应精馏；若在固体催化剂与液相的接触表面进行，则称之为催化精馏。

反应精馏包括气液间的传质过程和液相中的反应过程，二者相互作用，根据化学反应和物性特点，其对整体过程的影响各有侧重。与传统工艺相比，反应精馏具有如下特点：

① 节省设备投资。反应精馏将反应和分离耦合在一个设备中进行，大大简化了工艺流程，从而节省设备投资。

② 节省能耗。对于放热反应，放出的热量能够供给于精馏过程，降低了系统的加热量；对于吸热反应，反应精馏可以通过再沸器给反应过程和精馏过程集中供热，效率高于分别供热，也可降低整个系统的能耗。

③ 转化率高、选择性好。反应精馏能够及时移走生成物，打破反应平衡的限制，提高反应转化率；对于连串反应，反应精馏能使两步反应在同一塔设备的两个反应区进行，利用精馏作用提供合适的浓度和温度分布，抑制副反应的发生。

④ 易于实现原有工艺的改造。一般情况下，通过增加催化剂段取代塔板或者填料段，或添加催化剂进料口，即可完成普通精馏塔向反应精馏塔的改造。

⑤ 简化后续分离流程。有时反应物的存在能改变系统各组分的相对挥发度，或绕过恒沸组成，从而有效避免后续分离的困难。

1981 年，美国 Charter International Oil 公司甲基叔丁基醚（MTBE）反应精馏装置的运行实施，标志着该过程工业化的开始。1988 年，齐鲁石化公司从美国引进了国内第一套 MTBE 反应精馏装置。图 1-52 为典型的 MTBE 生产工艺。原料碳四混合物经吸附柱除掉阳离子和水后，与原料甲醇和循环甲醇按一定比例混合，从顶部进入预反应器进行醚化反应，绝大部分的异丁烯与甲醇反应生成 MTBE。醚化反应后的物料由反应器底部流出，进入催化蒸馏塔下塔中部进行蒸馏。纯度≥98.00%（质量分数）的 MTBE 产品由催化蒸馏塔下塔底部流出，未反应的碳四及甲醇进入催化蒸馏塔上塔进一步反应。反应后的物料进入萃取塔，以水作为萃取剂将甲醇分离出来，富含甲醇的水溶液经甲醇回收塔，通过普通精馏的方式将甲醇馏出，水经冷却后返回萃取塔循环使用。

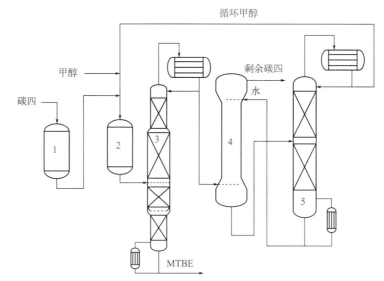

图 1-52　MTBE 反应精馏生产工艺

1—吸附柱；2—预反应器；3—反应精馏塔；4—萃取塔；5—甲醇回收塔

采用反应精馏必须满足以下条件：

① 化学反应必须在液相中进行。

② 在操作系统压力下，主反应的反应温度和目的产物的泡点温度接近，以使目的产物及时从反应体系中移出。

③ 主反应不能是强吸热反应，否则精馏操作的传热和传质会受到严重影响，降低塔板的分离效率，甚至使精馏操作无法顺利进行。

④ 主反应时间和精馏时间相比，主反应时间不能过长，否则精馏塔的分离能力不能得到充分利用。

⑤ 对于催化精馏，要求催化剂具有较长的使用寿命，因为频繁地更换催化剂需要停止操作，从而影响生产效率，同时增加生产成本。

⑥ 催化剂的装填结构不仅能使催化反应顺利进行，同时要保证精馏操作也能较好地进行。

 【任务实施】

恒沸物的常用分离方法有变压精馏、萃取精馏和恒沸精馏。变压精馏不需要引入分离剂，应首先加以考虑；而对于萃取精馏和恒沸精馏，加入的分离剂不可避免地要有所损失，在以后的流程中也可能会引起环境污染。因此，若恒沸物组成对压力的变化比较敏感，则采用变压精馏；若对压力变化不敏感，则需加入适宜的第三组分来改变关键组分间的相对挥发度。其中，萃取精馏比恒沸精馏的应用更为普遍，原因如下：①萃取剂比挟带剂易于选择；②萃取剂在精馏过程中基本上不汽化，所以萃取精馏的能耗较恒沸精馏低；③萃取精馏加入的萃取剂量变动范围较大，而恒沸精馏适宜的挟带剂量多为一定值，所以萃取精馏操作较灵活、易控制。

对于甲醇-丙酮物系，理论上可以采用变压精馏来分离，但变压精馏因涉及高低压的变化，对于设备要求较高，总投资反而较萃取精馏高约20%。本解决方案选择萃取精馏完成分离任务。水为甲醇-丙酮物系萃取精馏最常用的萃取剂，分离工艺为双塔流程，如图1-53所示。

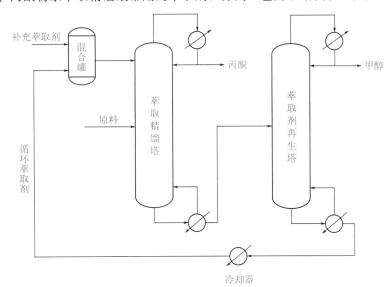

图 1-53　甲醇-丙酮恒沸物系的萃取精馏流程

【思考与实践】

　　丁二烯的用途十分广泛，在石油化工烯烃原料中的地位仅次于乙烯和丙烯（乙烯、丙烯、丁二烯被称为"三烯"）。丁二烯主要从乙烯裂解装置副产的混合 C_4 馏分中抽提（抽提即为萃取精馏）得到。根据所用萃取剂的不同，C_4 抽提生产丁二烯具有不同的工艺流程。请查阅两种主流工艺并比较不同工艺的优缺点。

【职业素养】

执行标准操作程序

　　化工生产操作中需严格执行标准操作程序（standard operating procedure，SOP）。SOP 是为了减少实际操作过程中人为因素造成操作偏差，而将某一事件的标准操作步骤和要求以统一的格式描述出来，用来指导和规范日常工作的文件。所谓标准，是经过不断实践总结出来的、在当前条件下可以实现的最优化的操作程序。SOP 的精髓是对某一程序中的关键控制点进行细化和量化。

　　如下表所示，在执行关键 SOP 时，每位执行人员依据每项作业所属的性质，通过"步步签字——操作人员执行完每步操作后在自己的纸质版 SOP 上注明时间和签字确认"的方式进行执行，谁操作谁签字确认，确保严格按照要求进行操作、无遗漏。

作业名称			甲醇精馏临时停车标准操作程序		编号：SOP-×××-××	
HSE（危害品）			甲醇：对中枢神经系统有麻醉作用……（详细参考 MSDS）			
			氮气：惰性气体，若遇高热，容器内压增大……（详细参考 MSDS）			
特殊劳动防护			无			
参考资料			PID0001、PID0002、工艺说明书			
相关部门确认			调度中心、气化单元			
作业总体计划			C0001 停运，C0002 与 C0003 停运，系统保压			
需要提前满足条件			消防系统及安全设备投用			
			火炬系统投用			
			公用工程（水、电、气、风）投用			
			……			
操作步骤				代码	作业确认	作业时间
1			停车前确认			
	1.1		班长确认前提条件已经满足	（M）		
	…					
2			C0001 预精馏塔停运			
	2.1		内操通知外操将××阀门打开	（I）		
	…					
3			C0002 加压塔与 C0003 常压塔停运			
	3.1		内操以每秒 1% 的开度关小××阀门	（P）		
	…					
		风险	C0002 发生干锅			
		措施	关注液位报警			
			（结束）			

SOP 制定流程如下：

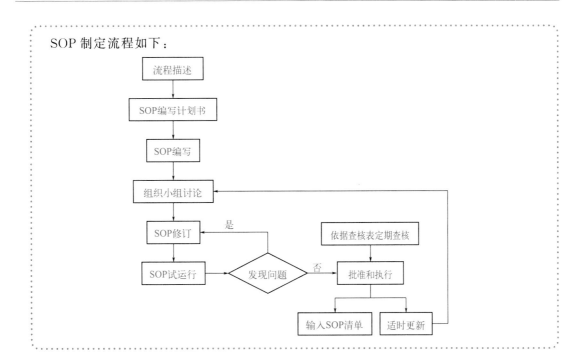

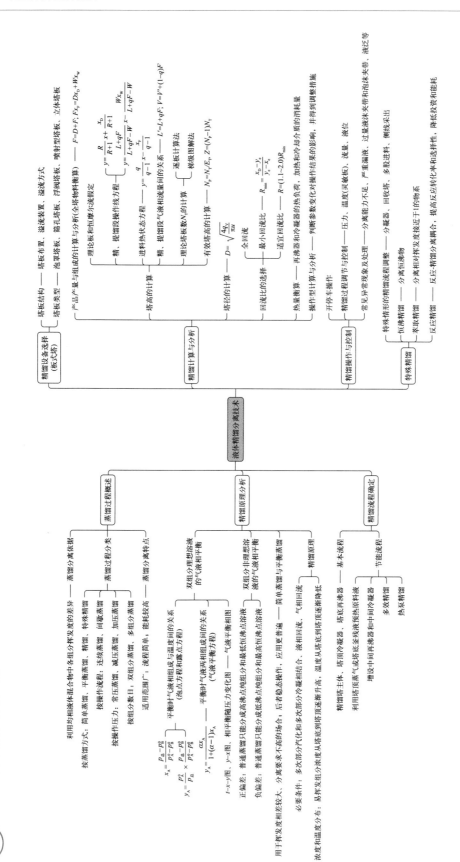

【习题】

一、简答题

1.蒸馏操作的基本依据是什么？蒸馏单元操作有哪些特点？

2.掌握精馏过程相平衡关系有哪些用处？

3.泡点方程和露点方程有何用途？何时需要试差求解？

4.压力对气液平衡有何影响？如何选择精馏塔的操作压力？

5.精馏分离的原理是什么？典型工业精馏装置主要由哪些设备组成？简述典型精馏装置的流程。

6.什么是理论板？为何要引入理论板概念？

7.恒摩尔流假定指什么？其成立的主要条件是什么？为何要引入恒摩尔流假定？

8.板上气、液两相的接触状态有哪几种？各有何特点？

9.塔板负荷性能图包括哪几条线？它们各有什么含义？

10.二元连续精馏塔操作线的物理意义是什么？其为直线的前提是什么？

11.如何指定精馏产品的产量和组成？简述产量和组成之间的相互制约关系。

12.进料热状态参数 q 的物理意义是什么？精馏塔有哪几种进料热状态？q 对精馏段和提馏段操作线的斜率各有何影响？

13.梯级图解法中，跨过两操作线交点时为何要更换操作线？梯级大小的物理含义是什么？

14.进料量、进料组成、进料热状况及进料位置如何影响理论板层数？

15.为什么设计精馏塔时选择越"热"的进料状态求出的理论板数越多？

16.何谓最小回流比？夹点恒浓区的特征是什么？最适宜回流比的选取须考虑哪些因素？

17.设计时回流比如何影响理论板层数？操作时如何影响产品组成？

18.全回流的特点是什么？全回流操作在生产中有何实际意义？

19.评价塔板性能的指标有哪些？

20.默弗里板效率的含义是什么？如何提高单板效率？

21.分析气、液流量对精馏操作的影响。

22.板式塔设计中影响塔径的主要因素有哪些？

23.何谓灵敏板？确定一个精馏塔的灵敏板位置有何意义？

24.萃取精馏时，如何选择回流比？

二、计算题

1.苯-甲苯混合液在压力为 101.3kPa 下的 $t\text{-}x\text{-}y$ 图见本项目图 1-2。若混合液中苯初始组成为 0.5（摩尔分数），试求：（1）该溶液的泡点温度及其瞬间平衡气相组成。（2）将该混合液加热到 95℃时，溶液处于什么状态？各相组成为若干？（3）将该溶液加热到什么温度，才能使其全部汽化为饱和蒸气？此时的蒸气组成为若干？

2.在苯-甲苯的精馏中，已知塔顶温度为 82℃，塔顶蒸气组成为苯 0.95（摩尔分数），求塔顶操作压力；若塔顶压力不变而温度变为 85℃，求塔顶蒸气的组成。计算苯和甲苯饱和蒸气压的安托因方程见例 1-1。

3.甲醇和丙醇在 80℃时的饱和蒸气压分别为 181.1kPa 和 50.93kPa。甲醇-丙醇溶液为理想溶液。试求：（1）80℃时甲醇与丙醇的相对挥发度 α；（2）在 80℃下气液两相平衡时的液相组成为 0.5，试求气相组成；（3）计算此时的气相总压。

4. 根据表 1-2 数据绘制总压为 101.3kPa 时苯-甲苯混合液的 t-x-y 图及 y-x 图。此溶液服从拉乌尔定律。

5. 在一连续操作的精馏塔中分离苯含量为 0.5（摩尔分数，下同）的苯-甲苯混合液，其流量为 100kmol/h。已知馏出液组成为 0.95，釜残液组成为 0.05。试求：（1）馏出液的流量和苯的回收率；（2）保持馏出液组成 0.95 不变，馏出液最大可能的流量。

6. 在一连续操作的精馏塔中分离苯-甲苯混合液，原料液中苯的组成为 0.28（摩尔分数，下同），饱和液体进料。馏出液组成为 0.98，釜残液组成为 0.03。精馏段上升蒸气流量 V 为 1000kmol/h，从塔顶进入全凝器，冷凝为泡点液体，回流比 R 为 1.5，试计算：（1）馏出液流量 D 与精馏段下降液体流量 L；（2）进料量 F 及釜残液采出量 W；（3）提馏段下降液体流量 L' 与上升蒸气流量 V'。

7. 在常压连续精馏塔中，分离甲醇-水溶液。原料液组成为 0.45（甲醇的摩尔分数），温度为 30℃，试求进料热状态参数。已知进料泡点温度为 75.3℃，操作条件下甲醇和水的汽化潜热分别为 1055kJ/kg 和 2320kJ/kg，甲醇和水的比热容分别为 2.68kJ/(kg·℃) 和 4.19kJ/(kg·℃)。

8. 在连续精馏塔中分离含甲醇 0.45（摩尔分数，下同）的甲醇-水溶液，流量为 100kmol/h，要求馏出液中甲醇含量为 0.96，釜残液中甲醇含量为 0.03，回流比为 2.6。试求：（1）馏出液的流量；（2）饱和液体进料时，精馏段和提馏段的操作线方程。

9. 连续精馏分离正庚烷与正辛烷。已知相对挥发度为 2.16，原料液中正庚烷的浓度为 0.35（摩尔分数，下同），塔顶产品组成为 0.94，进料热状态参数为 1.05，馏出产品的采出率 $D/F=0.34$。在确定回流比时，取 $R/R_{min}=1.40$，设泡点回流。试写出精馏段与提馏段操作线方程。

10. 在连续精馏塔中分离某两组分理想溶液，已知精馏段和提馏段操作线方程分别为：$y=0.723x+0.263$ 和 $y=1.25x-0.0187$。若原料液于露点温度下进入精馏塔中，试求原料液、馏出液和釜残液的组成及回流比。

11. 在一常压下连续操作的精馏塔中分离某两组分溶液。物系的平均相对挥发度为 2.92。（1）离开塔顶第 2 块理论板的液相组成为 0.75（摩尔分数），试求离开该板的气相组成；（2）从塔顶第 1 块理论板进入第 2 块理论板的液相组成为 0.88，若精馏段的液气比 L/V 为 2/3，试求从第 3 块理论板进入第 2 块理论板的气相组成；（3）若为泡点回流，试求回流比 R；（4）试用精馏段操作线方程计算馏出液组成 x_D。

12. 在连续精馏塔中分离苯-甲苯混合液，其中苯的组成为 0.48（摩尔分数，下同），泡点进料。要求馏出液组成为 0.95，釜残液组成为 0.05，操作回流比为 2.5，平均相对挥发度为 2.46，试用逐板计算法确定所需理论板层数及适宜加料位置。

13. 在连续精馏塔中分离某两组分理想溶液。原料液组成为 0.35（易挥发组分的摩尔分数，下同），馏出液组成为 0.9，物系的平均相对挥发度为 2.0，回流比为最小回流比的 1.5 倍，试求以下两种情况下的操作回流比：（1）饱和液体进料；（2）饱和蒸气进料。

14. 在一连续精馏塔内分离某理想二元混合物。已知进料量为 100kmol/h，进料组成为 0.5（易挥发组分的摩尔分数，下同），泡点进料；釜残液组成为 0.05，塔顶采用全凝器，操作条件下物系的平均相对挥发度为 2.303，精馏段操作线方程为 $y=0.72x+0.275$。试计算：（1）塔顶轻组分的回收率；（2）所需的理论板层数。

15. 用一连续精馏塔分离含二硫化碳 0.44（摩尔分数，下同）的二硫化碳-四氯化碳混合液。原料液流量为 4000kg/h，泡点进料，要求馏出液组成为 0.98，釜残液组成不大于 0.09。回流比为 2.0，全塔平均操作温度为 61℃，空塔速度为 0.8m/s，塔板间距为 0.4m，全塔效率为 59%。试求：（1）实际塔板层数；（2）两种产品的质量流量；（3）塔径；（4）塔的有效高度。常压下二硫化碳-四氯化碳溶液的平衡数据如本题附表。

▶ 习题 15 附表 常压下二硫化碳-四氯化碳溶液的平衡数据

液相中 CS_2 摩尔分数 x	气相中 CS_2 摩尔分数 y	液相中 CS_2 摩尔分数 x	气相中 CS_2 摩尔分数 y
0	0	0.3908	0.6340
0.0296	0.0823	0.5318	0.7470
0.0615	0.1555	0.6630	0.8290
0.1106	0.2660	0.7574	0.8970
0.1535	0.3325	0.8604	0.9320
0.2580	0.4950	1.0	1.0

16. 用常压下连续操作的精馏塔分离含苯 0.4（摩尔分数，下同）的苯-甲苯溶液。要求馏出液组成为 0.97，釜残液组成为 0.02。回流比为 2.2，泡点进料。苯-甲苯溶液的平均相对挥发度为 2.46。试用简捷计算法求所需理论板数。

17. 用一连续操作的精馏塔分离乙醇-异丁醇混合液（可看作理想溶液），平均相对挥发度为 5.18，进料组成为 0.40，饱和液体进料，理论板数为 9，进料板为第 5 块板。若回流比为 0.6，试计算馏出液组成 x_D 及釜残液组成 x_W。

三、操作题

1. 在精馏操作中，如欲调整回流比，具体应如何进行？

2. 精馏操作中测量温度的重要意义是什么？

3. 如何抑制板式精馏塔中异常操作现象的发生？

4. 精馏操作中可采取的节能措施有哪些？

5. 在精馏塔操作中，若 F、V' 维持不变，而 x_F 由于某种原因降低，问可用哪些措施使 x_D 维持不变？并比较这些方法的优缺点。

6. 一脱丁烷塔的目的是得到丁烷产品，其原料为来自脱丙烷塔釜的混合物。在脱丁烷塔中，由于丁烷的挥发度较高，故其作为产品从塔顶采出。

温度为 67.8℃ 的脱丙烷塔釜液（主要有 C_4、C_5、C_6、C_7 等），由脱丁烷塔（DA-405）的第 16 块板进料（全塔共 32 块板），进料量由流量控制器 FIC101 控制。提馏段灵敏板温度通过调节器 TC101 调节再沸器加热蒸汽的流量来控制，从而控制丁烷的分离质量。

脱丁烷塔塔釜液（主要为 C_5 以上馏分）一部分作为产品采出，一部分经再沸器（EA-418A、B）部分汽化为蒸气从塔底上升。塔釜的液位和塔釜产品采出量由 LC101 和 FC102 组成的串级控制器控制。再沸器采用低压蒸汽加热。塔釜蒸汽缓冲罐（FA-414）液位由液位控制器 LC102 调节底部采出量控制。

塔顶的上升蒸汽（C_4 馏分和少量 C_5 馏分）经塔顶冷凝器（EA-419）全部冷凝成液体，该冷凝液靠位差流入回流罐（FA-408）。塔顶压力 PC102 采用分程控制：在正常的压力波动下，通过调节塔顶冷凝器的冷却水量来调节压力，当压力超高时，压力报警系统发出报警信号，PC102调节塔顶至回流罐的排气量来控制塔顶压力、调节气相出料。操作压力0.43MPa（表压），高压控制器PC101通过调节回流罐的气相排放量来控制塔内压力稳定。冷凝器以冷却水为载热体。回流罐液位由液位控制器LC103调节塔顶产品采出量来维持恒定。回流罐中的液体一部分作为塔顶产品送下一工序，另一部分由回流泵（GA-412A、B）送回塔顶作为回流，回流量由流量控制器FC104控制。请结合上述工艺过程描述，完成以下任务：

（1）绘制出工艺流程图；

（2）编制出装置开、停车的标准操作程序；

（3）分组讨论装置运行过程中可能出现的异常现象，并制订出解决方案。

 【符号说明】

符号	意义	计量单位
A、B、C	安托因常数	
A_a	开孔区面积	m^2
A_f	降液管截面积	m^2
A_f'	受液盘截面积	m^2
c_p	定压比热容	$kJ/(mol \cdot K)$
D	塔顶产品流量	$kmol/s$
	塔径	m
E_{ML}	液相默弗里板效率	
E_{MV}	气相默弗里板效率	
E_T	全塔效率	
F	进料量	$kmol/s$
H_d	降液管内的清液高度	m
h_{ow}	堰上清液层高度	m
H_T	板间距	m
h_w	堰高	m
I	焓值	$kJ/kmol$
L	回流液量	$kmol/s$
l_w	溢流堰长	m
N	塔板数	
p	分压	Pa
$p_总$	总压	Pa
q	进料热状态	
q_V	气体体积流量	m^3/s
Q	热负荷	kJ/s
r	汽化潜热	$kJ/kmol$
R	回流比	

t	温度	K
u	空塔气速	m/s
u_f	泛点气速	m/s
V	塔内的上升蒸气量	kmol/s
v	挥发度	
W	塔釜产品流量	kmol/s
W_c	塔板边缘宽度	m
W_s	塔板出口安定区宽度	m
W_s'	塔板入口安定区宽度	m
x	液相中易挥发组分的摩尔分数	
y	气相中易挥发组分的摩尔分数	

希腊字母

α	相对挥发度	
η	回收率	
μ	黏度	Pa·s
ρ	密度	kg/m^3
σ	表面张力	mN/m

下标

A	易挥发组分
B	难挥发组分
D	馏出液
e	平衡
F	原料
L	液相
m	平均
max	最大的
min	最小的
n	塔板序号
P	实际的
b	饱和的
T	理论的
V	气相
W	釜残液

上标

°	饱和
*	平衡
′	提馏段

项目二

气体吸收分离技术

 【学习目标】

知识目标：

1. 了解气体吸收分离的特点及分类。

2. 理解气体吸收过程的相平衡关系及应用，以及吸收传质的双膜理论。

3. 掌握吸收原理与流程，以及增大吸收速率的措施。

4. 掌握单组分吸收过程的计算（主要包括吸收剂用量的确定和填料层高度的计算）。

5. 熟悉填料塔的基本结构及其操作性能。

技能目标：

1. 能根据气体混合物的物系特点及分离要求选择合适的分离方法。

2. 能根据工程项目的要求，通过计算确定气体吸收分离方案，包括吸收方式、吸收剂的选择、吸收设备、工艺流程、操作参数、操作规程等。

3. 会进行吸收-解吸装置的操作与控制，分析及处理操作中的异常现象，识别吸收单元的安全隐患，正确使用吸收装置中的安全设施。

4. 能根据安全、环保和节能等理念提出吸收装置的优化与改造建议。

素质目标：

1. 培养标准意识、质量意识、法律意识和社会责任意识。

2. 培养"善于发现共性、运用联系观点"的思维方式。

项目情境

合成气是以 H_2 和 CO 为主要成分的一种原料气，其在化学工业中具有极为重要的地位，大宗化学品合成氨和甲醇就是以合成气为原料生产得到的。含碳物质如煤、石油、天然气，焦炉煤气以及生物质等，均可用来生产合成气。含碳物质转化制合成气过程中，会产生 CO_2、H_2S、COS 等酸性气体，这些酸性气体会造成下游生产中的催化剂中毒，所以必须将其脱除和回收。工业上通常采用吸收方法分离酸性气体，低温甲醇洗法（Rectisol）是其中的典型代表，为目前国内外公认的最为经济且净化度高的酸性气体脱除技术。低温甲醇洗工艺是以甲醇为吸收剂，利用甲醇在低温下对酸性气体溶解度极大的优良特性，脱除原料气中酸性气体的过程。为方便读者理解气体吸收分离的原理和流程，本项目只讨论用低温甲醇洗工艺分离粗合成气中杂质组分 CO_2 的过程，其工艺流程如图 2-1 所示。

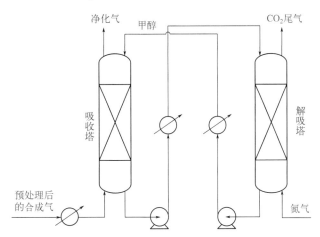

图 2-1　低温甲醇洗脱除 CO_2 的工艺流程

要想完成此分离任务，需要依次解决下述子问题：

（1）对合成气中 CO_2 实施吸收分离的依据是什么？如何选择吸收剂？

（2）如何实现吸收剂的循环利用？需要设计什么样的流程？

（3）合成气中 CO_2 的吸收分离需要选择什么样的设备？

（4）CO_2 的吸收分离过程需要设定哪些操作参数？基于什么机理模型进行计算？如何利用计算结果强化吸收过程？

（5）如何实现吸收开停车操作和正常运行调整？怎样进行产品质量控制？

项目导言

1. 吸收分离的依据

吸收是利用气体混合物中各组分在某液体溶剂中的溶解度差异而实现分离的单元操作。例如，在上述用低温甲醇洗法分离合成气中 CO_2 的工艺过程中，CO_2 在冷甲醇中溶解度很大，而 H_2 和 CO 则溶解度很小，所以大部分 CO_2 能够从合成气中转移到甲醇中而得以分离。

吸收操作中所用的液体溶剂称为吸收剂，以 S 表示；气体混合物中能够显著溶于吸收剂的组分称为溶质（或吸收质），以 A 表示；基本上不溶于吸收剂的组分统称为惰性气体（可以是一种或多种组分），以 B 表示；吸收剂 S 吸收了溶质 A 所得的溶液称为吸收液；混合气中溶质 A 被吸收剂 S 吸收后排出的气体称为吸收尾气。逆流吸收操作中各物流及组成如图 2-2 所示。

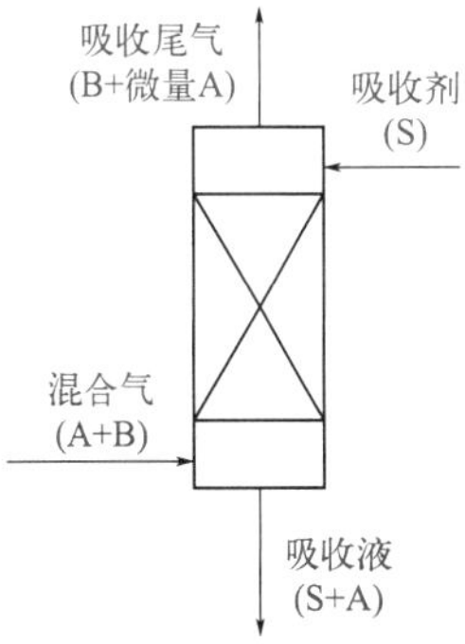

2. 气体吸收的特点

（1）应用范围广　吸收最常应用的场合是如情境中所描述的气体混合物的分离。此外，吸收也可用于制备某种气体的溶液，如用水吸

图 2-2　逆流吸收操作中各物流及组成

收二氧化氮制硝酸、用水吸收氯化氢制盐酸、用水吸收甲醛制福尔马林等。在环境保护方面，吸收也有着非常广泛的应用，如工业废气中含有的 SO_2、H_2S、NO、NO_2 等有害气体通常采用吸收法脱除。

（2）流程复杂　吸收分离需要将溶质气体先溶解在液相中，然后再通过解吸方式获得纯度较高的溶质气体并使吸收剂循环利用。因此吸收操作往往与解吸操作联合使用，使得流程较为复杂。如果有多种气体溶于吸收剂中，而又要分别解吸出各种溶质，流程则更为复杂。例如，如果合成气中杂质较多且要分别解吸出各杂质气体组分，则低温甲醇洗工艺一般需 5～9 个塔。

（3）能耗较低　相比蒸馏分离而言，吸收操作不需要对吸收剂进行加热，较低的温度更有利于气体吸收，吸收产生的尾气也不需要进行冷凝处理。因此，吸收分离操作能耗较低。

（4）依赖于吸收剂　吸收操作在很大程度上依赖于吸收剂的选择。好的吸收剂能够提高效率，降低成本。因此，开发溶解度大、选择性强、易于循环再生且对环境友好的吸收剂，具有重大的研究意义和市场前景。

3.气体吸收的分类

实际生产中，吸收有多种分类方法，具体如表 2-1 所示。

▶ 表 2-1　吸收的分类方法

分类方法	吸收类别	应用场合	举例
是否存在显著化学反应	物理吸收	回收混合气体中的有用组分；吸收剂便于再生利用的场合	用洗油脱除煤气中的苯
	化学吸收	物理吸收溶剂对溶质气体的溶解度较小时；废气处理	石灰湿法烟气脱硫
被吸收组分的数目	单组分吸收	需要分离的组分只有一种；制取溶液	用水吸收甲醛制福尔马林
	多组分吸收	需要分离的组分有多种	采用聚乙二醇二甲醚法对合成气进行脱硫脱碳
操作压力	常压吸收	常压下吸收剂对溶质具有较大的溶解度	用水吸收混合气中的氨
	加压吸收	吸收剂对溶质的溶解度随压力变化显著	双加压硝酸工艺生产稀硝酸
有无明显温度变化	等温吸收	吸收剂用量较大，或原料气中溶质浓度较低	钼酸铵生产中离子液体吸收尾气中的氨气
	非等温吸收	吸收过程温度发生明显变化	本菲尔特脱碳工艺中采用醇氨溶液吸收合成氨原料气中的 CO_2
吸收质的浓度	低浓度吸收	被吸收的组分在气相中浓度很低（<10%）	低温甲醇洗去除合成气中的 H_2S
	高浓度吸收	被吸收的组分在气相中浓度较高	吸收法烟气 CO_2 捕集技术

本项目主要解决低浓度下的单组分等温物理吸收问题。

任务一　吸收分离原理的分析

【任务描述】

项目情境中，脱除合成气中的 CO_2 为何选择低温甲醇作为吸收剂？

【知识准备】

一、吸收剂的选择

在吸收操作中，吸收剂性能的优劣往往是决定吸收效果的关键因素。选择吸收剂时，应注意考虑以下几方面问题。

（1）溶解度要大　吸收剂对于溶质组分应具有较大的溶解度。这样从平衡角度而言，处理一定量混合气体所需的吸收剂用量就少，解吸和输送的费用就低，吸收尾气中溶质的极限残余浓度也可降低；就传质速率而言，溶解度越大，吸收速率越快，所需设备尺寸就可以减小。

（2）选择性要好　吸收剂在对溶质组分有良好溶解能力的同时，要对混合气体中的其他组分基本上不吸收，或吸收甚微，否则不能实现有效的分离。

（3）挥发度要小　在操作温度下，吸收剂的挥发度要小，因为挥发度越大，吸收剂损失量越大，分离尾气中溶剂含量也越高。

（4）黏度要小　在操作温度下，吸收剂的黏度越小，在塔内流动性能越好，越有利于提高吸收速率，且有助于降低泵的输送功耗和吸收剂的传热阻力。

（5）易于再生　吸收剂要易于再生，方便循环利用。溶质在吸收剂中的溶解度应对温度变化较为敏感，即溶解度不仅在低温下要大，而且随温度升高应迅速下降。

（6）稳定性要好　化学稳定性好，可避免在操作过程中发生变质。

（7）满足一般工业要求　应尽量无毒、无腐蚀、不易燃、不产生泡沫、冰点低，价廉易得。

工业上的气体吸收操作中，水是最理想的吸收剂，只有对难溶于水的溶质才采用特殊的吸收剂，比如用洗油吸收苯和二甲苯。有时为了提高吸收效果，也常采用化学吸收，例如用铜氨液吸收 CO 和用碱液吸收 CO_2 等。总之，吸收剂的选用，要从生产的具体要求和条件出发，全面考虑各方面因素，才能做出经济合理的选择。

二、吸收过程的相平衡关系及应用

1. 溶解度及其影响因素

在一定的温度与压强下，使一定量的混合气体与吸收剂接触，气相中的溶质便向液相中转移，直至液相中溶质达到饱和、浓度不再增加为止。此时并非没有溶质分子继续进入液相，而是任何瞬间进入液相的溶质分子数与从液相逸出的溶质分子数恰好相抵，在宏观上传质过程好像停止了，这种状态称为相际动平衡，简称相平衡。平衡状态下，气相中的溶质分压称为平衡分压或饱和分压，液相中的溶质浓度称为平衡浓度或饱和浓度，即气体在液体中的溶解度。

溶解度可通过实验测定，由实验结果绘成的曲线称为溶解度曲线。图 2-3 和图 2-4 分别为常压下 NH_3 和 SO_2 在水中的溶解度曲线。从图中可以看出，影响溶解度的因素有：

① 同一种溶剂中，不同气体的溶解度有很大差异；

② 相同温度下，同一溶质在溶剂中的溶解度随分压的升高而变大；

③ 相同分压下，同一溶质在溶剂中的溶解度随温度的升高而变小。

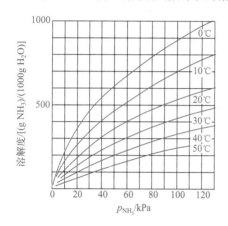

图 2-3　常压下 NH_3 在水中的溶解度曲线

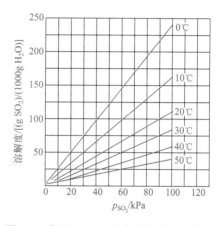

图 2-4　常压下 SO_2 在水中的溶解度曲线

2. 吸收过程相平衡关系的表达

对于稀溶液，当总压不高（<0.5MPa）时，一定温度下互成平衡的气、液两相组成间的关系用亨利定律来描述。因溶质在气、液两相中的组成可用多种方法表示，故亨利定律也对应有不同的表达形式。

（1）以分压 p 表示气相组成，以摩尔分数 x 表示液相组成

$$p^* = Ex \tag{2-1}$$

式中　p^*——溶质在气相中的平衡分压，kPa；

　　　E——亨利系数，单位与压强单位一致；

　　　x——平衡状态下溶质在液相中的摩尔分数。

亨利系数 E 的值随物系而变化。对于同一种溶剂，易溶气体的 E 值小，难溶气体的 E 值大；当物系一定时，E 值通常随系统温度的升高而增大，即温度升高，气体的溶解度变小。

亨利系数一般由实验测定，也可从有关手册查得。某些常见气体在水中的亨利系数见附录二。

（2）以分压 p 表示气相组成，以物质的量浓度 c 表示液相组成

$$p^* = \frac{c}{H} \tag{2-2}$$

式中　H——溶解度系数，$kmol/(m^3 \cdot kPa)$；

　　　c——平衡状态下溶质在液相中的物质的量浓度，$kmol/m^3$。

为了求得 H 与 E 的关系，将式（2-1）中的摩尔分数 x 转换成物质的量浓度 c 并与式（2-2）进行比较：

$$p^* = Ex = E\frac{cV}{cV + \dfrac{\rho V - cVM_A}{M_S}} = E\frac{cM_S}{\rho + c(M_S - M_A)} = \frac{c}{H}$$

得

$$\frac{1}{H} = \frac{EM_S}{\rho + c(M_S - M_A)} \tag{2-3}$$

式中　　V——溶液的体积，m^3；

　　　　ρ——溶液的密度，kg/m^3；

M_S，M_A——吸收剂、溶质的摩尔质量，$kg/kmol$。

对于稀溶液，c 值很小，则 $c(M_S - M_A) \ll \rho$，故式（2-3）可简化为：

$$H = \frac{\rho}{EM_S} \tag{2-4}$$

因为是稀溶液，上式中溶液的密度 ρ 可近似用吸收剂的密度 ρ_S 代替。

H 值也随物系和温度而变化。易溶气体的 H 值大，难溶气体的 H 值小；温度升高，H 值变小。

（3）溶质的气、液相组成均用摩尔分数表示

$$y^* = mx \tag{2-5}$$

式中　m——相平衡常数，无量纲；

y^*——平衡状态下溶质在气相中的摩尔分数。

为了得到 m 与 E 的关系，将式（2-1）两侧同时除以总压 $p_{总}$ 并与式（2-5）进行比较，得：

$$m = \frac{E}{p_{总}} \tag{2-6}$$

式（2-6）表明，相平衡常数 m 除与 E 的变化一致外，还与总压有关。$p_{总}$ 升高，m 值减小，气体的溶解度变大。

（4）溶质的气、液相组成均用摩尔比表示　在吸收过程中，气相和液相的总量均是不断变化的，若用摩尔分数表示气、液两相的组成，计算很不方便。所以，需要分别选择一个恒定不变的量作为计算的基准。通常可认为气相中惰性组分 B 不进入液相，溶剂 S 也没有显著的汽化现象，因而在塔的各个横截面上，B 和 S 的摩尔流量是恒定不变的。为此，吸收计算中引入以 B 和 S 的量为基准的摩尔比来表示气、液相组成，摩尔比的定义为：

$$X = \frac{液相中溶质的物质的量}{液相中溶剂的物质的量} = \frac{x}{1-x}$$
$$Y = \frac{气相中溶质的物质的量}{气相中惰性组分的物质的量} = \frac{y}{1-y} \tag{2-7}$$

则摩尔分数与摩尔比的关系为：

$$x = \frac{X}{1+X}, \quad y = \frac{Y}{1+Y} \tag{2-8}$$

将式（2-8）代入式（2-5），整理得：

$$Y^* = \frac{mX}{1+(1-m)X} \tag{2-9}$$

当溶液浓度很低时，式（2-9）的分母趋近于 1，于是该式可简化为：

$$Y^* = mX \tag{2-10}$$

应予指出，亨利定律的各种表达式描述的是互成平衡的气、液两相组成间的关系，它们既可用于根据液相组成计算与之平衡的气相组成，同样也可用于根据气相组成计算与之平衡的液相组成。因此，上述亨利定律的表达形式也可写成：

$$x^* = \frac{p}{E} \tag{2-1a}$$

$$c^* = Hp \tag{2-2a}$$

$$x^* = \frac{y}{m} \tag{2-5a}$$

$$X^* = \frac{Y}{m} \tag{2-10a}$$

【例 2-1】 某吸收塔在 25℃、常压下操作，已知进塔原料气中 CO_2 的含量为 30%（体积分数，下同），其余组分为惰性气体。经吸收后，出塔气中 CO_2 的含量为 1%，请分别计算以摩尔分数、摩尔比和物质的量浓度表示的原料气和出塔气中 CO_2 的组成。

解：进、出塔气体可视为由溶质 CO_2 和惰性气体构成的二元混合物，分别用下标 1、2 表示两气体的状态。

（1）原料气

摩尔分数：理想气体的摩尔分数等于体积分数，所以 $y_1 = 0.3$

摩尔比：$Y_1 = \dfrac{y_1}{1-y_1} = \dfrac{0.3}{1-0.3} = 0.428$

物质的量浓度可根据理想气体状态方程求得

$$c_1 = \frac{n_1}{V} = \frac{p_1}{RT} = \frac{101.3 \times 0.3}{8.314 \times 298} = 0.0123 (\text{kmol/m}^3)$$

（2）出塔气

摩尔分数：$y_2 = 0.01$

摩尔比：$Y_2 = \dfrac{y_2}{1-y_2} = \dfrac{0.01}{1-0.01} = 0.0101$

物质的量浓度：$c_2 = \dfrac{p_2}{RT} = \dfrac{101.3 \times 0.01}{8.314 \times 298} = 4.09 \times 10^{-4} (\text{kmol/m}^3)$

【例 2-2】 压强为 101.3kPa、温度为 20℃ 时，测得 100g 水中含氨 2g，此时溶液上方氨气的平衡分压为 1.60kPa。（1）试求 E、H 和 m；（2）若对系统充入惰性气体使总压增至 202.6kPa，其他参数保持不变，求此时的 E、H 和 m。

解：（1）溶液的摩尔分数为：

$$x = \frac{2/17}{2/17 + 100/18} = 0.0207$$

由式（2-1）得：

$$E = p^*/x = 1.60/0.0207 = 77.3 \, (\text{kPa})$$

由式（2-4）得：

$$H = \frac{\rho_s}{EM_s} = \frac{998.2}{77.3 \times 18} = 0.717 [\text{kmol}/(\text{m}^3 \cdot \text{kPa})]$$

由式（2-6）得：

$$m = \frac{E}{p_{\text{总}}} = \frac{77.3}{101.3} = 0.763$$

（2）由于总压的升高是由加入惰性气体造成的，气相中氨的平衡分压并无变化。由式（2-1）和式（2-4）可知，E 和 H 仅为温度的函数，与总压无关，故 E 和 H 均不变化，但总压变化会对 m 产生影响。

当充入惰性气体使总压增至 202.6kPa 时：

$$m = \frac{77.3}{202.6} = 0.381$$

3. 吸收过程相平衡关系的应用

（1）判断传质的方向　对于多相系统而言，若系统未达到相平衡，组分将由一相向另一相转移，使得系统趋于平衡。那么一定浓度的混合气体与某种溶液相接触，溶质是由气相向液相转移还是由液相向气相转移呢？可以利用相平衡关系作出判断。

以气相为基准判断：若 $Y > Y^*$，意味着溶质由气相向液相转移，即吸收；反之，则解吸。

以液相为基准判断：若 $X > X^*$，意味着溶质由液相向气相转移，即解吸；反之，则吸收。

（2）确定传质的极限　在如图 2-5 所示的逆流吸收中，摩尔比为 Y_1 的混合气体从塔底送入，摩尔比为 X_2 的吸收剂由塔顶淋入，操作状态下的相平衡关系为 $Y^* = mX$，假设塔高为无限高（即接触时间无限长）。则出塔液体浓度的极限，即 X_1 的最大值为与进塔气体浓度 Y_1 相平衡的液相组成 X_1^*，即

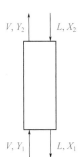

图 2-5　逆流吸收

$$X_{1,\text{max}} = X_1^* = \frac{Y_1}{m} \tag{2-11}$$

同理，出塔尾气浓度的极限，即 Y_2 的最小值是与进塔吸收剂浓度 X_2 相平衡的气相组成 Y_2^*，即

$$Y_{2,\text{min}} = Y_2^* = mX_2 \tag{2-12}$$

（3）计算传质的推动力　处于非平衡状态的气液两相相互接触发生吸收或解吸行为时，过程传质推动力的大小通常以当前状态下溶质浓度与平衡状态下溶质浓度的差值来表示。设吸收塔内任一截面上气相实际浓度为 Y，液相实际浓度为 X，相平衡关系为 $Y^* = mX$。则以气相浓度表示的该截面的传质推动力为 $(Y - Y^*)$，以液相浓度表示的该截面的传质推动力为 $(X^* - X)$；若传质过程为解吸过程，则气相推动力为 $(Y^* - Y)$，液相推动力为 $(X - X^*)$。

【例 2-3】某理想气体混合物中溶质 A 的含量为 0.05（体积分数），该气体与溶质 A 含量为 0.012（摩尔比）的水溶液相接触，系统的相平衡关系为 $Y^* = 2.54X$。请判断传质进行的方向并计算过程的传质推动力。

解：已知 $y = 0.05$，$X = 0.012$，$Y^* = 2.54X$

（1）判断传质的方向

$$Y = \frac{y}{1-y} = \frac{0.05}{1-0.05} = 0.0526$$

$$Y^* = 2.54X = 2.54 \times 0.012 = 0.0305$$

可见 $Y > Y^*$，故为吸收过程。

也可用液相浓度差判断

$$X^* = \frac{Y}{2.54} = \frac{0.0526}{2.54} = 0.0207$$

可见 $X^* > X$，同样可判断为吸收过程。

（2）计算传质推动力

气相传质推动力：$\Delta Y = Y - Y^* = 0.0526 - 0.0305 = 0.0221$

液相传质推动力：$\Delta X = X^* - X = 0.0207 - 0.012 = 0.0087$

吸收技术创新助力石化行业实现"双碳"目标

2020年9月，中国在第七十五届联合国大会上首次明确提出"中国将提高国家自主贡献力度，采取更加有力的政策和措施，二氧化碳排放力争于2030年前达到峰值，努力争取2060年前实现碳中和"。我国炼厂低浓度碳源占90%左右，低浓度二氧化碳的低成本捕集是炼化行业的共性难题和首要目标。中国石油天然气集团有限公司勇担社会责任，在第四届中国国际进口博览会中国石油国际合作论坛上宣布，将力争在2025年左右实现碳达峰，2035年外供绿色零碳能源超过自身消耗的化石能源，2050年左右实现"近零"排放。2023年7月，由中国石油化工研究院牵头，青海格尔木炼油厂、西南油气田天然气研究院和昆仑工程公司联合攻关的万吨级二氧化碳捕集工业试验取得突破。试验应用的是中国石油自主研发的新型PC-1吸收剂以及新型超重力解吸技术，可从烟气中将低浓度的二氧化碳捕集，纯度可达到99%以上。与格尔木炼油厂现役解吸塔相比，该工艺显著降低了二氧化碳捕集的能耗与成本，同时解决了复杂含氧烟气条件下溶剂氧化与腐蚀失控导致成本上升的难题，生态效益和经济效益非常可观，真正做到了"变废为宝"。该低浓度二氧化碳捕集技术的推广应用，可以有力地助推我国"双碳"战略目标的实现。

【任务实施】

低温甲醇洗是一典型物理吸收过程。甲醇在低温高压条件下对 CO_2、H_2S 气体具有较大的溶解度，而对 H_2、CO 的溶解度很低。当温度从20℃降到-40℃时，CO_2 溶解度增加约6倍，而 H_2、CO 及 CH_4 等的溶解度则变化较小。也就是说，低温甲醇对合成气中酸性气的分离具有很好的选择性。经低温甲醇洗涤后的气体，CO_2 可净化至 20mg/m^3 以下，总硫可净化至 0.1mg/m^3 以下，适用于对硫含量要求严格的任何工艺。在低温下，甲醇黏度低，可降低流动过程中的阻力损失，以及提高吸收塔的效率。此外，甲醇还存在热稳定性和化学稳定性好、蒸气压小、不易起泡、价格较为便宜等诸多优点。因此项目情境中，采用低温甲醇作为吸收剂脱除合成气中的 CO_2。低温甲醇洗工艺已被广泛应用于合成氨、合成甲醇、城市煤气制氢和天然气脱硫等气体净化装置中。

【思考与实践】

请查阅 2～3 个生产实践中的吸收应用案例，认识吸收在化工生产中的重要地位；并针对案例中所用的吸收剂，进一步查阅最新资料，判断是否出现了更优的吸收剂可供选择。

任务二　吸收装置流程的确定

【任务描述】

请准确描述学习情境中低温甲醇洗脱除合成气中 CO_2 的工艺流程。

【知识准备】

一、吸收-解吸联合流程

解吸（或脱吸）是吸收的逆过程，其目的有两个：一是将溶解在吸收剂中的溶质释放出来，获得高纯度的溶质气体；二是将释放出溶质后的吸收剂返回吸收塔循环使用，即吸收剂的再生，以节省操作费用。解吸的必要条件是气相中溶质组分的分压必须小于液相中溶质的平衡分压。

在吸收-解吸联合操作系统中，解吸效果的好坏直接影响吸收的分离效果。例如，解吸不良会使吸收剂入塔浓度上升、解吸后的吸收剂冷却不足将使吸收剂入塔温度升高。此外，吸收剂在吸收设备与解吸设备间的循环，以及中间的加热、冷却、加压等操作都会消耗较多的能量并引起吸收剂的损失；提高吸收剂用量时也要考虑解吸塔的生产能力。这些问题在选择吸收剂及确定操作条件时都要给予充分考虑。

常见的解吸方法有气提解吸、减压解吸、加热解吸和精馏解吸等。

1. 气提解吸流程

气提解吸又称载气解吸，其过程类似于逆流吸收，只是解吸时溶质由液相传递到气相，塔顶为浓端、塔底为稀端。通常，用作气提的载气为不含或含极少溶质的惰性气体（空气、氮气或二氧化碳等）或水蒸气，其作用在于提供与吸收液未呈平衡的气相。

惰性气体气提适用于脱除少量溶质以净化液体或使吸收剂再生为目的的解吸；有时也用于溶质为可凝性气体的情况，通过冷凝分离得到较为纯净的溶质组分，工艺流程如图 2-6 所示。

以水蒸气作载气，同时又兼作加热热源的解吸常称为汽提。若溶质为不凝性气体，或溶质冷凝液不溶于水，则可通过蒸汽冷凝的方法获得纯度较高的溶质组分。

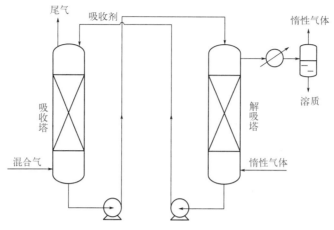

M2-1 吸收-解吸流程图

图 2-6 气提解吸流程

2. 减压解吸流程

对于在加压情况下获得的吸收液，可采用一次或多次减压的方法，通过改变相平衡关系使溶质从吸收液中解吸出来。有时为了使溶质充分解吸，还需进一步减到负压。溶质被解吸的程度取决于操作的最终压力和温度。减压解吸工艺流程如图 2-7 所示。

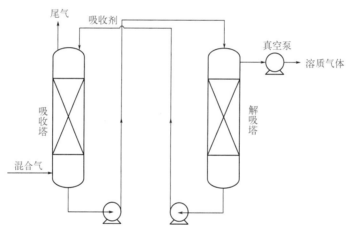

图 2-7 减压解吸流程

3. 加热或精馏解吸流程

当气体溶质的溶解度随温度的升高而显著降低时，可采用加热解吸。采用热力脱氧法处理锅炉用水，就是通过加热使溶解在水中的氧溢出。获得再生的吸收剂由于温度较高，在返回吸收塔之前需要冷却降温。如图 2-8 所示为采用再沸器形式加热解吸的工艺流程，解吸剂是被解吸液体本身汽化所产生的蒸气，无污染。该流程解吸部分与精馏塔提馏段的操作相同，多用于水作为溶剂时的解吸。

若想得到较为纯净的溶质组分，也可通过精馏的方法将溶质与溶剂分开，即在图 2-8 的解吸塔中，待解吸的富液从塔中部加入，塔顶得到的溶质组分冷凝后一部分回流入塔。

在工程上，通常很少使用单一的解吸方法，而是结合工艺条件和物系特点，联合使用上述多种解吸方法。例如，将吸收液先升温，再减至常压，最后再采用汽提法解吸。

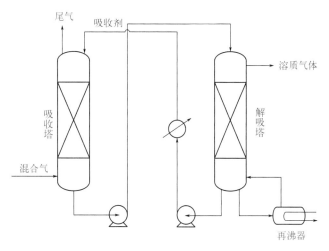

图 2-8　加热解吸流程

二、部分吸收剂循环流程

部分吸收剂循环的流程如图 2-9 所示。用泵自吸收塔塔底抽出的吸收剂，一部分作为产品取出或送往解吸塔，另一部分经冷却器降温后返回原塔塔顶，同时加入部分新鲜吸收剂，其流量应等于引出的吸收剂量。部分吸收剂循环的流程可用于下述三种情况。

1. 热效应显著的吸收过程

对于热效应显著的吸收过程，部分吸收液循环可降低吸收塔内温度，当温度降低导致的平衡关系变化幅度大于因循环导致的操作关系变化幅度时，吸收液的循环可能会提高传质平均推动力，有利于吸收操作。

2. 吸收剂用量过少的过程

对于按物料衡算计算出所需的吸收剂用量过少、不能满足填料充分润湿的最小液体喷淋密度要求的情况，常采用部分吸收剂循环的吸收流程。部分吸收液循环尽管会使传质推动力有所降低，但可由传质系数的显著增大而得以补偿。

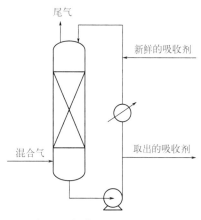

图 2-9　部分吸收剂循环流程

3. 制取液态产品的吸收过程

在制备某些气体的溶液时，为了获得较高含量的液态产品，常采用吸收液部分循环的操作。以制取盐酸为例，水作为吸收剂从塔顶喷淋入塔，氯化氢气体由塔底送入，气液两相逆流接触。塔底部所得溶液（盐酸）通过离心泵再返回到塔顶，当盐酸浓度达到工艺要求时，由塔底排出。

三、多塔串/并联吸收流程

吸收过程如无特别需要，一般采用单塔吸收流程。但若过程的分离要求较高而导致使用单塔操作所需塔体过高，或从塔底流出的溶液温度太高而不能保证塔在适宜的温度下操作时，可将一个大塔分成几个小塔，组成如图 2-10 所示的串联吸收流程。操作时，气体从前一个吸收塔流至后一个吸收塔，吸收剂则用泵从最后的吸收塔送至前一个吸收塔，气体和液体在每个塔内和在整个流程中均呈逆流流动。在吸收塔串联流程中，可根据操作需要，在塔间的液体管路（有时也在气体管路）上设置冷却器，也可在整个系统或系统中的一部分采用吸收剂部分循环的操作。

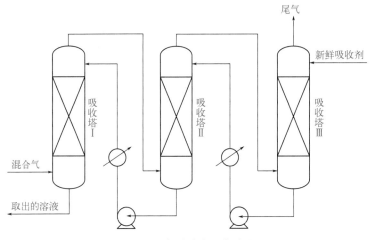

图 2-10　串联逆流吸收流程

生产过程中，如果处理的气量较多，或所需塔径过大，也可考虑由几个较小的塔并联操作。有的企业还采用以下一些连接方法来满足生产要求：气体通路串联，液体通路并联；或气体通路并联，液体通路串联。

 【任务实施】

下面详细描述项目情境中图 2-1 所示的低温甲醇洗脱除合成气中 CO_2 的工艺流程。因吸收的 CO_2 需要回收，且甲醇要循环使用，所以本任务采用吸收-解吸联合流程。预处理后的合成气首先进入原料气冷却器进行预冷，然后自塔底进入吸收塔，吸收剂由塔顶进入吸收塔，气液两相在塔内逆流接触。混合气体中的 CO_2 易溶于低温甲醇，逐渐由气相转移至液相；合成气中的主要成分 H_2 和 CO 难溶于甲醇，仍留在气相中。获得净化的合成气由吸收塔顶部排出，送到下游工段。溶解了 CO_2 的甲醇溶液，由吸收塔底部排出，经过加热之后送至解吸塔顶部。解吸塔底部通入惰性气体，采用气提解吸法使 CO_2 从液相中释放，并随惰性气体一同由解吸塔顶部排出，同时吸收剂获得再生。解吸后的甲醇由解吸塔底部排出，经冷却后返回至吸收塔顶部，循环使用。

 【思考与实践】

到校内实训基地找到吸收装置，画出并描述其工艺流程。

任务三 吸收设备的选择

【任务描述】

吸收过程通常在塔设备中完成。精馏项目中已学习过板式塔,那么吸收操作也可以使用板式塔吗?还有哪些其他类型的塔设备呢?在已熟悉吸收原理和流程的基础上,请为某企业一处理量为 $224000\text{m}^3/\text{h}$ (标准状况,下同),采用低温甲醇洗脱除合成气中 CO_2 的分离任务选择合适的吸收设备。

【知识准备】

吸收设备的主要作用是为气液两相提供相互接触的场所,使两相的传质(与传热)过程能够充分有效进行,并能使接触之后的气液两相及时分开。吸收过程可以在板式塔中进行,也可以在填料塔、喷洒塔和喷射式吸收器等设备中进行。本任务重点介绍吸收操作中广泛应用的填料塔。

一、填料塔的结构

如图 2-11 所示,填料塔由塔体、填料、液体分布装置、填料压紧装置、填料支承装置、液体再分布装置等构成。操作时,填料层内气液两相呈逆流接触,润湿的填料表面即为气液两相的主要传质表面,两相组成沿塔高连续变化。

液体自塔上部进入,通过液体分布器均匀喷洒在塔截面上并沿填料表面呈膜状下流。当塔较高时,由于液体有向塔壁偏流的倾向,使液体分布逐渐变得不均匀,因此经过一定高度的填料层以后,需要设置液体再分布装置,将液体重新均匀分布到下段填料层的截面上,最后液体经填料支承装置从塔下部排出。

气体自塔下部经气体分布装置送入,通过填料支承装置后在填料缝隙中的自由空间上升并与下降的液体接触,最后从塔顶排出。为了除去排出气体中夹带的少量雾状液滴,在气体出口处常装有除沫器。

1. 塔体

塔体通常用金属材料制作,形状为圆柱形。当所处理的气体和液体具有强烈的腐蚀性时,塔径不大、工作压力低的塔多采用耐酸陶瓷制作塔体,大型塔则可用耐酸石或砖砌成方形或多角形。

在选择塔体材料时,除考虑介质腐蚀性外,还应考虑操作温度及压力等因素。陶瓷塔体每分钟的温度变化不应超过 8°C,否则可能导致塔体破裂,搪瓷设备的升降温速度也不宜过快。

塔体应具有一定的垂直度,以保证液体在塔截面上均匀分布。塔体还应有足够的强度和稳定性,以承受塔体自重和塔内液体的重量,并应考虑风载及地震因素的影响。

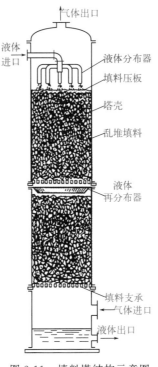

图 2-11　填料塔结构示意图

M2-2　填料塔

2. 填料支承装置

填料支承装置的作用是支承塔内填料及其持有的液体重量，故支承装置要有足够的强度。同时为使气液顺利通过，支承装置的自由截面积应大于填料层的自由截面积，否则当气速增大时，填料塔的液泛将首先发生在支承装置处。

常用的填料支承装置有栅板型、孔管型、驼峰型等，如图 2-12 所示。支承装置的选择，主要根据塔径、使用的填料种类及型号、塔体及填料的材质、气液流速等而定。

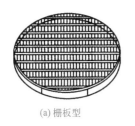

(a) 栅板型　　　　　(b) 孔管型　　　　　(c) 驼峰型

图 2-12　填料支承装置

M2-3　升气管支承装置

3. 填料压紧装置

为保持操作中填料床层高度恒定，防止在高压降、瞬时负荷波动等情况下填料床层发生松动和跳动，在填料装填后于其上方要安装填料压紧装置。

填料压紧装置分为填料压板和床层限制板两大类，每类又有不同的型式，图 2-13 列出了几种常用的填料压紧装置。填料压板自由放置于填料层上端，靠自身重量将填料压紧，其适用于陶瓷、石墨制的散装填料。当填料层发生破碎时，填料层空隙率下降，填料压板可随填料层一起下落，不会形成填料层的松动。床层限制板用于金属、塑料材质的散装填料及所有规整填料。这些填料不易破碎，且有弹性，在装填正确时填料不会下沉。床层限制板要固定在塔壁上，为不影响液体分布器的安装和使用，不能采用连续的塔圈固定，小塔可用螺钉固定于塔壁，而大塔则用支耳固定。

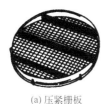 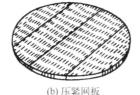 

(a) 压紧栅板　　　　　　(b) 压紧网板　　　　　(c) 905型金属压板

图 2-13　填料压紧装置

M2-4　填料压紧装置

4. 液体分布装置

液体分布装置对填料塔的性能影响很大。液体分布装置设在塔顶，为填料层提供足够数量并分布适当的喷淋点，以保证液体初始分布的均匀性。如果液体初始分布不均匀，则填料层内有效润湿面积会减小，并出现偏流和沟流现象，降低传质分离效果。填料塔的直径越大，液体分布装置越重要。

常用的液体分布装置如图 2-14 所示。图 2-14（a）为莲蓬式喷洒器，其结构简单，但小孔易堵，一般适用于处理清洁液体且直径小于 600mm 的小塔。操作时液体压力必须维持恒定，否则会改变喷淋角和喷淋半径，影响液体分布的均匀性。

图 2-14（b）、（c）为盘式分布器，前者为筛孔式、后者为溢流管式。液体加至分布盘上，经筛孔或溢流管流下。盘式分布器适用于直径较大的塔，能基本保证液体分布均匀，但制造较为麻烦。

图 2-14（d）、（e）为管式分布器，由不同结构形式的开孔管制成。管式分布器结构简单，气体阻力小，特别适用于液量小而气量大的填料塔。

图 2-14（f）为槽式分布器，通常由分流槽（又称主槽或一级槽）和分布槽（又称副槽或二级槽）构成。槽式分布器自由截面积大，不易堵塞，多用于气液负荷大及含有固体悬浮物、黏度大的分离场合。

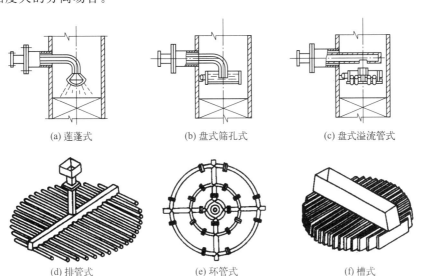

(a) 莲蓬式　　　　　　(b) 盘式筛孔式　　　　　(c) 盘式溢流管式

(d) 排管式　　　　　　(e) 环管式　　　　　　(f) 槽式

图 2-14　液体分布装置

M2-5　液体分布器

5. 液体再分布装置

液体沿填料层向下流动时，有偏向塔壁流动的现象，这种现象称为壁流。壁流将导致填料层内气液分布不均，传质效率下降。为减小壁流现象，可在填料层内间隔一定高度设置液体再分布装置。

最简单的液体再分布装置为截锥式再分布器，如图 2-15 所示。截锥式再分布器结构简单、安装方便，但只能起到将壁流向中心汇集的作用，无液体再分布功能，一般用于直径小于 600mm 的塔中。

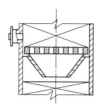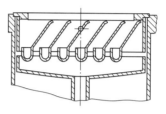

图 2-15　液体再分布装置

M2-6　液体再分布器

6. 除沫装置

气体出口既要保证气体流动畅通，又要清除气体中夹带的液沫，因此常在液体分布器的上方安装除沫装置。常见的有折板除沫器、丝网除沫器及填料除沫器，分别如图 2-16 （a）、（b）、（c）所示。

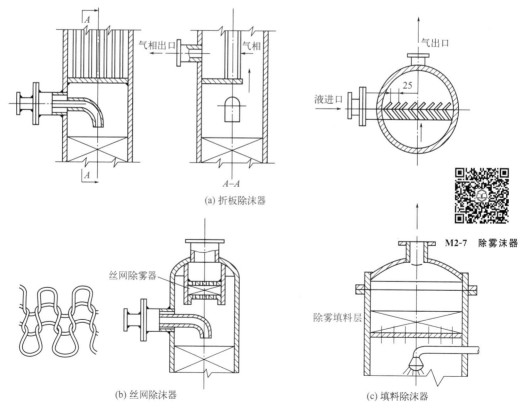

(a) 折板除沫器

M2-7　除雾沫器

(b) 丝网除沫器

(c) 填料除沫器

图 2-16　除沫器

二、填料类型的选择

填料是填料塔的核心部分，为气液两相接触提供传质界面，是决定填料塔性能的核心因素。

1. 填料的类型

目前应用于工业过程的填料已有近百种，并不断有新型填料被开发问世。通常按装填方式的不同，将填料分为散装填料和规整填料两大类。散装填料是一粒粒具有一定几何形状和尺寸的颗粒体，一般以随机的方式堆积在塔内，根据其结构特点可分为环形、鞍形、环鞍形及球形等形状。规整填料是一种在塔内整齐、有规则排列的填料，根据其几何构形可分为格栅填料、波纹填料、脉冲填料等。常见填料的结构、特点和应用见表 2-2。

▶ 表 2-2　常见填料的结构、特点和应用

类型	形状	结构描述	结构图	特点及应用
颗粒状填料	拉西环	外径与高度相等的圆环 M2-8　拉西环		形状简单、制造容易。操作时气液分布性能较差，传质效率低，阻力大，通量小。是最早使用的填料，目前已基本淘汰
	鲍尔环	在拉西环的侧壁上开出两排长方形窗孔，被切开的环壁一侧仍与壁面相连，另一侧向环内弯曲，形成内伸的舌叶，舌叶侧边在环中心相搭 M2-9　金属鲍尔环		由于环壁开孔，气体流动阻力降低，液体分布比较均匀。同一材质、同种规格的鲍尔环与拉西环相比，气体通量增大 50% 以上，传质效率增加 30% 左右。是一种性能优良、应用广泛的填料
	阶梯环	对鲍尔环进行了改进，高度减小一半并在圆筒一端增加了向外翻卷的锥形边 M2-10　阶梯环		填料个体呈点接触，可使液膜不断更新；空隙率大，阻力小，传质效率高。是目前环形填料中性能最为优良的一种

续表

类型	形状	结构描述	结构图	特点及应用
颗粒状填料	弧鞍形	形状如同马鞍，表面全部敞开		表面利用率高，阻力小，装填时容易发生套叠。一般采用瓷质材料制成，强度较差，目前工业中已很少采用
	矩鞍形	为克服弧鞍填料易套叠的缺点，将其两端的弧形面改为矩形面，且两面大小不等		堆积时不会套叠，液体分布较均匀，稳定性良好，阻力较低，绝大多数用瓷拉西环的场合现已被瓷矩鞍填料所取代
	金属鞍环	采用极薄的金属板轧制，既有类似开孔环形填料的圆环、开孔和内伸叶片，也有类似矩鞍形填料的侧面 **M2-11　金属环矩鞍**		综合了环形填料通量大及鞍形填料液体再分布性能好的优点，传质效率高，且具有良好的机械强度。性能优于目前常用的鲍尔环和矩鞍形填料
	球形	一般采用塑料材质注塑而成，结构有多种		球体为空心，可以允许气、液体从内部通过。装填密度均匀，不易产生空穴和架桥，气液分散性能好。一般用于某些特定场合，工程上应用较少
规整填料	波纹式	由许多波纹薄板组成的圆盘状填料，波纹与水平方向成45°倾角，相邻两波纹板反向靠叠。各盘填料垂直叠放于塔内，相邻的两盘填料间交错90°排列。分为孔板波纹填料和丝网波纹填料两大类 **M2-12　规整填料**		结构紧凑，比表面积大，传质效率高，阻力小，处理能力大。但不适于处理黏度大、易聚合或有悬浮物的物料，填料装卸、清理较为困难，造价也较高。其中，金属丝网波纹填料特别适于精密精馏及真空精馏装置
	脉冲式	由带缩颈的中空棱柱形单体按一定方式拼装而成的整砌填料		流道收缩、扩大交替重复，实现了"脉冲"传质。处理量大、压降小，是真空蒸馏的理想填料，因其优良的液体分布性能而特别适用于大塔径场合

2. 填料的选择

（1）填料的性能评价　评价一种填料的性能好坏，通常要考虑以下方面：传质效率要高；通量要大；填料层压降要低；抗污、抗堵性能要强；拆装、检修方便。

上述性能可通过填料的比表面积等几何特性参数来表现。

① 比表面积 a。单位体积填料层所具有的表面积称为填料的比表面积，单位为 m^2/m^3。填料的比表面积越大，所能提供的气液传质面积越大。

② 空隙率 ε。单位体积填料层所具有的空隙体积称为填料的空隙率，单位为 m^3/m^3。填料的空隙率越大，气液通过能力就越大，且压降越低。

③ 填料因子 Φ。将 a 与 ε 组合成 a/ε^3 的形式，称为填料因子，单位为 m^{-1}。填料未被液体润湿时的 a/ε^3 称为干填料因子，可反映填料的几何特性；当填料被喷淋的液体润湿后，表面覆盖了一层液膜，a 与 ε 均发生相应的变化，此时的 a/ε^3 称为湿填料因子，可表示填料的流体力学性能。Φ 值越小，表明填料层阻力越小，发生液泛时的气速越高，亦即流体力学性能好。

（2）填料材质的选择　无论散装填料还是规整填料，均可用陶瓷、金属和塑料制造。

① 陶瓷填料。应用最早，润湿性能好，但因较厚、空隙小、阻力大、气液分布不均匀而导致传质效率较低，且易碎，故仅用于高温、强腐蚀性的场合。

② 金属填料。因壁薄、强度高、空隙率和比表面积大而拥有良好的性能，故应用最广。其中，碳钢便宜但耐腐蚀性差，在无腐蚀场合广泛应用；不锈钢较贵，用于具有腐蚀性的物系。

③ 塑料填料。价格低廉、不易破碎、质轻耐蚀、加工方便，但润湿性能差，可通过适当的表面处理来改善其润湿性能。塑料填料可在 100℃ 以下，具有一般腐蚀性的无机酸、碱和有机溶剂环境下长期使用。

（3）填料规格的选择　对于散装填料，规格通常是指填料的公称直径，工业上常用的散装填料主要有 DN16、DN25、DN38、DN50、DN76 等几种规格。同一种填料，尺寸越小，比表面积越大、分离效率越高，但空隙率减小、阻力增加、通量减少，填料费用也相应增加。反之，若填料尺寸过大，会产生液体分布不良及严重的壁流现象，使塔的分离效率降低。为控制气流分布不均现象，一般规定填料尺寸不应大于塔径的 1/10～1/8。

对于规整填料，规格通常是指填料的比表面积，工业上常用的规整填料主要有（单位为 m^2/m^3）：125、150、250、350、500、700 等。同样，对于同一种规整填料，比表面积越大，传质效率越高，但阻力也增加，通量减少，费用增加。

常用散装填料和规整填料的特性参数见附录五。

综上对填料类型及特点的介绍，可以评价出工业上常见的几种填料的综合性能，如表 2-3 所示。

▶ **表 2-3　几种填料的综合性能比较**

填料名称	评估值	评价	排序	填料名称	评估值	评价	排序
丝网波纹填料	0.86	很好	1	金属鲍尔环	0.51	一般好	6
孔板波纹填料	0.61	相当好	2	瓷鞍环填料	0.41	较好	7
金属鞍环填料	0.59	相当好	3	瓷鞍形填料	0.38	略好	8
金属鞍形填料	0.57	相当好	4	瓷拉西环	0.36	略好	9
金属阶梯环	0.53	一般好	5				

选择填料时应从分离要求、物料性质、通量要求、设备投资、操作费用等方面综合考虑，使所选填料在满足工艺要求的同时，投资费用和操作费用之和最低。

应予指出的是：一座填料塔可以选用同种类型、同一规格的填料；也可选用同种类型、不同规格的填料；还可以选用不同类型的填料。设计时应根据技术经济性原则灵活掌握。

三、填料塔的流体力学性能

1. 填料上气液两相的接触状态

在填料塔内，气液两相连续接触，两相组成沿塔高连续变化，一般情况下，气相为连续相、液相为分散相。在相同的吸收条件下，逆流可获得较大的传质推动力，因而能有效提高传质速率和减小吸收剂用量，所以吸收塔通常采用逆流操作。液体从塔上部进入，通过塔顶液体分布器均匀喷洒到填料表面，形成液膜，靠重力作用自上而下流动，从塔底流出；气体从塔底经气体分布器（即填料支承板）进入填料层，在压差作用下自下而上通过填料间隙从塔顶引出。

填料塔中气液两相间的传质主要是在填料表面流动的液膜中进行的。气体在填料间隙所形成的曲折通道中流过，提高了湍动程度。液体在不规则的填料表面上流动，通过填料间的接触点不断形成新的液膜，这对增加液体的湍动程度和表面更新非常有利。严格来讲，液体自动成膜的条件是 $\delta_{LS}+\delta_{GL}<\delta_{GS}$，其中 δ_{LS}、δ_{GL} 及 δ_{GS} 分别是液固、气液及气固间的界面张力。适当选择填料的材质和表面性能，液体将具有较大的铺展能力，可使用较少的液体获得较大的润湿表面。如果填料材质选择不当，液体将不呈膜状而呈细流下降，使气液传质面积大为减少。

2. 气体通过填料塔的压降

在逆流操作的填料塔中，液膜与填料表面的摩擦及液膜与上升气体的摩擦构成了液膜流动的阻力，形成了填料层的压降。实践证明，填料层的压降与液体喷淋量及空塔气速有关。在一定的空塔气速下，液体喷淋量愈大，压降愈大；在一定的液体喷淋量下，空塔气速愈大，压降也愈大。将不同喷淋量下的单位高度填料层的压降 $\Delta p/Z$ 与空塔气速 u 的对应关系标绘在对数坐标图上，可得如图 2-17 所示的曲线。

图 2-17 中，直线 0 表示无液体喷淋（即喷淋量 $L_0=0$）时干填料层的 $\lg(\Delta p/Z)$ 与 $\lg u$ 呈直线关系，称为干填料压降线；曲线 1、2、3 表示不同液体喷淋量下填料层的 $\lg(\Delta p/Z)$-$\lg u$ 的关系，称为填料操作压降线。从图 2-17 可以看出，填料操作压降线成折线，并存在两个转折点，下转折点称为"载点"，上转折点称为"泛点"。这两个转折点将填料操作压降线分为三个区段。

（1）恒持液量区　当气速低于 A 点时，气速较小，液膜受气体流动的曳力很小，液体在填料层内向下流动几乎与气速无关。在恒定的喷淋量下，填料表面上覆盖的液膜厚度基本不变，因而填料层的持液量不变（填料层的持液量是指在一定的操作条件下，单位体积填料内所积存的液体体积），所以该区域称为恒持液量区。此区域的 $\lg(\Delta p/Z)$-$\lg u$ 关系线为一直线，位于干填料压降线的左侧，基本上与干填料压降线平行，斜率为 1.8～2.0。

（2）载液区　当气速超过 A 点时，下降液膜受向上流动气体的曳力增大，开始阻碍液体的顺利下流，使液膜增

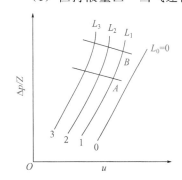

图 2-17　填料层的 $\Delta p/Z$-u 示意图

厚，填料层的持液量开始随气速的增加而增大，此种现象称为拦液现象。开始发生拦液现象的空塔气速称为载点气速。超过载点气速后，$\lg(\Delta p/Z)$-$\lg u$ 关系线的斜率大于 2.0。

（3）液泛区　如果气速持续增大，到达 B 点时，由于液体不能顺利下流，使填料层的持液量不断增加，填料层内几乎充满液体。气速增加很小便会引起压降的急剧升高，出现液泛现象。达到泛点时的空塔气速称为泛点气速。从载点到泛点的区域称为载液区，泛点以上的区域称为液泛区。液泛区的 $\lg(\Delta p/Z)$-$\lg u$ 关系线的斜率可达 10 以上。

在同样的气液负荷下，不同填料的 $\lg(\Delta p/Z)$-$\lg u$ 关系线有所差异，但基本形状相近。对于某些填料，上述三个区域间无明显界限。

3. 泛点气速的确定

泛点气速是填料塔操作的最大极限气速，适宜操作气速通常取泛点气速的 $60\%\sim80\%$。因此正确求取泛点气速对于填料塔的设计和操作都是非常重要的。影响泛点气速的因素很多，如填料的特性、流体的物性及操作液气比等。实践表明，填料因子愈小，泛点气速愈大；气体密度愈小、液体密度愈大、液体黏度愈小，泛点气速愈大；操作液气比愈大，填料层的持液量增加而空隙率减小，则泛点气速愈小。

M2-13　填料塔液泛

人们根据大量的实验数据得到了一些关联式或关联图来获得泛点气速，图 2-18 所示为

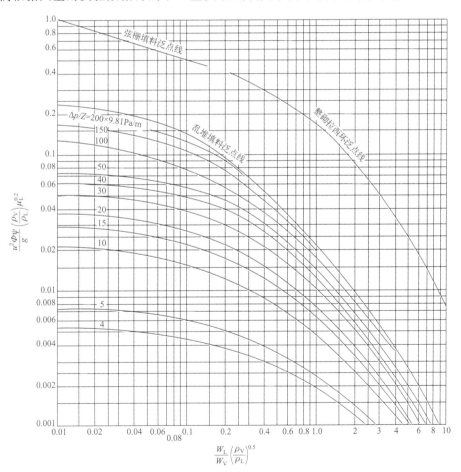

图 2-18　埃克特通用关联图

W_L，W_V—液相、气相的质量流量，kg/s；ρ_L，ρ_V—液相、气相的密度，kg/m³；u—泛点气速，m/s；
Φ—填料因子，m^{-1}；ψ—液体密度校正系数，$\psi=\rho_水/\rho_L$；μ_L—液体黏度，mPa·s

埃克特（Eckert）通用关联图，常用来计算散装填料的泛点气速。图 2-18 中，最上方的三条线分别为弦栅、整砌拉西环及散装填料的泛点线，用于计算泛点气速；泛点线下方的线簇为散装填料的等压线，用于计算散装填料的压降。计算泛点气速时，先由气、液相负荷及有关物性数据，求出横坐标的值，然后作垂线与相应的泛点线相交，再通过交点作水平线与纵坐标相交，读出纵坐标的值，该值中所对应的 u 即为泛点气速。该方法方便、实用，物理意义清晰，且计算精度能够满足工程设计要求。注意用埃克特通用关联图计算泛点气速时，所需的填料因子应采用湿填料因子。

泛点气速也可以通过实验确定。由实验测得填料塔在一定喷淋量下的 $\lg(\Delta p/Z)$-$\lg u$ 关系曲线。发生液泛时，$\lg(\Delta p/Z)$-$\lg u$ 曲线将发生非常明显的转折，因此可用曲线的转折点来确定"泛点气速"。发生液泛时，塔内将出现明显的积液现象，因此也可以通过观察塔内的操作状况来确定"泛点气速"。

 【任务实施】

吸收和蒸馏虽原理不同，但从传质角度讲具有共同的特点，即气液两相要密切接触，而且接触后两相要及时分离。因此，两种单元操作可在相同的设备内进行，既可是板式塔，也可是填料塔。根据已学习过的板式塔和填料塔的特点，可归纳出二者较为适合的应用场合如下：

① 对于填料塔，液体负荷小时填料表面不能很好地润湿，传质效果急剧下降，而当液体负荷过大时则容易产生液泛。所以填料塔的操作范围较小，而设计良好的板式塔则具有大得多的操作范围。

② 填料塔不宜处理易聚合或含有固体悬浮物的物料，而某些类型的板式塔（如大孔径筛板）则可以有效地处理这类物质，另外板式塔的清洗也比较方便。

③ 当气液接触过程中需要冷却或侧线出料时，填料塔因涉及液体均布问题而使结构复杂化，板式塔则可方便地在塔板上安装冷却盘管或出料管。

④ 当塔径不是很大时，填料塔因结构简单而造价便宜；板式塔直径则一般不小于 0.6m。以前乱堆填料塔的直径被认为不宜超过 1.5m，规整填料的快速发展使得这一限制不再成立。

⑤ 从物系性质方面考虑，易起泡的物系用填料塔更适合，因填料本身对泡沫有限制和破碎作用；腐蚀性物系用填料塔更适合，亦可采用瓷质填料；热敏性物系宜采用填料塔，因为填料塔滞液量少，物料在塔内的停留时间短。

⑥ 填料塔的压降比板式塔低，因而对真空操作更为适宜。

对于任务描述中的合成气-CO_2 分离任务，CO_2 极易溶于低温甲醇，液相负荷变化不大，吸收过程中没有结焦、结晶等现象，因而既可选用板式塔，也可选用填料塔。

 【思考与实践】

填料的性能是影响吸收分离效率的重要因素之一。具有良好性能的新型填料，可以提高分离效率、降低吸收操作的成本，有利于吸收过程的稳定运行。请查阅新型填料在实际生产中的应用案例，并分析该新型填料性能优越的具体表现。

任务四 吸收过程的强化

【任务描述】

气液平衡关系只解决了吸收（解吸）能否进行以及进行的方向和限度问题。在工程实践中，一个从气液平衡关系来看推动力较大的吸收过程，若实际吸收速率极慢，则工程上意义不大，因为这需要极长的时间或庞大的设备，经济上是不合算的。吸收过程的快慢用吸收速率来衡量。对于低温甲醇洗脱除 CO_2 过程，如何提高吸收速率以强化吸收过程？

【知识准备】

一、吸收机理分析

1. 吸收过程与双膜理论

吸收是溶质由气相转移至液相中的传质过程。这种相际间传质过程的机理是非常复杂的。为使问题得以简化，通常需要对传质过程做一些假定，即所谓的传质机理模型。学者们提出了多种传质机理模型，其中最具代表性的是由惠特曼（W. G. Whitman）和路易斯（L. K. Lewis）于 1923 年提出的双膜理论，如图 2-19 所示。

双膜理论的基本论点如下：

① 在气、液两相接触处有一稳定的相界面，界面两侧各有一层很薄的层流膜，气膜和液膜，溶质以分子扩散的方式通过这两个膜层。膜层的厚度随流体的流速而变，流速愈大，膜层厚度愈小。

② 两膜层以外的气相主体与液相主体中，由于流体充分湍动，溶质的浓度是均匀的，即两相主体内无传质阻力。

③ 无论气、液两相主体中溶质的浓度是否达到

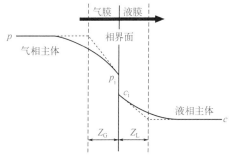

图 2-19 双膜理论示意图

平衡，在相界面处，气、液两相处于平衡状态，即两相组成遵循亨利定律，相界面上不存在传质阻力。

由此可见，双膜理论把复杂的相际传质过程归结为气、液两层流膜内的分子扩散过程。这样，只需研究单相内的分子扩散规律，便可得到吸收过程的传质速率。

需要指出的是，对于具有稳定相界面的系统以及流速不高的两流体间的传质，双膜理论与实际情况是基本符合的，根据这一理论所确定的吸收过程传质速率关系，至今仍是吸收设备设计的主要依据，且对生产操作也具有重要的指导意义。但是，对于具有自由相界面的系统，尤其是高度湍动的两流体间的传质，双膜理论表现出了局限性。后来相继提出的一些新的理论，如溶质渗透理论、表面更新理论、界面动力状态理论等，对相际传质过程的界面状

态及流体力学因素的影响等方面的研究和描述都有所进步，但由于其数学模型过于复杂，目前应用于传质设备的计算或解决实际问题仍较困难。

2. 分子扩散与菲克定律

双膜理论的第一个基本论点中述及，溶质以分子扩散的方式通过气、液两个层流膜层，所以下面首先介绍分子扩散现象及认识分子扩散的规律。

在烧杯中装入清水，往水中加一滴红墨水，可以观察到红墨水的边缘逐渐向四周扩散且颜色变浅，经过足够长的时间后，可观察到整杯清水变成了浅红色。这说明物质在静止流体内部也会发生定向迁移。这种迁移是在一相内部有浓度差存在的条件下，由流体分子的无规则热运动而引起的物质传递现象，称之为分子扩散，习惯上简称扩散。

分子扩散一般发生在静止或层流流动的流体中。扩散速率用单位时间由于分子扩散而通过单位截面积的净物质的量来表示，称为扩散通量。1855 年，菲克根据实验结果提出了二元混合物中分子扩散通量的表达式，即菲克（Fick）定律：当物质 A 在介质 B 中发生分子扩散时，扩散速率与其在扩散方向上的浓度梯度成正比，如图 2-20 所示，这一关系可表示为：

$$J_A = -D_{AB} \frac{\mathrm{d}c_A}{\mathrm{d}Z} \tag{2-13}$$

式中　J_A——物质 A 的分子扩散通量，$kmol/(m^2 \cdot s)$；

$\dfrac{\mathrm{d}c_A}{\mathrm{d}Z}$——物质 A 在扩散方向 Z 上的浓度梯度，$kmol/m^4$；

D_{AB}——物质 A 在介质 B 中的扩散系数，m^2/s。

负号表示扩散方向与浓度梯度相反。

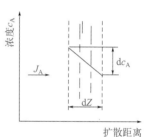

图 2-20　分子扩散示意图

分子扩散系数 D 是物质的特性常数之一。扩散系数越大，表示分子扩散越快。一般来讲，扩散系数与系统的温度、压力、浓度及物质种类有关。扩散系数可从有关资料中查得，某些双组分气体混合物以及某些低浓度下双组分液体混合物的扩散系数见附录三；也可由物质的基础物性数据及状态参数用半经验式估算，具体见相关资料。对于不太大的分子，在气相中的扩散系数值约为 $0.1 \sim 1 cm^2/s$，在液体中约为在气体中的 $1/(10^4 \sim 10^5)$。这主要是因为液体的密度比气体的密度大得多，其分子间距小，故而分子在液体中扩散速率要慢得多。

如果混合物是理想气体，根据理想气体状态方程有 $c_A = p_A/RT$，则菲克定律可用分压梯度表达为：

$$J_A = -\frac{D_{AB}}{RT} \times \frac{\mathrm{d}p_A}{\mathrm{d}Z} \tag{2-14}$$

设同一相中相距为 Z 的两个截面 1 和 2 上，物质 A 的分压分别为 p_{A1} 和 p_{A2}，将式（2-14）分离变量积分，可得：

$$J_A = \frac{D_{AB}}{RTZ}(p_{A1} - p_{A2}) \tag{2-15}$$

3. 吸收过程中的总体流动

在吸收过程中，溶质 A 扩散到气液接触界面处后，会溶解于液相中，而液相并没有组分返回到气相中，这样就会在相界面处气相一侧留下"空穴"，其左侧的气体就要自动填补这些空穴。于是，一股由 A 组分和 B 组分共同组成的混合气体流从气相主体"扑向"相界面，该现象称为总体流动。如图 2-21 所示，通过气液相界面的组分 A 的通量显然应等于其分子扩散通量与其在总体流动中的通量之和。此时，由于组分 B 不溶于液相，当组分 B 随总体流动到达相界面后，又以分子扩散形式返回气相主体中，故组分 B 的传质通量为零。根据上述两关系，保持系统总压 $p_总$ 不变，可以推导出以组分 A 的分压表示的传质速率方程为：

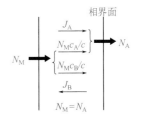

图 2-21　总体流动示意图

$$N_A = \frac{D_{AB}}{RTZ} \times \frac{p_总}{p_{Bm}}(p_{A1} - p_{A2}) \qquad (2\text{-}16)$$

式中　N_A——组分 A 的传质通量（对吸收而言则为吸收速率），$kmol/(m^2 \cdot s)$；

p_{Bm}——组分 B 在截面 1 和 2 间的对数平均分压，$p_{Bm} = \dfrac{p_{B2} - p_{B1}}{\ln \dfrac{p_{B2}}{p_{B1}}}$。

比较式（2-15）与式（2-16），可以看出后者多了一项 $p_总/p_{Bm}$，其是大于 1 的值，反映了总体流动对传质速率的贡献，称为"漂流因子"。混合物中 组分 A 的浓度越低，漂流因子越小。当组分 A 的浓度低至使 $p_{Bm} \approx p_总$ 时，漂流因子近似为 1，总体流动对传质的贡献可以忽略不计。

4. 涡流扩散

上面提到的红墨水染红整个烧杯中清水的过程，如果清水是静止的，需要相当长一段时间；如果晃动烧杯或用玻璃棒搅动清水，则很快整杯水便变成红色。这说明晃动或搅动引起了分子扩散之外的物质迁移行为，使传质速率大大加快。由晃动、搅动等引起各部位流体质点的剧烈混合、交换，在有浓度差存在的情况下，造成组分由高浓度区向低浓度区传递的现象称为涡流扩散。涡流扩散是一个复杂的物理过程，为简单起见，人们引入涡流扩散系数，借用菲克定律的形式表达涡流扩散通量：

$$J_A^e = -\varepsilon' \frac{dc_A}{dZ} \qquad (2\text{-}17)$$

式中　J_A^e——组分 A 的涡流扩散通量，$kmol/(m^2 \cdot s)$；

ε'——组分 A 的涡流扩散系数，m^2/s。

应予指出，在湍流流体中，虽然有强烈的涡流扩散，但分子扩散是时刻存在的，只不过涡流扩散通量远大于分子扩散通量，一般可忽略分子扩散的影响。

双膜理论的第二个基本论点认为气相主体与液相主体中，流体充分湍动，溶质的浓度是均匀的，主要就是涡流扩散的作用。

二、吸收速率方程

与传热过程由"热流体侧对流传热—热传导—冷流体侧对流传热"三个过程串联而成类似，吸收相际传质过程也是由气相主体与相界面的对流传质、相界面上溶质组分的溶解、相界面与液相主体的对流传质三个过程构成。类比间壁两侧对流传热速率的求取思路，现分析对流传质过程的传质速率表达式及传质过程的强化方法。

1. 流体主体与相界面间的传质速率

描述对流传质的基本方程与描述对流传热的基本方程（牛顿冷却定律）形式一致，即流体主体与相界面之间的对流传质速率与两处组分的浓度差成正比，比例系数称为对流传质系数，对流传质系数的倒数称为传质阻力。则式（2-16）以溶质 A 的分压表示的传质速率方程可写为：

$$N_A = k_G (p - p_i) \tag{2-18}$$

同理，溶质 A 从气液接触相界面到液相主体的对流传质速率方程可写为：

$$N_A = k_L (c_i - c) \tag{2-19}$$

式中　p，p_i——溶质 A 在气相主体与在相界面处的分压，kPa；

　　　c，c_i——溶质 A 在液相主体与在相界面处的浓度，$kmol/m^3$；

　　　k_G——以分压差表示推动力的气膜吸收系数，$kmol/(m^2 \cdot s \cdot kPa)$；

　　　k_L——以物质的量浓度差表示推动力的液膜吸收系数，$kmol/[m^2 \cdot s \cdot (kmol/m^3)]$ 或简化为 m/s。

式（2-18）和式（2-19）虽然形式简单，但并不便于直接应用，原因在于：

① 由于相界面是变化的，界面浓度 p_i、c_i 很难测取；

② 所有影响对流传质的因素均包括在 k_G 和 k_L 之中，它们与流体流动状态、流体物性、传质设备结构等因素有关，影响非常复杂。

2. 总吸收速率方程

为了避开上述难题，可采用与传热计算类似的策略，即以气、液两相主体的某种浓度差表示总推动力，从而写出相应的总吸收速率方程。吸收过程之所以能自发地进行，就是因为两相主体组成尚未达到平衡。因此，吸收过程的总推动力可用任何一相的主体浓度与其平衡组成的差值来表示。

若吸收系统服从亨利定律或平衡关系在过程所涉及的组成范围内为直线，则：

$$p^* = \frac{c}{H}$$

依双膜理论，相界面上两相互成平衡，则：

$$p_i = \frac{c_i}{H}$$

将以上两式代入式（2-19）并整理得：

$$\frac{N_A}{Hk_L} = p_i - p^*$$

将式（2-18）变形为：

$$\frac{N_A}{k_G} = p - p_i$$

以上两式相加，可得：

$$N_A \left(\frac{1}{k_G} + \frac{1}{Hk_L} \right) = p - p^*$$

令

$$\frac{1}{K_G} = \frac{1}{k_G} + \frac{1}{Hk_L} \tag{2-20}$$

则

$$N_A = K_G (p - p^*) \tag{2-21}$$

式中　K_G——气相总吸收系数，$kmol/(m^2 \cdot s \cdot kPa)$；

　　　p^*——与液相主体物质的量浓度 c 成平衡的气相分压，kPa。

式（2-21）即为以（$p-p^*$）为总推动力的气相总吸收速率方程。气相总吸收系数的倒数 $1/K_G$ 为总阻力，此总阻力由气膜阻力 $1/k_G$ 和液膜阻力 $1/Hk_L$ 两部分组成。

需要指出的是：①总吸收速率方程既可以式（2-21）所示的气相形式表示，也可以液相形式表示，但因所分离的原料为气相，所以多数人习惯采用气相形式表示；②总吸收速率方程以各种形式的浓度差表示均是等效的，如学习相平衡时所知，吸收计算采用摩尔比表示气、液相组成使计算更为方便，相应地，将式（2-21）转换成以（$Y-Y^*$）表示总推动力的吸收速率方程形式如下：

$$p=p_总 \quad y=p_总\frac{Y}{1+Y}$$

同理

$$p^*=p_总\frac{Y^*}{1+Y^*}$$

将上述两式带入式（2-21），得：

$$N_A=K_G p_总\left(\frac{Y}{1+Y}-\frac{Y^*}{1+Y^*}\right)=\frac{K_G p_总}{(1+Y)(1+Y^*)}(Y-Y^*)$$

令

$$K_Y=\frac{K_G p_总}{(1+Y)(1+Y^*)} \tag{2-22}$$

则

$$N_A=K_Y(Y-Y^*) \tag{2-23}$$

当溶质在气相中的浓度很低时，Y 和 Y^* 都很小，式（2-22）右端的分母接近于 1，于是有：

$$K_Y\approx K_G p_总 \tag{2-24}$$

式中　K_Y——气相总吸收系数，$kmol/(m^2\cdot s)$；

　　　Y^*——与液相主体组成 X 呈平衡的气相组成。

使用吸收速率方程应注意以下几点：

① 吸收速率方程是以气液组成保持不变为前提的，因此只适合于描述定态操作的吸收塔内任一截面上的速率关系，而不能直接用来描述全塔的吸收速率。

② 吸收系数的单位为 $kmol/(m^2\cdot s\cdot 单位推动力)$。必须注意各吸收速率方程中的吸收系数或吸收过程的阻力与吸收推动力的正确匹配及单位的一致性。

③ 在使用总吸收速率方程时，在整个过程所涉及的组成范围内，平衡关系须为直线。

三、增大吸收速率的途径

（1）气膜控制过程　对于易溶气体，H 值很大，在 k_G 和 k_L 数量级相同或接近的情况下，式（2-20）右侧两项存在如下关系：

$$\frac{1}{Hk_L}\ll\frac{1}{k_G}$$

此时吸收过程总阻力的绝大部分存在于气膜之中，液膜阻力可以忽略，因而式（2-20）可以简化为：

$$\frac{1}{K_G}\approx\frac{1}{k_G}或\ K_G\approx k_G$$

即这类吸收过程被气膜控制，吸收总推动力的绝大部分用于克服气膜阻力，例如用水吸收氨或氯化氢的过程。对于气膜控制的吸收过程，要强化传质、提高吸收速率，在选择设备型式及确定操作条件时，应特别注意提高气相的湍动程度，即增大气相传质系数。

（2）液膜控制过程　对于难溶气体的吸收，情况则相反，为液膜控制过程。例如，用水吸收氧气、二氧化碳等过程。对于液膜控制的吸收过程，要强化传质、提高吸收速率，就要特别注意提高液相的湍动程度，即增大液相传质系数。

（3）气膜和液膜共同控制过程　对于具有中等溶解度的气体吸收过程，气膜阻力与液膜阻力均不可忽略。要提高吸收过程速率，必须兼顾气、液两膜阻力的降低，方能得到满意的效果。

【例 2-4】已知某常压吸收塔一截面上气相主体中溶质 A 的分压为 $p_A = 10.13\text{kPa}$，液相主体中溶质 A 的浓度为 $c_A = 2.78 \times 10^{-3}\text{kmol/m}^3$。传质膜系数 $k_G = 5.0 \times 10^{-6}\text{kmol/}(\text{m}^2 \cdot \text{s} \cdot \text{kPa})$，$k_L = 1.5 \times 10^{-4}\text{m/s}$，溶解度系数 $H = 0.667\text{kmol/}(\text{m}^3 \cdot \text{kPa})$，求该截面的传质速率 N_A，并分析吸收过程的控制因素。

解：（1）以气相表示的总传质阻力为：

$$\frac{1}{K_G} = \frac{1}{k_G} + \frac{1}{Hk_L} = \frac{1}{5.0 \times 10^{-6}} + \frac{1}{0.667 \times 1.5 \times 10^{-4}} = 21 \times 10^4 \left[(\text{m}^2 \cdot \text{s} \cdot \text{kPa})/\text{kmol}\right]$$

气相总传质系数为：

$$K_G = 4.76 \times 10^{-6} \left[\text{kmol/}(\text{m}^2 \cdot \text{s} \cdot \text{kPa})\right]$$

$$p_A^* = c_A/H = \frac{2.78 \times 10^{-3}}{0.667} = 4.17 \times 10^{-3}(\text{kPa})$$

该截面的传质速率为：

$$N_A = K_G(p_A - p_A^*) = 4.76 \times 10^{-6} \times (10.13 - 4.17 \times 10^{-3})$$
$$= 4.82 \times 10^{-5} \left[\text{kmol/}(\text{m}^2 \cdot \text{s})\right]$$

（2）气膜阻力占总阻力的比例为：

$$\frac{1/k_G}{1/K_G} = \frac{20 \times 10^4}{21 \times 10^4} = 0.95$$

所以，本例属于气膜控制。

木桶理论

　　决定木桶盛水量多少的关键因素不是其最长的板，而是最短的那板块。

盛水的木桶是由多块木板箍成的，盛水量也是由这些木板共同决定的。若其中一块木板很短，则该短板就成了这个木桶盛水量的"限制因素"。若要使此木桶盛水量增加，只有换掉短板或将其加长才行，这一规律称为"木桶理论"或"短板理论"，是由美国管理学家彼得提出的。

提出加快吸收过程总速率的措施正是木桶理论的体现。只有强化传质系数较小（即阻力最大）的吸收步骤，才能有效地提高吸收过程的总速率。相反，如果去强化传质系数较大的吸收步骤，则对吸收过程总速率的影响甚微。

一件产品如此，产品质量的高低取决于品质最次的那个零部件，而不是取决于品质最好的那个零部件。一个企业亦如此，如果把企业比作三长两短的一只木桶，而把企业的生产率或者经营业绩比作桶里装的水，那影响这家企业绩效水平高低的决定性因素就是最短的那块板。企业的"板"就是各种资源，如研发、生产、市场、品质、管理等。为了做到"木桶容量"的最大化，就要合理配置各种资源，及时补上最短的那块"板"。通常想完全克服最薄弱的环节是不可能的，一根链条总有最弱的环节，问题在于能承担这个弱点到什么程度，一旦它已成为阻碍工作的瓶颈，就必须下手了。

 【任务实施】

甲醇属于极性分子，对酸性气体具有很大的溶解度。压力越高、温度越低，溶解度就越大。例如，在$-45℃$和$3.0MPa$下，合成气-CO_2混合物系中，CO_2在甲醇中的溶解度为$989.9m^3/t$（标准状况，下同）。可见，本体系属于易溶气体的吸收。易溶气体的吸收为气膜控制过程，可以通过增强气相的湍动程度来提高吸收速率。吸收剂的进塔浓度越低，对CO_2的吸收过程越有利，所以也可通过改进甲醇再生系统进而降低吸收剂的浓度来增大吸收过程的传质推动力，来达到提高吸收速率的目的。但同时也应考虑操作费用与设备费用等因素，综合考虑传质、流体输送以及传热等过程出现的问题。

 【思考与实践】

类比法是一种常用且重要的学习方法。请总结并比较流体流动、传热和传质三种传递过程的速率规律和强化措施。

任务五 吸收操作参数的计算与分析

 【任务描述】

任务三中提到的某企业采用低温甲醇洗脱除合成气中CO_2的分离任务，处理量为$224000m^3/h$（标准状况，下同），已选定连续逆流接触的填料塔进行分离。已知工艺条件有：混合气体中 CO_2 含量为 10%（摩尔分数），惰性气体（H_2、CO）的平均千摩尔质量约为 $11kg/kmol$，操作压力 $2.8MPa$，操作温度 $-40℃$；吸收剂不含溶质，操作条件下相平衡关系为 $Y^* = 2.8X$；泛点气速为 $3m/s$，气相总体积吸收系数为 $K_Ya = 0.58kmol/(m^3 \cdot s)$。现要求 CO_2 的吸收率在 98% 以上，请完成下列设计任务：

（1）确定所需要的甲醇用量和塔底排出的吸收液浓度；

（2）计算塔径和填料层高度。

【知识准备】

一、吸收剂用量的确定

1. 全塔物料衡算

图 2-22 所示为一稳态操作的逆流接触吸收塔。塔底截面用 1—1 表示，塔顶截面用 2—2 表示。操作中，可近似认为惰性气体不溶解、吸收剂也不挥发，这样可分别以塔内恒定不变的惰性气体的量和吸收剂的量作为计算基准。气相从进塔到出塔，溶质浓度逐渐减小；而液相从进塔到出塔，溶质浓度渐增大。若忽略物料损失，则在全塔范围内单位时间进塔物料中溶质 A 的量等于出塔物料中 A 的量，或者说气相中溶质的减少量等于液相中溶质的增加量，即

$$VY_1 + LX_2 = VY_2 + LX_1$$

或 $$V(Y_1 - Y_2) = L(X_1 - X_2) \tag{2-25}$$

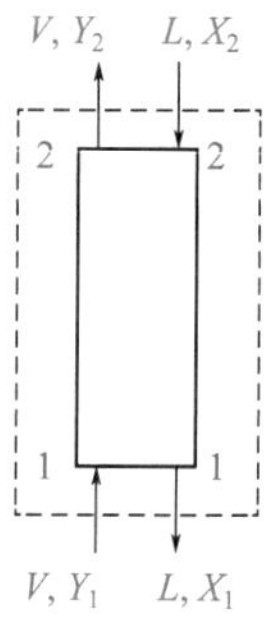

图 2-22 逆流操作吸收塔的全塔物料衡算示意图

式中 V——单位时间通过吸收塔的惰性气体量，$kmol/s$；

L——单位时间通过吸收塔的吸收剂量，$kmol/s$；

Y_1，Y_2——进塔和出塔气体中组分的摩尔比，$kmolA/kmolB$；

X_1，X_2——出塔和进塔液体中组分的摩尔比，$kmolA/kmolS$。

工程上，通常需要处理的气体量 V 及溶质浓度 Y_1 是由生产任务给定的，吸收剂的进塔浓度 X_2 则由工艺条件决定或由设计者选定。如果溶质吸收率 η（被吸收掉的溶质量与进塔溶质量之比）也为生产任务所规定，则气体的出塔组成 Y_2 也是定值，即

$$Y_2 = Y_1(1 - \eta) \tag{2-26}$$

这样，一旦吸收剂的用量确定，便可通过全塔物料衡算，求得塔底吸收液组成 X_1。

2. 操作线方程

在图 2-23 的塔底截面与塔内任一截面 $m—m$ 间作溶质组分的物料衡算，得：

$$VY_1 + LX = VY + LX_1$$

整理得：

$$Y = \frac{L}{V}X + \left(Y_1 - \frac{L}{V}X_1\right) \tag{2-27}$$

同理，也可在塔顶截面与截面 $m—m$ 间作溶质组分的物料衡算并整理成：

$$Y = \frac{L}{V}X + \left(Y_2 - \frac{L}{V}X_2\right) \tag{2-28}$$

式（2-27）或式（2-28）表明了塔内任一截面上气相组成 Y 与液相组成 X 之间的关系，

该关系取决于操作液气比和气、液相进出塔组成，是由操作条件决定的，所以称为操作线方程。该方程为一直线，斜率为 L/V，且通过代表塔底组成的点 B（X_1、Y_1）以及代表塔顶组成的点 T（X_2、Y_2），连接点 B 和点 T 得到操作线 BT，如图 2-24 所示，操作线上任意一点 M 代表塔内相应截面上的气、液相浓度之间的关系。图中曲线 OE 为平衡线。

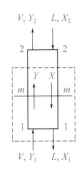

图 2-23　逆流操作吸收塔塔底与塔内任一截面的物料衡算示意图

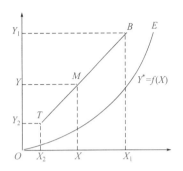

图 2-24　逆流操作吸收塔的操作线示意图

操作线与平衡线之间的距离为吸收操作的推动力。操作线离平衡线越远，推动力越大。在进行吸收操作时，塔内任一截面上气相中的溶质浓度总是大于与其接触的液相呈平衡的气相浓度，所以吸收过程的操作线位于平衡线的上方。

3. 吸收剂用量的确定

确定合适的吸收剂用量是吸收塔设计计算的首要任务。在气量 V 一定的情况下，确定吸收剂的用量也即确定液气比 L/V。

在混合气体量 V、进口组成 Y_1、出口组成 Y_2，以及液体进口浓度 X_2 一定的情况下，操作线 T 端固定，如图 2-25 所示。若吸收剂用量 L 减少，则操作线斜率变小，点 B 便沿水平线 $Y=Y_1$ 向右移动，其结果是使出塔吸收液组成增大，但此时操作线向平衡线靠近，吸收推动力变小，完成同样吸收任务所需的塔高增加，设备费用增大。当吸收剂用量减少到使操作线与平衡线相交于点 B^*，即塔底流出液组成与刚进塔的混合气组成达到平衡时，这就是理论上吸收液所能达到的最高浓度。然而此时，吸收过程推动力为零，因而需要无限大的相际接触面积，即需要无限高的塔。这于实际生产是无意义的，只能用来表示一定条件下吸收所能达到的极限程度，此种状况下吸收操作线的斜率称为最小液气比，以 $(L/V)_{\min}$ 表示，相应的吸收剂用量为最小吸收剂用量 $L_{\min}$。

反之，若增大吸收剂用量，则点 B 将沿水平线向左移动，操作线远离平衡线，吸收推动力增大，有利于吸收操作。但超过一定限度后，吸收剂消耗量、输送及再生等操作费用将急剧增加。

由以上分析可见，吸收剂用量的大小会从设备费用和操作费用两方面影响吸收过程的经济性，选择适宜液气比的原则是使两种费用之和最低。根据生产实践经验，一般情况下取吸收剂用量为最小用量的 $1.1\sim2.0$ 倍是比较适宜的，即

$$L=(1.1\sim2.0)L_{\min} \tag{2-29}$$

所以，确定适宜吸收剂用量的关键在于求取最小吸收剂用量 $L_{\min}$，其可用图解法得到。如图 2-25 所示，读取点 B^* 的横坐标 X_1^* 的值，然后根据斜率的几何意义便可求得 $L_{\min}$，即

$$\left(\frac{L}{V}\right)_{\min}=\frac{Y_1-Y_2}{X_1^*-X_2} \tag{2-30}$$

若平衡关系符合亨利定律，则平衡曲线 OE 为直线（$Y^*=mX$），此时可直接用下式计算 $L_{\min}$：

$$\left(\frac{L}{V}\right)_{\min}=\frac{Y_1-Y_2}{\dfrac{Y_1}{m}-X_2}, \text{ 即 } L_{\min}=V\frac{Y_1-Y_2}{\dfrac{Y_1}{m}-X_2} \tag{2-31}$$

若吸收剂进口浓度 $X_2=0$，结合吸收率 η 的定义，则式（2-31）可简化为：

$$L_{\min}=Vm\eta \tag{2-32}$$

若平衡曲线为图 2-26 所示的上凸曲线，求取 $L_{\min}$ 时，应通过点 T 作平衡曲线的切线，交直线 $Y=Y_1$ 于点 B'。$L_{\min}$ 依然用式（2-30）来计算，只是将式中的 X_1^* 换成点 B' 的横坐标 X_1'。

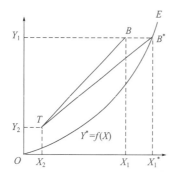

图 2-25　最小液气比

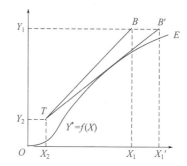

图 2-26　平衡曲线上凸时的最小液气比

必须指出：在填料吸收塔中，填料表面必须被液体润湿才能起到传质作用。如果按式（2-30）计算出的吸收剂用量小于保证填料表面充分润湿所需的最小液体量，则应增大吸收剂用量，或采用任务二中介绍的部分吸收剂循环流程。

【例 2-5】某企业在一填料塔中用洗油逆流吸收混合气体中的苯。操作温度为 25℃，压力为 101.3kPa，相平衡关系为 $Y^*=26X$。已知混合气体的流量为 $1600\text{m}^3/\text{h}$，进塔气体中苯的含量为 5%（摩尔分数，下同），洗油的进塔浓度为 0.00015，操作液气比为最小液气比的 1.3 倍。现要求吸收率为 90%，试求吸收剂用量及出塔洗油中苯的含量。

解：进塔气体中苯的摩尔比为

$$Y_1=\frac{y_1}{1-y_1}=\frac{0.05}{1-0.05}=0.0526$$

根据吸收率的定义，出塔气体中苯的摩尔比为

$$Y_2=Y_1(1-\eta)=0.0526\times(1-0.90)=0.00526$$

进塔洗油中苯的摩尔比为

$$X_2=\frac{x_2}{1-x_2}=\frac{0.00015}{1-0.00015}=0.00015$$

混合气体中惰性气体量为

$$V=\frac{1600}{22.4}\times\frac{273}{273+25}\times\frac{101.3}{101.3}\times(1-0.05)=62.2(\text{kmol/h})$$

气液相平衡关系为 $Y^* = 26X$，则最小液气比为：

$$\left(\frac{L}{V}\right)_{\min} = \frac{Y_1 - Y_2}{\dfrac{Y_1}{m} - X_2} = \frac{0.0526 - 0.00526}{\dfrac{0.0526}{26} - 0.00015} = 25.3$$

操作液气比为

$$\frac{L}{V} = 1.3\left(\frac{L}{V}\right)_{\min} = 1.3 \times 25.3 = 32.9$$

吸收剂用量为

$$L = 32.9V = 32.9 \times 62.2 = 2.05 \times 10^3 (\text{kmol/h})$$

出塔洗油中苯的含量为

$$X_1 = \frac{V(Y_1 - Y_2)}{L} + X_2 = \frac{0.0526 - 0.00526}{32.9} + 0.00015 = 1.59 \times 10^{-3}$$

二、填料层高度的计算

1. 填料层高度的基本计算式

为了使吸收塔出口气体浓度达到规定的工艺要求，需要塔内装填一定高度的填料层以提供足够的气、液相接触面积。若在塔径 D 已被确定的前提下，填料层高度 Z 取决于填料层的体积 V_P。设 a 为单位体积填料层所能提供的有效传质面积（m^2/m^3），则 $V_P = F/a$，其中 F 为完成规定生产任务所需的总传质面积。再根据吸收速率 N_A 的定义，即单位时间内通过单位有效传质面积所吸收溶质的量，可知总传质面积 $F =$ 吸收负荷 G_A/吸收速率 N_A。

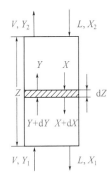

在学习吸收速率时已提到，填料塔内气、液两相的组成沿塔高不断变化，传质推动力也相应地改变，塔内各截面上的吸收速率各不相同。故为了计算填料层高度，需要首先取一微元填料层进行物料衡算，然后在全塔范围内进行积分。如图 2-27 所示，塔的截面积为 Ω（单位 m^2），在微元高度 $\text{d}Z$ 内，传质面积为 $\text{d}F$，气、液两相在此接触后，气相浓度从 $(Y + \text{d}Y)$ 降低到 Y，液相浓度从 X 增加

图 2-27　填料层微元示意图

到 $(X + \text{d}X)$。在单位时间内，从气相转移到液相的溶质量为 $\text{d}G_A$，此微元高度内的吸收速率为 N_A，则：

$$\text{d}G_A = N_A \text{d}F = K_Y(Y - Y^*)(a\Omega \text{d}Z) \tag{2-33}$$

在此微元填料层内作溶质 A 的物料衡算，可得：

$$\text{d}G_A = V\text{d}Y = L\text{d}X \tag{2-34}$$

由式（2-33）和式（2-34）可得：

$$V\text{d}Y = K_Y(Y - Y^*)(a\Omega \text{d}Z)$$

分离变量积分，得：

$$\int_{Y_2}^{Y_1} \frac{\text{d}Y}{Y - Y^*} = \int_0^Z \frac{K_Y a\Omega}{V} \text{d}Z$$

对于定态条件下的低浓度吸收过程，V、a、Ω 均为定值，低浓度吸收的塔内温度变化也不显著，故可认为总吸收系数 K_Y 也为定值。则上式可整理得：

$$Z = \frac{V}{K_Y a\Omega} \int_{Y_2}^{Y_1} \frac{\mathrm{d}Y}{Y - Y^*} \qquad (2\text{-}35)$$

式（2-35）称为填料层高度的基本计算式。a 和 K_Y 通常作为一个整体 $K_Y a$ 来处理，称为体积吸收总系数，单位为 $\mathrm{kmol/(m^3 \cdot s)}$，物理意义为单位推动力下，单位时间单位体积填料层内所吸收溶质的量。$K_Y a$ 一般通过实验测取，也可根据经验公式计算。

2. 计算过程分解

为了便于理解填料层高度基本计算式的意义和简化计算，将式（2-35）右侧的两项分别记为：

$$H_{OG} = \frac{V}{K_Y a\Omega} \qquad (2\text{-}36)$$

$$N_{OG} = \int_{Y_2}^{Y_1} \frac{\mathrm{d}Y}{Y - Y^*} \qquad (2\text{-}37)$$

则式（2-35）可改写为：

$$Z = H_{OG} N_{OG} \qquad (2\text{-}38)$$

H_{OG} 的单位为 m，是高度的单位，所以称之为气相总传质单元高度。H_{OG} 与气液流动状况、物料性质、填料性能及设备结构有关，反映了吸收设备效能的高低。在填料塔设计中，应选用性能好的填料及适宜的操作条件，以提高传质系数，增加有效气液接触面积，从而减小 H_{OG}。

N_{OG} 无量纲，它代表所需总填料层高度 Z 相当于气相总传质单元高度 H_{OG} 的倍数，所以定义为气相总传质单元数。N_{OG} 与气相进出口组成变化及物系的相平衡关系有关，反映了吸收任务的难易程度。分离要求越高、吸收过程的平均推动力越小，则 N_{OG} 越大，相应的填料层高度增加。在填料塔设计中，可通过改变吸收剂的种类、降低操作温度或提高操作压力、增大吸收剂用量、减小吸收剂入口浓度等方法，增大吸收过程的传质推动力，以达到减小 N_{OG} 的目的。

同理，从以液相浓度差表示的总吸收速率方程和物料衡算出发，也可导出填料层高度的基本计算式，但人们通常习惯基于气相的量与组成来计算。

3. 传质单元数的求法

计算填料层高度的关键是确定传质单元数。当平衡线为直线时，通常采用解析法计算传质单元数；当平衡线为曲线时，需要采用数值积分法；当平衡线弯曲程度不大时，可采用近似梯级图解法。对于本项目讨论的低浓度物理吸收，相平衡关系服从亨利定律，故在此主要介绍解析法，其他方法可查阅《化学工程手册》。

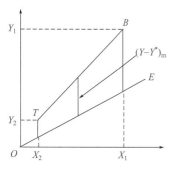

图 2-28　平均推动力

（1）对数平均推动力法　当操作线和相平衡线均为直线时，吸收塔任一截面上的推动力 $(Y - Y^*)$ 对 Y 必有直线关系。虽然在整个填料层内该推动力是变化的，但总可以找到某一平均值 $(Y - Y^*)_m$ 来代表全塔的平均推动力，如图 2-28 所示。这样，式（2-37）可积分为：

$$N_{OG} = \int_{Y_2}^{Y_1} \frac{\mathrm{d}Y}{Y - Y^*} = \frac{1}{(Y - Y^*)_m} \int_{Y_2}^{Y_1} \mathrm{d}Y = \frac{Y_1 - Y_2}{(Y - Y^*)_m}$$

$$(2\text{-}39)$$

将推动力的平均值 $(Y - Y^*)_m$ 记为 ΔY_m。与传热过程的

平均推动力一样，传质过程的平均推动力也可推导出为塔底和塔顶截面传质推动力的对数平均值，即

$$\Delta Y_m = \frac{\Delta Y_1 - \Delta Y_2}{\ln \dfrac{\Delta Y_1}{\Delta Y_2}} = \frac{(Y_1 - Y_1^*) - (Y_2 - Y_2^*)}{\ln \dfrac{Y_1 - Y_1^*}{Y_2 - Y_2^*}} \tag{2-40}$$

当 $\dfrac{1}{2} < \dfrac{\Delta Y_1}{\Delta Y_2} < 2$ 时，可用算术平均推动力 $\Delta Y_m = \dfrac{\Delta Y_1 + \Delta Y_2}{2}$ 来代替对数平均推动力，此时计算的误差小于 4%，是工程所允许的。

当图 2-28 中的平衡线与操作线平行时，全塔各截面的推动力相等，即：$\Delta Y_m = Y_1 - Y_1^* = Y_2 - Y_2^* = Y - Y^*$。

综上，用对数平均推动力法计算气相总传质单元数，可表达为：

$$N_{OG} = \frac{Y_1 - Y_2}{\Delta Y_m} \tag{2-41}$$

（2）脱吸因数法　将平衡关系 $Y^* = mX$ 代入式（2-37），得：

$$N_{OG} = \int_{Y_2}^{Y_1} \frac{dY}{Y - Y^*} = \int_{Y_2}^{Y_1} \frac{dY}{Y - mX}$$

根据操作线方程式（2-28），有：

$$X = \frac{V}{L}(Y - Y_2) + X_2$$

代入上式得：

$$N_{OG} = \int_{Y_2}^{Y_1} \frac{dY}{Y - m\left[\dfrac{V}{L}(Y - Y_2) + X_2\right]} = \int_{Y_2}^{Y_1} \frac{dY}{\left(1 - \dfrac{mV}{L}\right)Y + \left(\dfrac{mV}{L}Y_2 - mX_2\right)}$$

另 $S = \dfrac{mV}{L}$，则上式变为：

$$N_{OG} = \int_{Y_2}^{Y_1} \frac{dY}{(1-S)Y + (SY_2 - mX_2)}$$

积分得：

$$N_{OG} = \frac{1}{1-S} \ln\left[(1-S)\frac{Y_1 - mX_2}{Y_2 - mX_2} + S\right] \tag{2-42}$$

为方便计算，以 S 为参数，在半对数坐标系中，标绘出式（2-42）中 N_{OG}-$\dfrac{Y_1 - mX_2}{Y_2 - mX_2}$ 间的函数关系，得到如图 2-29 所示的一组曲线，由图 2-29 可快速方便地查得 N_{OG} 值。但需注意的是，只有在 $\dfrac{Y_1 - mX_2}{Y_2 - mX_2} > 20$ 及 $S \leqslant 0.75$ 的范围内读数才比较准确，该范围外宜用式（2-42）直接计算 N_{OG}。

① 参数 S。写成 $S = \dfrac{m}{L/V}$ 形式，可看出为平衡线斜率与操作线斜率的比值，称为脱吸因数，反映了吸收过程推动力的大小。S 越大，操作线越靠近平衡线，吸收过程的推动力越小，N_{OG} 增大，对吸收过程不利。降低温度（m 变小）或增大吸收剂用量，可使 S 变小，但降低温度需要冷量，而且有些液体温度降低，黏度明显增大；过分增大吸收剂用量，前已

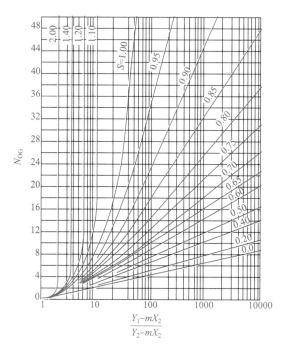

图 2-29 $N_{OG} - \dfrac{Y_1 - mX_2}{Y_2 - mX_2}$ 关系图

述及，吸收操作费用会明显增加。大多数情况，S 取 $0.7 \sim 0.8$，在经济上是合理的。

② $\dfrac{Y_1 - mX_2}{Y_2 - mX_2}$。当 $X_2 = 0$ 时，$\dfrac{Y_1 - mX_2}{Y_2 - mX_2} = \dfrac{Y_1}{Y_2} = \dfrac{1}{1 - \eta}$，可见该项反映了溶质吸收率的高低。吸收率越大，该项越大，N_{OG} 增大。

【例 2-6】某蒸馏塔顶出来的气体中含有 3.90%（体积分数）的 H_2S，其余为碳氢化合物，可视为惰性组分。现用三乙醇胺水溶液吸收 H_2S，要求吸收率为 95%。操作温度为 $300K$，压力为 $101.3kPa$，平衡关系为 $Y^* = 2X$。进塔吸收剂中不含 H_2S，吸收剂用量为最小用量的 1.4 倍。已知单位塔截面上流过的惰性气体量为 $0.015kmol/(m^2 \cdot s)$，气体体积吸收系数 $K_Y a$ 为 $0.040kmol/(m^3 \cdot s)$，求所需的填料层高度。

解：由于相平衡关系为 $Y^* = 2X$，故可用解析法求 N_{OG}。

$$Y_1 = \frac{y_1}{1 - y_1} = \frac{0.039}{1 - 0.039} = 0.0406$$

$$Y_2 = Y_1(1 - \eta) = 0.0406 \times (1 - 0.95) = 0.00203$$

$$X_2 = 0$$

惰性气体量：
$$\frac{V}{\Omega} = 0.015kmol/(m^2 \cdot s)$$

最小液气比：
$$\left(\frac{L}{V}\right)_{\min} = \frac{Y_1 - Y_2}{\dfrac{Y_1}{m} - X_2} = m\eta = 2 \times 0.95 = 1.9$$

液气比：
$$\frac{L}{V} = 1.4 \times \left(\frac{L}{V}\right)_{\min} = 1.4 \times 1.9 = 2.66$$

吸收剂量：　　$\dfrac{L}{\Omega}=2.66\times\dfrac{V}{\Omega}=2.66\times0.015=0.0399\left[\mathrm{kmol}/(\mathrm{m}^2\cdot\mathrm{s})\right]$

气相总传质单元高度：　　$H_{\mathrm{OG}}=\dfrac{V}{K_{\mathrm{Y}}a\Omega}=\dfrac{0.015}{0.040}=0.375(\mathrm{m})$

（1）对数平均推动力法

液体出塔浓度 X_1 为：

$$X_1=\frac{V(Y_1-Y_2)}{L}+X_2=\frac{1}{2.66}\times(0.0406-0.00203)=0.0145$$

$$\Delta Y_1=Y_1-Y_1^*=Y_1-mX_1=0.0406-2\times0.0145=0.0116$$

$$\Delta Y_2=Y_2-Y_2^*=Y_2-mX_2=0.00203$$

$$\Delta Y_{\mathrm{m}}=\frac{\Delta Y_1-\Delta Y_2}{\ln\dfrac{\Delta Y_1}{\Delta Y_2}}=\frac{0.0116-0.00203}{\ln\dfrac{0.0116}{0.00203}}=0.00549$$

$$N_{\mathrm{OG}}=\frac{Y_1-Y_2}{\Delta Y_{\mathrm{m}}}=\frac{0.0406-0.00203}{0.00549}=7.03$$

（2）脱吸因数法

$$S=\frac{mV}{L}=\frac{2}{2.66}=0.752$$

$$\frac{Y_1-mX_2}{Y_2-mX_2}=\frac{0.0406}{0.00203}=20$$

气相总传质单元数：

$$N_{\mathrm{OG}}=\frac{1}{1-S}\ln\left[(1-S)\frac{Y_1-mX_2}{Y_2-mX_2}+S\right]=\frac{1}{1-0.752}\ln\left[(1-0.752)\times20+0.752\right]$$

$$=7.03$$

对数平均推动力法与脱吸因数法算得的结果相同。

填料层高度：　　　　$Z=H_{\mathrm{OG}}N_{\mathrm{OG}}=0.375\times7.03=2.64(\mathrm{m})$

三、填料塔直径的计算

与板式塔一样，填料塔的直径也可依圆形管道内流量公式计算，即

$$D=\sqrt{\frac{4q_{\mathrm{V}}}{\pi u}}$$

在吸收操作中，由于溶质不断被吸收，混合气体从进塔到出塔的体积流量逐渐减小，计算塔径时，一般以进塔气量为依据，以保证有一定裕度。

计算塔径的关键是确定适宜的空塔气速。气速小，则压降小，动力消耗小，操作费用低，但塔径增大，设备费用升高，同时低气速不利于气液两相接触，分离效率低；相反，气速大，则塔径小、设备费用降低，但压降大、操作费用升高。若选用的气速太接近泛点气速，则生产条件稍有波动，就有可能操作失控。所以适宜空塔气速的选择是一个技术经济问题，有时需要反复计算才能确定。多数情况下，空塔气速 u 取泛点气速 u_{f} 的 $60\%\sim80\%$，即

$$u=(0.6\sim0.8)u_{\mathrm{f}} \tag{2-43}$$

计算出的塔径需要根据标准系列予以圆整，同时还应验算塔内的喷淋密度是否大于最小喷淋密度。喷淋密度指单位塔截面积上，单位时间内喷淋的液体体积，单位为 $m^3/(m^2 \cdot s)$。若喷淋密度过小，可在许可范围内减小塔径，或采用液体部分循环的流程，或适当增加填料层高度进行补偿。

四、吸收的操作型计算与分析

1. 影响因素分析

吸收操作的结果最终表现在出口气体组成 Y_2 或溶质吸收率 η 上。对于操作中的吸收塔，填料层高度是一定的，可能变化的参数包括：操作温度 t、操作压力 p、气体处理量 V、吸收剂流量 L、进塔气体组成 Y_1、进塔吸收剂组成 X_2。操作型问题分析就是判断这些参数发生变化后（假设变化后吸收塔仍能正常操作），吸收效果（即 Y_2 或 η）如何变化，以及为了达到一定的吸收效果，需要如何调整操作条件。

【例 2-7】在一填料塔中，用吸收剂吸收某低浓度溶质，因前一工序的影响，现进塔气体混合物流量增大，其他操作条件不变，试分析出塔气体组成 Y_2 和出塔液体组成 X_1 如何变化；为了保持 Y_2 不变，应如何调整操作条件。（已知该吸收为气膜控制，且体积传质系数随流体流量变化关系为 $K_Y a \propto V^{0.8}$）

解：$H_{OG} = \dfrac{V}{K_Y a \Omega} \propto V^{0.2}$，所以 V 增大时，H_{OG} 增大。因填料层高度不变，由 $Z = H_{OG} N_{OG}$ 可知，N_{OG} 减小。

$S = \dfrac{mV}{L}$，故 V 增大时，S 增大。

由图 2-29 可以看出，N_{OG} 的减小和 S 的增大同时会导致 $\dfrac{Y_1 - mX_2}{Y_2 - mX_2}$ 减小，又因 Y_1 和 X_2 不变，故 Y_2 增大。

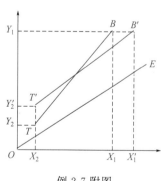

例 2-7 附图

V 增大，操作线斜率 L/V 减小，当 Y_2 增大、Y_1 不变时，由本例附图可知，必有 X_1 增大。

依上述同样的方法分析，根据 $S = \dfrac{mV}{L}$ 的定义，当 V 增大时，相应增大吸收剂用量 L，或通过降低操作温度来减小 m 的方式，均可达到保持 Y_2 不变的目的。

由本例可见，吸收操作定性分析的主要依据是物料衡算和填料层高度的计算式。首先根据已知条件确定传质单元高度 H_{OG}、脱吸因数 S 的变化趋势；然后根据填料层高度一定，确定出 N_{OG} 的变化趋势；再用吸收因数法中的参数关联图确定吸收效果（Y_2）的变化趋势；最后，通过全塔物料衡算（或操作线）分析出塔液组成 X_1 的变化。若遇到某参数无法判断变化趋势的情况，可利用反证法或试差法确定。

2. 操作型计算

吸收操作型计算的主要依据也是物料衡算和填料层高度的计算式，详见下面例题。

【例 2-8】某吸收塔用纯溶剂吸收混合气体中的可溶组分。气体入塔组成为 0.06（摩尔比，下同），要求吸收率为 90%。操作条件下相平衡关系为 $Y^* = 1.5X$，操作液气比 $L/V =$

2.0，填料高度为 4m。现因解吸塔操作不良，导致入塔吸收剂浓度变为 0.001，其他条件均不变化，试计算：(1) 原工况下，出塔液组成 X_1；(2) 新工况下，出塔液组成 X_1' 和此时的吸收率；(3) 如果工艺要求维持吸收率不变，试计算液气比应提高至多少？（设液气比变化时 H_{OG} 基本不变）

解：正常操作时的基本参数计算如下：

$$Y_1 = 0.06$$

$$Y_2 = Y_1(1-\eta) = 0.06 \times (1-0.90) = 0.006$$

$$X_2 = 0$$

$$S = \frac{m}{L/V} = \frac{1.5}{2.0} = 0.75$$

$$\frac{Y_1 - mX_2}{Y_2 - mX_2} = \frac{Y_1}{Y_2} = \frac{0.06}{0.006} = 10$$

$$N_{OG} = \frac{1}{1-S} \ln\left[(1-S)\frac{Y_1 - mX_2}{Y_2 - mX_2} + S\right] = \frac{1}{1-0.75} \ln[(1-0.75) \times 10 + 0.75] = 4.72$$

$$H_{OG} = \frac{Z}{N_{OG}} = \frac{4}{4.72} = 0.847$$

（1）原工况的出塔液组成

$$X_1 = \frac{V(Y_1 - Y_2)}{L} + X_2 = \frac{0.06 - 0.006}{2.0} = 0.027$$

（2）新工况下：$X_2' = 0.001$

填料层高度 Z 一定，由于 H_{OG} 基本不变，所以该塔所提供的 N_{OG} 也不变。$N_{OG} = f\left(S, \frac{Y_1 - mX_2'}{Y_2' - mX_2'}\right)$，由于气、液量均不变，故 S 不变，于是有

$$\frac{Y_1 - mX_2'}{Y_2' - mX_2'} = \frac{Y_1 - mX_2}{Y_2 - mX_2} = 10$$

$$Y_2' = \frac{Y_1 + 9mX_2'}{10} = \frac{0.06 + 9 \times 1.5 \times 0.001}{10} = 7.35 \times 10^{-3}$$

$$X_1' = \frac{V(Y_1 - Y_2')}{L} + X_2' = \frac{0.06 - 7.35 \times 10^{-3}}{2.0} + 0.001 = 0.0273$$

此时，$\eta' = \frac{Y_1 - Y_2'}{Y_1} \times 100\% = \frac{0.06 - 7.35 \times 10^{-3}}{0.06} \times 100\% = 87.8\%$

操作线如本例附图所示，1 为正常操作工况，2 为新工况。

由计算可见，由于解吸操作不良，吸收剂入口浓度升高，导致了吸收率的降低。

（3）现 $X_2' = 0.001$，仍然要求 $\eta = 0.90$，即 Y_2 不变，可利用增大操作液气比的方法完成任务。增加后的吸收剂用量记为 L'，相应变化后的脱吸因子为 S'，吸收液浓度为 X_1''。

由于 Z 不变，且按假设 H_{OG} 不变，所以该塔提供的 N_{OG} 也不变，仍为 4.72。但此时：

$$\frac{Y_1 - mX_2'}{Y_2 - mX_2'} = \frac{0.06 - 1.5 \times 0.001}{0.006 - 1.5 \times 0.001} = 13$$

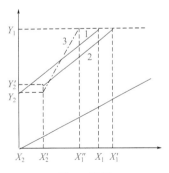

例 2-8 附图

可利用 N_{OG} 的计算公式求出 S'。

$$N_{OG} = \frac{1}{1-S'}\ln\left[(1-S')\frac{Y_1-mX_2'}{Y_2-mX_2'}+S'\right]$$

代入数据得：
$$4.72 = \frac{1}{1-S'}\ln\left[(1-S')\times 13 + S'\right]$$

试差法求得：
$$S' = 0.652$$

$$\frac{L'}{V} = \frac{m}{S'} = \frac{1.5}{0.652} = 2.3$$

$$X_1'' = \frac{V(Y_1-Y_2)}{L'}+X_2' = \frac{0.06-0.006}{2.3}+0.001 = 0.0245$$

操作线如附图中虚线 3 所示。

由本案例可以得出以下结论：

① 操作性问题往往采用前后工况对比的方法进行逻辑推理，以判断某一条件变化引起哪些量变化，哪些量不变化，从而解出未知量。

② $X_2\uparrow$，$\eta\downarrow$ （或 $Y_2\uparrow$），$X_1\uparrow$。

③ 提高液气比是常用的提高吸收率的操作方法，但出口液体浓度降低。若系统为液膜控制，提高液气比不仅可提高传质推动力，同时也可增大传质系数。

榜样力量

侯德榜（1890—1974），中国科学院院士，侯氏制碱法的创始人，中国化学工业的开拓者，世界制碱业的权威。侯德榜突破了氨碱法制碱技术，发明"侯氏制碱法"并领导建成了我国第一座兼产合成氨、硝酸、硫酸和硫酸铵的联合企业。"侯氏制碱法"创造性地将合成氨工艺和制碱工艺联合起来，碳化塔中需要的二氧化碳由合成氨反应供给，提纯的母液直接吸收合成出来的氨，整个体系形成一个循环，以极高的效率生产纯碱和氯化铵；创造性地用硬聚氯乙烯制作吸收塔，既能满足硝铵生产的需要，又节省了大量的设备投资；创造性地用合成氨车间生产的氨制成氨水代替水，吸收二氧化碳，可以在净化合成气的同时生成碳酸氢铵，使脱碳工序与氨加工车间合二为一，大幅降低了氮肥厂的投资、能耗和产品成本。侯德榜在化学工业尤其是制碱工艺研究过程中，自始至终坚持锲而不舍的精神，认真、准确、严格、细致的工作作风，严谨踏实的工作态度，对我国化工界产生了深远影响，成为我国科技发展历史上的宝贵财富，值得每个中国人学习和纪念。1999 年中国化工学会以侯德榜的名字专门设立"侯德榜化工科学技术奖"，用于奖励和表彰优秀的化工科技工作者。

 【任务实施】

任务描述中的已知条件：

气体处理量：224000m³/h

混合气体中 CO_2 含量 y_1：10% （摩尔分数）

吸收率 η：98%

惰性气体的平均千摩尔质量 M_B：11kg/kmol

操作压力：2.8MPa

操作温度：-40°C

相平衡关系：$Y^* = 2.8X$

气相总体积吸收系数 $K_Y a$：$0.58\text{kmol}/(\text{m}^3 \cdot \text{s})$

泛点气速 u_f：3m/s

1. 确定所需要的甲醇用量和塔底排出的吸收液浓度

$$Y_1 = \frac{y_1}{1-y_1} = \frac{0.1}{1-0.1} = 0.1111$$

$$Y_2 = Y_1(1-\eta) = 0.1111 \times (1-0.98) = 0.00222$$

$$y_2 = \frac{Y_2}{1+Y_2} = \frac{0.00222}{1+0.00222} = 0.002215$$

$$X_2 = 0$$

$$V = \frac{224000}{22.4} \times (1-0.1) = 9000(\text{kmol/h})$$

气液相平衡关系为 $Y^* = 2.8X$，则：

$$\left(\frac{L}{V}\right)_{\min} = \frac{Y_1-Y_2}{\dfrac{Y_1}{m}-X_2} = \frac{0.1111-0.00222}{\dfrac{0.1111}{2.8}-0} = 2.744$$

实际液气比取最小液气比的 1.5 倍，则：

$$\frac{L}{V} = 1.5\left(\frac{L}{V}\right)_{\min} = 1.5 \times 2.744 = 4.116$$

$$L = 4.116V = 4.116 \times 9000 = 3.7 \times 10^4 (\text{kmol/h})$$

则出塔吸收液的组成为：

$$X_1 = \frac{V(Y_1-Y_2)}{L} + X_2 = \frac{0.1111-0.00222}{4.116} = 0.02646$$

$$x_1 = \frac{X_1}{1+X_1} = \frac{0.02646}{1+0.02646} = 0.02578$$

2. 计算塔径和填料层高度

泛点气速 u_f 为 3m/s，实际气速选为泛点气速的 0.6 倍，即

$$u = 0.6u_f = 1.8(\text{m/s})$$

混合气体的体积流量为：

$$q_V = 224000 \times \frac{273-40}{273} \times \frac{101.3}{2.8 \times 10^3} = 6916.6(\text{m}^3/\text{h}) = 1.92(\text{m}^3/\text{s})$$

则塔径为：

$$D = \sqrt{\frac{4q_V}{\pi u}} = \sqrt{\frac{4 \times 1.92}{3.14 \times 1.8}} = 1.17(\text{m})$$

圆整后实际塔径取 1.2m，则实际操作气速为：

$$u = \frac{1.92}{\dfrac{3.14}{4} \times 1.2^2} = 1.70(\text{m/s})$$

气相总传质单元高度：

$$H_{OG} = \frac{V}{K_Y a \Omega} = \frac{9000/3600}{0.58 \times 0.785 \times 1.2^2} = 3.81(m)$$

采用对数平均推动力法求气相总传质单元数：

$$\Delta Y_m = \frac{(Y_1 - Y_1^*) - (Y_2 - Y_2^*)}{\ln \dfrac{Y_1 - Y_1^*}{Y_2 - Y_2^*}} = \frac{(0.1111 - 2.8 \times 0.02646) - (0.00222 - 0)}{\ln \dfrac{0.1111 - 2.8 \times 0.02646}{0.00222 - 0}} = 0.01237$$

$$N_{OG} = \frac{Y_1 - Y_2}{\Delta Y_m} = \frac{0.1111 - 0.00222}{0.01237} = 8.79$$

也可采用脱吸因数法求气相总传质单元数：

$$S = \frac{mV}{L} = \frac{2.8}{4.116} = 0.68$$

$$\frac{Y_1 - mX_2}{Y_2 - mX_2} = 50$$

$$N_{OG} = \frac{1}{1-S} \ln \left[(1-S) \frac{Y_1 - mX_2}{Y_2 - mX_2} + S \right] = \frac{1}{1-0.68} \ln [(1-0.68) \times 50 + 0.68] = 8.79$$

则填料层高度为：

$$Z = H_{OG} N_{OG} = 3.81 \times 8.79 = 33.5(m)$$

3. 工艺参数列表

混合气体流量：10000kmol/h

惰性气体流量：9000kmol/h

混合气中 CO_2 摩尔分数：10%

净化气中 CO_2 摩尔分数：0.22%

吸收液中 CO_2 摩尔分数：2.58%

吸收剂用量：37000kmol/h

塔径：1.2m

填料层高度：33.5m

 【思考与实践】

　　某常压填料塔用清水吸收焦炉气中的氨，夏季吸收率不低于 95%；若冬季操作，其他条件维持不变，吸收率将如何变化？若维持原吸收率，如何操作？请调研天气情况对化工企业的影响及应对措施。

 吸收过程的操作与控制

　　【任务描述】

　　请结合项目情境中低温甲醇洗脱除合成气中 CO_2 的案例描述及流程，学习并掌握以下关于吸收操作与控制的相关知识与技能：

（1）吸收设备的开停车操作基本流程；

（2）吸收过程中常见的异常现象及处理方法；

（3）吸收过程的影响因素分析及控制；

（4）吸收操作过程中的安全注意事项。

【知识准备】

一、吸收开停车操作基本流程

1. 吸收开车前准备

① 开车前岗位操作人员必须穿戴好劳保用品，持证上岗。

② 检查本岗位吸收设备的完好性。

③ 检查物料输送管道、引风管道、循环冷却水管道，保证管道畅通、无泄漏或松动现象。

④ 检查各阀门开关是否到位。

⑤ 检查各电动设备，保证正常运转。

⑥ 检查确认压力、温度、液位和流量等控制仪表状态。

⑦ 检查确认各原材料罐内物料是否到位充足。

⑧ 检查岗位操作工具用品是否齐全。

⑨ 检查岗位技术文件资料是否齐全，做好台账记录准备工作。

2. 吸收装置开车操作

（1）短期停车后的开车　分为充压、启动运转设备和导气三个步骤，具体如下：

① 开动风机，用原料气向填料塔内充压至操作压力。

② 启动吸收剂循环泵，使循环液按生产流程运转。

③ 调节塔顶各喷头的喷淋量至生产要求。

④ 启动填料塔的液面调节器，使塔釜液面保持规定的高度。

⑤ 系统运转稳定后，连续导入原料混合气，并用放空阀调节系统压力。

⑥ 当塔内的原料气成分符合生产要求时，即可投入正常生产。

（2）长期停车后的开车　一般指检修后的开车。首先检查各设备、管道、阀门、分析取样点、电气及仪表等是否正常完好，然后对系统进行吹净、清洗、气密试验和置换，合格后按短期停车后的开车步骤进行。

3. 吸收装置正常运行

岗位操作人员必须严格按照吸收岗位操作规程进行安全操作，及时进行巡回检查与维护。

（1）正常操作要点

① 进塔气体的压力和流速不宜过大，否则会影响气、液两相的接触效率，甚至使操作不稳定。

② 进塔吸收剂不能含有杂物，避免堵塞填料缝隙。在保证吸收率的前提下，应减少吸收剂用量。

③ 控制吸收剂入塔温度，将吸收温度控制在规定的范围。

④ 控制塔底与塔顶压力，防止塔内压差过大。压差过大，说明塔内阻力大，气、液接触不良，致使吸收操作过程恶化。

⑤ 经常调节排放阀，保持吸收塔液面稳定。

⑥ 经常检查泵的运转情况，以保证原料气和吸收剂流量稳定。

⑦ 按时巡回检查各控制点的变化情况及系统设备与管道的泄漏情况，并按要求做好记录。

（2）正常维护要点

① 定期检查、清理、更换喷淋装置或溢流管，保持不堵、不斜、不坏。

② 定期检查篦板的腐蚀程度，防止因腐蚀而塌落。

③ 定期检查塔体有无渗漏现象，发现后应及时补修。

④ 定期排放塔底积存的脏物和碎填料。

4. 吸收装置停车操作

（1）短期停车（临时停车） 临时停车后系统仍处于正压状态，操作步骤如下：

① 通知系统前后工序或岗位。

② 停止向系统送气，同时关闭系统的出口阀。

③ 停止向系统送循环液，关闭泵的出口阀，停泵后关闭其进口阀。

④ 关闭其他设备的进、出口阀门。

（2）紧急停车 如遇停电或发生重大设备事故等情况时需紧急停车，操作步骤如下：

① 迅速关闭导入原料气的阀门。

② 迅速关闭系统的出口阀。

③ 按短期停车方法处理。

（3）长期停车 当系统需要检修或长期停止使用时需长期停车，操作步骤如下：

① 按短期停车操作方法停车，然后开启系统放空阀，卸掉系统压力。

② 将系统中的溶液排放到溶液贮槽，然后用清水洗净。

③ 若原料气中含有易燃、易爆物，则应用惰性气体对系统进行置换至合格。

④ 用鼓风机向系统送入空气，进行空气置换至合格。

二、吸收过程的调节与控制

在吸收操作中，根据组成的变化和生产负荷的波动，及时进行工艺调整，发现问题并及时解决，是吸收操作岗位的重要工作内容。吸收操作主要是要稳定进气量、稳定塔压、稳定塔底液位，通过调节溶剂的用量、温度与入塔浓度来满足气相工艺要求。

1. 进气量的调节

进气量是由上一工序决定的，所以一般不能变动。如果在吸收塔前设有缓冲气柜，可允许在短时间内做幅度不大的调节，这时可在进气管线上安装调节阀，通过开大或关小阀门来调节进气量。正常操作情况下应稳定进气量。

2. 吸收剂用量与入塔浓度的调节

改变吸收剂流量是对吸收过程进行调节最常用的方法。加大吸收剂用量可以提高吸收率。当操作中发现吸收塔尾气的溶质浓度 Y_2 增加时，应增加吸收剂用量。但吸收剂用量增大，操作费用就增加，且吸收剂用量的增大还要受到液泛条件和再生设备能力的制约。因此需要通过全面权衡确定吸收剂用量。

对于吸收剂循环使用的吸收过程，入塔吸收剂中总是含有少量的溶质。当吸收剂中溶质浓度增大时，吸收推动力减小，吸收效果变差。因此，当发现入塔吸收剂中溶质浓度升高时，需要对解吸系统进行调整。

应当注意的是，当气液两相在塔底接近平衡时，要降低 Y_2，用增大吸收剂用量的方法更有效。但当气液两相在塔顶接近平衡时，提高吸收剂用量，即增大液气比不能使 Y_2 明显降低，只能降低吸收剂进口组成才是有效的。

3. 吸收剂温度的调节

低温有利于吸收。吸收剂的入塔温度也是控制和调节吸收操作的一个主要参数。吸收剂循环回吸收塔使用前，需经冷却器进行冷却，其温度可通过冷却剂的流量来调节。

但是，吸收剂的温度也不宜控制得过低。一方面温度过低要多消耗冷量，另一方面温度过低会使液体黏度增大，造成输送能耗增加，且在塔内流动不畅。故吸收剂温度的调节也要全面考虑。

4. 塔压的维持

对于比较难溶的气体，提高压力，有利于吸收的进行。但加压吸收需要配置压缩机和耐压设备，导致操作费和设备费都较高。所以，吸收系统是否采用加压，要全面考虑。日常操作时，塔压多数情况下是不可调的，应注意维持，使之不要降低。

5. 塔底液位的维持

塔底液位要维持在一定高度上。液位过低，部分气体可能进入液体出口管线，造成事故或污染环境；液位太高，超过气体入口管，则气体入口阻力增大。通常通过调节液体出口阀来调节液位，过高则开大阀门，过低则关小阀门。

图 2-30 为某企业低温甲醇洗吸收塔的液位控制方案。正常操作中液位控制在 50%，设定的液位波动不超过 5%。C1002 底部液位低时，LICA10011 给出信号，阀门 LV10011

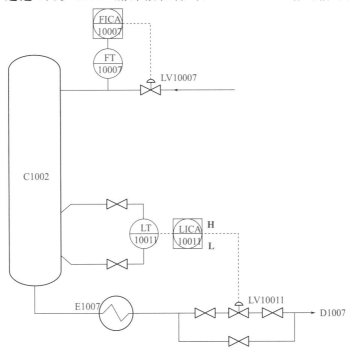

图 2-30　吸收塔液位控制的工业案例

关小（人工手动调节或 DCS 自动调节控制）；液位高时，LICA10011 给出信号，阀门 LV10011 开大。此外，C1002 进气量波动或 LV10007 吸收剂流量波动，也会影响 C1002 底部液位，此时应稳定进气量或甲醇循环量。

三、吸收过程中的常见异常现象及处理

填料吸收塔常见的异常现象及处理方法见表 2-4。生产中若出现这些问题，需及时发现，确定事故原因并及时排除。

▶ 表 2-4　吸收过程中的常见故障类型及解决办法

序号	异常现象	原因分析	处理措施
1	液泛	①进气量过大，塔压过高 ②吸收剂量大 ③填料堵	①降低进气量，减小塔压降 ②降低喷淋量 ③清洗填料
2	壁流	①填料与塔壁间空隙过大 ②每层填料过高	①更换合适尺寸的填料 ②加设液体再分布器
3	沟流	①填料表面润湿不到位 ②液体短路	①调整液体流量，增加填料润湿程度 ②填料装填尽可能均匀
4	塔底排出液浓度过高	①吸收剂喷淋量过低 ②吸收剂循环时间过长 ③吸收剂在循环过程中损失	①增加吸收剂喷淋量 ②更换部分新鲜吸收剂 ③补充部分新鲜吸收剂
5	尾气中溶质超标	①进气组成增大或液体喷淋量过低 ②吸收剂浓度过高 ③操作压力、温度发生变化	①增加吸收剂喷淋量 ②降低吸收剂浓度 ③控制好操作压力、温度
6	塔内压差过大	①进塔原料气量过大 ②进塔吸收剂量过大 ③填料堵塞	①降低进塔原料气量 ②降低进塔吸收剂量 ③及时清洗或更换填料
7	泵坏、阀卡	①吸收剂中有固体杂质 ②操作条件不合要求 ③超过了使用年限	①检查液体中是否有固体杂质并过滤去除，按操作规程拆换泵、阀相关部件 ②检查并调整操作条件，如温度、压力 ③更换整台泵或阀门
8	停电、停水	①外部系统停电 ②内部供电线路故障 ③供水系统漏水等	按紧急停车操作，再询问外部供电、供水情况，若正常，则检查内部供电线路、供水管路情况，并及时解决

四、吸收过程操作与控制中的安全技术

1. 保证系统密闭

由于吸收操作处理的是气体混合物，为防止气体逸出造成燃烧、爆炸和中毒等事故，设备必须保证很好的密闭性。

2. 安全使用吸收剂

操作中有很多吸收剂具有腐蚀性等危险特性，在使用时应按化学危险物质使用注意事项操作，避免造成伤害性事故。

3. 调整合适的喷淋量

要有足够的喷淋量来润湿填料的表面，使气液两相有充分的接触。喷淋量过大，会造成

液泛现象，使系统阻力增加；喷淋量过小，填料起不到作用，吸收效果达不到，可能会造成气体逸出，引起燃烧、爆炸和中毒等事故。

4. 稳定塔釜液位

要保持稳定的液位。若液位过高，会造成系统阻力剧增，甚至会发生鼓风机跳停等事故；而液位过低，会造成循环液打空或无喷淋液现象。

5. 维持吸收塔操作温度

在生产操作过程中，吸收塔的温度是由生产量、循环液量、冷却水量决定的，只有控制好温度，才能保证吸收过程的正常稳定进行。否则，可能会出现填料间的堵塞、系统阻力增加、产品不合格等问题。

 【技术拓展】

一、高浓度气体吸收

在工业吸收过程中，有时所处理的气体中溶质的组成高于 10%，此种吸收即所谓的高浓度气体吸收。高浓度气体吸收中，气、液两相溶质的含量均较高，并且溶质从气相向液相的转移量也较大，因此前述有关低浓度吸收的计算方法需做某些修改。高浓度气体吸收具有如下特点。

1. 气液两相的摩尔流量沿塔高有较大的变化

在高浓度气体吸收过程中，气相摩尔流量和液相摩尔流量沿塔高均有显著变化，不能再视为常数。但是，惰性气体摩尔流量沿塔高基本不变；若不考虑吸收剂的汽化，纯吸收剂的摩尔流量也为常数。因此，高浓度吸收的操作线为曲线。

2. 吸收过程有显著的热效应

在吸收过程中，由于有相变热和混合热，因此必然伴有热效应。对于高浓度气体吸收，由于溶质被吸收的量较大，产生的总热量也较多。若吸收过程的液气比较小或者吸收塔的散热效果不好，将会使吸收液温度明显升高，此时气体吸收为非等温吸收，全浓度范围内亨利定律不再适用。但若溶质的溶解热不大，吸收的液气比较大或吸收塔的散热效果较好，此时吸收仍可视为等温吸收。

3. 吸收系数沿塔高不再为常数

在高浓度气体吸收过程中，因气相中溶质组成不断降低，致使漂流因子值也在减小。因此，高浓度气体吸收过程中气膜吸收系数由塔底至塔顶是逐渐减小的，液膜吸收系数变化甚小。至于总吸收系数，不但不为常数，而且比膜系数更为复杂。因此，在高组成气体吸收计算时，往往以气膜或液膜吸收系数计算吸收速率。

二、化学吸收

化学吸收是指气体混合物中的溶质 A 溶解于吸收剂 S 中，并与吸收剂中的活性组分 B 发生化学反应的过程。例如，用碱液吸收气体混合物中 CO_2 或 SO_2 的过程即为化学吸收。化学反应可以提高吸收的选择性；加快吸收速率，从而减小设备容积；增加溶质在液相中的溶解度，减少吸收剂用量；降低溶质在气相中的平衡分压，可较彻底地除去气相中很少量的有害气体。因而，化学吸收在工业中得到了广泛应用。

化学吸收是传质和化学反应同时进行的过程，其与物理吸收相比，具有如下特点：

1. 推动力大

因溶质进入液相与活性组分反应，液相溶质含量少，其平衡分压也降低。所以，化学吸收过程推动力较大。若化学反应是不可逆的，最后溶质在液相的浓度降为零，平衡分压为零，吸收推动力最大。

2. 传质系数大

由于在液相中溶质与活性组分的化学反应，使得气、液两相界面附近溶质的含量大大降低，溶质在液相中的传质阻力降低，传质系数增大。

3. 吸收能力强

单位体积吸收剂的吸收能力增强，故吸收剂用量减少，后续解吸能耗也随之减少。

 【思考与实践】

请小组合作，为校内实训基地的吸收装置编制标准操作程序。

 【职业素养】

化工装置组织六要素分析

人、机、料、法、环、测是对全面质量管理理论中六个影响产品质量的主要因素的简称，也是化工制造企业管理中所讲的六个要素，称为 5M1E，即：

人员（man）：操作者对质量的认识、技术熟练程度、身体状况等；

机器（machine）：机器设备、测量仪器的精度和维护保养状况等；

材料（material）：材料的成分、物理性能和化学性能等；

方法（method）：生产工艺、设备选择、操作规程等；

测量（measurement）：主要指测量时采取的方法是否标准、正确；

环境（environment）：工作地的温度、湿度、照明和清洁条件等。

那么如何控制这六个因素，使之形成标准化以达到稳定产品质量的目的呢？

1. 人员因素分析（中心地位）

（1）技能问题？

（2）制度是否影响人的工作？

（3）是选人的问题吗？

（4）是培训不够吗？

（5）是技能不对口吗？

（6）是人员对公司心猿意马吗？

（7）有责任人吗？

（8）人会操作机器吗？人适应环境吗？人明白方法吗？人认识料吗？

2. 机器因素分析

（1）选型对吗？

（2）是保养问题吗？

（3）给机器的配套对应吗？

（4）操作机器的人对吗？机器的操作方法对吗？机器放的环境适应吗？

3.材料因素分析

（1）是真货吗？

（2）型号对吗？

（3）有保质期吗？

（4）入厂检验了吗？

（5）用得符合规范吗？

（6）料适应环境吗？料与机器配合得了吗？料和其他料会不会互相影响？

4.方法因素分析

（1）有方法吗？

（2）方法适合吗？

（3）是按方法做的吗？

（4）看得明白吗？

（5）写得明白吗？

（6）方法是给对应的人吗？方法在这个环境下行吗？

5.环境因素分析

（1）在时间轴上环境变了吗？

（2）光线、温度、湿度、海拔、污染度考虑了吗？

（3）环境是安全的吗？

（4）环境是人为的吗？小环境与大环境能并容吗？

6.测量因素分析

（1）工序检验策划文件准备好了吗？

（2）工序测量器具配置齐全了吗？性能满足要求吗？定期计量吗？

（3）检验策划合理吗？

（4）检查人员资质符合吗？

（5）交检交验点合理吗？

【本项目小结】

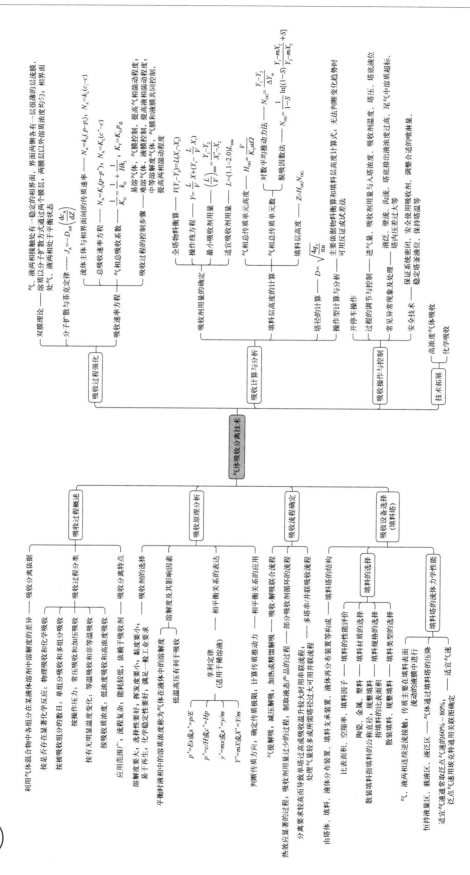

 【习题】

一、简答题

1. 气体的溶解度与哪些因素有关?

2. 亨利定律适用于什么样的物系? 温度和压力如何影响亨利定律各种表达式中的 E、H 和 m?

3. 掌握吸收过程相平衡关系有何用途?

4. 说明双膜理论的主要论点及其局限性。

5. 填料的作用是什么? 描述填料特性的参数有哪些?

6. 工业上常用的填料都有哪些? 试讨论其中几种填料的结构特点及其对填料性能的有利影响。

7. 等物质的量反向扩散和单向扩散有何不同? 总体流动是如何产生的?

8. 涡流扩散与分子扩散有什么区别?

9. 平均推动力法和吸收因数法与求传质单元数的条件相同吗? 解决操作型计算与分析问题时应用何者更方便?

10. 适宜操作液气比选择的原则是什么?

11. 试讨论填料塔的流体力学性能与气液两相流量之间的关系。

12. 什么是载点? 什么是泛点? 填料塔中的液泛是如何发生的?

13. 为什么说液体进入填料层的起始分布很重要? 为什么又要设置液体再分布器?

14. 在填料塔的设计中影响塔径的主要因素有哪些, 它们是如何影响塔径的?

15. 与板式塔相比, 填料塔更适合的应用场合有哪些?

二、计算题

1. 每 1000g 水中含有 18.7g 氨, 试计算氨的水溶液的物质的量浓度 c、摩尔分数 x 及摩尔比 X。

2. 常压下 34℃ 的空气为水蒸气所饱和, 试求:(1) 混合气体中空气的分压;(2) 混合气体中水蒸气的体积分数;(3) 混合气体中水蒸气的摩尔比浓度。

3. 向盛有一定量水的鼓泡吸收器中通入纯的 CO_2 气体, 经充分接触后, 测得水中的 CO_2 平衡浓度为 $2.875 \times 10^{-2} kmol/m^3$, 鼓泡器内总压为 101.3kPa, 水温为 30℃, 溶液密度为 $1000kg/m^3$。求其亨利系数 E、溶解度系数 H 及相平衡常数 m。

4. 在压力为 101.3kPa 的吸收塔内用水吸收混合气中的氨, 设混合气中氨的浓度为 0.02 (摩尔分数), 则所得氨水的最大物质的量浓度是多少? 已知操作温度 20℃ 下的相平衡关系为 $p_A^* = 2000x$。

5. 用清水逆流吸收混合气中的氨, 进入常压吸收塔的气体含氨 6% (体积分数), 吸收后的出口气中含氨 0.4% (体积分数), 溶液出口浓度为 0.012 (摩尔比), 操作条件下的相平衡关系为 $Y^* = 2.52X$。试用气相摩尔比表示塔顶和塔底处的吸收推动力。

6. 在常压下用水吸收某低浓度气体, 已知气膜吸收系数 $k_G = 1.9 kmol/(m^2 \cdot h \cdot kPa)$, 液膜吸收系数 $k_L = 280 kmol/[m^2 \cdot h \cdot (kmol/m^3)]$, 溶解度系数 $H = 0.0015 kmol/(m^3 \cdot kPa)$, 试求气相体积吸收总系数 K_G 及相平衡常数 m, 并指出控制该过程的膜层。

7.用清水逆流吸收混合气体中的溶质 A，混合气体流量为 52.62kmol/h，其中 A 的摩尔分数为 0.03，要求 A 的吸收率为 95%。操作条件下的平衡关系为 $Y^* = 0.65X$。试求：（1）塔底吸收液最大浓度为多少？（2）若取 $L = 1.4L_{min}$，则每小时送入吸收塔顶的清水量及吸收液浓度 X_1 各为多少？（3）写出操作线方程。

8.用 SO_2 含量为 1.1×10^{-3}（摩尔分数）的水溶液吸收含 SO_2 为 0.09（摩尔分数）的混合气中的 SO_2。已知进塔吸收剂流量为 37800kg/h，混合气流量为 100kmol/h，要求 SO_2 的吸收率为 80%。已知吸收操作条件下系统的平衡关系为 $Y^* = 17.8X$，求气相总传质单元数。

9.用清水在一塔高为 13m 的填料塔内吸收空气中的丙酮蒸气，已知混合气体的流量为 0.025kmol/（$m^2 \cdot s$），混合气中含丙酮 0.02（摩尔分数），水的流量为 0.065kmol/（$m^2 \cdot s$），操作条件下的相平衡常数为 1.77，气相总体积吸收系数为 $K_Ya = 0.023$kmol/（$m^3 \cdot s$）。若要丙酮的吸收率为 98.8%，该塔是否适用？

10.在压力为 101.3kPa、温度为 30℃ 的操作条件下，在某填料吸收塔中用清水逆流吸收混合气中的 NH_3。已知入塔混合气体的流量为 220kmol/h，其中 $y_{NH_3} = 1.2\%$。操作条件下的平衡关系为 $Y^* = 1.2X$，空塔气速为 1.25m/s；气相总体积吸收系数为 0.06kmol/（$m^3 \cdot s$），$L = 1.5L_{min}$。要求 NH_3 的回收率为 95%，试求：（1）水的用量；（2）填料塔的直径。

11.在填料吸收塔中，用清水吸收甲醇-空气混合气体中的甲醇蒸气，吸收操作在常压及 27℃ 下进行，此时混合气流率为 1200m^3/h，塔底处空塔速度为 0.4m/s，混合气中甲醇浓度为 100g 甲醇/m^3 空气，甲醇回收率为 95%。体积吸收总系数为 $K_Ga = 0.987$kmol/（$m^3 \cdot h \cdot kPa$）。操作条件下气液平衡关系为 $Y^* = 1.1X$。试计算在塔底溶液浓度为最大可能浓度的 70% 时，所需的填料层高度。

12.在一塔高为 4m 的填料塔内，用清水逆流吸收混合气中的氨，入塔气体中含氨 0.03（摩尔比），混合气体流率为 0.028kmol/（$m^2 \cdot s$），清水流率为 0.0573kmol/（$m^2 \cdot s$），要求吸收率为 98%，气相总体积吸收系数与混合气体流率的 0.7 次方成正比。已知操作条件下物系的平衡关系为 $Y^* = 0.8X$，试求：（1）当混合气体量增加 20% 时，吸收率不变，所需塔高是多少？（2）压力增加 1 倍时，吸收率不变，所需塔高是多少？（设压力变化时，气相总体积吸收系数不变）（3）进塔清水量增加 1 倍时，吸收率不变，所需塔高是多少？

13.直径为 0.9m 的填料吸收塔内，填料层高度为 6m。每小时处理 2000m^3 含 5% 丙酮与空气的原料气，操作条件为 1.0atm（1atm = 101.325kPa）和 25℃。用清水作吸收剂，塔顶出口废气含丙酮 0.263%（以上均为摩尔分数），每千克出塔液中含丙酮 61.2g，操作条件下的平衡关系为 $Y^* = 2.0X$。试计算：（1）气相总体积传质系数 K_Ya；（2）每小时可回收的丙酮（kg）；（3）若将填料层加高 3m，又可以多回收多少丙酮（kg）？

14.某厂用清水在填料塔中逆流吸收排放气中的有害物质 A。进塔气中 A 的摩尔分数为 $y_1 = 0.02$，清水用量为最小用量的 1.15 倍。出塔气达到排放标准 $y_2 = 0.002$。已知相平衡关系为 $Y^* = 1.5X$，吸收过程为气膜控制。因工艺改造原因，现入塔气体浓度上升到 $y_1 = 0.025$，并要求液气比保持不变。问能否通过增加填料层高度的方法保持出塔气体组成仍达排放标准？

15. 有一逆流吸收填料塔，填料层高度为 8m，于塔中用解吸后的吸收剂吸收混合气中溶质 A 以达净化目的。已知入塔混合气中含溶质 A 为 2%（体积分数），吸收率为 99%，操作液气比为 2，操作条件下的平衡关系为 $Y^* = 1.4X$，试问：（1）解吸操作正常，保证入塔吸收剂含溶质 $x_2 = 0.0001$ 时，吸收液出塔含溶质 A 浓度为若干？气相总传质单元高度为多少？（2）若解吸操作不正常，入塔吸收剂中的溶质浓度升高到 $x_2 = 0.0004$，其他条件不变，则出塔净化气中含 A 的浓度为多少？通过计算判断是否可以用增加填料层高度的方法解决净化质量下降的问题。

三、操作题

1. 从降低吸收过程总费用的角度分析吸收剂的选择原则。

2. 现因解吸塔的操作问题导致循环回吸收塔的吸收剂中溶质浓度增加了，要求不改变吸收任务，试提出解决方案。

3. 生产过程中，入吸收塔气体组成增加了，试分析如何操作才能保证吸收效果不变？

4. 吸收过程中有哪些常见的异常现象？如何排除？

5. 某公司欲根据下述工艺过程开发仿真软件，请帮助该公司：

（1）绘制工艺流程图；

（2）编制装置开、停车的标准操作程序；

（3）列出可能发生的事故并提供处理方案。

某吸收单元以 C_6 油为吸收剂，分离气体混合物中的 C_4 组分。从界区外来的富气从底部进入吸收塔 T101。界区外来的纯 C_6 油贮存于贮罐 D101 中，由 C_6 油泵 P101A/B 送入吸收塔 T101 顶部，C_6 流量由 FRC103 控制。吸收剂 C_6 油在吸收塔 T101 中自上而下与富气逆向接触，富气中 C_4 组分被溶解在 C_6 油中。不溶解的贫气自 T101 顶部排出，经盐水冷却器 E101 被 -4℃ 的盐水冷却至 2℃ 进入尾气分离罐 D102。吸收了 C_4 组分的富油（C_4：8.2%，C_6：91.8%）从吸收塔底部排出，经贫富油换热器 E103 预热至 80℃ 进入解吸塔 T102。吸收塔塔釜液位由 LIC101 和 FIC104 通过调节塔釜富油采出量串级控制。

来自吸收塔顶部的贫气在尾气分离罐 D102 中回收冷凝的 C_4、C_6 后，不凝气在 D102 压力控制器 PIC103（1.2MPa）控制下排入放空总管进入大气。回收的冷凝液（C_4、C_6）与吸收塔釜排出的富油一起进入解吸塔 T102。预热后的富油进入解吸塔 T102 进行解吸。塔顶气相出料（C_4：95%）经全凝器 E104 换热降温至 40℃ 全部冷凝进入塔顶回流罐 D103，其中一部分冷凝液由泵 P102A/B 打回流至解吸塔顶部，回流量 8.0t/h，由 FIC106 控制，其他部分作为 C_4 产品在液位控制（LIC105）下由 P102A/B 泵抽出。塔釜 C_6 油在液位控制（LIC104）下，经贫富油换热器 E103 和盐水冷却器 E102 降温至 5℃ 返回至 C_6 油贮罐 D101 再利用，返回温度由温度控制器 TIC103 通过调节 E102 循环冷却水流量控制。

T102 塔釜温度由 TIC104 和 FIC108 通过调节塔釜再沸器 E105 的蒸汽流量串级控制，控制温度 102℃。塔顶压力由 PIC105 通过调节塔顶冷凝器 E104 的冷却水流量控制，另有一塔顶压力保护控制器 PIC104，在塔顶冷凝气压力高时通过调节 D103 放空量降压。

因为塔顶 C_4 产品中含有部分 C_6 油及其他 C_6 油损失，所以随着生产的进行，要定期观察 C_6 油贮罐 D101 的液位，补充新鲜 C_6 油。

∑【符号说明】

符号	意义	计量单位
a	单位体积填料层的有效传质面积	m^2/m^3
c	溶质在液相中的物质的量浓度	$kmol/m^3$
D	扩散系数	m^2/s
	塔径	m
E	亨利系数	kPa
G_A	吸收负荷	$kmol/s$
H	溶解度系数	$kmol/(m^3 \cdot kPa)$
H_{OG}	气相总传质单元高度	m
J	扩散通量	$kmol/(m^2 \cdot s)$
k_G	气膜吸收系数	$kmol/(m^2 \cdot s \cdot kPa)$
K_G	气相总吸收系数	$kmol/(m^2 \cdot s \cdot kPa)$
k_L	液膜吸收系数	$kmol/[m^2 \cdot s \cdot (kmol/m^3)]$
K_Y	气相总吸收系数	$kmol/(m^2 \cdot s)$
L	吸收剂用量	$kmol/s$
M	摩尔质量	$kg/kmol$
m	吸收相平衡常数	
N	传质速率	$kmol/(m^2 \cdot s)$
N_{OG}	气相总传质单元数	
p	组分的分压	kPa
q_V	体积流量	m^3/s
R	摩尔气体常数	$kJ/(kmol \cdot K)$
S	脱吸因数	
T	热力学温度	K
u	空塔气速	m/s
V	惰性气体的摩尔流量	$kmol/s$
x	组分在液相中的摩尔分数	
X	组分在液相中的摩尔比	
y	组分在气相中的摩尔分数	
Y	组分在气相中的摩尔比	
Z	填料层高度	m
Δp	压降	Pa

希腊字母

δ	界面张力	mN/m
ε	填料层的空隙率	m^3/m^3

η	吸收率	
ρ	密度	kg/m^3
Φ	填料因子	m^{-1}
Ω	吸收塔的截面积	m^2

下标

A	溶质
B	惰性气体
G	气相
i	气液接触相界面
L	液相
min	最小的
m	平均
S	吸收剂
W	质量流量
1	塔底
2	塔顶

上标

| * | 平衡 |
| e | 涡流扩散 |

项目三

液液萃取分离技术

 【学习目标】

知识目标：

1.掌握液液萃取分离的适用场合和萃取剂的选择原则。

2.掌握萃取分离的基本操作过程在三角形相图上的表示方法。

3.熟悉萃取操作的主要流程、常用萃取设备结构和特点。

4.掌握萃取操作主要参数的计算方法。

5.了解超临界萃取等新型萃取分离技术。

技能目标：

1.能判断某液体混合液是否适于用萃取方法进行分离。

2.能根据工程项目的要求确定萃取分离方案，包括：选择合适的萃取剂，选择萃取操作方式和萃取设备、计算萃取（余）相的量和组成等。

3.会进行典型萃取设备的操作与控制，分析并处理萃取过程中的异常现象，识别萃取单元的安全隐患并正确使用萃取装置中的安全设施。

4.能根据绿色发展理念提出萃取装置的优化与改造建议。

素质目标：

1.学习"追求真理、勇于创新、持之以恒、造福社会"的科学家精神。

2.树立"预防污染、节约资源、循环利用"的绿色发展理念。

3.形成"一线积累、终身学习、自主管理、全面提升"的职业发展观。

项目情境

　　苯酚是一种重要的有机化工原料，可用于生产树脂、消毒剂、防腐剂、医药、农药、化妆品等。我国生产苯酚主要采用异丙苯法，然而异丙苯法生产苯酚、丙酮过程中会产生一定量的含酚污水，含酚污水是公认最难处理的污水之一。酚类溶液为均相液体混合液，用于分离均相混合液的方法有蒸发、蒸馏、结晶、萃取、膜分离等，采用什么方法能够既有效地回收含酚污水中的酚又较为经济呢？工业生产中最常选用的是液液萃取法。图3-1为醋酸丁酯萃取脱酚的工艺流程图。经过预处理的含酚污水送入萃取塔顶，和由塔底进入的萃取剂醋酸丁酯逆流接触，离开塔顶的萃取相送入苯酚回收塔以获得粗酚并回收萃取剂，离开萃取塔底的萃余相是脱酚后的污水，将其送入溶剂回收塔回收溶有的少量萃取剂，净化后的污水从塔底排出送往生化处理系统。

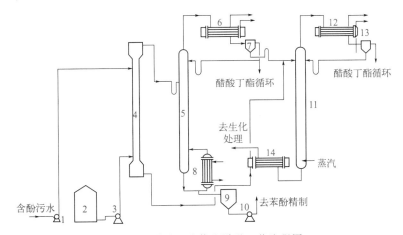

图 3-1　醋酸丁酯萃取脱酚工艺流程图

1，3，10—泵；2—醋酸丁酯储槽；4—萃取塔；5—苯酚回收塔；6，8，12，14—换热器；
7，13—油水分离器；9—接受槽；11—溶剂回收塔

要想完成此分离任务，需要解决下述几个问题：

（1）采用液液萃取操作从含酚污水中回收酚的依据是什么？液液萃取适用于什么样的场合？如何选择合适的萃取剂？

（2）液液萃取操作都有哪些设备，从含酚污水中回收酚可选择哪种设备？

（3）酚-水萃取过程的主要操作参数有哪些？如何计算与分析？

（4）如何进行液液萃取设备的开停车操作？操作中的异常现象如何进行分析与处理？

（5）萃取分离技术的未来发展趋势有哪些？

项目导言

1. 液液萃取分离的依据

液液萃取，又称溶剂萃取，在炼油工业等领域也常称为抽提，是在欲分离的液体混合物（原料液）中加入某种适宜的溶剂（萃取剂），利用原料液中各组分在萃取剂中溶解度的差异，使溶质由原料液转移到萃取剂中而实现混合物初步分离的单元操作过程。

萃取操作与吸收操作的依据均为组分在萃取剂或溶剂中溶解度的差异，只不过前者用于分离液体混合物，后者用于分离气体混合物。然而，液-液之间存在的互溶度以及液-液之间传质远较气-液之间传质困难的现实，使得萃取操作的计算过程与设备结构等均较吸收操作复杂。

2. 萃取分离的适用场合

萃取分离操作和蒸馏操作同样用于液相混合物的分离，但不及蒸馏操作应用广泛，通常用于蒸馏操作无法或难以进行分离的体系。下述情况可考虑选择萃取分离方法：

（1）原料液中各组分挥发度差异很小或形成恒沸物的体系　相对挥发度接近于 1，采用

精馏分离所需塔板数很多或操作回流比很大，导致设备费用和操作费用很高；恒沸精馏的能耗高，流程复杂，且恒沸剂的选择较为困难，甚至使精馏分离无法进行。

（2）原料液中欲分离组分浓度很低且沸点高的体系　重组分含量很低，则蒸馏或蒸发时需将大量的溶剂气化，能耗很高。这时可利用萃取方法先将溶质进行富集，然后再蒸馏分离，如从稀醋酸的水溶液中回收无水醋酸。

（3）热敏性，或蒸馏时易发生分解、聚合等化学变化的体系　此类物料不宜用常压蒸馏，采用真空蒸馏则能耗增加，不如萃取操作经济合理。

（4）高沸点有机化合物的分离　高沸点物质采用蒸馏方法分离需要高真空条件或采用分子蒸馏，技术要求较高且不经济，因此宜采用萃取方法进行分离，如采用乙酸萃取植物油中的油酸。

（5）极难分离的金属或稀溶液中有价值的金属组分的提取　例如，在盐湖卤水中，以 t-BAMBP［4-叔丁基-2-(α-甲基苄基)苯酚］为萃取剂从性质极为相近的碱金属元素中提取铷。

（6）原料液中杂质较多且与分离对象化学极性相差较大的体系　依据"相似相溶原理"对该类物系选用合适的萃取剂会非常有效地除去杂质得到目标对象。

总之，对于不同液相混合体系的分离，适宜分离方法的选择取决于技术上的可行性以及经济上的合理性。

对于项目情境中含酚污水的处理，通过对比各分离方法不难发现：污水中主要成分苯酚和水均具有挥发性，苯酚浓度较低且其沸点高达 182℃，所以更宜采用萃取分离方法。

早在 1842 年，Peligot 等就利用二乙醚进行了硝酸铀酰的萃取分离。1908 年，Edeleanu以液态二氧化硫为溶剂脱除煤油中的芳香烃，将萃取技术应用于石油化学工业。1940 年以后，随着原子能工业的发展，铀、钍、钚等核燃料的生产需求极大地促进了液液萃取的基础理论研究和应用。目前，液液萃取技术因其分离效率高、能耗低、处理能力大、可避免热敏性物质破坏等优点，在无机化工、石油化工、生物医药、食品工业、环境工程等领域得到了广泛应用。表 3-1 列举了一些萃取技术在不同领域中的应用实例。

▶ 表 3-1　萃取技术在不同领域中的应用实例

领域	应用实例
无机化工	用甲基异丁基酮（MIBK）从含有硫氰酸盐的盐酸溶液中萃取分离锆、铪
	用磷酸三丁酯（TBP）从磷矿石浸出液中萃取磷酸
石油化工	用二甲基亚砜从催化重整物、直馏汽油或煤油中萃取芳香烃
	用丙烷从含重渣油的石蜡中萃取石蜡、沥青
生物医药	用苯、二甲苯从麻黄草浸渍液中萃取麻黄素
	用醋酸丁酯从发酵液中萃取青霉素
食品工业	用 TBP 从发酵液中萃取柠檬酸
	用糠醛从植物油中萃取不饱和甘油酯
环境工程	用乙酸乙酯从醋酸废水中萃取醋酸
	用醋酸丁酯从含酚废水中萃取酚

近年来，我国战略性新兴产业的发展壮大，如新材料、新能源、节能环保等，极大地促进了分离科学和技术的发展。在传统操作的基础上，萃取技术通过与其他单元操作耦合、与

反应过程耦合，利用化学作用或附加外场强化等，已经成为分离科学研究和技术应用的重要领域。

榜样力量

徐光宪（1920—2015），我国著名化学家和教育家，中国科学院院士，国家最高科学技术奖获得者，中国稀土化学开拓者和奠基人之一，被誉为"中国稀土之父"。稀土被称为"工业维生素"，是世界上最重要的战略资源之一。中国有着世界上最大的稀土资源储备，但直到 20 世纪 70 年代，我国因科技和工业发展的落后，还只能向国外廉价出口稀土原料，然后高价进口高纯度稀土产品。1972 年，52 岁的徐光宪接受了一项特别紧急的军工任务——分离稀土元素中性质最为相近的镨和钕，这已是他回国后第三次因为国家需要改变自己的研究方向。这两种元素比孪生兄弟还要像，分离难度极大。"一定要改变中国稀土行业长期受制于人的落后局面"，在这一神圣使命的召唤下，徐光宪摈弃国际上通用的离子交换法，另辟蹊径，独创"串级萃取理论"，并成功设计出一种新的回流串级萃取工艺。徐光宪的萃取"流水线"仿似魔术师手中的神奇黑箱，只需在一端放入稀土原料，各种高纯度的稀土元素就能从另一端源源不断地输出。国外同行大为吃惊，不相信徐光宪能用这么简单的办法解决这项世界级难题，他们称之为"China Impact"（中国冲击）。徐光宪开办了"全国串级萃取讲习班"，将他的科研成果向工厂无偿推广，很快实现了我国由稀土资源大国向稀土生产大国、出口大国的飞跃。然而，令徐光宪始料未及的是，他的技术使稀土产量节节攀升，远超全世界需求量，导致了我们以很低的价格出口高纯度优质稀土。为此，徐光宪又大声疾呼国家从行业乃至国家战略的角度对稀土价格加以控制，这背后是徐光宪深深的报国情怀。

3. 萃取分离操作的基本过程

萃取操作过程所处理的原料液以 F 表示，其中易溶于萃取剂 S 的组分 A 称为溶质；与萃取剂不互溶或部分互溶的另一组分 B 称为原溶剂或稀释剂。液液萃取操作的基本过程如图 3-2 所示。

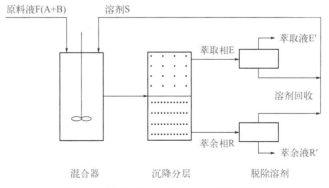

图 3-2　液液萃取操作基本过程示意图　　**M3-1　萃取过程**

将一定量的萃取剂加入原料液中，并在搅拌下使萃取剂和原料液充分混合。由于溶质 A 在萃取剂中的溶解度较大，其便由原料液通过相界面向萃取剂中扩散，产生两相间的传质过程。搅拌停止后，分散的液滴开始凝聚，形成的新的两相，并因密度差而沉降分层：一层以萃取剂 S 为主，溶有较多的溶质 A 和少量 B，称为萃取相，以 E 表示；另一层以原溶剂 B 为主，含有未被完全萃取的溶质 A 和少量 S，称为萃余相，以 R 表示。为了得到产品 A、B 并回收 S，通常需要采用蒸馏、蒸发或结晶等方法对两相进行萃取剂脱除。脱除 S 后，萃取相变为萃取液 E′，萃余相则变为萃余液 R′。萃取液和萃余液均为含有 A、B 的混合液，前者以 A 为主，后者以 B 为主。

综上分析，萃取过程无论以连续还是分批操作，均经历三个过程：

混合传质过程：原料液和萃取剂充分接触，进行传质，各组分经历不同程度的相际间转移过程。

沉降分离过程：分散的液滴凝聚、分层，形成萃取相和萃余相。

脱除萃取剂过程：通常采用蒸馏、蒸发或结晶等方法分别对两相进行萃取剂脱除，回收的萃取剂循环使用。

任务一　萃取分离原理的分析

【任务描述】

1. 萃取操作的平衡关系如何表达，以便为萃取过程的计算与分析提供一个快捷有效的工具？

2. 分析项目情境中采用醋酸丁酯作为污水脱酚的萃取剂是否合适。

【知识准备】

一、萃取过程相平衡的表示

萃取是发生在两液相间的传质过程，与精馏、吸收相同，萃取传质过程的极限依然是相平衡。不同的是，除了溶质 A 完全溶于萃取剂 S 和原溶剂 B 中，多数情况下 B 与 S 也部分互溶，因而萃取操作往往发生在三元混合物系中。这就导致萃取过程的相平衡关系通常不能采用直角坐标系，而需采用三角形坐标系来表示。

1. 等腰直角三角形坐标图

萃取过程的相平衡关系一般用等腰直角三角形坐标图来表示，因其易于在普通直角坐标纸上绘制，且读数和图解计算方便，过程物理意义明确。溶液的组成通常以质量分数表示。

三角形的三个顶点分别代表一种纯物质：顶点 A 表示纯溶质，顶点 B 表示纯原溶剂，顶点 S 表示纯萃取剂。

三角形三条边上的任一点表示一个二元混合物。如在图 3-3 中，E 点表示一个由 A 和 B 组成的二元混合物，其中 A 的质量分数为 0.4，B 的质量分数为 0.6。

$$x_A = \overline{BE} = 0.4 \quad x_B = \overline{AE} = 0.6 \quad x_A + x_B = 1$$

三角形内的任一点表示一个三元混合物。例如 M 点表示由 A、B、S 三种物质组成的混合物，确定其组成的方法为：过 M 点分别作三条边的平行线 ED、FG、HK，线段 $\overline{BE}$（或 $\overline{SD}$）、线段 $\overline{AH}$（或 $\overline{SK}$）、线段 $\overline{BG}$（或 $\overline{AF}$）分别代表组分 A、B 和 S 的组成。图 3-3 中，M 点的组成为：

$$x_A = \overline{BE} = 0.4 \quad x_S = \overline{BG} = 0.2 \quad x_B = 1 - x_A - x_S = 0.4$$

2. 图解法中的物料衡算——杠杆规则

确定混合或分离时平衡各相之间的相对数量关系是讨论萃取操作的基础。因萃取操作的相平衡关系用相图而非解析式表示，相应地，在图解法中可方便地使用杠杆规则来实现物料衡算。杠杆规则既可以用来表示两个混合液形成一个新的混合液，也可以表示一个混合液分离成两个新的混合液时其质量与组成之间的关系。如图 3-4 所示，质量为 Rkg 的混合液 R 与质量为 Ekg 的混合液 E 相混合，便得到 Mkg 混合液 M，其组成用 M 点的坐标表示。反之，在分层区内，任一点 M 所代表的混合液可分离成两个混合液 R、E。图中 M 点称为和点，R 点和 E 点称为差点。混合液 M 与 E、R 之间的关系用杠杆规则描述为：

a. 代表混合液总组成的和点 M 和差点 E、R 必处于同一直线上；

b. 已知 E、R 的量和组成，则和点 M 的位置由线段 $\overline{RM}$ 和 $\overline{EM}$ 长度的比值来确定，即以 M 点为支点列出如下比例关系。

$$\frac{R}{E} = \frac{\overline{EM}}{\overline{RM}} \tag{3-1}$$

若已知和点 M 和其中一个差点 R，则另外一个差点 E 的量可由以 R 点为支点列出的比例关系来确定。

$$\frac{E}{M} = \frac{\overline{MR}}{\overline{ER}}, \quad 即 E = M \times \frac{\overline{MR}}{\overline{ER}} \tag{3-1a}$$

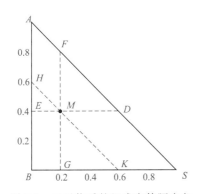

图 3-3　三元物系的组成在等腰直角三角形坐标图中的表示

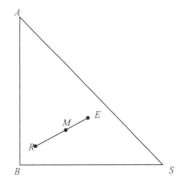

图 3-4　杠杆规则的应用

【例 3-1】 现向 50kg 溶质 A 的质量分数为 0.4 的原料液中加入纯萃取剂 50kg，充分搅拌后，求所得混合液的总组成。

解：原料液中 A 的含量为 0.4，据此可在三角形坐标图的 AB 边上确定出 F 点；因萃取剂为纯溶剂，故其为 S 点，如本例附图所示。

连接 F、S 点，则混合液和点 M 必在线段 $\overline{FS}$ 上，其位置由杠杆规则确定，即

$$\frac{\overline{FM}}{\overline{SM}} = \frac{S}{F} = \frac{50}{50}, \quad 即 \overline{FM} = \overline{SM}$$

显然，和点 M 为线段 $\overline{FS}$ 的中点，在图中可直接读出混合液的总组成为：

$$x_A = 0.2 \quad x_S = 0.5 \quad x_B = 0.3$$

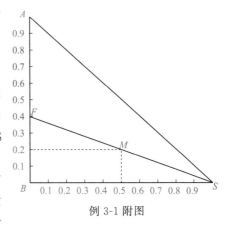

例 3-1 附图

3. 萃取过程在三角形相图中的表示

将溶质 A 在液-液两相中的平衡关系表达于三角形坐标图中，即为三角形相图。在接下来的讨论中，认为各组分不发生化学反应，溶质 A 可完全溶解于 B 及 S 中，B 与 S 不互溶或部分互溶。

（1）联结线与溶解度曲线　萃取操作的平衡关系常通过实验测定。实验过程为：在一定温度下，将一定量的原溶剂 B 和萃取剂 S 进行充分混合，两相平衡后静置分层，得到两相 R_0 和 E_0。向此二元混合液中加入适量的溶质 A 并充分混合，平衡后静置分层，得到两相 R_1 和 E_1。R_1 和 E_1 互呈平衡，称为共轭相，连接 R_1 和 E_1 两点的直线称为联结线。然后继续加入少量 A，重复上述操作，便可得到若干对共轭相 R_i 和 E_i（$i = 1, 2, 3, \cdots, n$）。当 A 加入到一定程度时，混合液分层现象消失，成为均一相。将所有联结线的端点连成一条光滑的曲线，即为该三元物系的溶解度曲线。不同的物系具有不同形状的溶解度曲线。

图 3-5 所示为一 B、S 部分互溶物系的溶解度曲线。溶解度曲线将三角形相图分为两个区域，曲线以内的区域为两相区、以外的区域为单相区。显然，萃取操作只能在两相区内进行。

若 B 与 S 完全不互溶，则点 R_0 和 E_0 分别与三角形顶点 B 和 S 重合。

一定温度下，同一物系的联结线倾斜方向一般是一致的，但随溶质 A 组成的变化，联结线的斜率和长度将各不相同，因而各联结线互不平行；也有少数物系联结线的倾斜方向会发生改变，如图 3-6 所示的吡啶（A）-水（B）-氯苯（S）体系。

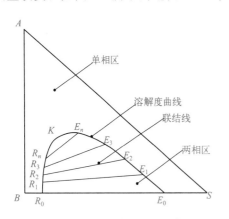

图 3-5　B、S 部分互溶物系的三角形相图

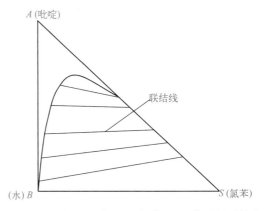

图 3-6　吡啶（A）-水（B）-氯苯（S）体系的联结线

对于同一物系，在不同温度下，由于物质在溶剂中溶解度的改变，因而分层区的大小也相应改变，使溶解度曲线形状发生变化。通常温度升高，组分溶解度增大，两液相互溶度也增大，两相区缩小，这是不利于萃取操作的，如图 3-7 所示。但温度太低，液体黏度增大，扩散系数减小，亦不利于传质。因此，萃取操作应该选择适宜的温度。压力对相平衡关系影

响较小，一般可忽略。

（2）辅助曲线与临界混溶点　前已提及，一定温度下三元物系的溶解平衡数据是由实验测定的。然而数据量是有限的，如何由任意已知的一相组成去求其共轭相组成呢？这需要借助辅助曲线来完成。

辅助曲线由已知的若干组联结线数据绘制而得，绘制方法为：过 R_1 作 BS 边的平行线，过 E_1 作 AB 边的平行线，两线交于一点 J，同理可得 K、H……，将各交点连接成一条平滑的曲线，即为辅助曲线，如图 3-8 所示。

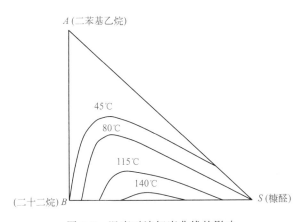

图 3-7　温度对溶解度曲线的影响

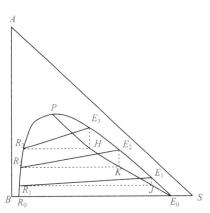

图 3-8　辅助曲线的绘制

利用辅助曲线求任一已知相的共轭相的方法为：若 R 为已知相，过 R 点作 BS 边的平行线，交辅助曲线于一点，过此交点作 AB 边的平行线，交溶解度曲线于一点 E，那么 E 点所代表的萃取相即为 R 相的共轭相；同理，亦可已知 E 相，通过辅助曲线和溶解度曲线得到其共轭相 R 相。

辅助曲线与溶解度曲线交于一点 P，表明通过该点的联结线无限短（共轭相组成相同），相当于该系统的临界状态，故称此点为临界混溶点，亦称褶点。临界混溶点将溶解度曲线分为两部分：左侧靠近顶点 B，含原溶剂较多，为萃余相 R；右侧靠近顶点 S，含萃取剂较多，为萃取相 E。由于联结线具有一定的斜率，因而临界混溶点一般不在溶解度曲线的顶点。

临界混溶点通常是通过实验测得的，仅当已知联结线很短时，才可采用外延辅助曲线的方法较为准确地确定临界混溶点。一定温度下三元物系的溶解度曲线、辅助曲线及临界混溶点的数据也可从手册或有关专著中查得。

（3）分配曲线与分配系数　一定温度下，溶质 A 在 E 相与在 R 相中的组成之比，称为分配系数，以 k_A 表示，即

$$k_A = \frac{\text{组分 A 在 E 相中的组成}}{\text{组分 A 在 R 相中的组成}} = \frac{y_A}{x_A} \tag{3-2}$$

组分 B 的分配系数也可以同样的方式表达为：

$$k_B = \frac{y_B}{x_B} \tag{3-2a}$$

显然，分配系数值愈大，萃取分离的效果愈好。不同的物系具有不同的分配系数；对于同一物系，k_A 值随操作温度和溶质组成而变，仅当一定温度下且溶质组成范围变化不大时，k_A 值才近似为常数。在相图上，k_A 值与联结线斜率相关。联结线斜率越大，k_A 值越大。

当 $k_A > 1$ 时，联结线斜率大于 0。

对于 B 与 S 完全不互溶且以质量比表示的分配系数 K 为常数时的物系，溶质在两相中的分配关系符合：

$$Y = KX \tag{3-3}$$

式中 Y——萃取相 E 中溶质 A 的质量比组成；

X——萃余相 R 中溶质 A 的质量比组成。

将共轭相中溶质 A 的平衡组成直接标绘在直角坐标系中，或将三角形相图转换成直角坐标，可得到分配曲线，如图 3-9 所示。以萃余相 R 中溶质 A 的组成 x_A 为横坐标，以萃取相 E 中溶质 A 的组成 y_A 为纵坐标，以对角线为辅助线，根据三角形相图中共轭相 R、E 中溶质 A 的组成，在直角坐标系中画出对应的点，如三角形相图中 R、E 点对应 y-x 直角坐标系中 D 点。同理，可得到若干其他点，将这些点连接成光滑的曲线就得到了分配曲线。

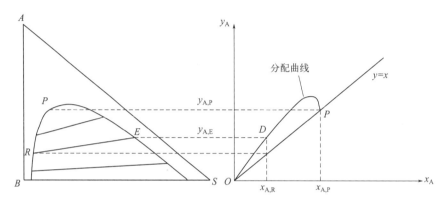

图 3-9 部分互溶物系的分配曲线

由于联结线斜率各不相同，所以分配曲线总是弯曲的。若联结线斜率大于 0，则分配曲线位于对角线的上方；若联结线斜率小于 0，则分配曲线位于对角线的下方。若联结线倾斜的方向发生改变，则分配曲线会与对角线出现交点。

【例 3-2】一定温度下某三元物系的平衡数据见本例附表。试求：（1）绘制溶解度曲线和辅助曲线；（2）临界混溶点的组成；（3）当萃余相中溶质含量为 0.2 时的分配系数；（4）溶质 A 质量分数为 0.5 的 100kg 原料液中加入多少萃取剂才能使混合液开始分层？（5）对（4）中的原料液，欲得到溶质 A 的质量分数为 0.36 的萃取相，试确定萃余相组成及混合液的总组成。

▶ 例 3-2 中三元物系的平衡数据（质量百分含量,%）

	序号	1	2	3	4	5	6	7	8	9	10	11	12	13	14
E	y_A	0	7.9	15	21	26.2	30	33.8	36.5	39	42.5	44.5	45	43	41.6
	y_S	90	82	74.2	67.5	61.1	55.8	50.3	45.7	41.4	33.9	27.5	21.7	16.5	15
R	x_A	0	2.5	5	7.5	10	12.5	15	17.5	20	25	30	35	40	41.6
	x_S	5	5.05	5.1	5.2	5.4	5.6	5.9	6.2	6.6	7.5	8.9	10.5	13.5	15

解：（1）依本例附表给出的平衡数据，在等腰直角三角形坐标图中标出对应的 R 相与 E 相组成点，连接诸点可得溶解度曲线。

由各对应的 R_1、E_1、R_2、E_2、R_3、E_3……诸点作平行于两直角边的直线，各组平行线分别交于一点，联结这些点便得到辅助曲线，如本例附图所示。

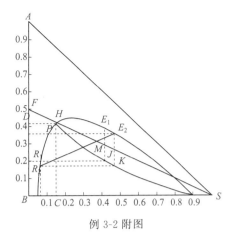

例 3-2 附图

（2）图中溶解度曲线与辅助曲线的交点 P 即为临界混溶点，可直接由相图读出其组成为：

$$x_A = 0.416 \quad x_S = 0.15 \quad x_B = 0.434$$

（3）当萃余相中溶质 A 的含量为 0.2 时，在溶解度曲线上可确定出代表萃余相的点 R_1。过 R_1 点作 BS 边的平行线，交辅助曲线于 J 点，过 J 点作 AB 边的平行线，交溶解度曲线于一点，此点即为 R_1 的共轭相 E_1，可直接由图中读出 R_1 和 E_1 的组成为：

萃取相 E_1：$y_A = 0.39$　$y_S = 0.414$　$y_B = 0.196$

萃余相 R_1：$x_A = 0.2$　$x_S = 0.066$　$x_B = 0.734$

则分配系数为：

$$k_A = \frac{y_A}{x_A} = \frac{0.39}{0.2} = 1.95$$

（4）根据原料液中溶质 A 的质量分数为 0.5 确定 F 点，连接 FS。向原料液中不断加入萃取剂 S 并充分混合，混合液组成点 H 必在 FS 上且逐渐向 S 点靠近。当萃取剂 S 的加入量刚好使得 H 点位于溶解度曲线上时，混合液开始分层。此时萃取剂用量可利用杠杆规则求得：

$$S = F \times \frac{\overline{FH}}{\overline{SH}} = 100 \times \frac{3}{17} = 17.65 (\text{kg})$$

（5）由给定的萃取相组成在溶解度曲线上确定萃取相 E_2，过 E_2 点作 AB 边的平行线交辅助曲线于点 K，过 K 点作 BS 边的平行线，交溶解度曲线于一点，该点即为 E_2 的共轭相 R_2，其组成可直接由图中读得：

$$x_A = 0.173 \quad x_S = 0.063 \quad x_B = 0.764$$

连接 $R_2 E_2$ 并与 FS 交于点 M，M 即为代表混合液的点，其组成由图中读得：

$$x_A = 0.31 \quad x_S = 0.37 \quad x_B = 0.32$$

二、萃取剂的选择

选择合适的萃取剂是进行萃取操作的关键，直接影响着萃取操作能否进行以及萃取产品的产量、质量和萃取操作的经济性。通常，萃取剂的选择需要综合考虑以下因素。

1. 萃取剂的选择性

选择性是指萃取剂对原料液中两个组分溶解能力的差别。若萃取剂对溶质 A 的溶解能力比对稀释剂 B 的溶解能力大得多，那么这种萃取剂的选择性就好。选择性的优劣通常用选择性系数 β 进行衡量。

$$\beta = \frac{\text{A 在萃取相中的组成}/\text{B 在萃取相中的组成}}{\text{A 在萃余相中的组成}/\text{B 在萃余相中的组成}} = \frac{y_A/y_B}{x_A/x_B} = \frac{y_A/x_A}{y_B/x_B} = \frac{k_A}{k_B} \tag{3-4}$$

一般情况下，原溶剂 B 在萃取相中的组成总是低于萃余相，即 $k_B < 1$，所以萃取操作

中，选择性系数 β 均要大于 1。其值越大，选择性越好，完成一定分离任务所需的萃取剂量越少，萃取剂回收的能耗也就越低。

选择性系数 β 类似于蒸馏中的相对挥发度 α，溶质 A 在萃取液与萃余液中组成的关系也可用类似于蒸馏中的气液平衡方程表达为：

$$y'_A = \frac{\beta x'_A}{1+(\beta-1)x'_A} \tag{3-5}$$

2. 萃取剂与原溶剂的互溶度

萃取剂与原溶剂的互溶度影响曲线的形状和两相区的面积。如图 3-10 所示，B、S 的互溶度越小，两相区面积越大，萃取操作的范围越大，得到的萃取液的最高组成也就越高。当 B、S 完全不互溶时，整个组成范围都是两相区，对操作最有利。

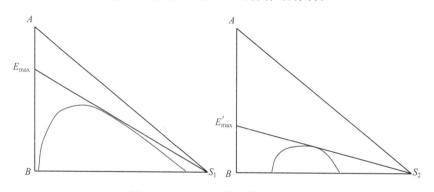

图 3-10   互溶度对萃取操作的影响

3. 萃取剂回收的难易与经济性

通常，萃取相和萃余相中的萃取剂需回收后循环使用。萃取剂的回收费用是整个操作的一项关键经济指标，因此有些溶剂尽管具有很多优良的性能，但由于较难回收而被弃用。

萃取剂回收一般采用蒸馏方法，要求萃取剂与原料液中组分的相对挥发度要大，不形成共沸物，并且最好是含量低的组分为易挥发组分。若萃取相各组分相对挥发度接近于 1，不宜采用蒸馏时，可考虑结晶、反萃取等方法。如果被萃取的物质不挥发或挥发度很小，则要求萃取剂的气化潜热要小以节省能耗。

4. 萃取剂的其他物化性能

凡是与两液相混合和分层有关的一切因素均会影响萃取效果及设备的生产能力。

（1）密度差   为使 E 相和 R 相能较快地分层，从而提高设备的生产能力，要求萃取剂与被分离的混合液有较大的密度差，特别是对没有外加能量的萃取设备，较大的密度差可加速分层。

（2）界面张力   界面张力对两液相间的混合与分层均有重要影响。物系的界面张力大者，细小的液滴比较容易聚结，有利于两相分层；但也由于界面张力过大，使液体分散的程度较差，这就需要提供外加能量才能使一相较好地分散到另一相之中。界面张力过小，则易发生乳化现象，使两相难以分层。因此，界面张力要适中，一般不宜选用界面张力过小的萃取剂。

（3）黏度、凝固点及其他   所选萃取剂的黏度应较低，有利于两相的混合和分离，也利于流动与传质。对于没有搅拌的萃取塔，物系黏度更不宜大。此外，萃取剂还应具有较低的凝固点、蒸气压和比热容，无毒性等优点。

（4）稳定性 萃取剂应具有化学稳定性、热稳定性以及较小的腐蚀性。

通常很难找到一种萃取剂能够同时满足上述所有要求，这就要根据物系特点并结合生产实际，多方比较、充分论证，来选择合适的萃取剂，也可采用几种溶剂组成的混合萃取剂以获得较好的性能。工业上大规模使用时一定要保证高效性和经济性两大关键因素。

 【任务实施】

1. 萃取操作过程的相图表达

用等腰直角三角形相图与杠杆规则相结合来表达萃取过程的相平衡关系，可使萃取操作过程的计算与分析快捷且直观：①不管是纯物质、二元混合物，还是三元混合物的组成均可由图中直接读得；②各流股间的混合与分离过程皆可清晰地在相图中绘出，且所得的量可通过量取线段长度，然后利用杠杆规则快速算得；③使混合物分层的最小萃取剂用量和萃取液最高组成等操作参数、萃取级数等设备参数也可根据过程的意义，由相图中的溶解度曲线、辅助曲线与杠杆规则相结合来确定。

2. 项目情境中采用醋酸丁酯作为污水脱酚萃取剂的合理性分析

项目情境中原料液为苯酚（溶质 A）和水（原溶剂 B）的混合物，萃取剂为醋酸丁酯（S）。常温下，苯酚在水中的溶解度很小，更易溶解于有机溶剂醋酸丁酯中。此外，醋酸丁酯几乎不溶于水，且与原料液密度差较大、黏度低、稳定性好、毒性很小。另外，萃取相、萃余相可采用蒸馏的方式进行醋酸丁酯的回收循环。综合分析可见，项目情境中采用醋酸丁酯作为萃取剂脱除含酚污水中的酚是合适的。

 【思考与实践】

1. 请查阅 1～2 个生产实践中的液液萃取应用案例，分析案例中所用的萃取剂是否有更好的选择。

2. 通过数据手册、文献等资料查取某三元物系的液-液相平衡数据，在三角形坐标图中绘制溶解度曲线、辅助曲线，找到临界混溶点，并将三角形相图转换成直角坐标得到分配曲线。

任务二 萃取设备的选择

 【任务描述】

深入了解设备的结构、工作原理和特点，继而依据生产工艺的具体要求选择合适的设备是保障安全生产、提升生产效率和保证产品质量的基础。否则，解决因选型不当造成的"胎里带"问题会浪费巨大的人力和物力。请在学习不同类型萃取设备的基本结构、操作流程和特点等内容的基础上，为项目情境中含酚污水中酚的萃取回收任务选择合适的萃取设备。

【知识准备】

一、萃取过程对设备的要求

对萃取设备的基本要求是实现液体的分散，以及两相间的相对流动和液滴的聚并分相。萃取过程中，分散相以液滴状分散在连续相中。为了使溶质更快地从原料液进入萃取剂，两相间必须具有很大的相际接触面积。显然，分散相液滴越小、两相接触面积越大，传质越快；然而另一方面，分散相液滴越小，相对运动越慢，聚并分层越困难。因此，上述两个基本要求是互相矛盾的，在进行萃取设备的结构设计和操作参数选择时，必须统筹兼顾，找到最适宜的方案。此外，萃取设备主体及附件的材质应不被分散相润湿，以保证传质区液滴不至于凝聚。

二、萃取设备的主要类型

目前工业上所使用的萃取设备已达 30 多种，而且新型设备还在不断开发中。

按两相接触方式，可分为逐级接触式和连续接触式萃取设备。逐级接触式设备中，每一级均进行两相的混合和分离，两液相的组成发生阶梯式变化。连续接触式萃取设备中两相连续逆流接触传质，两相组成发生连续变化。

按有无外界输入机械能，可分为无外加能量和有外加能量式萃取设备。如果两相密度差较大，两相的分散和流动仅依靠液体进入设备时的压力及两相的密度差即可实现，设备不需外界输入机械能即可达到较好的分离效果。反之，如果两相密度差较小，界面张力较大，液滴不易分散，就需要外界输入能量来改善两相的相对运动和分散状况，如搅拌、振动、离心。

按设备结构特点和形状，可分为组件式和塔式萃取设备。组件式多由单级萃取设备组合而成，可根据需要灵活增减级数。塔式萃取设备可以是逐级式，也可以是连续接触式。

工业上常用的萃取设备类型见表 3-2。

▶ 表 3-2　常用萃取设备类型

流体分散动力		逐级接触式	连续接触式
重力		筛板塔	喷洒塔、填料塔
外加能量	脉冲	脉冲混合澄清器	脉冲填料塔 脉冲筛板塔
	旋转搅拌	混合澄清器 夏贝尔（Scheibel）塔	转盘塔（RDC） 偏心转盘塔（ARDC） 库尼（Kühni）塔
	往复搅拌		往复筛板塔
	离心力	LUWE 离心萃取机	POD 离心萃取机

(一) 混合澄清器

混合澄清器，又称混合澄清槽，是最早使用且目前仍然广泛用于工业生产的一种典型逐级接触式萃取设备，由混合器、澄清器两部分组成，可以是两个独立的设备，也可以连成一体，如图 3-11 所示。

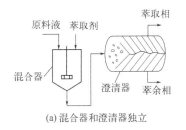
(a) 混合器和澄清器独立

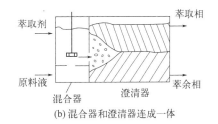
(b) 混合器和澄清器连成一体

图 3-11　混合澄清器

M3-2　混合澄清萃取器

混合器内安装有搅拌装置，也可使用压缩气体气流式搅拌或采用脉冲喷射器，使其中一相被分散成液滴，均匀分散到另一相中，加大相际间接触面积并提高传质速率。澄清器的作用是借助密度差将萃取相和萃余相进行有效分离，对于难分离的体系可采用离心式澄清器。操作时，原料液和萃取剂先在混合器内充分混合、传质，再进入澄清器中进行沉降分层。为了达到工艺要求，并使分散相液滴尽可能均匀地分散在连续相中，要有足够的混合接触时间；同时，为了保证萃取后两相分层，澄清时也要有足够的停留时间。

混合澄清器可以一级单独使用，也可以根据生产需要多级串联使用。如图 3-12 所示，是水平排列的三级逆流混合澄清槽萃取装置示意图。

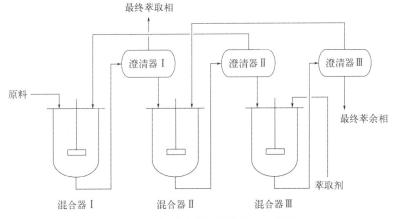

图 3-12　三级逆流混合澄清槽萃取装置

混合澄清器的优点是：①两相能够良好接触和分层，传质效率高，工业规模生产时级效率可达 90%～95%；②结构简单，易放大，运行稳定可靠；③处理量大，适应性强，可处理含有悬浮固体的物料；④操作方便，易实现可调节级数的多级连续操作；⑤临时停车再启动，不会影响各级的物料平衡。

其缺点是：①水平排列的设备占地面积大；②每级内均设有搅拌装置，液体在级间流动需泵输送，能耗大，设备费用和操作费用高；③每一级均有澄清器，持液量大，溶剂投资大。

混合澄清器广泛应用于湿法冶金、石油化工和原子能等工业，尤其是在所需级数少、处理量大的场合，具有一定的实用性和经济性。

(二) 塔式萃取设备

习惯上将高径比很大的萃取装置统称为塔式萃取设备，其具有占地面积小、处理能力大、密封性能好等优点。为了获得良好的萃取效果，萃取塔内应设有分散装置，以使两相充分混合接触；同时，塔顶、塔底应有足够的分离空间使两相分层。因两相混合和分离所采取的措施不同，萃取塔的结构形式多种多样。

1. 喷洒塔

喷洒塔是结构最简单的塔式萃取设备，如图 3-13 所示，塔内无任何内件和液体引入及移出装置。操作时，轻、重两相分别从塔底和塔顶进入。若分散相为重相，则经塔顶分布装置分散为液滴后进入轻相，与其逆流接触传质，重相液滴降至塔底分离段处聚合形成重相液层排出，轻相上升至塔顶并与重相分离后排出。同理，轻相也可作为分散相，具有类似的流程。

喷洒塔的优点是结构简单、投资小、易维护，但其轴向返混严重、传质效率较低，只适用于一些要求不高的洗涤工艺和溶剂处理等过程，也可用于处理含有固体悬浮颗粒的体系。

2. 填料萃取塔

填料萃取塔与吸收项目中学过的填料塔结构基本相同，如图 3-14 所示，塔内支撑板上充填一定高度的填料层。填料的材质可以是陶瓷、金属、塑料，材质的选择不仅要考虑腐蚀性，还应考虑浸润性。为了避免分散相液滴在填料表面聚并、提高液滴的稳定性，填料应被连续相浸润，而不易被分散相浸润。一般，瓷质填料易被水相浸润，石墨和塑料填料易被大部分有机相浸润，金属填料易被水相浸润，也可能被有机相浸润，需要进行实验验证。在应用丝网填料时，为了防止转相，应被分散相浸润。操作时，连续相充满整个塔，分散相以液滴状通过连续相。为防止液滴在填料入口处聚结和出现液泛，轻相入口管应在支承器之上 $25\sim50\mathrm{mm}$ 处。

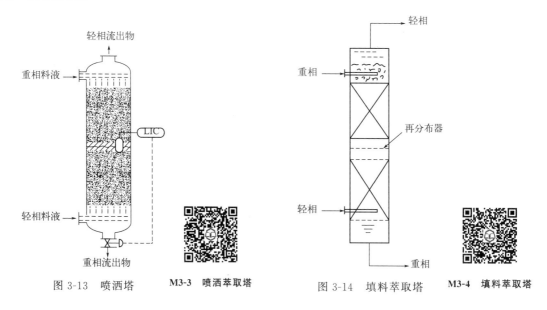

图 3-13　喷洒塔　　M3-3　喷洒萃取塔　　图 3-14　填料萃取塔　　M3-4　填料萃取塔

填料萃取塔的优点是结构简单、造价低、操作方便，适于处理腐蚀性料液。填料层的存在增加了相际接触面积，减少了轴向返混，相比于喷洒塔提高了传质速率，但效率仍较低，一般用于所需理论级数小于 3 的场合。填料塔两相的处理量有限，不能处理含固体的悬浮液。

在普通的填料塔内，两相依靠密度差而逆向流动，界面湍动程度低，传质速率小。为了防止分散相液滴过多凝结，可采用往复泵或压缩空气向填料塔提供外加脉动，称为脉冲填料萃取塔。图 3-15 所示为借助活塞往复运动使塔内液体产生脉冲运动的填料萃取塔。需要注意的是，脉冲会使乱堆填料趋于定向排列，导致发生沟流现象。

3. 筛板萃取塔

筛板萃取塔是逐级接触式的塔式萃取设备，如图 3-16 所示。塔内装有若干层筛板，间距为 150～600mm，开孔率为 10％～25％，塔盘上不设出口堰。操作时，如果轻相为分散相，如图 3-17（a）所示，轻相、重相分别从塔下部和上部进入，类似吸收过程中的气、液相。轻相通过塔板上的筛孔被分散成细滴，与重相密切接触，在浮升过程中发生传质，穿过重相后凝聚于上层筛板的下面，借助压强差的推动再经过筛孔而分散，这样分散、凝聚交替进行，直到塔顶澄清分层而排出。重相经降液管流至下层塔板，水平横向流到筛板另一端降液管，直到塔底和轻相分离后排出。两相依次反复进行接触与分层，便构成逐级接触萃取。如果重相为分散相，犹如倒置的筛板萃取塔，降液管变为升液管，轻相通过升液管进入上层塔板，如图 3-17（b）所示。

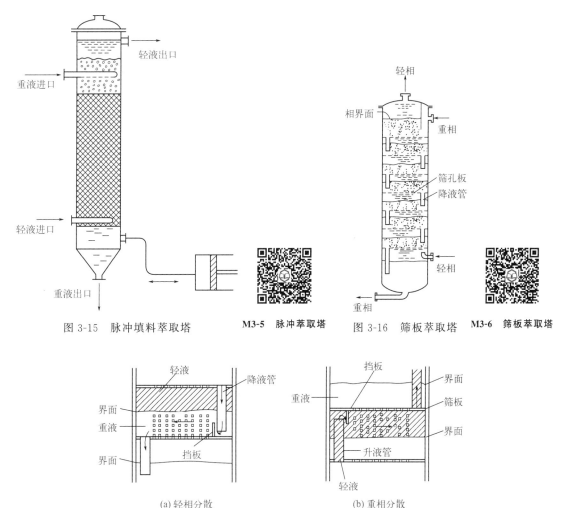

图 3-15　脉冲填料萃取塔　　**M3-5　脉冲萃取塔**　　图 3-16　筛板萃取塔　　**M3-6　筛板萃取塔**

(a) 轻相分散　　　　　　　(b) 重相分散

图 3-17　筛板萃取塔中液体的分布

为了提高板效率，便于分散相在筛板上形成液滴，应：①筛板选择易被连续相浸润的材料或用塑料涂层；②选择体积流量大的液体作为分散相以获得更大的传质面积；③分散相应均匀通过全部筛孔，防止连续相短路，降低分离效率；④筛孔流速要适宜；⑤两相在板间分层应明显，要有一定高度的分散相积累层。

筛板萃取塔减小了轴向返混，同时由于分散相的多次分散与聚结，液滴表面不断更新，使其效率比填料萃取塔有所提高，在萃取过程中得到了广泛应用。

4. 脉冲筛板萃取塔

脉冲筛板萃取塔，是指由于外力作用使液体在塔内产生脉冲运动的筛板塔，如图3-18所示。塔两端为澄清段，中间是传质段，装有多层筛板，开孔率为20％～25％，间距一般为50mm，没有降液管。下澄清段设有脉冲管，脉冲发生器提供的脉冲使液体上下往复运动，迫使液体经过筛板上的小孔以较小液滴分散在连续相中，接触面积增大，湍动强烈，有利于促进传质的进行。

脉冲发生器可为活塞型、膜片型、风箱型等，脉冲振幅的范围为9～50mm，频率为50～200r/min。频率较高、振幅较小时萃取效果较好，但脉动过分激烈，会导致严重的轴向返混，传质效率反而较低。

脉冲筛板萃取塔因液体的脉动使传质效率有了较大提高，能提供较多的理论级数；结构简单，内部没有运动部件和轴承，利于处理强腐蚀性和强放射性物料。缺点是单位塔截面积上允许的液体通量小，生产能力较小，塔直径较大时脉冲运动比较困难。

5. 往复筛板萃取塔

往复筛板萃取塔与脉冲筛板萃取塔的结构类似，其内部也是一系列筛板，不同的是筛板均固定在可以上下运动的中心轴上，由塔顶的传动装置驱动，如图3-19所示。无溢流筛板和塔壁之间保持一定的间隙。往复筛板的孔径比脉冲筛板大，开孔率也大，可达50％～

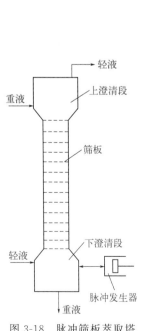

图3-18　脉冲筛板萃取塔

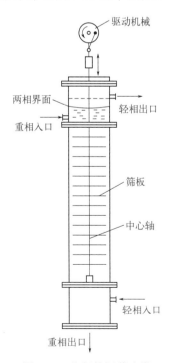

图3-19　往复筛板萃取塔

60%，这使液体运动阻力较小，生产能力较大。

操作时，塔顶的传动装置带动中心轴使筛板做上下往复运动。当筛板向上运动时，迫使筛板上侧的液体经筛孔向下喷射，当筛板向下运动时，又迫使筛板下侧的液体向上喷射，可以使液滴得到良好的分散，体系得到均匀的搅拌，两相接触面积大、湍动程度高。

往复筛板塔传质效率高、流动阻力小、结构简单、操作方便、生产能力大，可以处理易乳化和含有固体的物系，在石油化工、食品、制药、湿法冶金工业和环境保护等领域中应用日益广泛。

6. 转盘萃取塔

转盘萃取塔的基本结构如图 3-20 所示。塔体内壁面上按一定间距安装若干个环形挡板（称为固定环），形成许多分割开的空间。中心轴上按同样间距安装若干个转盘，每个转盘处于分割空间的中间。转盘的直径小于固定环的内径，便于安装检修。固定环和转盘均由薄平板制成。

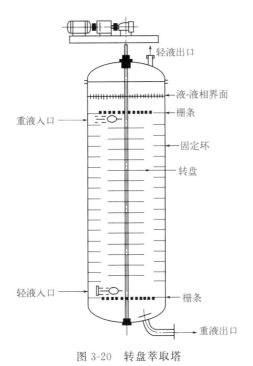

图 3-20　转盘萃取塔

M3-7　转盘萃取塔

操作时，转盘随中心轴做高速旋转，强烈搅拌液体，使分散相破碎成小液滴并产生强烈的涡旋运动，增加相际接触面积和液体湍动程度，强化传质过程。固定环在一定程度上可抑制轴向返混，提高萃取效率。

转盘萃取塔若转速过低，提供能量小，分散相液滴分布不均匀；若转速过高，液滴分散过细，塔的通量减小，轴向返混会增大。因此，应根据物系性质以及塔的尺寸，选择合适的转盘转速。对于一般物料，转盘边缘的线速度以 1.8m/s 为宜。

转盘萃取塔结构简单、生产能力大、传质效率高、操作弹性大，在石油和化工行业中应用广泛，特别是对润滑油精制、芳烃抽提和己内酰胺精制等工艺。

近年来，不对称转盘萃取塔（偏心转盘萃取塔）得到了广泛应用，其基本结构如图 3-21 所示。转轴安装在塔体的偏心位置，塔内不对称地设置垂直挡板，将其分成混合区 3 和澄清区 4。混合区由横向水平挡板分割成许多小室，每个小室内的转盘起混合搅拌器的作用。澄清区又由环形水平挡板分割成许多小室。不对称转盘萃取塔既保持了原转盘萃取塔良好的分散作用，同时分开的澄清区可以使分散相液滴凝聚及再分散，可提高萃取效率。此外，转盘萃取塔的尺寸（塔径 72～4000mm，塔高可达 30m）范围很广，对物系性质的适应性很强，并可用于含有悬浮固体或易乳化物料的分离。

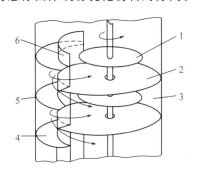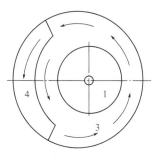

图 3-21　偏心转盘萃取塔内部结构

1—转盘；2—横向水平挡板；3—混合区；4—澄清区；5—环形分割板；6—垂直挡板

转盘萃取塔的主要缺点是在进行工业规模生产时存在严重的轴向返混问题，60%～70% 的塔高用于补偿轴向返混带来的传质推动力的降低。为解决此问题，清华大学发明了一种装有级间转动挡板的新型转盘萃取塔（NRDC），形成了具有自主知识产权的研究成果（中国发明专利 ZL99106151.9）。他们在转盘塔内的固定环平面增加了筛孔挡板，将其固定于转动轴上并与固定环处于同一水平面，如图 3-22 所示，挡板的增加不但有效抑制了级间的轴向返混，而且促使级间混合强度增加，从而提高传质效率。中国石化巴陵分公司在对从荷兰 DSM 公司引进的己内酰胺装置扩能改造时采用了这一成果，改造后，生产能力由原设计的 5 万吨/年提高到 7 万吨/年，塔底水相己内酰胺含量由设计值 0.5%降低到 0.2%～0.3%，操作稳定，经济效益良好。

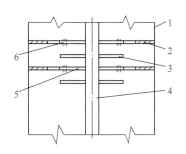

图 3-22　新型转盘萃取塔结构示意图

1—塔体；2—固定环；3—转盘；
4—转轴；5—转动挡板；6—小孔

（三）离心萃取器

离心萃取器是利用离心力的作用使两相快速充分混合与分离的一种萃取装置。离心萃取器可以产生 500～5000 倍于重力的离心力，特别适合两相密度差小、易乳化难分相的物系，同时适于要求接触时间短、物料滞留量低、黏度大的物系。同时，离心萃取器设备较小、效率高、萃取剂用量小，已在石油化工、制药、香料、染料、废水处理、核燃料处理等领域广泛应用。

离心萃取器种类很多，按照安装方式可分为立式和卧式离心萃取器；按照转速可以分为高速（每分钟几万转）和低速（每分钟几千转）离心萃取器；按照每台设备包含的级数可分为单台单级和单台多级离心萃取器；按照两相的接触方式又可分为逐级接触式和连续接触式离心萃取器。

1. 逐级接触式离心萃取器

（1）转筒式离心萃取器　转筒式离心萃取器有桨叶式和环隙式两类。SRL 型离心萃取器是最早问世的单台单级离心萃取器，如图 3-23 所示，属于桨叶式离心萃取器，依靠桨叶的搅拌作用使两液相混合。SRL 型离心萃取器的主要组成部分有转筒、外壳、轴和混合室，转筒的上部是堰段。混合室内装有搅拌桨叶、混合挡板和导向挡板等。搅拌桨叶和转筒都固定在同一轴上。设在两相底板上的中心孔是混合相口，外壳上有两相液体各自的收集室和出口。SRL 型离心萃取器尺寸不大，转筒直径不超过 300mm。操作时，两相由底部进入混合室，迅速实现混合传质。混合液经中心孔进入转筒澄清段，在离心力作用下分相。重相向筒壁移动，轻相被挤压向中心轴。在转筒的堰段，分离后的两相分别流经各自的通道和相堰，从转筒甩出，进入外壳上各自的收集室，最后通过出口流出。

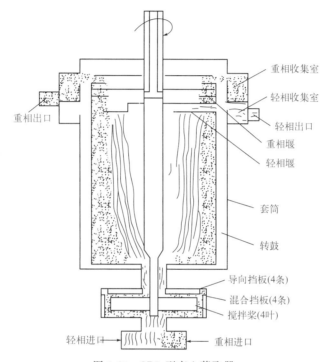

图 3-23 SRL 型离心萃取器

M3-8 离心萃取机

环隙式离心萃取器是对 SRL 型离心萃取器进行改进后发展起来的，如图 3-24 所示，由传动、转筒、外壳和机身四部分组成。转筒的结构与 SRL 型相似，并悬挂在轴上。外壳上有两相液体各自的进、出口和收集室。转筒澄清段外壁与外壳内壁之间形成柱形环隙，两相液体的混合传质正是在环隙内完成的。环隙式离心萃取器与桨叶式相比，在结构上的一个重要改进是取消了搅拌桨叶，简化了设备结构，而且可以从上方直接取出转筒，便于检修。操作时，两相并流进入混合室，在转鼓的高速旋转下，极短时间内达到充分混合和传质。混合液由外壳底部的折流挡板送入转鼓分离室，在离心力作用下，重相被甩向转鼓外缘，而轻相被挤至转鼓中心。分离的两相分别经过轻相堰和重相堰流入各自的收集室，由各自的出口排出，完成混合与分离两个过程。这种离心萃取器的结构简单、效率高、易于控制、运行可靠。

逐级接触式离心萃取器可单台使用，也可多台串联使用，如图 3-25 所示为通过级间连接管的串联使用方式。除首、末两级之外，中间每一级的轻、重两相出口分别通过连接管与其相邻的离心萃取器的轻、重相入口相连。首、末两级则各有一相液体离开串联系统，且有另一相液体进入系统。

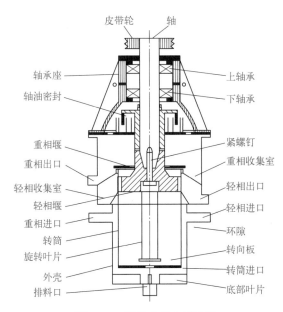

图 3-24　环隙式离心萃取器

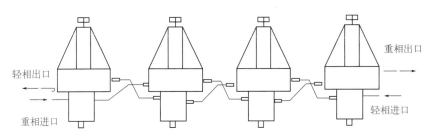

图 3-25　离心萃取器的串联

（2）Luwesta 离心萃取器　Luwesta（简称 LUWE）离心萃取器是一种立式的逐级接触离心萃取设备。图 3-26 所示为三级 LUWE 离心萃取器，主体是固定在壳体上的环形盘，这些环形盘随壳体一起做高速旋转。在壳体中央装有一个固定的空心轴，轴上装有圆形盘，并开有喷出孔或装有分配环和收集环。操作时，两相均由空心轴顶部进入，重相在空心轴内沿管线进到设备下部，轻相进到设备上部，它们分别沿实线和虚线所示路线流动。在空心轴内，轻相与来自下一级的重相混合，经空心轴上的喷嘴（或分配环）沿转盘和上、下固定盘间的通道被甩到外壳的四周。重相由外部沿转盘与下方固定盘之间的通道而进入轴的中心，并由顶部排出，其流向为由第 3 级至第 2 级再到第 1 级，然后进入空心轴的排出通道。轻液则由第 1 级至第 2 级再到第 3 级，然后进入空心轴的排出通道。两相均由萃取器顶部排出。

LUWE 离心萃取器主要用于制药工业，其最大型号设备的处理能力达 $7.6\text{m}^3/\text{h}$（3 级）至 $49\text{m}^3/\text{h}$（单级），在一定操作条件下，级效率可接近 100%。

2. 连续接触式离心萃取器

波德（Podbielniak，简称 POD）离心萃取器，也称离心薄膜萃取器，是卧式连续接触离心萃取设备的一种，1934 年由 Podbielniak 发明，于 20 世纪 50 年代获工业应用。如图 3-27 所示，POD 离心萃取器主要由一个水平转轴和一个绕轴高速旋转的圆筒形转鼓以及固定外壳构成，转鼓内包含有多层带筛孔的同心圆筒，同心圆筒的转速一般为 $2000\sim5000r/min$。操作时，轻液被引至螺旋的外圈，重相由螺旋中心引入。由于转鼓转动时所产生的离心力作用，重液由螺旋的中部向外流动，轻液由外圈向中部流动，液体通过筛孔时被分散，两相在逆向流动过程中于螺旋形通道内密切接触传质。重液相从螺旋的最外层经出口通道而流到器外，轻液相则由中部经出口通道流到器外。

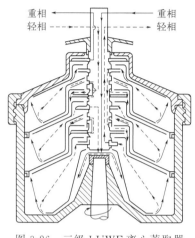

图 3-26 三级 LUWE 离心萃取器

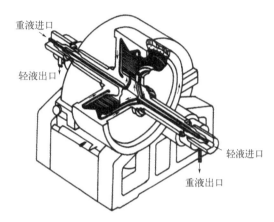

图 3-27 POD 离心萃取器

POD 离心萃取器的优点是结构紧凑、生产强度高、物料停留时间短、分离效果好，特别适用于两相密度差很小、难于分离、易产生乳化及要求停留时间短、处理量小的场合。通常，一台 POD 离心萃取器的理论级数可达 $3\sim12$ 级，广泛用于制药工业，在石油加工、溶剂精制、酸处理、废水脱酚以及从矿物浸出液中萃取金属等领域也有应用。缺点是结构复杂、制造困难、操作费高。

(四) 其他类型萃取设备

除以上典型萃取设备外，还有一些其他类型的萃取装置在实际生产中被成功应用。例如，在美国炼油厂广泛使用的高压静电萃取澄清槽，图 3-28 所示为利用高压静电萃取澄清槽处理炼油废水的流程。原废水与萃取剂通过蝶形阀进行充分混合传质，然后进入萃取槽底，由下而上流过高压电场。在高压电场作用下，水质点做剧烈的周期反复运动，强化了水中污染物向萃取剂的传质过程。水质点聚合沉于槽的下部，萃取相则由槽的上部排出。这种装置的萃取效果较好，当废水中酚含量为 $300\sim400mg/L$ 时，采用高压静电萃取澄清槽，即使是一级萃取操作，也可达到 90% 的脱酚效果。

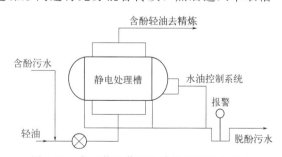

图 3-28 高压静电萃取澄清槽处理炼油废水

三、萃取设备的选择原则

萃取设备类型繁多，各有不同的特性，萃取过程中物系性质对操作的影响错综复杂。对于具体的萃取过程，选择适宜设备的原则是：首先满足工艺条件和要求，然后进行经济核算使设备费用和操作费用之和趋于最低。萃取设备的选择通常考虑以下因素。

（1）所需理论级数　当所需的理论级数不超过2~3级时，各种萃取设备均可满足要求；当所需的理论级数较多（如多于4~5级）时，可选用筛板塔；当所需的理论级数再多（如10~20级）时，可选用有外加能量的设备，如脉冲塔、转盘塔、往复筛板塔、混合澄清槽等。

（2）生产能力　当处理量较小时，可选用填料塔或脉冲填料塔；如要求较大的生产能力，可选用筛板塔、转盘塔、混合澄清槽；离心萃取器的处理能力也相当大。

（3）物系的物理性质　对界面张力较小、密度差较大的物系，可选用无外加能量的设备；反之，则宜选用有外加能量的设备；对密度差甚小、易乳化的难分层物系，应选用离心萃取器。

对有较强腐蚀性的物系，宜选用结构简单的填料塔和脉冲填料塔。对于放射性元素的提取，脉冲塔和混合澄清槽用得较多。

若物系中含有固体悬浮物或在操作中产生沉淀物时，需周期停工清洗，一般可选用转盘萃取塔或混合澄清槽。另外，往复筛板塔和液体脉动筛板塔具有一定的自清洗能力，在某些场合也可考虑选用。

（4）物系的稳定性和在设备内的停留时间　物料的稳定性较差、要求在萃取设备内停留时间短的物系，如抗生素的生产，以选用离心萃取器为宜；反之，若萃取物系中伴有缓慢的化学反应，要求有足够的反应时间，则选用混合澄清槽较为适宜。

（5）其他　在选用萃取设备时，还需要考虑一些其他因素，诸如能源供应情况，在缺电地区应尽可能选用依靠重力流动的设备；当厂房地面受到限制时，宜选用塔式设备；当厂房高度受到限制时，则应选用混合澄清槽。

选取萃取设备时应考虑的各种因素列于表3-3中。

▶ 表 3-3　萃取设备选择的影响因素

考虑因素		设备类型						
		喷洒塔	填料塔	筛板塔	转盘塔	往复/脉冲筛板塔	离心萃取器	混合澄清器
工艺条件	理论级数多	×	△	△	□	□	△	△
	处理量大	×	×	△	□	×	△	□
	两相流比大	×	×	×	△	△	□	□
物系性质	密度差小	×	×	×	△	△	□	□
	黏度大	×	×	×	△	△	□	△
	界面张力大	×	×	×	△	△	□	△
	腐蚀性强	□	□	△	△	△	×	×
	有固体悬浮物	□	×	×	□	△	×	△
设备费用	制造成本	□	△	△	△	△	×	△
	操作费用	□	□	□	△	△	×	×
	维修费用	□	□	△	△	△	×	△
安装场地	面积有限	□	□	□	□	□	□	×
	高度有限	×	×	×	△	△	□	□

注：□—适用；△—可以；×—不适用。

【任务实施】

根据以上不同类型萃取设备的介绍，可以总结出常用萃取设备的特点，如表 3-4 所示。

▶ **表 3-4　常用萃取设备的特点**

萃取设备类型		优点	缺点
混合澄清器		相接触好，级效率高；处理量大，适应性强；操作稳定方便，弹性好；易进行放大设计	持液量大，占地面积大；级间流动需泵输送，能量消耗大，设备费用和操作费用高
萃取塔	无能量输入	结构简单，设备投资小，操作及维护费用低；可处理腐蚀性原料	传质效率低，需要高厂房；对密度差小的体系处理能力不足；不能处理两相流量比大的体系
	有能量输入	理论级数多，处理能力较大，操作弹性好	放大设计比较复杂
离心萃取器		可处理两相密度差小、易乳化难分相的体系；设备体积小，接触时间短；传质效率高，物料滞留量小	设备费用、操作费用、维修费用高

生产中，萃取设备的选择除考虑表 3-4 所列特点外，也往往需要对设备性能、放大设计方法、投资维修、操作可靠性等进行全面的评价。

项目情境中，含酚污水中苯酚的萃取回收可采用脉冲筛板塔或往复筛板塔，这是因为含酚污水和萃取剂醋酸丁酯密度差并不太小，萃取分离相对容易，而脉冲筛板塔或往复筛板塔结构相对简单，操作弹性好，设备及操作成本较低，处理能力能够满足生产所需。

【思考与实践】

理论与实践相结合是学习过程中最重要的一个环节。请为项目一"思考与实践"环节中查阅到的液液萃取应用案例选择合适的萃取设备。

任务三　萃取操作参数的计算与分析

【任务描述】

项目情境中异丙苯法生产苯酚和丙酮过程中产生的含酚污水量为 4t/h，苯酚含量为 3%（质量分数，下同），采用醋酸丁酯作为萃取剂进行苯酚的回收。规定萃余相中苯酚含量不大于 0.5%，然后送后续工序继续处理。请完成下列任务：

（1）为上述萃取分离任务选择合适的萃取方式；

（2）计算萃取剂用量；

（3）确定所需的理论级数。

【知识准备】

液液萃取流程包括单级萃取、多级错流萃取和多级逆流萃取等。在理想情况下，如果单级萃取操作获得的萃取相和萃余相互呈平衡，则此单级萃取即为一个理论级。但实际操作中，受流体流动、设备、传质动力学等条件的影响，两相混合以及混合后分离的时间总是有限的，萃取相和萃余相难以达到平衡状态。因此，对于一定的分离任务，通常先计算出理论级数，再根据经验或实验得到的级效率进行修正。

对于萃取剂和原溶剂部分互溶情况，平衡关系由物系性质决定，一般很难采用简单的函数关系式表达，因此普遍采用基于杠杆规则的图解法进行计算；而对于萃取剂和原溶剂完全不互溶的情况，仅溶质 A 发生相际转移，萃取相中的萃取剂和萃余相中的原溶剂的量不随萃取过程而变，此时的萃取操作和吸收类似，可采用解析法或直角坐标图解法。溶质组成采用以原溶剂和萃取剂为基准的质量比表示可简化计算过程。

$$X = \frac{A}{B} = \frac{x}{1-x}, \quad Y = \frac{A}{S} = \frac{y}{1-y} \tag{3-6}$$

式中 X——溶质 A 在萃余相中的质量比，kgA/kgB；

　　　　Y——溶质 A 在萃取相中的质量比，kgA/kgS。

计算过程中，为方便起见：①萃取相组成用 y_E 表示、萃余相组成用 x_R 表示，均是对溶质 A 而言；②流股的量以代表流股本身的符号表示，如萃取相 E 的质量以符号 E 表示。

一、单级萃取过程的计算

单级萃取过程中，原料液与萃取剂只进行一次混合、传质，仅达到一次平衡。单级萃取操作图解如图 3-29 所示。

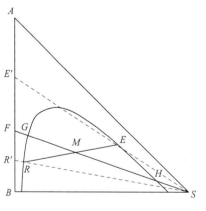

图 3-29   单级萃取操作图解

M3-9   单级萃取流程

单级萃取生产任务通常已知原料液的量 F 及其组成 x_F，规定任务要达到的要求，如萃余相组成 x_R 不高于某值或萃取相组成 y_E 不低于某值，要求计算所需的萃取剂用量 S、得到的萃取相的量 E 和萃余相的量 R，以及未知一相的组成。计算前，需要查阅文献资料或开展实验获取体系的相平衡数据。

1. 萃取剂和原溶剂部分互溶物系

图 3-29 为单级萃取操作在三角形相图中的表示，图解步骤如下：

① 根据获得的相平衡数据在三角形相图中绘制溶解度曲线及辅助曲线（图 3-29 中辅助曲线未绘制）。

② 于相图的 AB 边上由原料液组成 x_F 确定 F 点，由萃取剂组成在相图中确定 S 点（若萃取剂为纯溶剂，则 S 点位于相图右侧顶点），连接 FS。

③ 由规定的任务要求 x_R 确定 R 点，借助辅助曲线确定与之共轭的萃取相 E，作联结线 RE 交 FS 于 M 点，M 点即代表了原料液与萃取剂混合液的组成（要求 M 点必须位于两相区）。根据杠杆规则，求萃取剂用量。

$$\frac{S}{F} = \frac{\overline{FM}}{\overline{SM}}, \quad \text{则} \ S = F \times \frac{\overline{FM}}{\overline{SM}} \tag{3-7}$$

式中，线段 $\overline{FM}$ 和 $\overline{SM}$ 的长度可从图中直接量出或由坐标求得。

萃取剂用量 S 已求出，则 $M = F + S$，现根据杠杆规则求萃取相 E 或萃余相 R 的量，如 E 的量为：

$$\frac{E}{M} = \frac{\overline{MR}}{\overline{ER}}, \text{则} \ E = M \times \frac{\overline{MR}}{\overline{ER}} \tag{3-8}$$

式中，线段 $\overline{MR}$ 和 $\overline{ER}$ 的长度可从图中直接量出或由坐标求得。

萃余相 R 的量可由物料衡算得出，即

$$R = M - E \tag{3-9}$$

④ 连接 SR、SE，并延长交 AB 边于 R'、E'，此两点分别为萃余相和萃取相脱除溶剂后所得萃余液和萃取液的组成坐标点，可由相图直接读出组成。同样，可由杠杆规则和物料衡算求出萃余液和萃取液的量为：

$$\frac{E'}{F} = \frac{\overline{FR'}}{\overline{E'R'}}, \quad \text{则} \ E' = F \times \frac{\overline{FR'}}{\overline{E'R'}} \tag{3-10}$$

$$R' = F - E' \tag{3-11}$$

在单级萃取操作中，当原料液量一定时，萃取剂加入量过小或过大，可能会导致 M 点落在单相区内，不能起到分层作用，因此单级萃取操作有一个最小萃取剂用量 S_{min} 和最大萃取剂用量 S_{max}。如图 3-29 所示，当 M 点落在 G 位置时，对应最小萃取剂用量；当 M 点落在 H 位置时，对应最大萃取剂用量。

$$S_{min} = F \times \frac{\overline{FG}}{\overline{SG}} \tag{3-12}$$

$$S_{max} = F \times \frac{\overline{FH}}{\overline{SH}} \tag{3-13}$$

2. 萃取剂和原溶剂完全不互溶物系

当萃取剂和原溶剂完全不互溶时，对溶质 A 进行物料衡算：

$$B(X_F - X_1) = S(Y_1 - Y_S) \tag{3-14}$$

式中　X_F——原料液中溶质 A 的质量比组成，kgA/kgB；

　　　Y_S——萃取剂中溶质 A 的质量比组成，kgA/kgS；

　　　X_1——单级萃取后萃余相中溶质 A 的质量比组成，kgA/kgB；

　　　Y_1——单级萃取后萃取相中溶质 A 的质量比组成，kgA/kgS。

联立式（3-3）和式（3-14），即可求出萃取剂和原溶剂完全不互溶物系单级萃取的相关参数。

若萃取剂为新鲜溶剂，即 $Y_S=0$，则有

$$Y_1=\frac{X_F}{\dfrac{1}{K}+\dfrac{S}{B}} \tag{3-15}$$

从式（3-15）可以看出，K 越大，萃取率就越高。但一般情况下，单级萃取是难以满足分离要求的，因此单级萃取只有在分配系数很大且萃取要求不高的情况下适用。

也可以利用直角坐标图进行求解，式（3-14）可写为：

$$Y_1=-\frac{B}{S}(X_1-X_F)+Y_S \tag{3-14a}$$

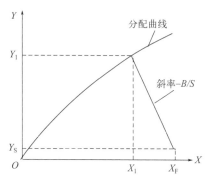

此式即为单级萃取的操作线方程。

由于 B 和 S 均为常量，故操作线为过点 (X_F,Y_S)、斜率为 $-B/S$ 的直线，如图 3-30 所示。由已知原料液组成 X_F 和萃取剂组成 Y_S 确定点 (X_F,Y_S)，再根据 X_1（规定的达到萃取平衡时的萃余相的量）位于分配曲线上确定点 (X_1,Y_1)，连接两点即得操作线，计算出斜率便可求得萃取剂用量。

需要指出的是，X_1、Y_1 是单级萃取后萃余相和萃取相所能达到的理论浓度，要想达到这一理论浓度，两相接触时间应为无限长，这在实际生产中是做不到的。

图 3-30　单级萃取直角坐标图解

【例 3-3】25℃时，用三氯乙烷作为萃取剂萃取丙酮-水混合液中的丙酮。已知原料液流量为 1000kg/h，其中含丙酮 20%（质量分数，下同），经单级萃取后萃余相中丙酮的含量降至 5% 以下，求所需三氯乙烷的流量（水和三氯乙烷可视为完全不互溶物系，25℃时的相平衡关系数据见本例附表）。

▶ 例 3-3 附表

序号	萃余相质量比 $X/(\mathrm{kgA/kgB})$	萃取相质量比 $Y/(\mathrm{kgA/kgS})$
1	0.0633	0.0959
2	0.1111	0.1765
3	0.1624	0.2623
4	0.2353	0.3823

解：因水和三氯乙烷可视为完全不互溶物系，可用直角坐标图解法进行求解。由已知相平衡数据绘制分配曲线，为一过原点的直线。

原料液中水的流量为：

$$B=F(1-x_F)=1000\times(1-0.2)=800(\mathrm{kg/h})$$

将原料液和萃余相中丙酮的质量分数转换成质量比：

$$X_F=\frac{x_F}{1-x_F}=\frac{0.2}{1-0.2}=0.25(\mathrm{kgA/kgB})$$

$$X_1=\frac{0.05}{1-0.05}=0.0526(\mathrm{kgA/kgB})$$

于 X 轴上确定 X_F、X_1 两点，过 X_1 点作 X 轴的垂线交分配曲线于点 E，连接 X_F 点和 E 点即得萃取操作线，如本例附图所示。由 X_F、E 两点坐标（0.25，0）、（0.0526，0.086）算得操作线斜率为：

$$-\frac{B}{S}=\frac{Y_1-Y_S}{X_1-X_F}=\frac{0.086-0}{0.0526-0.25}=-0.436$$

则萃取剂三氯乙烷的用量为：

$$S=800/0.436=1834.86(\text{kg/h})$$

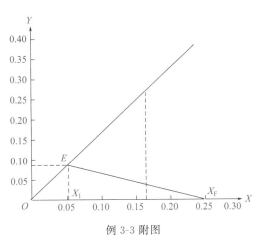

例 3-3 附图

此例为实际生产时单级萃取操作中萃取剂用量的确定提供了理论依据。

二、多级错流萃取的计算

为了进一步降低萃余相中溶质的含量，可将单级萃取后得到的萃余相再次加入新鲜萃取剂进行萃取分离，如此重复单级萃取操作，即为多级错流萃取，如图 3-31 所示。

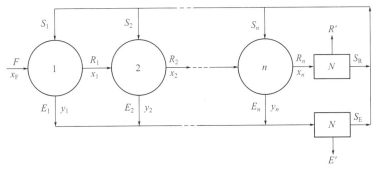

图 3-31　多级错流萃取流程示意图

M3-10　多级错流萃取流程

多级错流萃取实际上就是多个单级萃取的组合。每一级均加入新鲜的萃取剂（各级萃取剂用量相等时，萃取剂总用量最少，因此以下计算均以各级萃取剂用量相等来处理），前一级的萃余相作为下一级的原料液，经过足够多级的萃取分离，最终可得到符合要求的萃余相，进入萃取剂回收设备回收萃取剂。每一级的萃取相合并在一起，也送入萃取剂回收设备回收萃取剂。

可见，这种操作方式传质推动力大，能够得到较好的萃取效果，但是萃取剂用量多，萃取剂的输送和回收耗能相应也大，因此限制了其工业应用，适用于分配系数较大的物系或萃取剂无须回收等情况。

多级错流萃取生产任务一般已知原料液的量 F 及其组成 x_F、每级萃取剂用量 S（$S_1 = S_2 = \cdots\cdots = S_n = S$），规定任务需达到的要求（通常是最终萃余相 x_n 浓度不高于某值），计算所需理论级数 n。

1. 萃取剂和原溶剂部分互溶物系

萃取剂和原溶剂部分互溶物系的多级错流萃取计算采用图解法进行，每一级的算法与单级萃取图解法相同，多次重复单级萃取计算，直至达到生产任务要求，即可求得所需的理论级数。

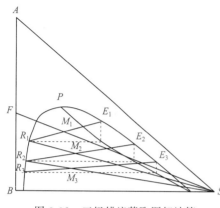

图 3-32　三级错流萃取图解计算

如图 3-32 所示为三级错流萃取图解计算过程，基本步骤如下：

① 根据相平衡数据在三角形相图中绘制溶解度曲线和辅助曲线；

② 由已知的原料液组成 x_F 确定 F 点，连接 FS；

③ 由原料液量及萃取剂用量利用杠杆规则确定第一级混合液组成点 M_1；

④ 借助辅助曲线，试差作图求出过 M_1 点的联结线 E_1R_1，则可由第一级物料衡算求得第一级萃余相的量 R_1；

⑤ 以 R_1 为原料液，利用杠杆规则确定第二级混合液组成点 M_2，借助辅助曲线，试差作图求出过 M_2 点的联结线 E_2R_2，即可确定第二级萃余相的量 R_2。

如此重复，并直接在相图中读出各级萃余相组成，直到第 n 级的萃余相组成达到或低于生产任务要求的指定值为止。所作联结线的数目即为所需理论级数，总萃取剂用量为各级萃取剂用量之和。

【例 3-4】 25℃时，以水作为萃取剂，采用多级错流萃取操作，从醋酸-氯仿混合液中萃取醋酸。已知原料液流量为 1000kg/h，其中含醋酸 40%（质量分数，下同）。各级均加入 500kg/h 的纯水，要求最终萃余相中醋酸含量不超过 4%，试求所需理论级数（25℃时的醋酸-氯仿-水的平衡数据见本例附表）。

▶ 例 3-4 附表

氯仿层（R）		水层（E）	
醋酸	水	醋酸	水
0	0.99	0	99.16
6.77	1.38	25.1	73.69
17.72	2.28	44.12	48.58
25.72	4.15	50.18	34.71
27.65	5.2	50.56	31.11
32.08	7.93	49.41	25.39
34.16	10.03	47.87	23.28
42.5	16.5	42.5	16.5

解：由平衡数据在三角形相图中绘制溶解度曲线和辅助曲线，如本例附图。

由原料液组成 $x_F=0.4$ 确定 F 点，连接 FS（萃取剂为纯水，S 点位于相图右侧顶点）。利用杠杆规则确定和点 M_1。

$$\frac{S}{F}=\frac{500}{1000}=0.5, \quad M_1=F+S=1000+500=1500(\text{kg/h})$$

借助辅助曲线，试差作图求出过 M_1 点的联结线 E_1R_1，E_1 和 R_1 分别为第一级萃取相和萃余相的组成点，利用杠杆规则计算第一级萃余相流量：

$$R_1=M_1\times\frac{\overline{M_1E_1}}{\overline{R_1E_1}}=1500\times\frac{24}{54}=666.67(\text{kg/h})$$

同理可确定第二级混合液组成点 M_2：

$$\frac{S}{R_1}=\frac{500}{666.67}=0.75,$$

$$M_2=R_1+S=666.67+500=1166.67(\text{kg/h})$$

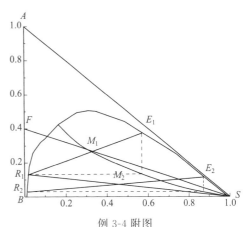

借助辅助曲线，试差作图求出过 M_2 点的联结线 E_2R_2，可从图中直接读出第二级萃余相组成为：

$$x_2=0.031<0.04$$

满足萃取要求，即所需理论级数为 2。

例 3-4 附图

2. 萃取剂和原溶剂完全不互溶物系

（1）直角坐标图解法　对第一级作溶质 A 的物料衡算（同单级萃取物料衡算）：

$$B(X_F-X_1)=S(Y_1-Y_S)$$

经整理得：

$$Y_1=-\frac{B}{S}X_1+\left(\frac{B}{S}X_F+Y_S\right) \tag{3-16}$$

同理，对第 n 级作溶质 A 的物料衡算：

$$Y_n=-\frac{B}{S}X_n+\left(\frac{B}{S}X_{n-1}+Y_S\right) \tag{3-17}$$

此式即为多级错流萃取操作线方程，表示离开任一级的萃取相组成 Y_n 与萃余相组成 X_n 之间的关系。斜率 $-B/S$ 为常数，故上式为过点 (X_{n-1},Y_S) 的直线方程。

根据理论级假设，离开任一级的萃取相组成 Y_n 与萃余相组成 X_n 互呈平衡，因此 (X_n,Y_n) 位于分配曲线上，为操作线与分配曲线的交点。因此，可在直角坐标系中通过图解求得理论级数，如图 3-33 所示，具体步骤如下：

① 在直角坐标系中绘制分配曲线；

② 确定点 L (X_F,Y_S)，过点 L 作斜率为 $-B/S$ 的直线（操作线）交分配曲线于 E_1，直线 LE_1 即为第一级的操作线，点 E_1 的坐标 (X_1,Y_1) 即为离开第一级的萃余相和萃取相的组成；

③ 过点 E_1 作 X 轴的垂线交 $Y=Y_S$ 于点 V，过点 V 作 LE_1 的平行线交分配曲线于 E_2，直线 VE_2 即

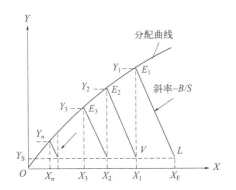

图 3-33　多级错流萃取直角坐标图解计算

为第二级的操作线，点 E_2 的坐标 (X_2, Y_2) 即为离开第二级的萃余相和萃取相的组成。

依此类推，直至离开第 n 级的萃余相组成达到或低于生产任务要求的指定值为止。重复作出的操作线数目即为所需的理论级数。

需要说明的是，若每一级萃取剂用量不相等，则操作线互不平行。所使用的萃取剂若为纯溶剂，则 L、V 等点位于 X 轴上。

（2）解析法   由第一级相平衡关系和溶质 A 的物料衡算：

$$Y_1 = KX_1, \quad B(X_F - X_1) = S(Y_1 - Y_S)$$

消去 Y_1，整理得：

$$X_1 = \frac{X_F + \dfrac{S}{B}Y_S}{1 + K\dfrac{S}{B}} \tag{3-18}$$

令 $A_m = KS/B$，称之为萃取因子，则上式可写为：

$$X_1 = \frac{X_F + \dfrac{S}{B}Y_S}{1 + A_m} \tag{3-18a}$$

同理，由第二级相平衡关系和溶质 A 的物料衡算：

$$Y_2 = KX_2, \quad B(X_1 - X_2) = S(Y_2 - Y_S)$$

消去 Y_2，整理得：

$$X_2 = \frac{X_F + \dfrac{S}{B}Y_S}{(1 + A_m)^2} + \frac{\dfrac{S}{B}Y_S}{1 + A_m}$$

依此类推，对第 n 级有：

$$X_n = \frac{X_F + \dfrac{S}{B}Y_S}{(1 + A_m)^n} + \frac{\dfrac{S}{B}Y_S}{(1 + A_m)^{n-1}} + \cdots + \frac{\dfrac{S}{B}Y_S}{1 + A_m}$$

或

$$X_n = \left(X_F - \frac{Y_S}{K}\right)\left(\frac{1}{1 + A_m}\right)^n + \frac{Y_S}{K} \tag{3-19}$$

整理并两侧取对数，得：

$$n = \frac{1}{\ln(1 + A_m)} \ln \frac{X_F - \dfrac{Y_S}{K}}{X_n - \dfrac{Y_S}{K}} \tag{3-20}$$

式（3-20）所示关系可用图 3-34 表示。

若萃取剂为纯溶剂（$Y_S = 0$），则式（3-19）变为：

$$X_n = \frac{X_F}{(1 + A_m)^n} \tag{3-21}$$

由已知原料液的量 F 及其组成 x_F、每级萃取剂用量 S、任务要求的萃余相组成 x_n 以及分配系数 K，即可求解出所需理论级数 n。

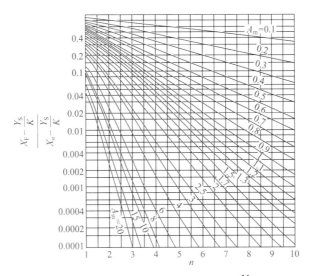

图 3-34 B、S 完全不互溶物系多级错流萃取级数 n 与 $\dfrac{X_F - \dfrac{Y_S}{K}}{X_n - \dfrac{Y_S}{K}}$ 的关系图（A_m 为常数）

【例 3-5】若将例 3-3 中的生产任务采用多级错流萃取方式完成，每级三氯乙烷的用量为 200kg/h。试求达到同样萃取要求时所需的理论级数。

解：由已知相平衡关系数据，于直角坐标系中绘制分配曲线，为一过原点的直线，如本例附图。

由例 3-3 可知，原料液中丙酮和水的流量分别为：

$$A = 1000 \times 0.2 = 200(\text{kg/h}), \quad B = 1000 - 200 = 800(\text{kg/h})$$

原料液和萃余相中丙酮的质量分数转换成质量比为：

$$X_F = 0.25\text{kgA/kgB}, \quad X_n = 0.0526\text{kgA/kgB}$$

则操作线斜率为

$$-\frac{B}{S} = -\frac{800}{200} = -4$$

过点 F_1（0.25,0）作斜率为 −4 的直线，交分配曲线于点 E_1。由点 E_1 作 X 轴的垂线，交 X 轴于 F_2 点。再过点 F_2 作斜率为 −4 的直线交分配曲线于点 E_2。依此类推，经过 5 个理论级后，萃余相中丙酮的含量为 0.043kgA/kgB，低于所要求的 0.0526kgA/kgB。

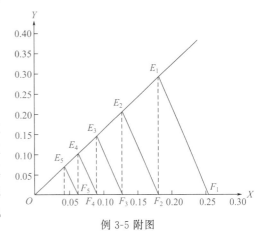

例 3-5 附图

将此例与例 3-3 对比，可以看出：完成同样的生产任务，相比于单级萃取，采用多级错流萃取可在一定程度上减少萃取剂用量，并取得更好的萃取效果。

三、多级逆流萃取的计算

在实际生产中，为了满足萃取任务要求的同时减少萃取剂用量，常采用多级逆流萃取操作，其流程如图 3-35 所示。

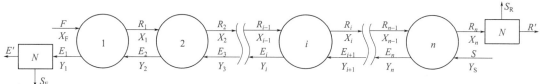

图 3-35　多级逆流萃取流程示意图

M3-11　多级逆流
萃取流程

原料液自第 1 级进入萃取系统，依次流经各级进行萃取，成为各级的萃余相，组成逐级下降，直至第 n 级流出；萃取剂则是由第 n 级进入萃取系统，与萃余相逆向接触流动，依次经过各级对溶质进行萃取，组成逐渐升高，最终由第 1 级流出。最终的萃余相和萃取相经萃取剂回收设备脱除萃取剂循环利用，并得到萃余液和萃取液。

多级逆流萃取操作一般是连续进行的，传质平均推动力大、分离效率高、萃取剂用量少，因此在工业生产中得到了广泛应用。

多级逆流萃取一般已知原料液的量 F 及其组成 x_F，规定生产任务要求（通常是最终萃余相组成 x_n 不高于某值），由经济因素确定萃取剂的用量 S，并计算所需理论级数 n。

1. 萃取剂和原溶剂部分互溶物系

对于萃取剂和原溶剂部分互溶物系多级逆流萃取理论级数的计算，常采用三角形相图逐级图解法进行，如图 3-36 所示，基本步骤如下：

（1）根据相平衡数据在三角形相图中绘制溶解度曲线及辅助曲线。

（2）由已知的原料液组成 x_F 确定 F 点，连接 FS。

（3）由已知的原料液的量和萃取剂用量利用杠杆规则确定 M 点（需要指出的是，在多级逆流萃取操作中，原料液和萃取剂并没有直接接触混合，M 点不代表任何一级的操作点，只是作为图解过程的辅助点）。

（4）由生产任务要求的最终萃余相组成 x_n 确定 R_n 点，连接 $R_n M$ 并延长交溶解度曲线于 E_1 点，此点即为最终萃取相的组成点（应注意的是 $R_n E_1$ 不是联结线）。根据杠杆规则，可计算出最终萃取相和萃余相的量：

$$E_1 = M \times \frac{\overline{MR_n}}{\overline{E_1 R_n}}, \quad R_n = M - E_1 = (F + S) - E_1 \tag{3-22}$$

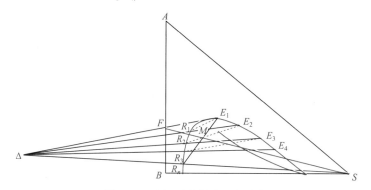

图 3-36　多级逆流萃取图解计算

（5）利用相平衡关系和物料衡算，采用图解法逐级求得理论级数。

在第 1 级和第 n 级间作总物料衡算：

$$F+S=E_1+R_n$$

对第 1 级作总物料衡算：

$$F+E_2=E_1+R_1,\quad 即\ F-E_1=R_1-E_2$$

对第 2 级作总物料衡算：

$$R_1-E_2=R_2-E_3$$

依此类推，对第 n 级作总物料衡算：

$$R_{n-1}-E_n=R_n-S$$

由以上各式可得：

$$F-E_1=R_1-E_2=R_2-E_3=\cdots=R_{n-1}-E_n=R_n-S=\Delta \tag{3-23}$$

此式为逆流萃取操作线方程，表示离开每一级的萃余相流量与进入该级的萃取相流量之差为常数，以 Δ 表示。Δ 可认为是每一级的"净流量"，其组成也可在三角形相图中用某点（Δ 点）表示。由式（3-23）可知，Δ 是 F 与 E_1 的差点，那么 Δ、F、E_1 三点共线，Δ 则位于 E_1F 的延长线上。同理，Δ 也是 R_1 与 E_2，R_2 与 E_3……R_{n-1} 与 E_n，R_n 与 S 的差点，因此 Δ 也位于各组两点连线的延长线上，各条线即为多级逆流萃取操作线，Δ 点称为操作点。

据此，就可以交替应用联结线和操作线关系进行图解，逐级计算以确定理论级数，基本流程如下：

① 由 FE_1 与 SR_n 的延长线交点确定 Δ 点位置；

② 过点 E_1 作联结线，与溶解度曲线交于点 R_1；

③ 连接 ΔR_1 并延长，与溶解度曲线交于点 E_2；

④ 过点 E_2 作联结线，与溶解度曲线交于点 R_2，连接 ΔR_2 并延长与溶解度曲线交于点 E_3。

如此反复进行，直至萃余相组成达到或低于生产任务要求的指定值为止，联结线数目即为所需的理论级数。

需要说明的是，Δ 点位置与原料液和萃取剂的流量和组成、萃取相的组成，以及物系联结线的斜率等因素相关。其他条件一定时，Δ 点位置由溶剂比（S/F）决定：S/F 较小时，Δ 点位于相图左侧，R 为和点；S/F 较大时，Δ 点位于相图右侧，E 为和点；S/F 为某一数值时，可使 Δ 点位于无穷远，可视为各条操作线平行。

【例 3-6】在多级逆流萃取装置中，使用萃取剂 S（纯溶剂）处理溶质 A 的质量分数为 0.3 的某混合液。原料液流量为 2000kg/h，萃取剂用量为 500kg/h，要求最终萃余相中溶质的质量分数不大于 0.07，试求所需的理论级数。（操作条件下的溶解度曲线和辅助曲线见本例附图）

解：由原料液组成 $x_F=0.3$ 在 AB 边上确定 F 点，连接 FS。利用杠杆规则确定和点 M。

$$\frac{S}{F}=\frac{500}{2000}=0.25$$

由已知萃余相组成 $x_n=0.07$ 在相图中确定 R_n 点，连接 R_nM 并延长交溶解度曲线于

E_1 点，即为最终萃取相的组成点。

作点 E_1 与 F、点 S 与 R_n 的连线，并分别延长，相交得到操作点 Δ。

过 E_1 点作联结线 $E_1 R_1$，得到与 E_1 呈平衡的萃余相组成点 R_1。

连接 ΔR_1 并延长交溶解度曲线于 E_2 点，得到进入第一级的萃取相组成点。

重复以上步骤，过 E_2 点作联结线 $E_2 R_2$，连接 ΔR_2 并延长交溶解度曲线于 E_3 点，……，直至 $x_5 = 0.05 < 0.07$ 为止，故所需的理论级数为 5。

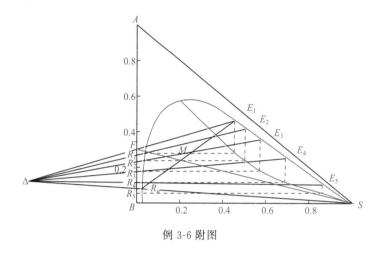

例 3-6 附图

此例详细阐述了求解多级逆流萃取所需理论级数的过程，可应用于多级逆流萃取装置的设计。但是，如果理论级数过多，各种关系线挤在一起，不够清晰，此时也可以利用直角坐标图解法进行理论级数的计算，需要在直角坐标中绘制分配曲线和操作线，然后用精馏过程所用的梯级图解法进行求解，具体方法可自行查阅相关资料。

2. 萃取剂和原溶剂完全不互溶物系

（1）直角坐标图解法　在操作条件下，若分配曲线不为直线，采用直角坐标图解法进行萃取计算较为方便，如图 3-37 所示，具体步骤如下：

① 在直角坐标系中绘制分配曲线。

② 绘制多级逆流萃取操作线。

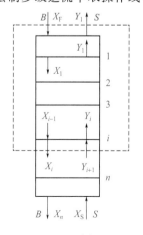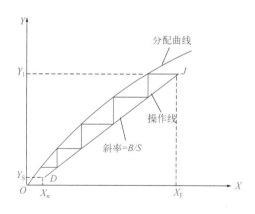

图 3-37　B、S 完全不互溶物系多级逆流萃取图解计算

如图 3-37 所示，作第 1 级与第 i 级之间溶质 A 的物料衡算：

$$BX_F + SY_{i+1} = SY_1 + BX_i$$

即

$$Y_{i+1} = \frac{B}{S}X_i + \left(Y_1 - \frac{B}{S}X_F\right) \tag{3-24}$$

式中　X_i——离开第 i 级萃余相中溶质 A 的质量比组成，kgA/kgB；

　　　　Y_{i+1}——离开第 $i+1$ 级萃取相中溶质 A 的质量比组成，kgA/kgS。

此式即为多级逆流萃取操作线方程。各级 B/S 均为常数，故该式为直线方程，斜率为 B/S，过端点 J（X_F，Y_1）和 D（X_n，Y_S），因而连接此两点即绘得多级逆流萃取操作线 JD。

③ 从 J 点开始，在分配曲线与操作线之间绘制直角梯级，梯级数即为所求的理论级数。

（2）解析法　当分配曲线为通过原点的直线且萃取因子为常数时，可用下式求解理论级数：

$$n = \frac{1}{\ln A_m}\ln\left[\left(1 - \frac{1}{A_m}\right)\frac{X_F - \dfrac{Y_S}{K}}{X_n - \dfrac{Y_S}{K}} + \frac{1}{A_m}\right] \tag{3-25}$$

3. 溶剂比和萃取剂最小用量

在萃取操作中，溶剂比 S/F 是一个重要参数，影响设备费用和操作费用。为完成一定的分离任务，若加大溶剂比，所需理论级数可以减少，但回收萃取剂消耗的能量会增加。

如图 3-38 所示，萃取剂用量越小，操作线越接近分配曲线，在两线之间所绘的梯级数越多。当操作线和分配曲线相交（或相切）时，即图中的 DJ_3，此时类似于精馏图解理论塔板数出现的夹紧区一样，所需理论级数为无穷多，此时对应的萃取剂用量为最小萃取剂用量 S_{min}。

用 δ 表示操作线斜率 B/S。当萃取剂用量 S 减小到 S_{min} 时，δ 取得最大值 δ_{max}。S_{min} 可用下式计算：

$$S_{min} = \frac{B}{\delta_{max}} \tag{3-26}$$

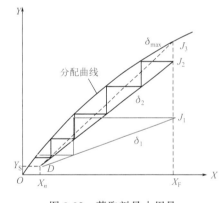

图 3-38　萃取剂最小用量

实际生产中，适宜的萃取剂用量应使设备费用与操作费用之和最小。根据工程经验，萃取剂用量通常取萃取剂最小用量的 $1.1 \sim 2.0$ 倍，即

$$S = (1.1 \sim 2.0)S_{min} \tag{3-27}$$

【任务实施】

1. 萃取方式的选择

为了给项目情境中的萃取分离任务选择合适的萃取方式，先将不同萃取方式的特点进行总结，见表 3-5。综合生产任务要求、经济性等因素，通过对比可知，任务的完成宜于采用多级逆流萃取方式。

▶ 表 3-5　不同萃取方式的特点

萃取方式		特点	适用情况
单级萃取		分离程度不高	物系分配系数很大且萃取要求不高的情况
多级萃取	多级错流	传质推动力大，能够得到较好的萃取效果，但萃取剂用量较多，且萃取剂的输送和回收能耗较大	物系分配系数较大或萃取剂无须回收等情况
	多级逆流	传质平均推动力大、分离效率高、萃取剂用量较少且循环利用	广泛应用于工业生产

2. 萃取剂用量

醋酸丁酯几乎不溶于水，因此任务中所使用的萃取剂和原溶剂可认为是完全不互溶体系。对于 B、S 完全不互溶体系的多级逆流萃取操作，可采用直角坐标图解法或解析法进行相关计算。

对于多级逆流萃取操作，当操作线与分配曲线相交（或相切）时，对应最小萃取剂用量，适宜的萃取剂用量一般取萃取剂最小用量的 1.1～2.0 倍。

经查阅文献资料得知，30℃时苯酚-水-醋酸丁酯的相平衡数据如本任务实施附表1所示。

▶ 任务三实施附表 1　苯酚-水-醋酸丁酯的相平衡数据（质量分数）

水层（R）			醋酸丁酯层（E）		
苯酚	醋酸丁酯	水	苯酚	醋酸丁酯	水
0	0.0029	0.9971	0	0.9855	0.0145
0.0015	0.003	0.9955	0.06	0.925	0.015
0.002	0.003	0.995	0.12	0.8625	0.0175
0.004	0.003	0.993	0.1725	0.8	0.0275
0.007	0.003	0.99	0.245	0.725	0.03
0.013	0.003	0.984	0.3175	0.645	0.0375
0.0185	0.003	0.9785	0.39	0.57	0.04
0.0245	0.0025	0.973	0.44	0.5175	0.0425
0.0325	0.002	0.9655	0.5125	0.4375	0.05
0.045	0.002	0.953	0.5925	0.3375	0.07
0.057	0.0015	0.9415	0.6505	0.2475	0.102
0.067	0.001	0.932	0.705	0.165	0.13
0.0725	0.001	0.9265	0.725	0.06	0.215
0.0775	0.001	0.9215	0.712	0.02	0.268
0.088	0	0.912	0.6939	0	0.3061

将部分相平衡数据的质量分数转换为质量比：

▶ 任务三实施附表 2　平衡关系（质量比）

序号	1	2	3	4	5	6	7
萃余相质量比 $X/(kgA/kgB)$	0.002	0.004	0.007	0.0132	0.0188	0.0251	0.0336
萃取相质量比 $Y/(kgA/kgS)$	0.1364	0.2085	0.3245	0.4652	0.6393	0.7857	1.0513

将任务中原料液和萃余相中苯酚的质量分数转化成质量比：

$$X_F = \frac{x_F}{1-x_F} = \frac{0.03}{1-0.03} = 0.031(\text{kgA/kgB})$$

$$X_n = \frac{0.005}{1-0.005} = 0.005(\text{kgA/kgB})$$

原料液中的原溶剂流量为：

$$B = F(1-x_F) = 4000 \times (1-0.03) = 3880(\text{kg/h})$$

根据本任务实施附表 2 中数据在直角坐标系中绘制分配曲线，并进行线性拟合（$R^2 = 0.99$）。萃取剂为纯溶剂，故 X_F、X_n 两点在 X 轴上，如本任务附图。过 X_F 作 X 轴的垂线交分配曲线于点 J，连接 $X_n J$ 即得到 δ_{max}：

$$\delta_{max} = \frac{1-0}{0.031-0.005} = 38.46$$

萃取剂最小用量为

$$S_{min} = \frac{B}{\delta_{max}} = \frac{3880}{38.46} = 100.88(\text{kg/h})$$

则萃取剂用量为

$$S = (1.1 \sim 2.0)S_{min} = (1.1 \sim 2.0) \times 100.88 = 110.97 \sim 201.76(\text{kg/h})$$

3. 萃取塔的理论级数

若实际萃取剂用量取 150kg/h，则实际操作线斜率为：

$$\delta = \frac{B}{S} = \frac{3880}{150} = 25.87$$

作出实际操作线 $X_n Q$。在分配曲线和操作线之间绘梯级，可求得所需理论级数为 3.5。

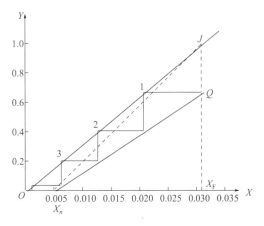

任务三实施附图

 【思考与实践】

设备升级改造是扩大生产规模、节能降耗、改善劳动条件等的一个重要环节。请通过查阅文献资料、实地走访等方式，就萃取生产过程中有关工艺优化、技术升级、设备改造等方面内容进行调研总结，以为将来从事相关生产或研究积累经验。

任务四 萃取过程的操作与控制

【任务描述】

请结合项目情境中关于含酚废水中酚的萃取回收案例描述及流程，学习并掌握以下关于萃取操作与控制的相关知识与技能：

(1) 萃取设备的开停车操作基本流程；

(2) 萃取过程中常见的异常现象及处理方法；

(3) 萃取过程的影响因素分析及过程控制；

(4) 萃取操作过程中的安全注意事项。

【知识准备】

一、萃取开停车操作基本流程

1. 混合澄清器的开停车操作流程

(1) 充槽启动　首先向空槽内加入连续相，若不用控制连续相或分散相，则可以按相比加入两相，控制总加入量使液位达到轻相口高度。充槽结束后，启动搅拌系统，并按正常要求的流量引入除原料液之外的各液流，当运行稳定时引入原料液，从小到大调节流量，逐渐提高到正常操作流量，同时打开水相出口阀门，此时混合澄清器进入正常运行阶段。混合澄清器正常运行时需要控制的主要参数包括搅拌条件、各液流之间的流比和各级的界面高度。

(2) 停车操作　混合澄清器需要暂时停车时，只需要关闭水相出口阀，停止各料液进入系统，停止搅拌即可。暂时停车后再启动，只要按前述充槽后的操作程序进行便可，但需要注意连续相的控制和调节。

长期停车则需要进行顶槽、倒空和清洗。"顶槽"就是加大水相流量，停止有机相进料，将混合澄清器内的有机相全部顶出。顶槽过程排出的有机相经洗涤或再生，以备再次开车时使用。槽子运行过程中会产生界面污物，顶槽结束后可以采取措施将污物排出槽外，并对槽子进行全面清洗。

2. 萃取塔的开停车操作流程

(1) 开车操作　萃取塔开车时，首先将连续相注满塔中，当重相为连续相时，液面应在重相入口高度处。关闭重相进口阀，开启分散相进口阀，使分散相不断在塔顶分层段内凝聚，随着分散相不断进入塔内，在重相液面上形成两相界面并不断升高。当两相界面维持在重相入口与轻相出口之间时，再开启分散相出口阀和重相出口阀，调节流量或重相升降管高度使两相界面维持在原高度。

当重相为分散相时，则分散相不断在塔底分层段凝聚，两相界面将维持在塔底分层段内的某一位置上，一般在轻相入口附近。

（2）停车操作　萃取塔停车时，若重相为连续相，首先关闭重相的进出口阀，再关闭轻相进出口阀，使两相在塔内静置分层后，慢慢打开重相的进出口阀，让轻相流出，当两相界面上升至轻相全部从塔顶排出时，关闭重相进口阀，使重相全部从塔底排出。

对轻相为连续相的，停车时先关闭重相的进出口阀，再关闭轻相的进出口阀，两相在塔内静置分层后，打开塔顶旁路阀，接通大气，然后慢慢打开重相出口阀，让重相流出。当相界面下移至塔底旁路阀高处时，关闭重相出口阀，打开旁路阀，让轻相流出。

二、萃取过程的调节与控制

影响萃取操作效果的主要因素包括萃取剂及其用量的选择、萃取操作分散相的确定、萃取过程控制等。

1. 萃取剂及其用量的选择

选择合适的萃取剂是保证萃取操作分离效果和经济性的关键，萃取剂选择需考虑的因素详见任务一。需要再次指出的是，萃取剂的选择一定要根据物系特点并结合生产实际，保证满足萃取工艺的主要求。

在萃取操作中，改变萃取剂用量是过程调节的重要手段之一。通常在其他操作条件不变的情况下，增加萃取剂用量，萃余相中溶质的浓度降低，萃取分离效果提高，但萃取剂回收负荷增大，导致回收时分离效果不好，使得循环使用的萃取剂中溶质含量增加，萃取效果反而可能下降。因此，实际生产中，必须注意萃取剂回收操作与萃取之间的相互制约关系，选择适宜的萃取剂用量。

2. 萃取操作分散相的确定

正确选择作为分散相的液体是萃取操作中的重要因素，直接影响萃取设备的操作性能和萃取过程的传质效果。分散相的选择通常应遵循以下原则：

① 当两相流量相差很大时，为增加相际传质面积，将流量大的一相作为分散相。但是，如果选用的设备可能会出现严重的轴向返混，则应选择流量小的一相作为分散相，以减小返混的影响。

② 在填料塔、筛板塔等萃取设备中，应将浸润性差的或筛板表面的液体作为分散相，以保持分散相更好地形成液滴分散于连续相，增大相际接触面积。

③ 当两相黏度差较大时，应将黏度大的一相作为分散相，这样液滴在黏度小的连续相中沉降或浮升的阻力会小，从而获得较大的相对速度，强化传质，提高设备生产能力。

④ 对于界面张力随溶质含量增加而增大的物系，令原料液为分散相较好，因为这样会随着液滴中溶质向萃取剂中转移，液滴表面的溶质含量逐渐减小，界面张力减小，液滴稳定性差，容易破碎成小液滴，增大相际接触面积和液滴表面的湍动程度，强化传质过程。

⑤ 为降低成本和保证安全操作，应将成本高和易燃易爆的液体作为分散相。

3. 萃取过程控制

（1）萃取操作温度的控制　之前任务中已讨论过，温度升高，萃取剂和原溶剂互溶度增大，两相区面积变小，不利于萃取操作。因此，适当降低温度会提高萃取分离效果。但是，温度过低，会导致液体黏度增大，扩散系数减小，传质速率降低，对萃取操作不利。工业生产中的萃取操作一般在常温下进行。

（2）维持相界面高度稳定　相界面不断上移至轻相出口，分层段不起作用，重相就会从轻相出口流出，需要降低升降管的高度或增加连续相的出口流量，使相界面下降到规定的高度；反之，相界面不断下移至萃取段，则会使得萃取段高度减小，萃取效率降低，这时应升高升降管高度或减小连续相的出口流量。

（3）防止液泛、冒槽等现象发生　实际生产操作中，控制流体流速在液泛速度以下，按规定控制好萃取塔的脉冲频率和幅度，及时抽出相界面的絮凝物，注意观察设备运行情况，保持供电稳定，避免泵异常运行。

（4）减小返混　在逆流萃取塔内，理想的流动为活塞流，此时传质推动力最大。但实际上，萃取塔内无论是分散相还是连续相，总有一部分流体的流动滞后于主体流动，或反向运动，或产生不规则的旋涡流动，这些现象称为轴向返混或简称返混。返混不仅使溶质在两相中的浓度差减小，降低了传质推动力，而且也降低了设备的生产能力。引起返混的主要原因有：

① 流体与塔壁面间存在阻力，中心区液体流速快，近壁区流体流速慢造成停留时间不均，这是造成液体返混的最主要原因。

② 分散相液滴大小不一。往往大液滴因流速较大而停留时间短，而小液滴因流速小而停留时间长，甚至非常小的液滴会被连续相夹带而反方向运动。

③ 塔内液体流动过程中会产生旋涡造成局部返混。

随着设备尺寸的增大，返混对传质过程的不利影响更为严重，使得萃取设备的放大设计更为困难。因此，在设计和操作中充分考虑返混的影响，中试条件与工业生产条件应尽可能接近，同时以科技创新赋能设备的改造与优化，例如前文中提到的清华大学发明的具有自主知识产权的新型转盘萃取塔。

三、萃取过程中的常见异常现象及处理

1. 液泛

液泛是萃取塔操作时容易发生的一种非正常操作现象，指的是分散相和连续相在萃取塔内逆向流动时，流体流动阻力会随着两相（或一相）流速的增大而增大，当达到一定程度时，一相会因流体阻力加大而被另一相夹带由出口流出塔外的现象。有时在设备中也表现为某段分散相把连续相隔断。发生液泛时的空塔流速称为液泛速度，是萃取操作的负荷极限，实际生产应在液泛速度水平以下作业，例如填料萃取塔中连续相的适宜流速一般为液泛速度的 50%～60%。因此，一旦出现液泛，首先要考虑降低总流量。

液泛的发生还与萃取过程中两相的物性变化相关，如黏度增大，界面张力下降，界面絮凝物增多引起分散带过厚，局部形成稳定的乳化层夹带着分散相排出。此原因造成的液泛，可适当提高萃取器内液体温度，加强料液过滤，减小乳化层厚度，必要时将界面絮凝物抽出。

另外，塔的类型及内部结构也会影响液泛。萃取塔不同，其液泛速度也随之不同。当对某种萃取塔操作时，两相流体确定后，流量过大或震动频率过快易引起液泛。

2. 相界面波动过大

萃取器正常操作时，相界面基本稳定在一定水平面上。相界面上、下波动幅度增大，说明萃取器内正常的水力学平衡遭受破坏，严重时可能导致萃取作业无法进行。相界面位置变化反映了萃取器内的液体流速发生了变化或级间流通口不畅，需检查供液流量控制系统，依

据生产要求调节供液量；调整叶轮转速到规定的搅拌速度，排除水相口堵塞异物或采用抽吸法排除水相流通口的液封。

3. 冒槽

冒槽是指液面水平超过箱体高度而溢出，是萃取过程最严重的事故，不仅破坏了萃取平衡，还直接造成有机相流失。产生冒槽的原因有流体流速过大、排液流通口堵塞、局部泵抽力不足等。如混合-澄清器各级流体输送是靠泵完成的，由于机械方面的原因，某级泵的叶轮转速变慢或突然停止，无法吸入相邻级的两相，这两级的液面就有增加的趋势，直至发生冒槽。所以一旦发现某一级泵的转速显著减慢或突然停止，则应全部（或某一段）停车处理，把各级泵调整到大致相同的转速。

流通口液封堵塞有两种情况：

（1）有机相排液管被水相封堵　这种情形常因水相充入有机相管内（开、停车时最容易发生），有机相密度小，其通道被水相堵死，无法流出，而邻级有机相源源进入，最后导致冒槽。在管道设计时应设法避免这种冒槽事故，尽量减少 U 形管的配置或在 U 形管下安装排水阀，定期将积水排出。此外，有机相流通管与下一级混合室连接时，最好在进入混合室的管口附近装上阀门，停车前先关闭阀门，尽量减少有机相管道的充水。

（2）水相流通口被密度更大的水相封堵　这种情形大多发生在分馏萃取时洗涤段与萃取段相连接的两级之间。由于开、停车时料液通过洗液进口管由萃取混合室倒灌入洗涤级，而料液的密度大于洗涤液，其在洗涤级的澄清室底部积累，直到将水相导流管充满，使洗涤段的水相不能流入萃取段，最后导致洗涤段发生冒槽。遇到这种事故必须将料液抽出，直至洗涤液充入为止。为了避免冒槽事故的发生，应适当提高毗邻萃取段洗涤级的界面高度，即增加该级水相溢流堰的高度，减少料液的倒灌。

4. 非正常乳化层增厚

萃取生产中难以避免形成乳化层，一般情况下，其增长速度及在萃取器中的位置是相对稳定的，只要定期抽出界面絮凝物就不会影响操作。但当乳化层的增长速度过快，甚至很快充斥整个萃取箱而无法分相时，就会引起严重事故，应立即停车处理。这类事故可能由以下原因引起：

（1）输入功率突然增大　这种情况一般在供电不太稳定的地区容易发生，由于电网电压突然增大，混合过于激烈，一时难以分相造成。所以在这些地区，搅拌电机应有过压保护装置，并将转速控制在适宜的范围。

（2）料液过滤的影响　多数萃取料液都要经过过滤，如果过滤器发生故障，固体悬浮物急剧增加就容易产生稳定乳化物。

四、萃取过程操作与控制中的安全技术

1. 操作前做好充分的准备工作

（1）设备检查与调试　主要观察设备性能是否符合设计要求，辅助设施是否连接合理。关键要考察萃取装置两相流通情况，相的混合和分散能力能否满足工艺要求。

（2）管线试压与试漏检查　及时发现并处理设备隐患，检查施工质量，扫除管线、塔及容器内的脏物，保证容器和管道系统在使用压力下保持严密不漏。气密性试验应在水压试验后进行。

（3）电器及仪表确认　必须按系统对继电保护装置、备用电源自动投入装置、自动重合闸装置、报警及预报信号系统等进行模拟试验，并在中控进行图上核实各种颜色开关或开闭显示。应逐项模拟联锁及报警参数，验证逻辑的准确性和联锁报警值的准确性。启动电机时，记录启动时间、电流，并做好变、配电运行操作及运转记录，观察电机启动停车状态和中控室流程图显示相一致。

2. 选取合适的萃取剂

萃取剂除具有良好的选择性外，还应尽量具有毒性、燃烧性和爆炸性小以及化学稳定性和热稳定性高的优点。

3. 消除静电

萃取操作中的原溶剂或所使用的萃取剂大多属易燃易爆介质。相混合、分离以及泵输送等操作易产生静电。若是搪瓷反应器，液体表面积累的静电很难消除，甚至在物料放出时产生放电火花。同时，操作人员身体也会携带或产生静电。因此，应采取有效的静电消除措施，如控制车间湿度、设备良好接地、穿着防静电工作服等。

4. 加强防护放射性物质

对于涉及放射性化学物质的萃取操作，可采用无须机械密封的脉冲塔，同时加强个人防护。

5. 做好个人防护

萃取操作过程中要控制有毒、易燃易爆危险化学品的挥发，防止泄漏，加强通风，佩戴防护面具。分液过程中观察玻璃视盅时，要佩戴护目镜，以防玻璃视盅破裂后溶液喷溅到眼睛。

6. 严格遵守安全规章制度

严格遵守萃取车间的安全规章制度，规范操作，加强设备巡检，发现问题按操作规程及时处理。

 【技术拓展】

近年来，超临界流体萃取等新兴萃取技术对传统萃取方式形成了很大冲击。同时，随着土地资源的日益紧张以及生产效率的提高，像占地面积较大的混合澄清槽和一些综合效率较低的塔设备，也将慢慢被一些新的设备所取代。下面简单介绍几种新型萃取分离技术。

一、超临界流体萃取技术

超临界流体萃取是一种迅速发展的新型萃取分离技术，它是以高压、高密度的超临界流体作为萃取剂，从液体或者固体中提取高沸点或者热敏性有用成分，来达到分离或纯化的目的。超临界流体具有介于气体和液体之间的特殊性质，其密度与液体接近，黏度接近于普通气体，自扩散系数为液体的 100 倍左右，这意味着超临界流体具有与液体萃取剂相近的溶解能力。同时，超临界萃取的传质速率远大于溶剂萃取速率且很快达到萃取平衡，所以可实现高效的分离。

常用的超临界流体有二氧化碳、乙烯、乙烷、丙烯、丙烷等。相比之下，因二氧化碳的临界温度（$T_c = 304.15K$）较接近常温，且安全易得，故二氧化碳是超临界流体萃取中最常用的载体。

超临界流体萃取过程分为萃取和分离两个阶段。在萃取阶段，超临界流体从原料液中萃取出所需组分；在分离阶段，通过改变参数或其他方法，使被萃取的组分从超临界流体中分离出来，萃取剂循环使用。根据分离条件的不同，超临界流体萃取有等温变压、等压变温以及等温等压吸附三种流程。

（1）等温变压流程　　如图 3-39 所示，通过压力变化使萃取组分从超临界流体中分离出来，而萃取器和分离槽中流体温度基本不变。

超临界流体经过膨胀阀后压力下降，溶解度下降，溶质析出，从分离槽底部排出。用作萃取剂的气体经压缩机压缩后返回萃取器循环利用。此流程操作简单，应用最为广泛，适用于对温度有严格要求的物质的萃取，但萃取过程需要加减压，故能耗较高。

（2）等压变温流程　　如图 3-40 所示，保持萃取器和分离槽的压力基本相同，将萃取了溶质的流体加热升温进行分离，萃取剂降温升压后循环使用。由于体系压力基本维持不变，萃取剂充入体系达到指定压力后只需要循环泵进行循环即可，气体压缩功耗较少，但需要加热蒸汽和冷却水。

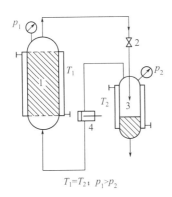

$T_1=T_2$；$p_1>p_2$

图 3-39　等温变压超临界流体萃取流程
1—萃取器；2—膨胀阀；3—分离槽；4—压缩机

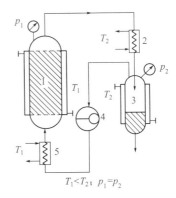

$T_1<T_2$；$p_1=p_2$

图 3-40　等压变温超临界流体萃取流程
1—萃取器；2—加热器；3—分离槽；
4—泵；5—冷却器

（3）等温等压吸附流程　　如图 3-41 所示，这种流程不需要变温、变压，在分离槽中放置仅吸附溶质而不吸附萃取剂的吸附剂，使得溶质在分离槽中被吸附而分离。此流程能耗小，但需要将吸附剂进行解吸再生才能够得到产品，后续处理流程复杂，不利于连续生产。

除以上 3 种基本流程外，固相物料的超临界流体萃取还可采用添加惰性气体法和洗涤法流程。

（4）添加惰性气体流程　　图 3-42 所示为添加惰性气体法超临界流体萃取流程。分离时加入惰性气体如 N_2、Ar等，而使溶质在超临界流体中溶解度显著下降。整个过程在等温等压下进行，因此非常节能。同吸附法存在的再生问题类似，该工艺也存在如何使超临界流体和惰性气体分离的问题。

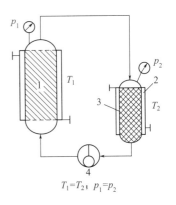

$T_1=T_2$；$p_1=p_2$

图 3-41　等温等压吸附超
临界流体萃取流程
1—萃取器；2—吸附剂；
3—分离槽；4—泵

（5）洗涤法流程　图 3-43 为洗涤法超临界流体萃取流程。利用水等介质在分离槽中对溶解了溶质的超临界流体进行喷淋洗涤，再从水中得到溶质。

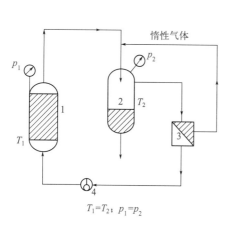

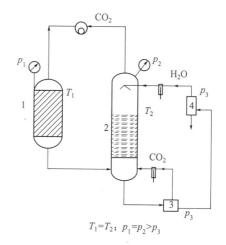

图 3-42　添加惰性气体法超临界流体萃取流程
1—萃取器；2—分离槽；3—再生器；4—泵

图 3-43　洗涤法超临界流体萃取流程
1—萃取器；2—分离槽；
3—闪蒸器；4—精馏装置

超临界流体萃取因具有选择性好、适用性强、分离效率高、易操作、能耗小、无溶剂残留等优点而被广泛应用于食品工业、石油化工、生物医药、环境保护等产业，例如从咖啡豆中脱除咖啡因、渣油超临界流体萃取脱沥青等。虽然超临界流体萃取技术已经取得了很大的进展与应用，但仍需加强相平衡及传质过程、高压连续化萃取装置、从工艺设备角度降低能耗等方面的研究。

科技创新助力乡村振兴

枸杞是宁夏的红色名片，拥有四千年的悠久历史文化，承载着农民对美好生活的热烈向往。科技、绿色、附加值高，正是宁夏枸杞现代化征途中必不可少的升级要素。超临界二氧化碳萃取技术在宁夏枸杞产品深加工、提升附加值的过程中发挥了重要作用。"全国工人先锋号"某枸杞股份有限公司超临界二氧化碳萃取班组负责人如是说："这是一种集提取、分离于一体的全物理萃取过程，所得提取物有效成分含量高、功能因子活性强、科技含量高、附加值高。特别是所得的产品无重金属离子残留、无农药残留、无有机溶剂残留，符合国际标准。"科技创新是企业发展的不竭动力，高质量发展是全面建设社会主义现代化国家的首要任务。"先锋"体现在技术创新的敢为人先。2018 年起，作为行业"尝鲜"的鲜枸杞生产加工企业，该公司启动智能化锁鲜枸杞生产线项目，从前期基础设施铺设，到设备安装、调试、试运行，历时 8 个月，班组成员用烂了 200 多双手套，反复摸索，最终一条科学合理的 GMP 净化生产线顺利投产，"锁鲜枸杞"成功亮相。技术突破的背后，是人才智慧的凝结。作为企业基层"劳模创新工作室"之一，该班组尊崇"岗位找难点、学习找师傅、同行找短板、进步找标杆、创新找技术"，成功实现技改 100 余项，创新成果获专利 3 项。科技创新有效促进了当地农民增收、农业增效、农村增绿。

二、双水相萃取技术

随着生物科学的发展，一些含量微小但具有生理活性的高价值生物物质的分离提纯成为分离科学领域研究的重点。常规的分离技术容易造成生物物质失活，且处理量小、收率低、成本高，如普通溶剂萃取法中使用的有机溶剂会使蛋白质、核酸、细胞及细胞器变性失活，且溶解性差。双水相萃取技术是针对生物活性物质的提取而开发出来的一种新型液-液萃取分离技术，其使得生物物质的分离能够形成一定的生产规模，而且经济简便、快速高效。

1896 年，Beijerinek 将明胶和琼脂或可溶性淀粉混合时发现，两种亲水性的高分子聚合物并非混为一相，而是形成了两个水相。20 世纪 80 年代，研究者们利用这类双水相成相现象以及待分离物质在此两相间不同的分配系数，提出了双水相萃取技术，来实现生物物质的分离提纯。多年来，双水相萃取技术得到了较大的研究与应用，比如从发酵液中提取各种酶。

双水相体系通常有以下类型：

（1）高聚物/高聚物体系 两种聚合物互相混合时，如果两种聚合物分子间作用力表现为排斥力，则在达到平衡后就可能形成两相；抑或是由于高聚物分子的空间位阻使得高聚物分子无法相互渗透而形成两相。许多聚合物都能形成双水相体系，如聚乙二醇（PEG）、葡聚糖（Dextran）、聚丙二醇、甲基纤维素、羧甲基纤维素钠等。其中，在生物技术中最常用的是 PEG 和 Dextran。

（2）高聚物/高价无机盐体系 聚合物和一些高价无机盐也能形成双水相体系，如 PEG/磷酸盐等。一般认为是由于高价无机盐的盐析作用而使聚合物和无机盐富集于两相中。

生物活性物质在双水相体系中的平衡分配系数是双水相萃取工艺研究的重要内容。影响双水相体系相平衡分配的因素主要包括：聚合物的种类、浓度，平均分子量及分子量分布；盐的种类及浓度；体系 pH 值；菌体或细胞的种类及含量；体系温度等。这类研究是确定双水相萃取的工艺条件和开发新的工艺过程的基础。

三、回流萃取技术

在逆流萃取过程中，只要级数足够多，最终萃余相组成即可达到期望值，但萃取相组成却受到原料液组成与相平衡关系的限制。为了获得更高组成的萃取相，使原料液实现高纯度分离，可仿照精馏操作中的回流方法，将最终萃取相脱除溶剂后的萃取液部分返回塔内作为回流，这种操作称为回流萃取，如图 3-44 所示。

原料液由塔中部加入，新鲜萃取剂由塔底加入。塔顶最终萃取相脱除溶剂后，部分作为塔顶产品采出，另一部分返回塔顶作为回流。萃余相从塔底抽出，脱除溶剂后得到萃余液。加料口以下塔段为通常的萃取塔，称为提浓段，使溶质转移到萃取剂中，提高萃余相中组分 B 的含量；加料口以上塔段为增浓段，使最终萃取相中溶质 A 含量达到要求。需要指出的是，塔底萃余相不必再回流到塔内。

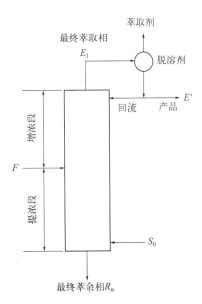

图 3-44 回流萃取操作流程

【思考与实践】

安全生产是国家的一项长期基本国策，是保护劳动者安全、健康和国家财产，促进社会生产力发展的基本保证。在实际生产过程中，因设备故障、生产条件改变、操作不当等原因可能会引发一系列生产事故，造成巨大的经济损失、严重的环境污染甚至是人员伤亡等严重后果。请通过查阅相关资料、观看新闻报道等方式就萃取生产中发生的事故进行总结并形成报告，汲取事故教训，学习防范知识与经验，守住安全底线、筑牢安全防线。

【职业素养】

5S

5S起源于日本，指在生产现场对人员、机器、材料、方法等生产要素进行有效管理。

1. 何谓5S

（1）整理（seiri）

定义：区分要与不要的物品，现场只保留必需的物品。

目的：将"空间"腾出来活用。

（2）整顿（seiton）

定义：必需品依规定定位、定方法摆放整齐有序，明确标示。

目的：不浪费"时间"寻找物品，提高工作效率和产品质量，保障生产安全。

（3）清扫（seiso）

定义：清除现场内的脏污、清除作业区域的物料垃圾。

目的：清除"脏污"，保持现场干净、明亮。

（4）清洁（seiketsu）

定义：将整理、整顿、清扫实施的做法制度化、规范化，维持其成果。

目的：认真维护并坚持整理、整顿、清扫的效果，使其保持最佳状态。

（5）素养（shitsuke）

定义：人人按章操作、依规行事，养成良好的习惯，使每个人都成为有教养的人。

目的：提升"人的品质"，培养对任何工作都讲究、认真的人，是5S活动的核心。

2. 推行步骤

（1）成立推行组织

（2）拟定推行方针及目标

（3）拟定工作计划及实施方法

（4）教育

（5）活动前的宣传造势

（6）实施

（7）活动评比办法确定

（8）查核

（9）评比及奖惩

（10）检讨与修正

（11）纳入定期管理活动中

3. 现场 5S 示例

驻足监测点标识

隐患处警示标识

现场视镜运行参数标识

工具柜内工具摆放整齐

办公桌物品定位放置

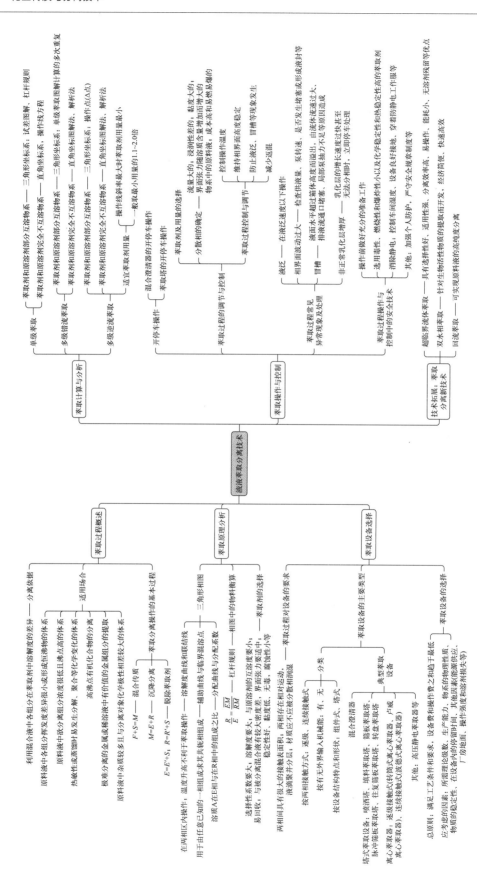

【习题】

一、简答题

1. 请简述如何为均相液体混合物的分离选择经济合理的方法？

2. 工业生产中，适宜的萃取剂应具备哪些条件？

3. 用相图说明萃取分离混合物的基本步骤。

4. 请阐述溶解度曲线数据是如何通过实验测定的。

5. 何为分配系数？何为选择性系数？两者之间有什么关系？

6. 如何选择萃取操作的温度？

7. 如果生产任务和要求不变，将单级萃取改为多级错流萃取操作，结果如何？

8. 请阐述多级错流萃取和多级逆流萃取的基本流程及各自的优缺点。

9. 多级逆流萃取时，萃取剂用量与萃取理论级数之间存在什么关系？

10. 常用的萃取设备有哪些类型？如何选用合适的萃取设备？

11. 请解释什么是萃取液泛？

12. 请分析萃取过程中返混发生的原因。

13. 萃取操作选择轻液还是重液作为分散相取决于哪些因素？

14. 超临界流体萃取的特点是什么？有哪些应用场合？

二、计算题

1. 30℃时，丙酮（A）-醋酸乙酯（B）-水（S）物系的相平衡数据如本题附表所示。试求：（1）在等腰直角三角形相图中绘制三角形相图及辅助曲线；（2）若将100kg丙酮含量为0.1（质量分数，下同）的丙酮-水混合液与50kg丙酮含量为0.3的丙酮-醋酸乙酯混合液进行充分混合，所得新的混合液组成为多少？在相图中标绘其位置；（3）问题（2）中混合物分层后所得共轭相的组成及质量分别为多少？

▶ 习题1附表　丙酮（A）-醋酸乙酯（B）-水（S）物系的相平衡数据

醋酸乙酯相			水相		
丙酮	醋酸乙酯	水	丙酮	醋酸乙酯	水
0	0.965	0.035	0	0.074	0.926
0.048	0.91	0.042	0.032	0.083	0.885
0.094	0.856	0.05	0.06	0.08	0.86
0.135	0.805	0.06	0.095	0.083	0.822
0.166	0.772	0.062	0.128	0.092	0.78
0.2	0.73	0.07	0.148	0.098	0.754
0.224	0.7	0.076	0.175	0.102	0.723
0.26	0.65	0.09	0.198	0.122	0.68
0.278	0.62	0.102	0.212	0.118	0.67
0.326	0.54	0.134	0.264	0.15	0.586

2. 在 25℃下，醋酸（A）-水（B）-乙醚（S）物系的相平衡数据（质量分数，下同）如本题附表所示。现有质量分数为 0.15 的醋酸水溶液 25kg，欲用纯乙醚进行单级萃取。试求：（1）最少加入多少乙醚才能进行萃取操作？（2）欲获得含醋酸质量分数为 0.64 的萃取液，计算乙醚的加入量以及醋酸和水之间的分配系数和选择性系数。（3）按问题（2）所需量加入乙醚，所获得的萃取相、萃余相、萃取液和萃余液的质量各为多少？

▶ 习题 2 附表　醋酸（A)-水（B)-乙醚（S）物系的相平衡数据

水相			乙醚相		
水	醋酸	乙醚	水	醋酸	乙醚
0.933	0	0.067	0.023	0	0.977
0.880	0.051	0.069	0.036	0.038	0.926
0.840	0.088	0.072	0.050	0.073	0.877
0.782	0.138	0.080	0.072	0.125	0.803
0.721	0.184	0.095	0.104	0.181	0.715
0.650	0.231	0.119	0.151	0.236	0.613
0.557	0.279	0.164	0.236	0.287	0.477

3. 25℃时，以水作为萃取剂萃取醋酸-氯仿混合液中的醋酸，采用三级错流萃取操作。已知原料液流量为 1000kg/h，其中含有醋酸 0.45（质量分数）。平衡数据见例 3-4，若每级萃取剂加入量均为 250kg/h，试求：（1）最终萃余液中醋酸含量是多少？（2）若保持萃取剂总用量不变，采用单级萃取操作，则最终萃余液中醋酸含量又是多少？与问题（1）所得结果进行比较。

4. 采用多级错流萃取操作，以水为萃取剂从乙醛-甲苯混合物中萃取乙醛。已知原料液流量为 1000kg/h，乙醛含量为 0.06（质量分数，下同），要求最终萃余相中乙醛含量不超过 0.005。若每级水的用量均为 250kg/h，试求所需理论级数。操作条件下，水和甲苯视为完全不互溶，以乙醛质量比表示的平衡关系为 $Y^* = 2.2X$。

5. 在逆流萃取器中，以异丙醚为萃取剂萃取醋酸-水溶液中的醋酸。已知原料液流量为 2000kg/h，醋酸含量为 0.3（质量分数，下同），要求最终萃余相中醋酸含量不超过 0.02。若萃取剂用量为 5000kg/h，试求所需理论级数。操作温度为 20℃，平衡数据如本题附表所示。

▶ 习题 5 附表　醋酸（A)-水（B)-异丙醚（S）物系的相平衡数据

水相			异丙醚相		
水	醋酸	异丙醚	水	醋酸	异丙醚
0.007	0.981	0.012	0.002	0.005	0.993
0.014	0.971	0.015	0.004	0.007	0.989
0.027	0.957	0.016	0.008	0.008	0.984
0.064	0.917	0.019	0.019	0.01	0.971
0.133	0.844	0.023	0.048	0.019	0.933
0.255	0.711	0.034	0.114	0.039	0.847
0.37	0.586	0.044	0.216	0.069	0.715
0.443	0.451	0.106	0.311	0.108	0.581
0.464	0.371	0.165	0.362	0.151	0.487

6.在多级逆流萃取器中，以三氯乙烷为萃取剂从丙酮-水溶液中萃取丙酮。已知原料液流量为 1500kg/h，丙酮含量为 0.35（质量分数，下同），要求最终萃余相中丙酮含量不大于 0.05，萃取剂用量为最小用量的 1.5 倍，试求所需理论级数。操作条件下，水与三氯乙烷视为完全不互溶，以丙酮质量比表示的平衡数据如本题附表所示。

▶ 习题 6 附表　以丙酮质量比表示的平衡数据

X	0.0634	0.111	0.163	0.236	0.255	0.37	0.538
Y	0.0959	0.176	0.266	0.383	0.471	0.681	0.923

三、操作题

1.请阐述萃取操作的基本流程。

2.多级错流萃取时，如果其他操作条件不变，增加每一级的萃取剂用量，萃取效果如何改变？

3.如何决定是采用错流还是逆流萃取操作流程？

4.请简述混合澄清器的操作流程。

5.请简述萃取塔的操作流程。

6.萃取操作过程中，有哪些因素影响萃取操作及效果？该如何进行控制？

7.单级萃取时，如将萃取剂由纯态改为含有一定的溶质组分，但保持用量不变，则萃取相、萃余相的组成将如何变化？

8.萃取操作过程中会出现哪些异常现象？该如何进行处理？

9.想一想在萃取操作过程中该如何保障安全生产？

10.转盘转速是转盘萃取塔操作的重要参数之一，提高转盘转速可一定程度上提高溶质回收率，但不能过大提高转盘转速，其原因是什么？

 【符号说明】

符号	意义	计量单位
A	溶质的质量或质量流量	kg 或 kg/h
A_m	萃取因子	
B	原溶剂的质量或质量流量	kg 或 kg/h
E	萃取相的质量或质量流量	kg 或 kg/h
E'	萃取液的质量或质量流量	kg 或 kg/h
F	原料液的质量或质量流量	kg 或 kg/h
k	分配系数	
K	以质量比表示相组成的分配系数	
M	混合液的质量或质量流量	kg 或 kg/h
n	理论级数	
R	萃余相的质量或质量流量	kg 或 kg/h
R'	萃余液的质量或质量流量	kg 或 kg/h
S	萃取剂的质量或质量流量	kg 或 kg/h

x	萃余相或混合液中溶质的质量分数	
X	萃余相中溶质的质量比	kgA/kgB
y	萃取相中溶质的质量分数	
Y	萃取相中溶质的质量比	kgA/kgS
β	选择性系数	
δ	操作线斜率	

下标

A	溶质
B	原溶剂
E	萃取相
F	原料液
M	混合液
R	萃余相
max	最大
min	最小
S	萃取剂

项目四

吸附分离技术

 【学习目标】

知识目标：

1. 了解吸附分离在化工生产中的应用及在低碳、环保等领域的发展前景。

2. 掌握吸附分离过程的依据和类型，熟悉常用的吸附分离设备及工艺流程。

3. 理解吸附平衡和吸附速率理论。

技能目标：

1. 能根据气体或液体混合物的物系特点及分离要求，选择吸附-脱附类型以及合适的吸附剂。

2. 会根据吸附-脱附类型选择吸附设备，并确定吸附分离工艺参数。

3. 会操作变压吸附装置、分析并处理吸附操作中的异常现象，能根据产品的纯度与回收率控制和调节变压吸附过程。

4. 能识别吸附单元的安全隐患，正确使用吸附装置的安全设施。

素质目标：

1. 进一步树立低碳环保的绿色发展理念。

2. 坚定"四个自信"，同时开阔国际视野。

3. 培养行业认同感和岗位责任感。

项目情境

氢气是一种高效、清洁的二次能源，也是一种重要的石油化工原料。目前，氢气的获取方式主要有三种：化石燃料制氢、工业副产制氢和电解水制氢，其中以煤制氢气为主（占比 64%），煤气化制氢的工艺路线如图 4-1 所示。

图 4-1 煤气化制氢的工艺路线

工业上广泛用于氢气提纯的有深冷分离、膜分离和变压吸附分离三种技术。其中，以变压吸附（PSA）在氢气提纯中的应用最为广泛，该技术无须对原料进行复杂的预处理，灵活性高、操作弹性大，可生产纯度高达99.999％的氢气产品。PSA法存在氢气收率较低的缺点，可采用抽真空再生的方式提高氢气回收率，也可通过与变温吸附、膜分离等技术结合，实现复杂多样的分离任务。

本项目将主要以PSA法提纯氢气为例，完成吸附分离项目的学习任务。需要解决的问题包括：

(1) PSA法提纯氢气选择何种吸附剂？

(2) 对于一定的氢气生产任务，如何确定吸附剂的用量？

(3) PSA法提纯氢气选择哪种类型的设备和工艺流程？

(4) 如何进行PSA单元的开停车操作和产品质量控制？

项目导言

1. 吸附分离的依据

固体表面上的原子或分子和液体表面一样，处于力场不平衡状态，表面上存在着剩余的吸引力。这种剩余吸引力会因为吸附其他分子而得到一定程度的补偿，从而降低表面能，故固体表面可以自动地吸附那些能够降低其表面能的物质。利用固体与气体或液体混合物中各组分间作用力强弱的差异而使混合物中各组分实现分离的单元操作称为吸附，其中的固体物质称为吸附剂，被吸附的物质称为吸附质。例如，人们通常在刚装修完的房间中放置一些活性炭，以吸附除去甲醛、苯系物等有害气体。活性炭对水中的微量有机污染物也具有很强的吸附能力，活性炭吸附因此成为工业废水处理的主要步骤之一。

2. 物理吸附与化学吸附

根据吸附质与吸附剂表面分子间吸引力性质的不同，吸附可分为物理吸附与化学吸附，两类吸附作用的比较见表 4-1。

▶ 表 4-1　物理吸附与化学吸附的比较

特点	物理吸附	化学吸附
吸附作用力	范德华力，一般较弱	化学键，一般较强
选择性	与吸附剂分子间作用力大的物质 首先被吸附	固体表面的活性位只选择性地吸附 可与之发生反应的气体分子
吸附热	较小，接近于气体的液化热	较高，接近于化学反应热
吸附分子层	单分子层，或多分子层	单分子层
吸附活化能	不需要活化能，吸附与脱附速率 都很大	需要活化能，吸附速率随温度升高 而变大，宜在较高温度下进行
可逆性	可逆	通常不可逆
用途	分离气体或液体混合物	在催化反应中起重要作用

本项目主要讨论基于物理吸附的气体或液体混合物的分离问题。

3. 吸附分离技术的应用

吸附分离方法的高选择性，以及吸附过程较温和的操作条件，使得吸附分离已成为当今气体和液体混合物分离的重要手段，在化工、炼油、医药和环保等领域得到了广泛应用。未来，二氧化碳吸附捕集技术更是有望在实现"碳达峰碳中和"目标中发挥重要作用。按照原料气体或液体混合物中吸附质含量的不同，吸附可分作纯化和分离两种用途。通常认为原料气体或液体混合物中吸附质的质量分数大于 10% 时为分离吸附。表 4-2 分别列出了吸附分离技术在气体净化、气体混合物的分离、液体净化、液体混合物的分离中的常用应用场景与应用实例。

▶ 表 4-2　吸附分离技术的应用

应用类型	应用场景	应用实例
气体净化	气体的干燥	深冷法空分装置中原料空气的干燥
	微量杂质脱除	室内空气除去易挥发有机物
	气体中少量溶剂的回收	工业废气中有机溶剂蒸气的回收
气体混合物的分离	大宗气体的分离	空气常温分离制 N_2 和 O_2
	反应产物中烃类的分离回用	环氧乙烷生产中乙烯的分离回用
	H_2 的回收	炼厂干气回收高纯 H_2
液体净化	脱除微量有机物	废水处理
	脱水	有机卤化物脱水
	脱色	植物油脱色
液体混合物的分离	芳烃混合物的分离	从对二甲苯/间二甲苯/邻二甲苯异构体中分离对二甲苯
	烷烃混合物的分离	从 $C_{10} \sim C_{18}$ 支链和环状烃类混合物中分离正构烃
	混合糖浆的分离	从葡萄糖/果糖中分离果糖

绿色冬奥

2022 年北京冬奥会期间，总共运行了超 1000 辆氢能源汽车，配备了 30 多个加氢站，是全球至当时为止最大的一次氢燃料电池汽车集体运营活动。这批清洁、低碳的新能源汽车行驶所需要的纯度达 99.999% 的氢气，竟来自燕山石化等企业的工业废气，在废气中"掘金"的就是 PSA 分离技术。近年来，西南化工研究设计院针对工业副产气制备燃料电池用氢的定向除杂难题展开技术攻关，先后在吸附剂、特种阀门、工艺过程、仪表控制、工程实施等关键技术上取得了突破，形成了拥有自主知识产权的工业副产氢净化与提纯成套技术，使我国 PSA 提纯氢气装备技术达到国际领先水平。中国的 PSA 技术正应用于越来越多国家的能源领域。而在 1996 年大型 PSA 技术成功实现国产化以前，工业 PSA 制氢技术一直为国外 UCC 公司、Haldor Topsoe 公司、Linder 公司所垄断。从长远来看，利用可再生能源电解水制取"绿氢"将是主要趋势，但中短期煤制氢仍将占据主导地位，工业副产制氢是氢气来源的有益补充。

任务一　吸附分离原理的分析

【任务描述】

工业上常用的吸附剂有很多种。某煤化工企业的 PSA 装置处理的原料气为经低温甲醇洗工段净化的 H_2 含量为 $86\%\sim96\%$ 的变换气，其余组分主要为 CO，以及微量的 N_2、Ar 和 CH_4。要求为下游用户提供纯度为 99.95% 的 H_2 产品，请为该 PSA 装置选择合适的吸附剂。

【知识准备】

一、吸附剂的选择

吸附分离过程中，吸附剂是关键，正是性能优良的吸附剂的不断开发推动了吸附分离技术的迅速发展和广泛应用。

1. 吸附剂的性能要求

选择合适的吸附剂是吸附操作中必须解决的首要问题。任何固体物质的表面对流体都具有吸附作用，但具备下列特征的吸附剂才具有工业实用价值。

（1）大的比表面积　大的比表面积才能有大的吸附容量。吸附容量越大，需要的吸附剂量越少，投资也就越低。只有具有发达的微孔结构的物质，才能提供巨大的比表面积。微孔占的容积一般为 $0.15\sim0.9mL/g$。

（2）良好的选择性　吸附过程要求吸附剂对吸附质有较大的吸附能力，而对混合物中其他组分的吸附能力尽可能小。例如，活性炭吸附 SO_2 的能力远大于吸附空气的能力，故活性炭能从含 SO_2 的废气中优先吸附 SO_2 而达到净化废气的目的。

（3）良好的再生性能　工业上选用吸附法分离或净化气体的经济性和技术可行性，在很大程度上取决于吸附剂的再生性能。要求吸附剂再生方法简单，再生后残余吸附质少，吸附容量不因吸附-脱附运行而明显衰减。

（4）良好的机械强度、热稳定性、化学稳定性以及均匀的颗粒尺寸　多数吸附剂的外形为球形和短柱形，工业上用于固定床吸附的颗粒直径一般为 $1\sim10mm$。如果颗粒太大或尺寸不均匀，流体通过床层时易形成短路及返混现象，降低分离效率；如果颗粒小，则床层阻力大，过小甚至会被流体带出。因此，吸附剂颗粒的大小应根据具体工艺条件适当选择。

（5）来源广泛，价格低廉　实际选择吸附剂时，很难找到一种吸附剂能同时满足上述要求，要在抓住主要矛盾的前提下进行多方面的权衡考虑。

2. 常用的吸附剂

（1）活性炭　活性炭是最常用的吸附剂，由木炭、坚果壳、煤等含碳原料经炭化与活化制得，其吸附性能取决于原始成炭物质及炭化、活化等的操作条件。活性炭吸附剂具有如下特点：

① 它是用于完成分离与净化过程唯一不需要预先严格干燥的工业吸附剂；

② 它具有极大的内表面积，因此比其他吸附剂能够吸附更多的非极性和弱极性有机分子；

③ 活性炭的吸附热及键的强度通常比其他吸附剂低，因而脱附较为容易，吸附剂再生时耗能相对较低；

④ 由于生产工艺比较复杂，活性炭吸附剂的价格较为昂贵；

⑤ 使用时应特别注意活性炭的易燃易爆性。

市售活性炭根据用途可分为适用于气相和适用于液相两种。活性炭的应用几乎遍及了各工业领域，例如溶剂蒸气的回收、各种气体物料的纯化、水的净化、动植物油的精制等。

合成纤维经炭化后可制成活性炭纤维吸附剂，它的吸附容量比活性炭高数十倍，特别是对醚、醇、酮等有机物的吸附容量提高更加显著。活性炭纤维吸附剂可以编制成各种织物，从而减少流体的流动阻力，且使设备更为紧凑。

（2）分子筛　分子筛，又称合成沸石，是一种水合结晶型的铝硅酸盐，组成可用 $M_{2/n}O \cdot Al_2O_3 \cdot xSiO_2 \cdot pH_2O$ 表示，其中 M 为金属阳离子（如 Na^+、K^+、Ca^{2+}），n 为金属离子的价数。分子筛的晶体结构中有规整而均匀的孔道，它只允许直径比其孔径小的分子进入，故能将混合物中的分子按大小加以筛分。根据原料配比、组成和制造方法的不同，分子筛具有不同大小的孔径和不同的形状。与其他吸附剂相比，分子筛具有如下优点：

① 吸附选择性强。分子筛除了具有孔径大小整齐均一的特点外，又是一种离子型吸附剂，因此它能根据分子的大小及极性的不同进行选择性吸附。

② 吸附能力强。即使在被处理的混合物中吸附质浓度很低及在较高的温度时，分子筛仍具有较强的吸附能力。

由于分子筛突出的吸附性能，它在吸附分离中的应用十分广泛，如各种气体和液体的干燥、烃类气体或液体混合物的分离、天然气中 H_2S 和其他硫化物的去除等。

（3）硅胶　硅胶是另一种常用的吸附剂，它是由无定形 SiO_2 构成的坚硬、多孔性固体颗粒，分子式为 $SiO_2 \cdot nH_2O$。制造过程为：用硫酸处理硅酸钠水溶液生成凝胶，所得凝胶再经老化、水洗去盐后，干燥即得。通过选择制造过程条件，可控制硅胶的微孔尺寸、孔隙率和比表面积的大小等。工业用的硅胶有球形、无定形、加工成型和粉末状四种。硅胶是一种亲水性的极性吸附剂，它可从气体中吸附达自身质量 50% 的水分，吸水后的饱和硅胶可通过加热方法得到再生。硅胶主要用于气体和液体的干燥、溶液的脱水和作为催化剂载体。

（4）活性氧化铝　活性氧化铝又称活性矾土，为一种无定形的多孔结构物质，通常由氧化铝的水合物经加热、脱水、活化制得。用不同的原料、在不同的工艺条件下，可制得不同结构、不同性能的活性氧化铝。它是一种极性吸附剂，对水分具有很强的吸附能力，并具有良好的机械强度，主要用于高湿度气体的干燥、液体的脱水、石油气的浓缩和脱硫，近年来又用于含氟废气的治理。

（5）其他吸附剂　除了上述常用的四种吸附剂外，还有一些其他类型吸附剂，如吸附树脂、碳分子筛、生物吸附剂、改性吸附剂等。吸附树脂是一种具有巨大网状结构、不溶于酸和碱等物质的有机高分子聚合物，广泛用于废水处理、医药工业等领域。碳分子筛是一种兼有活性炭和分子筛某些特性的碳基吸附剂，具有很小的微孔，最大用途是空气分离制取纯氮。生物吸附剂是将藻类、细菌、真菌等微生物通过一定方式固定在载体上而制得的特殊吸附剂，主要用于除去水中的多种重金属离子。改性吸附剂是对价廉易得的农副产品，如淀粉和纤维素等，进行处理制得的性能各异的新型吸附剂。

吸附剂的研究方向，一是开发性能良好、选择性强的优质吸附剂；二是研制价格低廉、充分利用废物制造的吸附剂。

一些常用吸附剂的主要特性如表 4-3 所示。

▶ **表 4-3   吸附剂的主要特性**

主要特性	活性炭	活性氧化铝	硅胶	沸石分子筛		
				4A	5A	X
堆积密度/(kg/m³)	200～600	750～1000	800	800	800	800
比热容/[kJ/(kg·K)]	0.836～1.254	0.836～1.045	0.92	0.794	0.794	
操作温度上限/K	423	773	673	873	873	873
平均孔径/nm	1.5～2.5	1.8～4.5	2.2	0.4	0.5	1.3
再生温度/K	373～413	473～523	393～423	473～573	473～573	473～573
比表面积/(m²/g)	600～1600	210～360	600			

3. 吸附剂的再生

一个完整的吸附分离过程包括吸附和脱附两部分。当吸附剂进行了一段时间的吸附，表面吸附质浓集甚至达到饱和而使其吸附能力不再满足吸附净化的要求时，通过改变操作条件，使吸附质从吸附剂表面上脱出而得以回收，同时吸附剂又可以循环使用的过程称为脱附或再生。再生方法主要包括以下 4 种。

（1）加热再生法   在相同压力下，吸附剂在低温时吸附容量大，在高温时吸附容量小。利用这一性质，在低温下完成吸附，然后升高温度使吸附剂得以再生的工艺过程称为变温吸附（TSA）。TSA 法适于小的温度变化能引起大的吸附容量变化的物系，如压缩空气的干燥。加热再生过程包括加热、解吸和冷却，再生时间长（通常需要几小时甚至 1 天）、热量消耗较大，因此一般只用于吸附质含量较少的场合。

（2）降压再生法   在相同温度下，吸附剂在高压时吸附容量大，在低压时吸附容量小。利用这一性质，在高压下完成吸附，然后降低压力或抽真空，使吸附剂得以再生的工艺过程称为变压吸附（PSA），如项目情境中氢气的纯化。由于吸附器的减压、再生和加压一般只需数分钟甚至更短，使得该方法在气体分离中广为应用。

（3）冲洗再生法   在不改变系统温度和总压的情况下，用含很少或不含吸附质的惰性流体冲洗床层以降低吸附质分压而实现吸附剂再生的方法称为冲洗再生法。如果惰性流体不含吸附质，吸附质可以完全从吸附剂上解吸下来。

（4）置换再生法   用一种吸附力与吸附质相当的气体作为置换气体，在吸附剂上通过竞争吸附，把吸附质从吸附剂上置换下来而实现吸附剂再生的方法称为置换再生法。该方法的置换介质将在吸附阶段解吸而混杂在流出产品中，因此置换介质必须与产品组分易于分离。

实际生产中，需要根据吸附体系的性质、混合气组成、压力和产品要求的不同，选择一种或多种方法相结合的再生工艺。

二、吸附平衡

在一定条件下，当气体或液体与固体吸附剂接触时，气体或液体中的吸附质将被吸附剂吸附，经过足够长的时间，吸附质在两相中的含量均达到稳定值，称为吸附平衡。实际气体或液体与吸附剂接触时，若气体或液体中吸附质浓度高于其平衡浓度，则吸附质被吸附；若反之，已吸附在吸附剂上的吸附质将脱附，最终过程均达到吸附平衡状态。所以，吸附平衡关系决定吸附过程的传质方向和极限，是设计吸附装置或强化吸附过程的基本依据。

吸附平衡关系通常用吸附等温线来表示，即温度一定时，被吸附剂吸附的物质的最大量（平衡吸附量）与平衡分压之间的关系曲线。吸附等温线根据实验数据绘制。吸附平衡关系与溶质在溶剂中的溶解平衡类似，加压和降温有利于吸附，减压和升温有利于脱附。

由于吸附过程的复杂性，对吸附机理尚无统一定论，本任务仅介绍气相和液相中单组分的吸附平衡。

1. 气相单组分吸附平衡

由于不同吸附剂与吸附质分子间的作用力不同，故形成了不同形状的吸附等温线，常见的吸附等温线可归纳为图 4-2 所示的 5 种形状，横坐标为 p/p^*，其中 p 为吸附质的平衡分压（Pa）、p^* 为吸附温度下的饱和蒸气压（Pa），纵坐标为吸附量 q（kg 吸附质/kg 吸附剂）。

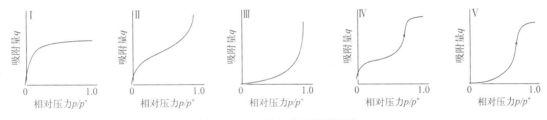

图 4-2　气相单组分吸附等温线

基于对吸附机理的不同假设，可以导出相应的吸附等温式。下面介绍两种最常用的吸附等温方程。

（1）朗缪尔（Langmuir）吸附等温方程

$$q = \frac{q_m a p}{1 + a p} \tag{4-1}$$

式中　q_m——平衡吸附量，kg 吸附质/kg 吸附剂；

a——吸附特征常数。

朗缪尔吸附等温方程描述了图 4-2 中 Ⅰ 型吸附等温线，这种吸附符合单分子层均匀吸附假设，但也仅适用于中低浓度下，当气体中吸附质分压很高时则因偏离推导该方程的假设条件而不再适用。

（2）BET（Brunauer-Emmett-Teller）吸附等温方程

$$q = \frac{q_m b p}{(p^* - p)\left[1 + (b-1)\dfrac{p}{p^*}\right]} \tag{4-2}$$

式中　b——与吸附热有关的常数；

q_m——第一层满覆盖时的吸附量，kg 吸附质/kg 吸附剂。

BET 吸附等温方程可以描述图 4-2 中 Ⅰ～Ⅲ 型曲线形式。其中 Ⅱ 型吸附等温线最为常见，是形成了多分子层的物理吸附。Ⅲ 型是比较少见的吸附热与被吸附组分的液化热大致相等的吸附曲线类型。

Ⅳ 型和 Ⅴ 型可认为是因吸附中产生毛细管凝结现象形成的曲线形状，尚无合适的方程去描述，因而仍有不少学者在从事这方面的研究工作。

2. 液相单组分吸附平衡

液-固吸附远比气-固吸附更加复杂。温度、浓度、吸附剂的结构、溶质与溶剂的性质，以及溶质的溶解度等都对吸附机理有很大影响。通常温度越高，吸附量越少；溶解度越大，吸附量越多。当吸附剂对溶液中溶剂的吸附可忽略不计时可认为是单组分吸附，如用活性炭吸附水中的有机物。

贾尔斯（Giles）等根据吸附等温线初始部分斜率的大小，把液相单组分吸附等温线分为四种类型，每一类型又分成五组，如图 4-3 所示，图中横坐标为组分在液相中的浓度，纵坐标为组分的吸附量。四类吸附等温线表示的机理类型分别为：

S 型——被吸附分子在吸附剂表面上呈垂直方位吸附；

L 型——朗缪尔吸附，一般稀溶液的吸附多属此类型；

H 型——吸附剂与吸附质之间高亲和力的吸附；

C 型——吸附质在溶液中和吸附剂上有一定分配比例的吸附；吸附量与溶液浓度呈直线关系。

需要指出的是，上述气相和液相吸附等温线都是在压强、吸附质和吸附剂一定的情况下通过实验测得的，若流体的组成和吸附剂的制造工艺等条件变化，平衡吸附量也会发生较大变化。此外，吸附剂在实际使用过程中经过多次吸附和脱附，吸附剂的微孔和表面结构都会发生变化，平衡吸附量会降低，经脱附后的吸附等温线大多不会与原曲线重合，吸附装置的设计要考虑这一问题。

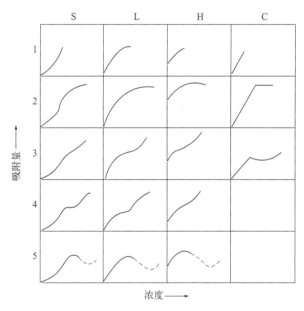

图 4-3　液相单组分吸附等温线

三、吸附速率

1. 吸附过程

吸附质在多孔吸附剂上的吸附十分复杂，其传质过程如图 4-4 所示，吸附过程的浓度与温度分布关系如图 4-5 所示，一般的吸附传质过程分为以下 3 个步骤：

① 外扩散：吸附质分子从流体主体以对流扩散方式传递到吸附剂颗粒的外表面。外扩散的阻力来自流体相与吸附剂表面间的层流膜，流体的流速直接影响外扩散过程的快慢。

② 内扩散：吸附质分子从吸附剂外表面进入微孔，进而扩散至微孔内表面。内扩散的阻力来自吸附剂孔隙，受其粗细、长短和弯曲程度的影响。

③ 吸附质分子到达吸附剂微孔内表面被吸着。

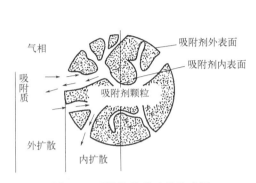
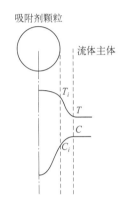

图 4-4 吸附的传质过程示意图　　　　　图 4-5 吸附过程的浓度与温度分布示意图

单位时间内被吸附剂吸附的吸附质的量称为吸附速率，单位为 kg/s，它是吸附过程设计与操作的重要参数。对于物理吸附，吸附质在吸附剂微孔内表面的吸附速率通常远较外扩散和内扩散为快，因此总吸附速率往往取决于外扩散速率与内扩散速率的大小。当外扩散速率远小于内扩散速率时，总吸附过程由外扩散控制；当内扩散速率远小于外扩散速率时，总吸附过程由内扩散控制。

2. 吸附速率方程

（1）外扩散传质速率方程　吸附质从流体主体扩散到吸附剂颗粒外表面是典型的流体与固体壁面间的传质过程，传质速率方程可表示为：

$$N_A = k_F a_p (c - c_i) \tag{4-3}$$

式中　N_A——传质速率，kg 吸附质/s；

　　　k_F——外扩散的传质系数，m/s；

　　　a_p——吸附剂颗粒的外表面积，m^2；

　　　c——吸附质在流体主体的平均质量浓度，kg/m^3；

　　　c_i——吸附质在吸附剂颗粒外表面上流体中的质量浓度，kg/m^3。

k_F 与流体的性质、两相接触状况、颗粒的几何特性及吸附操作条件（温度、压力等）有关，J. C. Chu 和 J. J. Carberry 等提出过一些传质系数计算式。

（2）内扩散传质速率方程　因吸附剂颗粒内孔径大小及表面性质的不同，内扩散可分为以下五种形式：

① 当孔径远大于吸附质分子运动的平均自由程时，吸附质的扩散在分子间碰撞过程中进行，称为分子扩散。

② 当孔道直径很小，扩散在以吸附质分子与孔道壁碰撞为主的过程中进行，称为努森（Knudsen）扩散。

③ 当孔径分布较宽，分子扩散与努森扩散同时存在时，称为过渡扩散。

④ 吸附质分子沿孔道壁表面移动，产生表面扩散。

⑤ 吸附质分子在颗粒晶体内进行的扩散称为晶体扩散。

因此，欲按照内扩散机理进行内扩散速率的计算是很困难的，通常将内扩散速率方程表示成如下简单形式：

$$N_A = k_S a_p (q_i - q) \tag{4-4}$$

式中　k_S——内扩散的传质系数，$kg/(m^2 \cdot s)$；

q_i——吸附剂外表面上的吸附量，kg 吸附质/kg 吸附剂；

q——颗粒内部的平均吸附量，kg 吸附质/kg 吸附剂。

k_S 与吸附剂的微孔结构特性、吸附剂的物性及吸附过程的操作条件等多种因素有关，通常需由实验测定。

（3）总吸附速率方程　实际上，吸附剂外表面处吸附质的浓度 c_i 和 q_i 很难测得，因此通常将吸附过程按定态处理，采用与吸收同样的思路，即以与流体主体平均质量浓度相平衡的吸附量和颗粒内部平均吸附量之差为推动力来表示吸附过程的总传质速率：

$$N_A = K_F a_p (c - c^*) = K_S a_p (q^* - q) \tag{4-5}$$

式中　K_F——以 $\Delta c = c - c^*$ 为推动力的总传质系数，m/s；

K_S——以 $\Delta q = q^* - q$ 为推动力的总传质系数，$kg/(m^2 \cdot s)$。

将操作浓度范围内的吸附平衡线视为直线，即

$$q^* = mc \tag{4-6}$$

又由于在气-固相界面上两相互成平衡，则：

$$q_i = mc_i \tag{4-7}$$

将式（4-6）和式（4-7）代入式（4-3）和式（4-4），与式（4-5）比较，并整理：

$$\frac{1}{K_F} = \frac{1}{k_F} + \frac{1}{mk_S} \tag{4-8}$$

$$\frac{1}{K_S} = \frac{1}{k_S} + \frac{m}{k_F} \tag{4-9}$$

式（4-8）和式（4-9）表明，吸附过程的总阻力为外扩散阻力与内扩散阻力之和。若过程为外扩散控制，则：

$$K_F \approx k_F \tag{4-10}$$

若过程为内扩散控制，则：

$$K_S \approx k_S \tag{4-11}$$

一般来说，内扩散的速度较慢，吸附过程常常是内扩散控制。对于气相吸附，有时吸附质沿孔壁的表面扩散很快，例如用硅胶吸附水蒸气，此时内扩散速率可能与外扩散速率为同样数量级，甚至可能是外扩散控制。在吸附的初始阶段，或者使用细颗粒吸附剂，内扩散途径短，外扩散也可能是决定总传质速率的主要步骤。

四、吸附过程的影响因素分析

综合上述对吸附剂、吸附平衡和吸附速率的描述，可以总结出影响吸附过程的主要因素有吸附剂性能、原料气性质、温度、压力等，具体分析如下。

1. 吸附剂性能

常用吸附剂中，沸石吸附选择性强、吸附容量大、吸附速率快，常压下较易脱附。活性炭比表面积大，对甲烷和二氧化碳有很大的吸附容量。硅胶可以保护活性炭不受水的损害。一般工业上针对原料气组成的不同，选择不同的沸石、活性炭和硅胶的装填比例，可以达到最佳的工艺效果。

2. 原料气性质

吸附力越大的气体组分越容易被吸附分离，但不易再生，需要更低的分压才能达到预期的再生效果，如抽真空。

3. 原料气温度

原料气温度越高，吸附剂的吸附容量越小。通常选择吸附温度为常温（40℃）附近。

4. 吸附压力

原料气的压力越高，吸附剂的吸附容量越大。但进气压力提高，会造成设备和管道阀门的设计压力升高，增加装置的投资费用。压力增大到一定程度后，吸附容量随之增加很小。

5. 解吸压力

解吸压力越低，吸附剂再生越彻底，产品回收率越高。

6. 产品纯度

产品纯度越高，吸附剂的有效利用率越低，吸附塔的处理能力也越低。

 【任务实施】

某煤化工企业的 PSA 装置所处理的原料气，H_2 含量约为 $86\% \sim 96\%$，其余组分主要为 CO，以及微量的 N_2、Ar、CH_4 和 CO_2。要求为下游用户提供纯度为 99.95% 的 H_2 产品。分子筛对 H_2 的吸附能力最弱，而对 CO、CH_4、N_2、Ar 等均具有较高的吸附能力。因此，本 PSA 装置选择分子筛作为吸附剂，将 H_2 以外的杂质组分吸附下来，从而得到高纯度的 H_2 产品。

此外，考虑到气体成分的复杂性，在实际应用中通常还需要选择若干种其他吸附剂，按吸附性能依次分层装填组成复合吸附床。活性 Al_2O_3 抗磨耗、抗破碎，且再生非常容易，适于装填在吸附塔底部脱除水分和保护上层吸附剂；活性炭几乎对所有的有机化合物都具有良好的亲和力，装填于吸附塔中部，可用于脱除二氧化碳和部分甲烷。最后，将分子筛吸附剂装填于吸附塔的上部，用于脱除 CO、CH_4、N_2 等组分，保证最终的产品纯度。

 【思考与实践】

《氢能产业发展中长期规划（2021—2035 年）》指出：结合资源禀赋特点和产业布局，因地制宜选择制氢技术路线，逐步推动构建清洁化、低碳化、低成本的多元制氢体系。在焦化、氯碱、丙烷脱氢等行业集聚地区，优先利用工业副产氢，鼓励就近消纳，降低工业副产氢供给成本。工业副产制氢是指以富含氢气的工业尾气（如氯碱尾气、焦炉煤气等）作为原料，通过变压吸附等技术分离出其中的氢气的制氢方式。工业副产氢成本低廉，是氢产业绿色化的过渡方案。请选择某一地域，调研：①工业副产氢的提纯情况；②所提纯氢气的使用情况；③因使用了工业副产氢而带来的碳减排效应；④该区域的可再生能源制氢规划。

任务二　吸附设备与流程的选择

【任务描述】

为任务一中的 PSA 提纯制氢选择合适的吸附设备，并确定工艺流程。

【知识准备】

工业上应用最广泛的吸附设备及对应的吸附分离（净化）对象大致可分成以下几种：固定床间歇操作分离气体混合物、模拟移动床连续操作分离液体混合物、搅拌槽固-液接触操作净化液体混合物。

一、固定床吸附设备与流程

1. 固定床吸附器

固定床吸附器是应用最为广泛的吸附设备，多用于气体混合物的分离。图 4-6 为常用的立式固定床吸附器，其外壳为一圆筒，吸附剂颗粒均匀地堆放在多孔支承板上，流体自上而下或自下而上流过静止不动的颗粒床层，吸附质被吸附在吸附剂上，尾气由出口流出。

图 4-6　立式固定床吸附器

下部支承板除了对吸附剂承重外，其上的开孔应考虑通气能力及气流均布问题。支承板应尽可能安装在下封头上，以减少塔内非吸附空间。支承板上应铺设数层不同目数的不锈钢丝网，以防吸附剂颗粒从支承板的孔中落下。床层顶端可以采用花板作为限制顶层吸附剂颗粒流态化的设施，也可以放置一层惰性陶瓷球以压紧吸附剂。

固定床吸附设备的优点是结构简单、操作灵活、吸附剂磨损小，物料返混少，分离效率高。缺点是必须多个吸附器周期性切换，因而设备庞大、生产强度低；此外，固定床吸附器的传热性能差，当吸附剂颗粒较小时，流体通过床层的压降较大。

2. 固定床吸附分离工艺原理

如图 4-7 所示，吸附质浓度为 c_0 的流体自下而上连续流过吸附剂床层，吸附质很快被吸附。经过一段时间后，从塔底而上建立了一个吸附质的浓度分布区，该区域以上的吸附剂中吸附质含量为零，即仍保持初始状态，为未吸附区。随着吸附操作的进行，吸附质不断被吸附，塔底有一段吸附剂的吸附质含量已饱和，基本不再具有吸附能力。往上是一段吸附质含量从大到小的 S 形分布区，该区域为吸附传质区，该区以上仍为未吸附区。所以，此时床层可分为饱和区、吸附传质区和未吸附区。再继续操作，饱和区不断扩大，吸附传质区向上移动，如同波浪前进，故称为吸附波。

当到某一时间 t_i 时，床层出口端的流出物中出现吸附质，到达时间 t_b 时，流出物中吸附质的浓度达到允许的最大浓度 c_b，此时吸附过程达到所谓"穿透点"，t_b 称为穿透时间。再继续通入流体，吸附传质区将逐渐缩小，出口流体中吸附质的含量将迅速上升，到达时间 t_e 时，吸附传质区全部消失，吸附剂全部饱和，出口流体中吸附质浓度接近初始含量。吸附操作只能进行到穿透点为止，与此相应，图 4-7 中流出物浓度随时间变化的曲线称为穿透曲线。穿透曲线、吸附传质区高度和穿透时间相互关联，它们与吸附平衡、吸附速率、流体流速、加料浓度以及床高等因素有关。其中，穿透时间随床高降低、吸附剂颗粒增大、流体流速增大以及流体中吸附质浓度的增大而缩短。一般在设计固定床吸附器时，需用实验确定穿透点与穿透曲线，实验条件应尽最大可能接近实际操作情况。

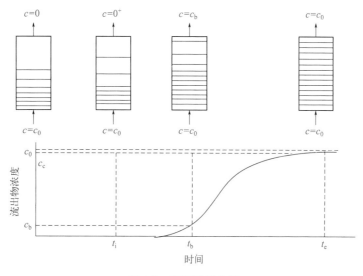

图 4-7 吸附穿透曲线

3. 固定床吸附分离工艺流程

为使吸附操作连续进行，固定床吸附至少需要两个吸附器循环使用。如图 4-8 所示，A、B 两个吸附塔，塔 A 在进行吸附，塔 B 在进行再生。当塔 A 达到穿透点时，塔 B 再生完毕，两塔切换，如此反复，实现连续操作。

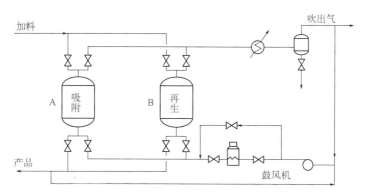

图 4-8 双塔吸附流程

M4-1 双塔吸附流程

当体系的穿透曲线比较平缓，即吸附传质区比较长时，如采用上述双塔流程，因流体只在一个吸附塔中进行吸附，则达到穿透点时很大一部分吸附剂未达到饱和，吸附剂的利用率较低。这种情况宜采用两个或更多个吸附塔组成的串联吸附流程。图 4-9 所示为两塔串联吸附、一塔再生的流程。流体先进入塔 A、再进入塔 B 进行吸附，塔 C 进行再生。此时，吸附传质区从塔 A 延伸至塔 B，直至塔 B 流出的流体达到穿透点时，塔 A 转入再生、流体先进入塔 B 再进入塔 C 进行吸附，如此循环往复。采用串联流程，当塔 A 转入再生操作时吸附剂基本可以接近饱和，吸附容量可得到充分利用。

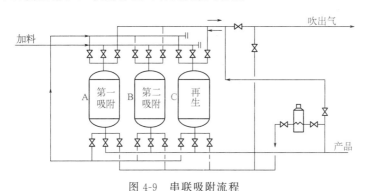

图 4-9　串联吸附流程

M4-2　串联吸附流程

当处理的流体量很大时，往往需要很大的吸附塔，这将造成设备制造与运输上的困难，此时可采用多个吸附塔并联使用的流程。图 4-10 所示为两塔并联吸附、一塔再生的流程。加料分成两股分别进入吸附塔 A 和塔 B 进行吸附，此刻塔 C 正在进行再生。当塔 C 再生完毕，而塔 A 达到穿透点时，切换成塔 C 与塔 B 并联操作，塔 A 进行再生，依此类推。

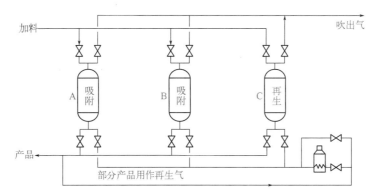

图 4-10　并联吸附流程

M4-3　并联吸附流程

二、移动床吸附设备与流程

移动床吸附器中吸附剂颗粒整体向下移动，与自下而上的流体逆流接触实现连续吸附。工业用的典型移动床吸附器如图 4-11 所示，其由塔体和吸附剂提升装置所构成。塔体高约 20～30m，分为若干段：最上段为冷却器；向下依次为吸附段、增浓段、汽提段，彼此由分配板隔开；最下面为一加热器。

原料从塔中上部的吸附段底部进入，与塔顶下来的吸附剂逆流接触，原料中的吸附质被吸附，没有被吸附的气体从吸附段顶部作为塔顶产品引出。吸附了吸附质的吸附剂向下进入增浓段，与自下而上的气流相遇，进一步吸附气流中的吸附质而增浓。含有高浓度吸附质的吸附剂进入汽提段，绝大部分吸附质被汽提蒸汽所脱附，部分上升到增浓段作为回流，部分作为塔底产品在汽提段顶部排出。吸附剂继续下降，经加热器进一步把尚未脱附的吸附质全部脱附出来，然后下降到下提升罐，再用气体提升至上提升罐，从顶部再进入冷却器，如此循环进行吸附分离过程。

理论上，移动床吸附可以克服固定床传热性能差等问题，但两相流动使得吸附剂磨损较严重、结构较其他类型吸附设备复杂得多、操作费用较高，更重要的是两相的流动很难保持理想的平推流状态而使得分离效率降低，这些缺点限制了移动床吸附器的应用。

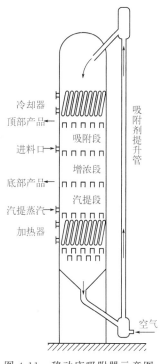

图 4-11　移动床吸附器示意图

三、模拟移动床吸附设备与流程

模拟移动床是模拟连续逆流移动床以克服移动床吸附器的缺点，又能够保持移动床操作优点的吸附设备，多用于液体混合物的分离。其由美国 UOP（Universal Oil Products）公司在1963 年开发成功，称为 Sorbex 工艺。在模拟移动床工艺中，吸附剂装填于固定床中不移动，固定床被分成若干层，每层设加料口与产物流出口，每隔一定时间就沿着固定床内液相流动方向依次移动加料口与产物流出口的位置，形成固定相和液相的相对逆流运动。项目一的图 1-1 中甲苯塔塔底流股所标的"C_8 及以上进二甲苯分离系统分离 PX"，二甲苯分离系统即为模拟移动床最典型的一个应用实例。

1. 模拟移动床吸附分离工艺原理

如图 4-12 所示，模拟移动床一般由 4 段组成：吸附段Ⅰ、第一精馏段Ⅱ、解吸段Ⅲ和第二精馏段Ⅳ。

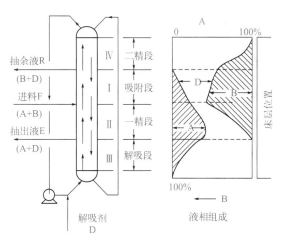

图 4-12　模拟移动床吸附分离工艺原理

（1）吸附段　进行 A 组分的吸附。混合液从吸附塔的中部加入，向上流动进入吸附段，与自上向下移动的已吸附解吸剂 D 的吸附剂逆流接触，混合液中的 A 组分和少量 B 组分与解吸剂 D 进行吸附置换，A 组分与少量 B 组分被吸附，解吸剂 D 被解吸。这样，混合液向上流动过程中，A 组分的含量不断降低，到吸附段顶部可以接近于零。吸附段出口液体的主要成分为 B 和 D，将其送至精馏柱中进一步分离，得到 B 组分和解吸剂 D。

（2）第一精馏段　完成 A 组分的精制和 B 组分的解吸。从吸附段出来的吸附有组分 A 和少量组分 B 的吸附剂进入一精段，与此段底部向上流的含组分 A 和解吸剂 D 的液体接触。由于吸附剂对 A 组分的吸附能力比对 B 组分更强，所以吸附剂上的组分 B 被组分 A 置换而解吸，其结果是到此段下端时，吸附剂上组分 B 的含量可接近于零，A 组分再次被提纯。

（3）解吸段　进行 A 组分的脱附，使吸附剂再生。已吸附大量纯 A 组分的吸附剂从一精段进入解吸段，与塔底通入的新鲜解吸剂 D 逆流接触，解吸剂 D 与吸附剂上的组分 A 进行吸附交换，将组分 A 解吸下来。在解吸段顶部，获得的 A＋D 流体少部分升至第一精馏段提纯 A 组分，大部分由该段出口送至精馏柱中分离，得到产品 A 及解吸剂 D。

（4）第二精馏段　回收部分解吸剂 D。从解吸段出来的吸附剂只含有解吸剂 D，送到二精段，从上向下移动，与从吸附段上流的含有组分 B 的溶液接触，溶液中的组分 B 与吸附剂上的解吸剂 D 交换，组分 B 被吸附，到二精段顶部溶液中组分 B 的含量可降为零。纯解吸剂 D 用泵送入解吸段底部，补充的解吸剂也从此加入。

2. 模拟移动床吸附分离工艺流程

在模拟移动床工艺中，主要有两种方式可以实现各进出物料位置的周期性改变：通过旋转阀和通过程控开关阀组。

图 4-13 所示为采用旋转阀实现各进出物料位置周期性改变的模拟移动床吸附操作流程。旋转阀中实现物料位置改变的主要结构是定盘和转盘，定盘上设有若干条同心环形沟槽，每条沟槽与一股进出物料管线相连通，在定盘最外圈设有若干阀位口，每个口依次与连通吸附塔上某个床层的管线相连；转盘上有若干条物料跨管，数量与定盘上的同心环形沟槽相同，物料跨管的一头与定盘上的同心环形沟槽相对应，另一头与定盘外圈的某个阀位口相对，每次转盘转动的角度恰好使转盘上物料跨管与定盘外圈阀位口相对的开口移动到定盘上相邻的

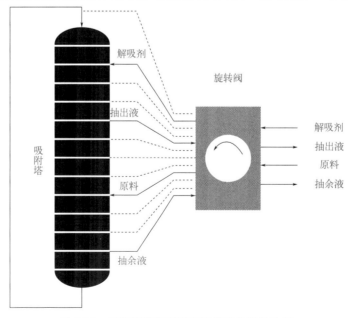

图 4-13　通过旋转阀实现物料进出位置的改变

阀位口，使得物料进出的床层切换到相邻的床层。定盘上表面与转盘下表面之间有密封垫片使二者紧密贴合，起密封的作用。

图 4-14 所示为采用程控开关阀组实现各进出物料位置周期性改变的模拟移动床吸附操作流程。每股物料至每个床层均设有管线，在每根管线上设置开关阀，通过程序控制各开关阀的开闭。需要让某股物料进出某个床层时，就把这股物料与这个床层连通管线上的开关阀打开。切换某股物料进出床层时，首先打开下一床层此物料管线的阀门，待阀门打开后关闭原来床层此物料管线的阀门。程控开关阀组具有高度的灵活性，可以通过更改程序来改变工艺设置。

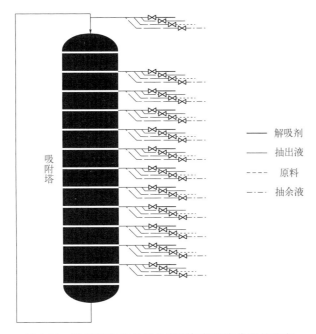

图 4-14　通过程控开关阀组实现物料进出位置的改变

图 4-15 所示为 PX 吸附单元的流程示意图。C_8 芳烃原料和解吸剂通过程控阀组在程序控制下进入吸附塔，吸附塔出来的抽出液送去抽出液塔，抽出液塔塔顶分离出来的粗 PX 去成品塔以进一步除去 PX 中的甲苯。吸附塔出来的抽余液送去抽余液塔，抽余液塔侧线采出贫 PX C_8 芳烃，送往异构化单元。抽出液塔塔底和抽余液塔塔底的解吸剂大部分循环回吸

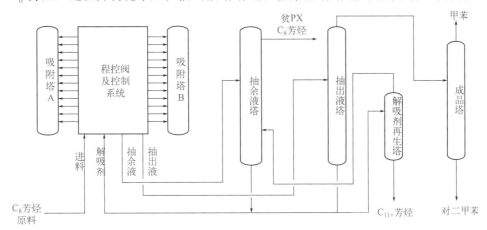

图 4-15　PX 吸附分离单元示意图

附塔，小部分通过解吸剂再生塔脱除重组分。

四、搅拌槽

接触过滤式吸附是把含吸附质的液体和吸附剂一起加入带有搅拌装置的吸附槽中，通过搅拌，使吸附剂与液体中的吸附质充分接触，吸附质被吸附到吸附剂上，经过一段时间后，吸附剂达到饱和。将含有吸附剂颗粒的液体输送到过滤机中，使吸附剂从液体中分离出来，此时液体中吸附质含量大大减少，从而达到分离提纯的目的。可用适当的方法使吸附剂上的吸附质解吸回收，吸附剂循环使用。

接触过滤式吸附有两种操作方式：一种是使吸附剂与原料溶液只进行一次接触，称为单程吸附；另一种是多段并流或多段逆流吸附，多段吸附主要用于处理吸附质浓度较高的情况。因接触式吸附操作采用搅拌方式使溶液呈湍流状态，致使颗粒外表面的液膜层变薄，减小了液膜阻力，增大了吸附扩散速率，故该操作适用于液膜扩散控制的传质过程。接触过滤式吸附所用设备结构简单，操作容易，广泛用于活性炭脱色、活性炭对废水进行深度处理等方面。

中国创造

芳烃是化学工业的重要根基，广泛用于三大合成材料以及医药、国防、农药、建材等领域。对二甲苯（PX）是用量最大的芳烃品种之一，如今约 65% 的纺织原料、80% 的饮料包装瓶都来源于对二甲苯，由对二甲苯生产的化学纤维可以替代约 2.3 亿亩土地产出的棉花。然而，芳烃成套技术因为系统集成度高、开发难度大，技术壁垒非常高，之前仅为美国 UOP 和法国 IFP 两家著名公司所掌握。在芳烃成套工艺中，PX 吸附分离是最核心的单元，一直未能被攻克，成为芳烃成套技术最后的技术壁垒。中国石化石油化工科学研究院（简称石科院）20 世纪 90 年代初就开展 PX 吸附分离技术的探索研究，研发出 RAX-2000 型国产吸附剂，2004 年在中国石化齐鲁分公司完成工业试验，各项指标均达到或优于进口剂的水平，价格比进口剂低三分之一。为了完全打破国外公司的技术垄断，2009 年，中国石化成立了专门芳烃成套技术攻关领导小组。科研人员争分夺秒地埋头试验，终于开发出了具有自主知识产权的模拟移动床技术，攻克了吸附程序控制系统（MCS）控制难题，创造性地开发出了 ACG 系列新型格栅技术和吸附室床层管线冲洗工艺，彻底攻克了 PX 吸附分离工艺的所有技术难题。2011 年，PX 吸附分离工业示范装置在扬子石化建成投产，2013 年，首套 60 万吨/年大型芳烃联合装置在海南炼化成功投产，中国石化成了全球第三家拥有自主知识产权芳烃成套技术的专利供应商。2015 年，中国石化"高效环保芳烃成套技术开发及应用"获得国家科技进步特等奖殊荣。

 【任务实施】

气体混合物的吸附分离通常选择固定床吸附器。本装置需为下游多个用户提供氢气，所处理的变换气负荷很大，因此采用图 4-10 所示的多塔并联吸附流程。如某公司 PSA 吸附制氢装置包括 18 台吸附塔，各塔的作用在操作中周期性切换，具体将在任务三中介绍。此外，流程中还包括原料气混合罐、产品气缓冲罐、冲洗气缓冲罐、解吸气缓冲罐、解吸气混合罐，以及相应的程控阀和调节阀。

【思考与实践】

变压吸附分离技术正越来越广泛地应用于炼油、化工、医药和环保等领域，并将在实现"碳达峰碳中和"目标中发挥重要作用。请选择你最关注的领域，查阅所用到的吸附应用案例，并详细了解这些案例中所采用的吸附设备与流程。

任务三　固定床变压吸附装置的操作与控制

【任务描述】

任务一的煤化工装置中，工艺气进入 PSA 单元，其中的 CO 等杂质被吸附剂吸附，H_2 则穿过吸附剂床层，得到满足要求的纯度为 99.95% 的 H_2 产品。请基于任务二中已选择的固定床吸附设备与流程，完成下列学习任务：

（1）掌握固定床变压吸附装置的开、停车操作和主要工艺参数的调节方法；

（2）明确固定床变压吸附装置运行的控制要点和安全生产基本注意事项。

【知识准备】

一、固定床变压吸附装置的开停车操作

(一) 开车前准备

（1）开车前检查确认，分别确认盲板状态、阀门状态、仪表状态和联锁状态。

（2）确认阀门手动开关动作正常，所有控制阀门处于关闭状态。

（3）确认调整相关程控调节阀的初始开度。

（4）外操打开排液阀进行排液，待排液阀无液体排出后关闭排液阀。

(二) 开车操作

1. 氮气气密，升压置换

（1）协调外管网氮气用量。

（2）导通吸附塔入口氮气管线盲板，关闭中间导淋，慢慢打开置换高压氮气管线后手阀，将氮气引入 PSA 系统，投氮气速度不宜过快。

（3）用洗衣液水溶液或洗洁精溶液对泄漏点查漏。

（4）确认系统无漏点，取样进行氧含量分析，确认氧含量小于 0.5%，且连续 2 次取样

分析合格，系统置换结束。

（5）关闭氮气手阀，将氮气管线盲板倒盲。

（6）保持程控运转，将系统压力泄至 0.1MPa（G）以下。

2. PSA 开车导气

（1）在操作键盘上启动工艺程序（即投入自动运行）。

（2）变换气分离器出口设定额定压力，打开 PSA 系统入口均压阀，待 PSA 系统气液分离器后压力与变换气分离器出口额定压力差值小于 0.3MPa（G）后，打开 PSA 系统进料手阀对吸附器进行升压操作。

（3）待系统压力上升到额定值后，投自动控制。

3. 氢气外送

当产品气指标合格时，产品气进行外送。

(三) 停车操作

1. 正常停车

（1）通知调度准备停车。

（2）氢气压缩机停车。

（3）解吸气风机停车。

（4）PSA 停止往下游供氢气。

（5）当压力降至 0.2MPa（G）以下时，执行停车工艺程序（即投入停车）。

（6）氮气置换（需要长期停车或者需要检修时）。

（7）停车后检查确认，分别确认盲板状态、阀门状态、仪表状态和联锁状态。

2. 紧急停车

（1）原料气火炬放空，停止原料气供应。

（2）在 DCS 上点击程控暂停按钮，注意控制压力以防止超压以及压缩机未停车将罐抽瘪。

二、固定床变压吸附过程的调节与控制

(一) 变压吸附的工作循环

变压吸附装置的一个工作循环通常包括如下七个过程：

吸附——在常温、高压下原料气进入吸附床，杂质被吸附，获得产品气；

均降——通过一次或多次的均压降压过程，将床层死空间氢气回收；

顺放——顺着吸附方向减压，获得其他塔吸附剂再生的冲洗气源；

逆放——逆着吸附方向减压，使吸附剂获得部分再生，逆放气送出界外；

冲洗——用其他塔的顺放气冲洗床层，使吸附剂完成最终再生；

均升——进行一次或多次的均压升压，该过程与均压降过程相对应；

终升——缓慢而平稳地用产品气将吸附塔压力升至吸附压力。

图 4-16 为某装置变压吸附程序的运行周期，"16-3-9"表示该装置有 16 个塔，同时有 3 个塔在吸附，每个塔有 9 次均压过程。

分周	1	2	3	4	5	6	7	8	9	10	11	12	13	14	15	16
时间	180			20 20 20	20 20 20	20 20 20	20 20	60	20	60	20 20	20 20	20 20	20 20	20 20	40
压力	5.25			4.76 4.26 3.77	3.28 2.79 2.29	1.8 1.3 0.81	0.62 0.32 0.08	0.03	0.03	0.03	0.82 1.3	1.8 2.29	2.79 3.29	3.77 4.26	4.76 5.20	

A	A	A	A	1D	2D	3D	4D	5D	6D	7D	8D	PP	9D	D1	D2	P3	D3	P2	D4	P1	9R	8R	IS	7R	IS	6R	IS	5R	IS	4R	IS	3R	IS	2R	IS	1R	FR
B	1R	FR	A	A	A	1D	2D	3D	4D	5D	6D	7D	8D	PP	9D	D1	D2	P3	D3	P2	D4	P1	9R	8R	IS	7R	IS	6R	IS	5R	IS	4R	IS	3R	IS	2R	IS
C	IS	2R	IS	1R	FR	A	A	A	1D	2D	3D	4D	5D	6D	7D	8D	PP	9D	D1	D2	P3	D3	P2	D4	P1	9R	8R	IS	7R	IS	6R	IS	5R	IS	4R	IS	3R
D	4R	IS	3R	IS	2R	IS	1R	FR	A	A	A	1D	2D	3D	4D	5D	6D	7D	8D	PP	9D	D1	D2	P3	D3	P2	D4	P1	9R	8R	IS	7R	IS	6R	IS	5R	IS
E	IS	5R	IS	4R	IS	3R	IS	2R	IS	1R	FR	A	A	A	1D	2D	3D	4D	5D	6D	7D	8D	PP	9D	D1	D2	P3	D3	P2	D4	P1	9R	8R	IS	7R	IS	6R
F	7R	IS	6R	IS	5R	IS	4R	IS	3R	IS	2R	IS	1R	FR	A	A	A	1D	2D	3D	4D	5D	6D	7D	8D	PP	9D	D1	D2	P3	D3	P2	D4	P1	9R	8R	IS
G	9R	8R	IS	7R	IS	6R	IS	5R	IS	4R	IS	3R	IS	2R	IS	1R	FR	A	A	A	1D	2D	3D	4D	5D	6D	7D	8D	PP	9D	D1	D2	P3	D3	P2	D4	P1
H	D4	P1	9R	8R	IS	7R	IS	6R	IS	5R	IS	4R	IS	3R	IS	2R	IS	1R	FR	A	A	A	1D	2D	3D	4D	5D	6D	7D	8D	PP	9D	D1	D2	P3	D3	P2
I	D3	P2	D4	P1	9R	8R	IS	7R	IS	6R	IS	5R	IS	4R	IS	3R	IS	2R	IS	1R	FR	A	A	A	1D	2D	3D	4D	5D	6D	7D	8D	PP	9D	D1	D2	P3
J	P3	D3	P2	D4	P1	9R	8R	IS	7R	IS	6R	IS	5R	IS	4R	IS	3R	IS	2R	IS	1R	FR	A	A	A	1D	2D	3D	4D	5D	6D	7D	8D	PP	9D	D1	D2
K	9D	D1	D2	P3	D3	P2	D4	P1	9R	8R	IS	7R	IS	6R	IS	5R	IS	4R	IS	3R	IS	2R	IS	1R	FR	A	A	A	1D	2D	3D	4D	5D	6D	7D	8D	PP
L	7D	8D	PP	9D	D1	D2	P3	D3	P2	D4	P1	9R	8R	IS	7R	IS	6R	IS	5R	IS	4R	IS	3R	IS	2R	IS	1R	FR	A	A	A	1D	2D	3D	4D	5D	6D
M	4D	5D	6D	7D	8D	PP	9D	D1	D2	P3	D3	P2	D4	P1	9R	8R	IS	7R	IS	6R	IS	5R	IS	4R	IS	3R	IS	2R	IS	1R	FR	A	A	A	1D	2D	3D
N	1D	2D	3D	4D	5D	6D	7D	8D	PP	9D	D1	D2	P3	D3	P2	D4	P1	9R	8R	IS	7R	IS	6R	IS	5R	IS	4R	IS	3R	IS	2R	IS	1R	FR	A	A	A
O	A	1D	2D	3D	4D	5D	6D	7D	8D	PP	9D	D1	D2	P3	D3	P2	D4	P1	9R	8R	IS	7R	IS	6R	IS	5R	IS	4R	IS	3R	IS	2R	IS	1R	FR	A	A
P	A	A	1D	2D	3D	4D	5D	6D	7D	8D	PP	9D	D1	D2	P3	D3	P2	D4	P1	9R	8R	IS	7R	IS	6R	IS	5R	IS	4R	IS	3R	IS	2R	IS	1R	FR	A

图 4-16　某装置变压吸附程序运行周期（16-3-9 程序）

A—吸附；＊D—均降；PP—顺放；D＊—逆放；P＊—冲洗；＊R—均升；FR—终升；IS—隔离

(二) 变压吸附过程的控制与调节

从变压吸附程序的运行周期可以看出，装置程控阀门多，切换时间短，动作频繁。例如，某 12 台吸附塔的 PSA 制氢装置，装有 108 个程控阀，操作最频繁的阀门每年会动作几十万次。显然，人工是无法操作的，要求装置具有高度自动化，并配备微机自控专家诊断多塔自动任意切换系统和自适应专家优化控制系统。

虽然变压吸附装置在正常运行过程中，几乎所有的调节均由计算机自动完成，但操作人员仍应加强监控。当产品纯度偏离最佳范围或单元出现报警时，及时调整操作参数，以保证产品产量稳定、质量合格。

为了使操作人员更好地监控和调整参数设定值，下面简单介绍 PSA 装置的核心控制部分和需要监控或调整的主要工艺参数。

1. 程控阀门的开关控制过程

PSA 装置的运行过程是依赖于程控阀门的开关来实现的，因而程控阀门的开关控制是 PSA 装置的核心控制部分。如图 4-17 所示，DCS 系统根据工艺要求（工艺阀门状态表）制订出程序，然后按程序中的时间顺序将开、关信号送至驱动系统（气动或液动），驱动系统将信号转换后送至程控阀，驱动程控阀按程序开、关。同时，程控阀将其开、关状态通过传感器反馈给 DCS 系统，用于状态显示和监控，并通过与输出信号的对比实现阀门故障的判断与报警。

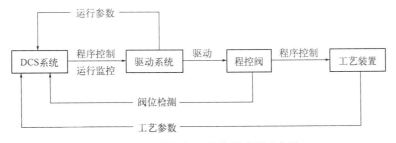

图 4-17　程控阀门开关控制过程示意图

2. 需监控或调节的主要工艺参数

为了获得良好的运行性能，正常运行期间要随时检查和调整下列项目。

（1）吸附压力   由于变压吸附分离过程就是通过压力的变化而实现的，故吸附压力是 PSA 装置最核心的工艺参数。提高吸附压力，生产能力增大。所以，通过自动调节系统在允许范围内尽量保持较高的吸附压力。

（2）均压时间   由于流动阻力和吸附-脱附速度等限制，两个吸附塔均压时要达到压力完全相等，需要很长时间。为此规定进行均压的两个吸附塔压差小于 0.05MPa 即为完成均压过程。在不影响吸附时间的前提下均压时间设置应尽可能地长。

（3）冲洗流量   PSA 冲洗流量的调节与控制非常重要，顺放压降的大小和冲洗过程的均匀连续性对产品氢的纯度和收率影响很大。调节原则是通过改变相关调节阀的开度，在保证顺放终压达到设定值的同时使冲洗过程尽量缓慢、均匀。

（4）终充流量   用产品气对吸附塔进行终充时，调整终充流量调节阀的开度，使在最终升压步骤结束时，被充压的吸附塔刚好达到规定的吸附压力，这样不仅保持吸附压力稳定，而且降低了产品气输出的波动。

（5）产品纯度   一个吸附塔具有固定的杂质负载能力。原料气中杂质含量增加或原料气流量变大时，每一循环周期内进入吸附塔的杂质量增多，会导致产品气纯度下降，此时应通过缩短循环周期的方法控制产品气的杂质含量。注意缩短循环周期要保证冲洗和最终升压步骤所需的时间，此时装置终充调节阀应适当开大。另外，循环时间越短，吸附剂利用率越低，每次再生时从吸附剂死空间中排出的氢气量越大，产品收率越低。所以，操作中为了保证装置处于最佳运行状态，应将产品纯度控制在既能满足生产需要，又尽可能低的范围内，以获得高的氢气回收率。

【案例】通过优化操作程序提高 H_2 产量

一套特定的 PSA 装置，如要提高 H_2 产量，在吸附塔再生时间允许的条件下，理论做法有两种：一是增加同时处于吸附状态塔的数量；二是提高通过吸附塔介质的空速。在实际生产中，由于原料气成分固定，吸附塔再生时间几乎没有冗余，因此两种做法可操作性均很低。通过对 PSA 程控运行观察可知，吸附塔再生完成最后一次均压升使用的产品 H_2，如果可以降低最后一次均压的压差，可以减少升压对产品气造成的浪费，从而在一定程度上提高 H_2 产量。

某 PSA 制氢装置设计规模为 $100000m^3/h$（标准状况，下同）。现由于氢气用量增加，该装置欲通过优化变压吸附程序运行周期来提高 H_2 产量。该系统现工况采用的是本任务"固定床吸附过程控制"部分图 4-16 所示的 16-3-9 流程进行顺序控制，现运行的 PSA 顺控程序由于最后一次均压置于顺放之后，制约了均压次数（9 次均压），从而降低了氢气收率，因此考虑通过对顺控的优化提高氢气收率。为充分利用吸附塔步序以及吸附压力，将 16-3-9 的吸附流程调整为图 4-18 所示的 16-3-10 的吸附流程，在保证氢气产品质量的基础上增加其收率。

针对此技改目标，技术部门讨论提出了变压吸附程序的优化方案，即在保证系统硬件不改变的前提下，将变压吸附程序优化为 16-3-10 流程，即 16 个塔中，同时有 3 个塔在吸附，每个塔有 10 次均压过程。

通过等均压方法进行计算，采用 16-3-10 流程后，产品气终压的压差从 0.55MPa 降至 0.47MPa，一方面缓解了产品气终充时的压力波动，另一方面每个小循环内，减少了 0.08MPa 的产品氢损失，多回收的 H_2 量为 $937\mathrm{m}^3/\mathrm{h}$。

下表为图 4-18 16-3-10 时序表的内容（每个"分周"单元格按时间 1、2、3 顺序排列三项）：

时间\分周	1	2	3	4	5	6	7	8	9	10	11	12	13	14	15	16
1	A A A	A A A	A A A	A 1D 2D	3D 4D 5D	6D 7D 8D	9D 0D PP	D P3 IS	P2 IS P1	0R IS 9R	IS 8R IS	7R IS 6R	IS 5R IS	4R IS 3R	IS 2R IS	1R FR FR
2	1R FR FR	A A A	A A A	A A A	A 1D 2D	3D 4D 5D	6D 7D 8D	9D 0D PP	D P3 IS	P2 IS P1	0R IS 9R	IS 8R IS	7R IS 6R	IS 5R IS	4R IS 3R	IS 2R IS
3	IS 2R IS	1R FR FR	A A A	A A A	A A A	A 1D 2D	3D 4D 5D	6D 7D 8D	9D 0D PP	D P3 IS	P2 IS P1	0R IS 9R	IS 8R IS	7R IS 6R	IS 5R IS	4R IS 3R
4	4R IS 3R	IS 2R IS	1R FR FR	A A A	A A A	A A A	A 1D 2D	3D 4D 5D	6D 7D 8D	9D 0D PP	D P3 IS	P2 IS P1	0R IS 9R	IS 8R IS	7R IS 6R	IS 5R IS
5	IS 5R IS	4R IS 3R	IS 2R IS	1R FR FR	A A A	A A A	A A A	A 1D 2D	3D 4D 5D	6D 7D 8D	9D 0D PP	D P3 IS	P2 IS P1	0R IS 9R	IS 8R IS	7R IS 6R
6	7R IS 6R	IS 5R IS	4R IS 3R	IS 2R IS	1R FR FR	A A A	A A A	A A A	A 1D 2D	3D 4D 5D	6D 7D 8D	9D 0D PP	D P3 IS	P2 IS P1	0R IS 9R	IS 8R IS
7	IS 8R IS	7R IS 6R	IS 5R IS	4R IS 3R	IS 2R IS	1R FR FR	A A A	A A A	A A A	A 1D 2D	3D 4D 5D	6D 7D 8D	9D 0D PP	D P3 IS	P2 IS P1	0R IS 9R
8	0R IS 9R	IS 8R IS	7R IS 6R	IS 5R IS	4R IS 3R	IS 2R IS	1R FR FR	A A A	A A A	A A A	A 1D 2D	3D 4D 5D	6D 7D 8D	9D 0D PP	D P3 IS	P2 IS P1
9	P2 IS P1	0R IS 9R	IS 8R IS	7R IS 6R	IS 5R IS	4R IS 3R	IS 2R IS	1R FR FR	A A A	A A A	A A A	A 1D 2D	3D 4D 5D	6D 7D 8D	9D 0D PP	D P3 IS
10	D P3 IS	P2 IS P1	0R IS 9R	IS 8R IS	7R IS 6R	IS 5R IS	4R IS 3R	IS 2R IS	1R FR FR	A A A	A A A	A A A	A 1D 2D	3D 4D 5D	6D 7D 8D	9D 0D PP
11	9D 0D PP	D P3 IS	P2 IS P1	0R IS 9R	IS 8R IS	7R IS 6R	IS 5R IS	4R IS 3R	IS 2R IS	1R FR FR	A A A	A A A	A A A	A 1D 2D	3D 4D 5D	6D 7D 8D
12	6D 7D 8D	9D 0D PP	D P3 IS	P2 IS P1	0R IS 9R	IS 8R IS	7R IS 6R	IS 5R IS	4R IS 3R	IS 2R IS	1R FR FR	A A A	A A A	A A A	A 1D 2D	3D 4D 5D
13	3D 4D 5D	6D 7D 8D	9D 0D PP	D P3 IS	P2 IS P1	0R IS 9R	IS 8R IS	7R IS 6R	IS 5R IS	4R IS 3R	IS 2R IS	1R FR FR	A A A	A A A	A A A	A 1D 2D
14	A 1D 2D	3D 4D 5D	6D 7D 8D	9D 0D PP	D P3 IS	P2 IS P1	0R IS 9R	IS 8R IS	7R IS 6R	IS 5R IS	4R IS 3R	IS 2R IS	1R FR FR	A A A	A A A	A A A
15	A A A	A 1D 2D	3D 4D 5D	6D 7D 8D	9D 0D PP	D P3 IS	P2 IS P1	0R IS 9R	IS 8R IS	7R IS 6R	IS 5R IS	4R IS 3R	IS 2R IS	1R FR FR	A A A	A A A
16	A A A	A A A	A 1D 2D	3D 4D 5D	6D 7D 8D	9D 0D PP	D P3 IS	P2 IS P1	0R IS 9R	IS 8R IS	7R IS 6R	IS 5R IS	4R IS 3R	IS 2R IS	1R FR FR	A A A

图 4-18 16-3-10 时序表

均压次数的增加可提高产品氢气的收率，但同时需要规避均压次数过高引起吸附前沿顺向移动的增加。16-3-9 流程最后一次吸附前沿顺向移动的压力为 0.28MPa，16-3-10 略下降为 0.2MPa。但值得指出的是，16-3-10 流程中顺放气是经缓冲罐缓冲后的，其组成为 0.5MPa 和 0.2MPa 下的混合气（可近似为 0.35MPa 下的气体），比 0.28MPa 下的气体要纯，而且该气体是在减压（0.03MPa）下逆向冲洗床层，杂质更不容易吸附在前沿上。综上所述，采用 16-3-10 流程不会产生均压次数过高引起穿透的现象。

16-3-10 顺控流程小周期时间为 90s 时，理论上可提高氢气产量 $937\mathrm{m}^3/\mathrm{h}$，但同时会降低解吸气产量 $937\mathrm{m}^3/\mathrm{h}$（解吸气一部分用于焚烧，解吸气的减少及组成的变化对后续工序影响不大），具体数据如表 4-4 所示，总的经济效益约为 202 万元/年。

▶ 表 4-4　方案优化前后效益评估

项目	改造前	改造后
99.99%H_2产量/$(\mathrm{m}^3/\mathrm{h})$	47433	48370
解吸气产量/$(\mathrm{m}^3/\mathrm{h})$	9712	8775
经济效益/(万元/年)	—	202

三、固定床吸附过程的常见异常现象及处理

在 PSA 的实际运行中，由于各装置的工况及所处地域的差异，经常会产生许多不确定因素，使得问题层出不穷。表 4-5 列出了几类常见问题的原因分析和处理措施。

由于变压吸附是周期性循环过程，因此只要其中某个塔再生恶化，就会很快波及和污染到其他塔，最终导致产品质量的下降。但在故障原因没有确定之前，装置不需停运，可继续观察，此时不合格产品气可进入瓦斯管网，待故障判明后决定停运或继续运行，如系统出现重大问题，则应紧急停车。

▶ 表 4-5   固定床吸附过程常见异常现象及处理

序号	异常现象	原因分析	处理措施
1	程控阀故障报警(程控阀开关频率非常高,因而是装置中最容易出现故障的部分)	主密封圈划伤导致阀门内漏	更换密封圈
		轴密封松、损坏或老化导致阀门外漏	压紧或更换密封填料
		阀体开或关不到位,用扳手加力也扳不到位	切塔,通知设备人员维修
		阀门驱动装置卡住	切塔,通知设备人员维修
		阀位检测器坏	通知仪表人员维修
2	均压过程速度过快	由于管线口径、阀门开度等原因造成均压过程速度过快,压力曲线呈直上直下或锯齿形状,造成均压阀门磨损和吸附塔的机械疲劳损害	稳定 PSA 系统进料和出料压力
			改善均压阀门启闭时间、开启速度设置
3	解吸气背压引起吸附床再生不合格	下游压缩机入口压力控制高或火炬管线压力高,解吸气背压超过设计值,吸附床层逆放或冲洗过程中杂质无法脱离床层	与下游工序沟通降低解吸气压缩机入口压力
			通过调整解吸气排放条件降低出口压力

四、吸附过程操作与控制中的安全技术

(一) 相关气体的性质及危害

PSA 制氢生产过程使用含有 H_2、CO 等组分的易燃易爆气体,按火灾危险性分类,属甲类生产。按爆炸物质分类、分级与分组,H_2 属 Ⅱ 类 C 级 T1 组,CO 属 Ⅱ 类 A 级 T1 组。相关气体的性质及危害如表 4-6 所示。

▶ 表 4-6   相关气体的性质及危害

名称	分子量	熔点/℃	沸点/℃	燃点/℃	空气中爆炸极限(体积分数)/%		相关性质及危害
					下限	上限	
CO	28	−205	−191.5	650	12.5	74.0	无色、无臭、无刺激性气味、易燃的有毒气体。几乎不溶于水,人体吸入后即与血液中的血红蛋白结合,使血液的携氧能力发生障碍,导致组织缺氧,中毒时可出现呼吸急促、心律失常,迅速进入昏迷状态甚至死亡。我国车间中允许浓度为30mg/m³
H_2	2	−259.2	−252.8	585	4.0	75.6	无色、无味、无毒,在空气或氧气中于一定条件下(有火源或催化剂等)能发生爆炸。不能供给呼吸,故在高浓度下能使人窒息
N_2	28	−209.9	−195.8				常温常压下为无色、无臭、无味的惰性气体,液态氮也无色、无臭,比水轻。在空气中不燃烧,本身无毒,无刺激性,吸入后仍以原形通过呼吸道排出。高浓度的氮气可引起窒息

名称	分子量	熔点/℃	沸点/℃	燃点/℃	空气中爆炸极限 (体积分数) /%		相关性质及危害
					下限	上限	
CO_2	44	−56.6	−78.5				无色、高浓度时略带酸味。低浓度时对呼吸中枢神经有兴奋作用，高浓度时有明显的毒性和麻痹作用

(二) 作业人员安全生产注意事项

（1）作业人员应经过岗位培训、考试合格后持证上岗。特种作业人员应经过专业培训，持有特种作业资格证，并在有效期内持证上岗。

（2）作业人员上岗时应穿符合 GB 12014—2019《防护服装　防静电服》和 GB 21148—2020《足部防护　安全鞋》规定的阻燃、防静电鞋服。工作服宜上、下身分开，容易脱卸。严禁在爆炸危险区域穿脱衣服、帽子或类似物。严禁携带火种、非防爆电子设备进入爆炸危险区域。

（3）作业时应使用不产生火花的工具。

（4）严禁在禁火区域内吸烟、使用明火。

（5）作业人员应无色盲、无妨碍操作的疾病和其他生理缺陷，且应避免服用某些药物后影响操作或判断力的作业。

(三) 系统运行安全要点

（1）系统动火检修，应保证系统内部和动火区域的氢气体积分数最高含量不超过 0.4%。

（2）防止明火和其他激发能源进入禁火区域，禁止使用电炉、电钻、火炉、喷灯等一切产生明火、高温的工具与热物体。

（3）首次使用或大修后的系统应进行耐压试验、清洗（吹扫）和气密试验，符合要求后方可投入使用。

（4）输入系统的气体中氧的体积分数不得超过 0.5%，系统应设有氧含量小于 3% 的惰性气体置换吹扫设施。

（5）系统设备运行时，禁止敲击、带压修理和紧固，不得超压，禁止处于负压状态。

（6）对设备、管道和阀门等连接点进行漏气检查时，应使用中性肥皂水或携带式可燃性气体检测报警仪，禁止使用明火进行漏气检查。携带式可燃性气体检测报警仪应定期校验。

（7）管道、阀门及水封装置冻结时，作业人员应使用热水或蒸汽加热进行解冻，且应戴面罩进行操作。禁止使用明火烘烤或使用锤子等工具敲击。

（8）被置换的设备、管道等应与系统进行可靠隔绝。置换应彻底，防止死角末端残留余氢。氢气系统内氧或氢的含量应至少连续 2 次分析合格。置换吹扫后的气体应通过排放管排放。

（9）采用注水排气法应符合下列要求：保证设备、管道内被水注满，所有氢气被全部排出；在设备顶部最高处溢流口应有水溢出，并持续一段时间。

(四) 紧急情况处理

1. 氢气发生大量泄漏或积聚时应采取的措施

(1) 应及时切断气源，并迅速撤离泄漏污染区人员至上风处。

(2) 对泄漏污染区进行通风，对已泄漏的氢气进行稀释，不能及时切断时，应采用蒸汽进行稀释，防止氢气积聚形成爆炸性气体混合物。

2. 氢气发生泄漏并着火时应采取的措施

(1) 应及时切断气源；若不能立即切断气源，不得熄灭正在燃烧的气体，并用水强制冷却着火设备；此外，氢气系统应保持正压状态，防止氢气系统回火发生。

(2) 采取措施，防止火灾扩大，如采用大量消防水雾喷射其他易燃物质和相邻设备；如有可能，可将燃烧设备从火场移至空旷处。

(3) 火焰肉眼不易察觉，消防人员应佩自给式呼吸器，穿防静电服进入现场，注意防止外露皮肤烧伤。

3. 氢气窒息人员处置

高浓度氢气会使人窒息，应及时将窒息人员移至良好通风处，进行人工呼吸，并迅速就医。

 【思考与实践】

吸附分离技术中，除了应用最为广泛的变压吸附（PSA）外，变温吸附（TSA）在气体干燥、溶剂回收等领域也发挥着重要作用。请在完成本学习任务的基础上，通过查阅资料，制订 TSA 工艺的开停车操作程序。

 【职业素养】

化工运行岗位职责

化工企业入职 5 年内经历的岗位通常包括外操、内操、班长等，这些岗位的职责是什么，为此需要学习和锻炼哪些知识和技能呢？

（一）外操

(1) 严格遵守公司有关规章制度，认真履行交接班手续；

(2) 严格按照标准操作程序精心操作，完成相关生产任务；

(3) 遵守生产巡回检查和台账记录制度，准确完成生产原始记录；

(4) 负责岗位管辖现场设备装置的巡检工作，认真检查，记录详细；

(5) 随时检查生产过程中的安全隐患，及时处理或上报；

(6) 参与对工厂设备的维修保养工作，配合设备管理部门做好设备定期维护保养；

(7) 严格执行设备、设施、物料的定置管理，保证工作场所的清洁、整齐和有序；

(8) 完成上级交办的其他工作。

（二）内操

(1) 负责 DCS 画面监控与调整，保证装置的平稳生产；

（2）精心操作，严格执行工艺纪律和操作纪律，做好各项记录；严格执行管理制度，遵守工艺纪律、劳动纪律，拒绝违章指挥、杜绝违章操作；

（3）定期或不定期接受班组安全教育；

（4）在发生事故时，及时地如实向上级报告，按事故预案正确处理，做好详细记录；

（5）掌握车间所生产产品的内控标准，根据样品参数进行调整；

（6）完成班组生产任务与各项工作。

（三）班长

1.装置运行

（1）当班本单元安全生产第一责任人；

（2）负责当班本单元的工艺运行及异常处置，出现异常按要求上报；

（3）合理安排当班本单元人员进行 DCS 和现场操作；

（4）负责当班本单元的成本、质量控制及调度协调；

（5）按要求组织、实施巡检并记录；

（6）参与编写本装置相关工艺技术文件。

2.HSE 管理

（1）参加 HSE 规章制度、操作规程培训，并严格执行；

（2）参加班组级安全教育培训、日常班组安全教育活动；

（3）参加班组安全文化建设；

（4）严格按照操作规程执行开工、停工、日常调整等操作指令，确保工艺安全稳定；

（5）严格落实交接班制度，保证交接内容完整、检查确认到位、交接记录准确；

（6）参与安全、环保、职业卫生、消防应急设施检查和维护，确保完好有效；

（7）如实报告现场隐患，并落实隐患治理措施；

（8）按时参加班组应急预案演练；

（9）及时、如实报告事故，参加事故抢救及事故调查、分析、处理。

3.人员管理

（1）严格遵守工艺纪律和劳动纪律；

（2）参加班组活动、培训；

（3）按时填写考勤表。

4.现场管理

（1）负责中控室本单元现场文件资料的管理；

（2）负责所辖区域 5S 的整理清洁。

5.其他

（1）参与班组团队建设；

（2）执行班组保密要求。

【本项目小结】

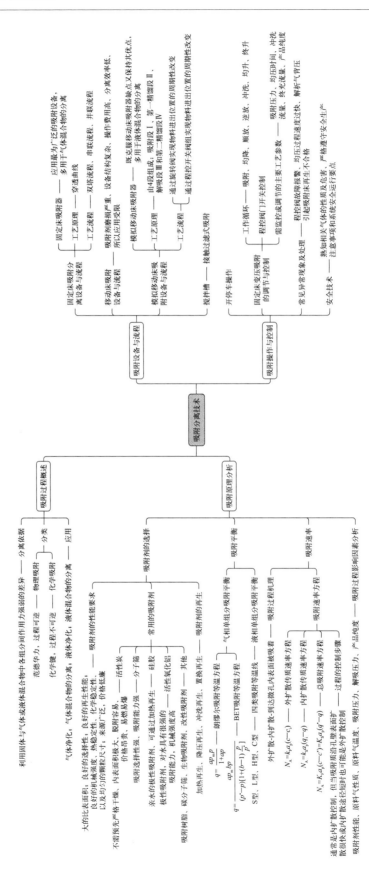

【习题】

一、简答题

1.什么是吸附？吸附分离的依据是什么？

2.工业上对吸附剂有哪些要求？常用的吸附剂有哪些？各有什么特点？

3.什么是吸附剂的再生？吸附剂再生有哪些方法？

4.一个吸附传质过程分为哪几个步骤？

5.吸附过程的影响因素有哪些？

6.什么是穿透时间？穿透时间与哪些因素有关？

7.固定床吸附流程有哪几种？各适合什么场合？

8.模拟移动床吸附分离的工艺原理是什么？

二、操作题

1.试描述固定床变压吸附的工作循环。

2.固定床变压吸附操作中需监控或调节哪些主要工艺参数？

3.固定床吸附过程的常见异常现象有哪些？如何处理？

【符号说明】

符号	意义	计量单位
a	朗缪尔吸附特征常数	
a_p	吸附剂颗粒的外表面积	m^2
b	与吸附热有关的常数	
c	吸附质在流体主体的质量浓度	kg/m^3
k_F	外扩散传质系数	m/s
K_F	以 Δc 为推动力的总传质系数	m/s
K_S	以 Δq 为推动力的总传质系数	$kg/(m^2 \cdot s)$
k_S	内扩散传质系数	$kg/(m^2 \cdot s)$
m	吸附相平衡常数	
N_A	传质速率	kg 吸附质$/s$
p	吸附质的平衡分压	Pa
q	吸附容量	kg 吸附质/kg 吸附剂
t	时间	s

下标

i	吸附剂颗粒外表面	
m	平衡	

上标

*	饱和	

膜分离技术

 【学习目标】

知识目标：

1. 了解膜分离过程的分类、特点和应用范围。

2. 掌握膜材料的分类、性能及膜组件的结构。

3. 理解微滤与超滤等常用膜分离过程的基本原理。

技能目标：

1. 能根据物系特点和分离要求选择合适的膜分离方法。

2. 会评价膜的性能，并会为膜分离过程选择合适的膜材料及膜组件。

3. 能进行膜分离装置的开停车操作，及处理膜分离过程中常见的异常现象。

素质目标：

1. 进一步强化节能减排和清洁生产意识。

2. 培养创新精神，树立科技成果转化意识。

3. 树立正确的世界观、人生观和价值观。

项目情境

　　某化工公司离子膜法烧碱生产能力为 30 万吨/年，聚氯乙烯（PVC）树脂生产能力为 30 万吨/年，氯化氢合成工序配套 8 台二合一副产蒸汽石墨合成炉，型号为 SZL-1500。该公司氯化氢合成炉原采用循环水换热，造成合成炉石墨块多次爆裂，炉膛进水，存在较大的安全隐患。用纯水替代循环水换热后，装置运行良好。纯水是指水中所含杂质，包括悬浮固体、溶解固体、可溶性气体、挥发物质及微生物、细菌等达到一定质量标准的水。不同用途的纯水对这些杂质的含量具有不同的要求。纯水生产的典型工艺流程如图 5-1 所示，原水首先通过过滤装置除去悬浮物及胶体，并投加阻垢剂防止结垢，然后经过反渗透（RO）设备除去其中大部分杂质，最后经臭氧消毒得到纯净水。

　　要想完成此分离任务，需要解决下述子问题：

　　（1）反渗透操作如何纯化水溶液？除了反渗透，还有哪些膜分离操作？

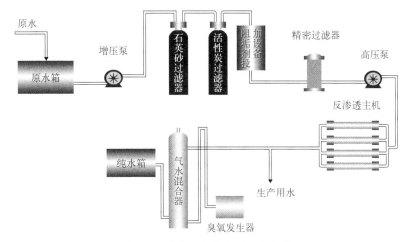

图 5-1 纯水生产的典型工艺流程

（2）不同膜分离过程选用什么膜材料，膜材料性能如何评价？

（3）膜分离过程需用什么样的设备和流程来实现？

（4）如何进行膜分离的开、停车操作？如何处理膜分离过程中的异常现象？

项目导言

膜在自然界中，特别是在生物体内广泛而恒久地存在着，它是一切生命活动的基础。在当今经济社会发展和人们日常生活中，膜过程也扮演着重要的角色。在工业上，膜分离操作已成为气体分离、溶液分离、化工产品和生化产品分离与纯化的重要手段，广泛应用于食品和饮料加工、工业污水处理、大规模空气分离、湿法冶金、气体和液体燃料生产等领域。

1. 膜分离的定义与分类

以选择性透过膜为分离介质，在膜两侧一定推动力的作用下，原料中的某组分选择性地透过膜，从而使混合物得以分离，以达到提纯、浓缩为目的的分离过程称为膜分离。

工业上广泛应用的膜分离过程包括微滤（MF）、超滤（UF）、反渗透（RO）、气体膜分离（GMS）、渗透蒸发（PV）、电渗析（ED）等。几种主要膜分离过程的基本特性见表 5-1。

▶ 表 5-1 几种主要膜分离过程的基本特性

过程	分离目的	推动力	传递机理	透过组分	截留组分	膜类型
电渗析	溶液脱小离子、小离子溶质的浓缩、小离子的分级	电位差	反性离子经离子交换膜的迁移	小离子组分	同性离子、大离子和水	离子交换膜
反渗透	溶剂脱溶质、小分子溶质的浓缩	压力差	溶剂和溶质的选择性扩散渗透	水、溶剂	溶质、盐（悬浮物、大分子、离子）	非对称性膜和复合膜
气体分离	气体混合物的分离、富集或特殊组分脱除	压力差浓度差	气体的选择性扩散渗透	易渗透气体	难渗透气体	均质膜、多孔膜、非对称性膜

续表

过程	分离目的	推动力	传递机理	透过组分	截留组分	膜类型
超滤	溶液脱大分子、大分子溶液脱小分子、大分子的分级	压力差	微粒级大分子尺度形状的筛分	水、溶剂、小分子溶解物	胶体大分子、细菌等	非对称性膜
微滤	溶液脱粒子、气体脱粒子	压力差	颗粒尺度的筛分	水、溶剂溶解物	悬浮物颗粒	多孔膜
纳滤	分子量较小的物质	压力差	筛分和溶解扩散	小分子有机物	溶剂	纳滤膜
渗透汽化	挥发性液体混合物分离	分压差浓度差	溶解-扩散	溶液中易透过组分	溶液中难透过组分（液体）	均质膜、多孔膜、非对称性膜
膜蒸馏	非挥发性溶质水溶液浓缩、水溶液中挥发物脱除	蒸汽压差	蒸汽分子通过膜孔从高温侧向低温侧扩散	挥发组分	其他组分	微孔疏水膜
膜萃取	分离料液相和溶剂相	膜分离与液-液萃取相结合	溶解-扩散过程和化学位差推动传质	料液相	溶剂相	微孔膜

2. 膜分离操作的特点

与传统的分离操作相比，膜分离具有以下特点：

（1）膜分离是一个高效分离过程，可以实现高纯度的分离；

（2）大多数膜分离过程不发生相变化，因此能耗较低；

（3）膜分离通常在常温下进行，特别适合处理热敏性物料；

（4）不需要投加其他物质，不改变分离物质原有的属性；

（5）膜分离设备简单，没有运动部件，可靠性高，操作、维护都十分方便。

3. 膜分离在化工生产中的应用

膜分离过程作为一门新型的高效分离、浓缩、提纯及净化技术，因其上述优点，近年来发展迅速，在分离领域中显示了极其广阔的应用前景，已日益成为解决当前能源、环境、水资源等领域中重大问题的关键共性技术，具体如表5-2所示。

▶ 表5-2　膜分离的工业应用

膜分离过程	缩写	工业应用
反渗透	RO	海水或盐水脱盐、地表或地下水处理、食品浓缩等
渗透	D	从废硫酸中分离硫酸镍、血液透析等
电渗析	ED	电化学工厂的废水处理、半导体工业用超纯水的制备等
微滤	MF	药物灭菌、饮料的澄清、抗生素的纯化、液体中分离动物细菌等
超滤	UF	果汁的澄清、发酵液中疫苗和抗生菌的回收等
纳滤	NF	超纯水制备、果汁高度浓缩、多肽和氨基酸分离、抗生素浓缩与纯化、乳清蛋白浓缩、纳滤膜-生化反应器耦合等
渗透汽化	PVAP	乙醇-水共沸物的脱水、有机溶剂脱水、从水中除去有机物
液膜分离	LM	从电化学工厂废液中回收镍、废水处理等
膜萃取	MP	金属萃取、有机农药的萃取

续表

膜分离过程	缩写	工业应用
膜蒸馏	MD	海水淡化、超纯水制备、废水处理、共沸混合物的分离
蒸汽渗透	VP	石油化工、医药、食品、环保等工业领域
气体膜分离	GMS	从空气中收集氧、从合成氨尾气中回收氢、从石油裂解混合气中分离 H_2 和 CO

榜样力量

　　高从堦，中国工程院院士，中国膜技术领域的泰斗级人物。我国的膜技术是从海水淡化领域起步的。把海水变为甘泉，传统的蒸馏法耗费巨大。20 世纪 60 年代，美国率先实现了用反渗透膜脱除海水盐分，成本低、更便捷，在军事和民用领域都展现出了巨大的实用意义。"中国决不能落后！" 1967 年，大学毕业不久的高从堦参加了全国海水淡化会战，从那时起，他就始终没有离开过膜技术科研一线。1970 年，高从堦领导的课题组在充分分析国外产品的结构与性能后，他们坚定地尝试自己的设想，不断努力，用 8 年时间解决了原料、配方和工艺条件等一系列关键技术，成功推出中国自己生产、性能相当的"中空纤维反渗透膜"，迫使国外同类产品降价 30%。类似这样的创新成果，在高从堦之后的科研生涯中不断问世。1997 年，高从堦主导建成国内第一条反渗透复合膜生产线，成功实现反渗透复合膜的国产化，打破了国外产品价格壁垒和垄断地位。"这是我们中国人通过自己的努力，满足了国家诉求，"高从堦的目光无比坚定，"高性能膜材料在社会经济发展的许多领域都扮演着战略性角色。掌握膜技术，事关未来发展大计。"高从堦用自己 50 余年的不懈奋斗为膜领域的创新发展做出了重要贡献。然而，他却说"个人做出的成绩与祖国给我的荣誉相比是不相称的，我只有更加努力，在功能膜和水处理领域多培养人才和多出成果来回报国家和人民的培育和信任"。

任务一　膜材料与膜组件的选择

【任务描述】

　　分离膜（membrane）是膜过程的核心部件，其性能直接影响着分离效果、操作能耗以及设备的大小，请为项目情境中提到的纯水制备过程选择适宜的膜材料及膜分离设备。

【知识准备】

一、膜材料

　　膜，是指在一种流体相内或是在两种流体相之间有一层薄的凝聚相，它把流体相分隔为互不相通的两部分，并能使这两部分之间产生传质作用。

(一) 膜的分类

膜的种类与功能较多。按其物态，膜可分为固膜、液膜与气膜三类。目前大规模工业应用的多为固膜，下面介绍固膜的几种分类方式。

1. 按材料分

按膜的材料，可分为聚合物膜和无机膜两大类。

（1）聚合物膜　聚合物膜由天然的或合成的聚合物制成，目前在分离用膜中占主导地位。常见的聚合物膜见表 5-3。

▶ **表 5-3　聚合物膜的分类**

类别	膜材料	举例
纤维素酯类	纤维素衍生物类	醋酸纤维素、硝酸纤维素、乙基纤维素
非纤维素酯类	聚砜类	聚砜、聚醚砜、聚芳醚砜、磺化聚砜
	聚酰（亚）胺类	聚砜酰胺、芳香族聚酰胺、含氟聚酰亚胺
	聚酯、烯烃类	涤纶、聚碳酸酯、聚乙烯、聚丙烯腈
	含氟（硅）类	聚四氟乙烯、聚偏氟乙烯、聚二甲基硅氧烷
	其他	壳聚糖、聚电解质

（2）无机膜　常用的无机膜有陶瓷膜、玻璃膜、沸石膜、金属膜、合金膜、分子筛炭膜等。目前，无机膜的应用主要集中在微滤和超滤领域，还可用于纳滤、反渗透、气体分离、渗透汽化和催化反应等过程。

目前，已开发的用于无机膜制备的材料有 TiO_2、Al_2O_3、ZrO_2、SiO_2、Pd 及 Pd 合金、Ni、Pt、Ag、硅酸盐及沸石等。其中 Al_2O_3 是研究最多、应用最广泛的无机膜材料。

近年来，无机陶瓷膜材料发展迅猛并用于工业实践，尤其是在微滤、超滤、膜催化反应及高温气体分离中的应用，充分展示了其具有聚合物分离膜所无法比拟的优点：

① 化学稳定性好、耐酸、耐碱、耐有机溶剂；

② 机械强度大，担载无机膜可承受几十个大气压的外压，并可反向冲洗；

③ 抗微生物能力强，不与微生物发生作用；

④ 耐高温，一般在 400℃下操作均可，最高可达 800℃以上；

⑤ 孔径分布窄，分离效率高。

无机膜的不足之处在于造价较高、陶瓷膜不耐强碱，并且无机材料脆性大、弹性小，给膜的成型加工及组件装配带来一定的困难。

2. 按膜的构型分

按膜的构型，可分为中空纤维膜、平板膜和管式膜。

（1）中空纤维膜　外形像纤维状，内部为中空结构，具有自支撑作用的膜丝，见图 5-2（a）。

（2）平板膜　通常由聚合物多孔膜和无纺布支撑体构成，见图 5-2（b）。

（3）管式膜　该类膜内径为 5～8mm，外径为 6～12mm，进水水质要求低，可以处理固含量较高的废水。

3. 按膜的形态结构分

按膜的形态结构，可分为对称膜和非对称膜两类。

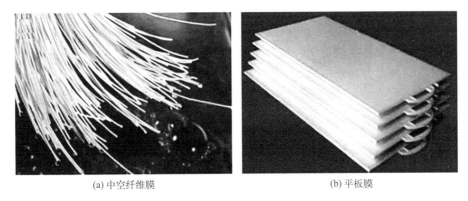

(a) 中空纤维膜　　　　　　　　　　　　　　(b) 平板膜

图 5-2　常见膜的构型

（1）对称膜　对称膜又称为均质膜，是一种均匀的薄膜，膜两侧截面的结构及形态完全相同，包括致密的无孔膜和对称的多孔膜两种，如图 5-3（a）所示。一般对称膜的厚度在 $10\sim200\mu m$ 之间，传质阻力由膜的总厚度决定，降低膜的厚度可以提高透过速率。

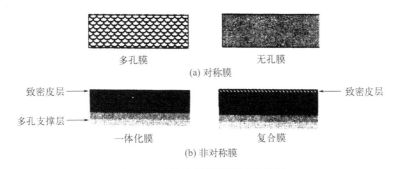

多孔膜　　　　　　　　　　无孔膜
(a) 对称膜

致密皮层 →　　　　　　　　　　　　　　　　　← 致密皮层

多孔支撑层 →

一体化膜　　　　　　　　　　复合膜
(b) 非对称膜

图 5-3　不同类型膜横断面示意图

（2）非对称膜　非对称膜的横断面具有不对称结构，如图 5-3（b）所示。一体化非对称膜是用同种材料制备、由厚度为 $0.1\sim0.5\mu m$ 的致密皮层和 $50\sim150\mu m$ 的多孔支撑层构成，其支撑层结构具有一定的强度，在较高的压力下也不会引起很大的形变。此外，也可在多孔支撑层上覆盖一层不同材料的致密皮层，构成复合膜。对于复合膜，可优选不同的膜材料制备致密皮层与多孔支撑层，使每一层独立地发挥最大作用。非对称膜的分离作用主要或完全由很薄的皮层决定，传质阻力小，其透过速率较对称膜高得多，因此在工业上得到了广泛的应用。

(二) 分离膜的性能

分离膜的性能主要包括两个方面：透过性能与分离性能。

1. 透过性能

能够使被分离的混合物有选择地透过是分离膜需满足的最基本条件。透过速率是指单位时间、单位膜面积上透过组分的通量，对于水溶液体系又称透水率或水通量，以 J 表示。

$$J = \frac{V}{A \cdot t} \tag{5-1}$$

式中　J——透过速率，$m^3/(m^2 \cdot h)$ 或 $kg/(m^2 \cdot h)$；

V——透过组分的体积或质量，m^3 或 kg；

A——膜的有效面积，m^2；

t——操作时间，h。

膜的透过速率与膜材料的化学特性和分离膜的形态结构有关，且随操作推动力的增加而增大，此参数直接决定分离设备的大小。

2. 分离性能

分离膜必须对被分离混合物中各组分具有选择透过的能力，即具有分离能力，这是膜分离过程得以实现的前提。不同膜分离过程中膜的分离性能有不同的表示方法，如截留率、截留分子量、分离因数等。

（1）截留率　对于反渗透过程，通常用截留率表示其分离性能。截留率反映膜对溶质的截留程度，对盐溶液又称为脱盐率，以 R 表示，其定义为：

$$R = \frac{c_F - c_P}{c_F} \times 100\%$$ (5-2)

式中　c_F——原料中溶质的浓度，kg/m^3；

c_P——渗透物中溶质的浓度，kg/m^3。

100%截留率表示溶质全部被膜截留，此为理想的半渗透膜；0%截留率则表示全部溶质透过膜，无分离作用。截留率通常在0%~100%之间。

（2）截留分子量　在超滤和纳滤中，通常用截留分子量表示其分离性能。截留分子量是指截留率为90%时所对应的分子量。截留分子量的高低，在一定程度上反映了膜孔径的大小，通常可用一系列不同分子量的标准物质进行测定。

（3）分离因数　对于气体分离和渗透汽化过程，通常用分离因数表示各组分透过的选择性。对于含有 A、B 两组分的混合物，分离因数 α_{AB} 定义为：

$$\alpha_{AB} = \frac{y_A / y_B}{x_A / x_B}$$ (5-3)

式中　x_A，x_B——原料中组分 A 与组分 B 的摩尔分数；

y_A，y_B——透过物中组分 A 与组分 B 的摩尔分数。

通常，用组分 A 表示透过速率快的组分，因此 α_{AB} 的数值大于 1。分离因数与精馏中的相对挥发度类似，其大小反映了该体系分离的难易程度。α_{AB} 越大，表明两组分的透过速率相差越大，膜的选择性越好，分离程度越高；$\alpha_{AB} = 1$，则表明膜没有分离能力。

膜的分离性能主要取决于膜材料的化学特性和分离膜的形态结构，同时也与膜分离过程中的部分操作条件有关。该性能对分离效果、操作能耗都有决定性的影响。

二、膜组件

膜组件是将一定膜面积的膜以某种形式组装在一起，在其中实现混合物的分离的器件。在实际生产中，可以通过膜组件的不同配置方式来满足对溶液分离的不同质量要求。膜组件的合理排列组合对膜组件的使用寿命也有很大影响。如果排列组合不合理，将造成某一段内的膜组件的溶剂通量过大或过小，不能充分发挥作用，或使膜组件污染速度加快，膜组件频繁清洗和更换，造成经济损失。膜组件主要有以下几种形式。

1. 板框式膜组件

板框式膜组件采用平板膜，其结构与板框压滤机类似，用板框式膜组件进行海水淡化的装置如图 5-4 所示。在多孔支撑板两侧覆以平板膜，采用密封环和两个端板密封、压紧。海水从上部进入组件后，沿膜表面逐层流动，其中纯水透过膜到达膜的另一侧，经支撑板上的小孔汇集在边缘的导流管后排出，而未透过的浓缩咸水从下部排出。

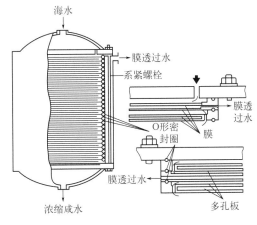

M5-1　平板式膜组件

图 5-4　板框式膜组件

2. 螺旋卷式膜组件

螺旋卷式膜组件也是采用平板膜，其结构与螺旋板式换热器类似，如图 5-5 所示。它由中间为多孔支撑板、两侧是膜的"膜袋"装配而成，膜袋的三个边粘封，另一边与一根多孔中心管连接。组装时在膜袋上铺一层网状材料（隔网），绕中心管卷成柱状再放入压力容器内。原料进入组件后，在隔网中的流道沿平行于中心管的方向流动，而透过物进入膜袋后旋转着沿螺旋方向流动，最后汇集在中心收集管中再排出。螺旋卷式膜组件结构紧凑，装填密度可达 $830 \sim 1660 \mathrm{m}^2/\mathrm{m}^3$。缺点是制作工艺复杂，膜清洗困难。

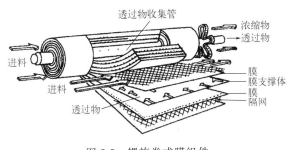

M5-2　螺旋卷式
膜组件

图 5-5　螺旋卷式膜组件

3. 管式膜组件

管式膜组件是把膜和支撑体均制成管状，使二者组合，或者将膜直接刮制在支撑管的内侧或外侧，将数根膜管（直径 $10 \sim 20 \mathrm{mm}$）组装在一起就构成了管式膜组件，与列管式换热器相类似。若膜刮在支撑管内侧，则为内压型，原料在管内流动，如图 5-6 所示；若膜刮在支撑管外侧，则为外压型，原料在管外流动。管式膜组件的结构简单，安装、操作方便，流动状态好，但装填密度较小，约为 $33 \sim 330 \mathrm{m}^2/\mathrm{m}^3$。

4. 中空纤维膜组件

将膜材料制成外径为 $80 \sim 400 \mu\mathrm{m}$、内径为 $40 \sim 100 \mu\mathrm{m}$ 的空心管，即为中空纤维膜。将

大量的中空纤维一端封死，另一端用环氧树脂浇注成管板，装在圆筒形压力容器中，就构成了中空纤维膜组件，也形如列管式换热器，如图 5-7 所示。大多数中空纤维膜组件采用外压式，即高压原料在膜外侧流过，透过物则进入膜内侧。中空纤维膜组件装填密度（10000～30000m²/m³）极大，且不需外加支撑材料；但膜易堵塞，清洗不容易。

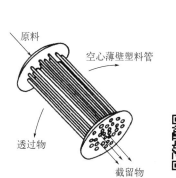

图 5-6　管式膜组件　　　　**M5-3　管式膜组件**

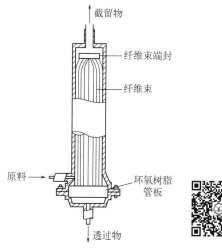

图 5-7　中空纤维膜组件　　　**M5-4　中空纤维膜组件**

四种膜组件的特性比较如表 5-4 所示。

▶ **表 5-4　四种膜组件的特性比较**

比较项目	板框式	螺旋卷式	管式	中空纤维式
填充密度/(m²/m³)	30～500	200～800	30～328	500～30000
料液流速/[m³/(m²·s)]	0.25～0.5	0.25～0.5	1～5	0.005
料液侧压降/MPa	0.3～0.6	0.3～0.6	0.2～0.3	0.01～0.03
抗污染	好	中等	非常好	差
易清洗	好	较好	优	差
膜更换方式	膜	组件	膜或组件	组件
组件结构	非常复杂	复杂	简单	复杂
膜更换成本	低	较高	中	较高
对水质要求	低	较高	低	较高
料液预处理	需要	需要	不需要	需要
相对价格	高	低	高	低

三、膜分离流程

根据料液情况、分离要求以及所有膜器一次分离的分离效率高低等的不同，膜分离过程可以采用不同工艺流程，下面简要介绍几种反渗透过程工艺流程。

1. 一级一段连续式

如图 5-8 所示，料液通过膜组件一次即变为浓缩液而排出。这种方式透过液的回收率不高，在工业中较少采用。

2. 一级一段循环式

如图 5-9 所示，为了提高透过液的回收率，将部分浓缩液返回进料贮槽与原进料液混合后，再次通过膜组件进行分离。这种方式可提高透过液的回收率，但由于浓缩液中溶质的浓度比原料液要高，因此透过液的质量有所下降。

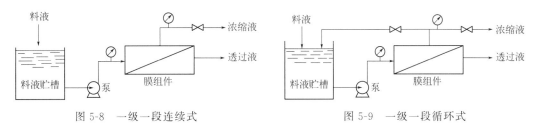

图 5-8　一级一段连续式　　　　　图 5-9　一级一段循环式

3. 一级多段连续式

如图 5-10 所示，将第一段的浓缩液作为第二段的进料液，再把第二段的浓缩液作为下一段的进料液，而各段的透过液连续排出。这种方式的透过液回收率高，浓缩液的量较少，但其溶质浓度较高。

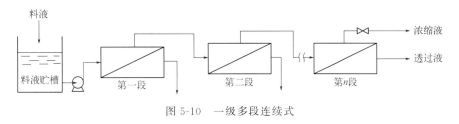

图 5-10　一级多段连续式

四、膜污染及防治

膜污染是指料液中的溶质分子由于与膜存在物理化学作用或机械作用，而引起在膜表面或膜孔内的吸附、沉积，造成膜孔径变小及堵塞，从而导致膜分离特性不可逆变化的现象。因此，在膜分离过程中，必须采取有效措施降低膜污染的影响。

1. 料液的预处理

分离膜是一种高精密分离介质，它对进料有较高的要求，所以需对料液进行预处理。

（1）预处理的作用

① 去除超量的浊度和悬浮固体、胶体物质；

② 调节并控制进料液的电导率、总含盐量、pH 值和温度；

③ 抑制或控制化合物的形成，防止它们沉淀而堵塞水的通道或在膜表面形成涂层；

④ 防止粒子物质和微生物对膜及组件的污染；

⑤ 去除乳化油和未乳化油以及类似的有机物质。

（2）料液预处理方法

① 一般采用絮凝、沉淀、过滤、生物处理法去除料液中的浊度和悬浮固体；

② 用氯、紫外线或臭氧杀菌，以防止微生物、细菌的侵蚀；

③ 加六偏磷酸钠或酸，防止钙、镁离子结垢；

④ 严格控制 pH 值和余氯,以防止膜的水解;

⑤ 控制水温;

⑥ 注意控制进料流速和进水电导率,因为它们对脱盐率有影响。

2. 膜的清洗

膜的清洗可分为物理法与化学法两种,下面以超滤膜的清洗为例加以说明。

(1)物理法 指利用物理力的作用去除膜表面和膜孔中污染物的方法,分为水洗和气洗两种。

① 水洗。以清水为介质,以泵为动力,分为正洗和反冲两种。正洗时,超滤器浓缩出口阀全开,采用低压湍流或脉冲清洗。一次清洗时间一般控制在 30min 以内,可适当提高水温至 40℃左右。透水通量较难恢复时,可采用较长时间浸泡的方法,往往可以取得很好的效果。反洗时,使水从超滤澄清端进入超滤装置,从浓缩端回到清洗槽。为了防止超滤膜机械损伤,反洗压力一般控制在 0.1MPa,清洗时间 30min。该方法一般适用于中空纤维超滤装置。

② 气洗。以气体为介质,通常用高速气流反洗,可将膜表面形成的凝胶层消除。

(2)化学法 当物理方法清洗不能使通量恢复时,常结合化学药剂清洗。化学清洗利用化学物质与污染物发生化学反应而达到清洗的目的。依清洗药剂不同,主要包括以下四种方法。

① 酸碱清洗。无机离子如 Ca^{2+}、Mg^{2+} 等易在膜表面形成沉淀层,可采取降低 pH 值促进沉淀溶解、再加上 EDTA 钠盐等络合物的方法去除沉淀物;用稀 NaOH 溶液清洗超滤膜,可以有效地水解蛋白质、果胶等污染物,取得良好的清洗效果;采用调节 pH 值与加热相结合的方法,可以提高水解速度,缩短清洗时间,因而在生物和食品工业中得到了广泛应用。

② 表面活性剂清洗。表面活性剂如 SDS(十二烷基硫酸钠)、吐温 80、X-100(一种非离子型表面活性剂)等具有增溶作用,在许多场合具有很好的清洗效果,可根据实际情况加以选择。但是,有些阴离子和非离子型表面活性剂能同膜结合造成新的污染,在选用时需加以注意。试验发现,单纯的表面活性剂效果并不理想,需要与其他清洗药剂相结合。

③ 氧化剂清洗。在 NaOH 或表面活性剂不起作用时,可以用氯进行清洗,其用量为 200~400mg/L 活性氯(相当于 400~800mg/L NaClO),最适合的 pH 值为 10~11。在工业酶制剂的超滤浓缩过程中,污染膜多采用次氯酸盐溶液清洗,经济实用。除此之外,双氧水、高锰酸钾在部分场合也表现出较好的清洗功用。

④ 酶清洗。由醋酸纤维素等材料制成的有机膜不能耐高温和极端 pH 值,因而在膜通量难以恢复时,可采用含酶的清洗剂清洗,但酶清洗剂使用不当会造成新的污染。国外报道采用固定化酶形式,把菌固定在载体上,效果很好。目前,常用的酶制剂有果胶酶和蛋白酶。

 【任务实施】

河水属于天然水源水质,大都含有各种不同的杂质,按颗粒大小及存在形态可分为悬浮物质、胶体物质和溶解物质三类,通过传统的混凝→沉淀→过滤→氯消毒的处理工艺,就可以将河水等地表水源净化成符合生活饮水卫生要求的自来水。而要将河水处理成纯净水,就要使用比该工艺设备更为精密的 RO 反渗透膜设备来进行处理。

反渗透膜材质众多，其中醋酸纤维素、聚酰胺和复合膜三种是比较常用的。这三种材质中，复合膜的效果更好，它可以分别针对致密层和支持层的要求选择脱盐性能好的材料和机械强度高的材料，从而复合膜的致密层可以做得很薄，有利于降低拖动压力；同时消除了过渡区，抗压密性能好。

关于膜组件的选择，根据表 5-4 可知，螺旋卷式和中空纤维式膜组件具有投资费用低、运行能耗小、设计灵活性高、占地面积小的优点；虽然污堵的可能性大且清洗不太方便，但纯净水制备中，经过传统的混凝、沉淀、过滤等处理步骤后，膜分离单元的进水水质已较好，因此选择螺旋卷式和中空纤维式膜组件可以满足系统长期稳定运行的要求。

 【思考与实践】

家用净水器是对自来水进行深度处理的饮水装置。请制订不同水质条件下的净水器选择方案，并调研不同型号净水器的水处理流程及所用的膜材料和膜组件类型。

任务二　膜分离过程分析

 【任务描述】

膜分离有多种方法，请为项目情境中提到的纯水制备选择一种适宜的膜分离过程。

 【知识准备】

一、微滤与超滤

在 20 世纪 30 年代，硝酸纤维素微滤膜实现了商品化，微滤技术成为了最早产业化的一种膜分离技术。超滤技术于 20 世纪 70 年代进入工业化应用，之后发展迅速，已成为应用领域最广的膜分离过程之一。

(一) 微滤与超滤原理

微滤与超滤都是在压力差作用下根据膜孔径的大小进行筛分的分离过程，其基本原理如图 5-11 所示。在一定压力差作用下，当含有高分子溶质 A 和低分子溶质 B 的混合溶液流过膜表面时，溶剂和小于膜孔的低分子溶质（如无机盐类）透过膜，作为透过液被收集起来，而大于膜孔的高分子溶质（如有机胶体等）则被截留，作为浓缩液被回收，从而达到溶液的净化、分离和浓缩的目的。通常，能

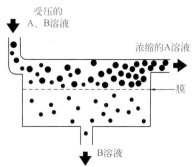

图 5-11　微滤与超滤原理示意图

截留分子量 500 以上、10^6 以下分子的膜分离过程称为超滤；截留更大分子（通常称为分散粒子）的膜分离过程称为微滤。通常，超滤操作的压差为 $0.3 \sim 1.0 \text{MPa}$，微滤操作的压差为 $0.1 \sim 0.3 \text{MPa}$。

一般认为微滤和超滤的分离机理为筛分机理，膜的物理结构起决定性作用。此外，吸附和静电作用等因素对截留也有一定的影响。微滤膜的截留机理因其结构上的差异大体可分为如图 5-12 所示的两大类。

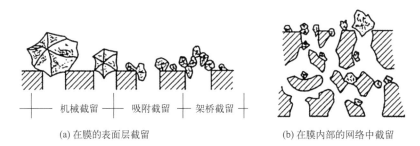

(a) 在膜的表面层截留   (b) 在膜内部的网络中截留

图 5-12   微滤、超滤膜各种截留作用示意图

1. 膜表面层截留

（1）机械截留作用   膜可截留比它孔径大或与其孔径相当的微粒等杂质，此为筛分作用。

（2）物理作用或吸附截留作用   过分强调筛分作用会得出不符合实际的结论，还要考虑吸附和静电作用。

（3）架桥作用   在孔的入口处，微粒因为架桥作用也同样可被截留。

2. 膜内部截留

膜的网络内部截留作用，是指将微粒截留在膜内部而不是在膜的表面。膜表面层截留型（表面型）过程称为绝对过滤，易清洗，但杂质捕捉量相对较少；膜内部截留型（深度型）过程称为相对过滤，杂质捕捉量较多，但不易清洗，多属于用毕弃型。表面型或深度型过滤的压降、流速与使用时间的关系如图 5-13 所示。

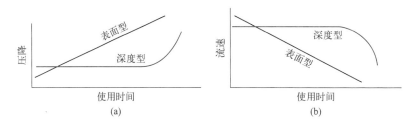

图 5-13   表面型与深度型过滤的压降、流速与使用时间的关系

(二) 微滤与超滤膜

微滤和超滤中使用的膜都是多孔膜。超滤膜多数为非对称结构，膜孔径范围为 $1 \text{nm} \sim 0.05 \mu \text{m}$，系由一极薄具有一定孔径的表皮层和一层较厚具有海绵状和指孔状结构的多孔层组成，前者起分离作用，后者起支撑作用。微滤膜有对称和非对称两种结构，孔径范围为 $0.05 \sim 10 \mu \text{m}$。图 5-14 所示为超滤膜与微滤膜的扫描电镜图片。

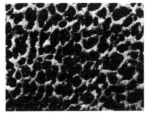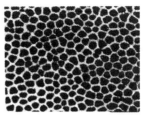

(a) 不对称聚合物超滤膜　　　　　(b) 聚合物微滤膜　　　　　(c) 陶瓷微滤膜

图 5-14　超滤膜与微滤膜的结构

(三) 微滤与超滤的应用

1. 微滤技术的应用领域

微滤主要是从气相和液相物质中截留微米及亚微米级的细小悬浮物、微生物、细菌、酵母、红细胞、污染物等达到分离、净化和浓缩的目的。目前，微滤膜已经在制药、食品、石化、环保，以及分析检测等领域获得了广泛应用。以下是微滤技术的一些典型工业应用实例。

（1）药物生产中的应用　微滤的最大市场是制药行业的除菌和除微粒。微孔膜可将细菌截留，常温操作，不会引起药物的破坏和变性。许多液态药物的生产，如注射液、眼药水等，通常采用微滤技术。此外，将微孔膜用作微粒和细菌的富集器，可进行微粒和细菌含量的测定。

（2）纯水制备中的应用　微滤膜在纯水制备中主要有两方面用途，一是在反渗透或电渗析前用作保安过滤器用以清除细小的悬浮物质，二是在阳、阴交换柱或混合交换柱后作为最后一级终端过滤手段以滤除树脂碎片或细菌等杂质。图 5-15 为我国第一条纯净水生产线的工艺流程，其中微滤技术同时用作了反渗透前的保安过滤和离子交换后的终端过滤。

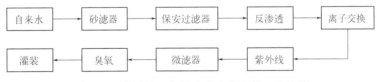

图 5-15　我国第一条纯净水生产线的工艺流程

（3）食品精制中的应用　用微孔膜对食糖溶液和啤酒、黄酒等酒类进行过滤，可除去食糖中的杂质、酒类中的酵母、霉菌和其他微生物，提高食糖的纯度和酒类产品的清澈度，延长存放期。

（4）无菌空气制备中的应用　大气或工业上经过除油、除水的压缩空气要达到绝对无菌的要求，一般必须经过多个过滤单元以除去悬浮的花粉、细菌、病毒等微小固体颗粒和微生物。

2. 超滤技术的应用领域

超滤主要用于从液相物质中分离大分子化合物（蛋白质、核酸聚合物、淀粉、天然胶、酶等）、胶体分散液（黏土、颜料、矿物料、乳液粒子、微生物）以及乳液（润滑脂、洗涤剂、油水乳液），以达到分离、净化、浓缩和分级的目的。以下是超滤技术的一些典型工业应用实例。

（1）海水淡化和高纯水制备中的应用　在海水淡化和高纯水制备过程中，超滤常作为反渗透装置的前处理设备，用于去除胶体、微粒、细菌等物质，从而延长反渗透装置的寿命。相对于传统反渗透预处理工艺，超滤具有出水水质稳定、耐冲击性强等优点。

（2）食品工业中的应用　在牛奶加工中，超滤技术可用于从乳清中分离蛋白和低分子量的盐及乳糖，从而改善浓缩物中蛋白质、乳糖和盐的比例。在果汁加工中，用超滤技术可除去其中的果胶，使汁液澄清透明，提高稳定性。图 5-16 是某企业采用传统工艺和超滤工艺澄清果汁的技术路线比较，可以看出超滤工艺节约了添加剂，同时也保留了果汁的风味和营养成分，流程大为缩短，且果汁回收率得以提高。

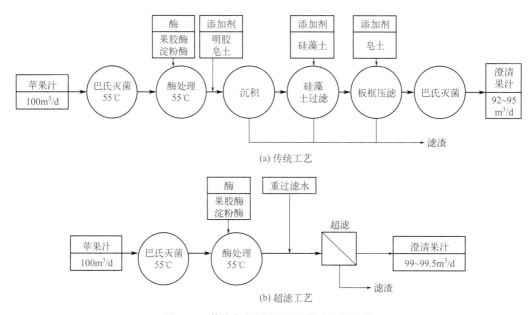

图 5-16　传统与超滤果汁澄清工艺的比较

（3）在制药工业中的应用　由于超滤膜可去除溶液中的病毒、热原、蛋白质、酶，以及所有的细菌，因此超滤技术可取代传统的微滤-吸附法除热原工艺，一次完成注射针剂在装瓶前的除热源和灭菌。

（4）废水处理中的应用　"超滤＋反渗透"双膜处理工艺是目前处理造纸废水、汽车和家具制品电泳涂漆废水等难处理工业废水的主要技术之一。超滤作为反渗透的预处理，不仅可以很好地将污染物截留，延长反渗透膜的使用寿命，而且可以对某些成分进行浓缩并回收利用，如造纸废水中的磺化木质素、涂漆废水中的涂料，具有一定的经济效益。

二、反渗透

渗透是自然界中的一种常见现象。人类很早以前就开始自觉或不自觉地使用渗透或反渗透分离物质。目前，反渗透技术已在海水和苦咸水的脱盐淡化、超纯水制备、废水处理等方面，拥有了其他方法不可比拟的优势。反渗透技术 1969 年进入海水淡化市场。目前我国反渗透海水淡化技术已达到或接近国际先进水平。根据自然资源部数据，截至 2020 年底，全国应用反渗透技术的工程达 118 个，工程规模 1078453t/d，占海水淡化总规模的 65.32％，而且 2020 年新增海水淡化工程全部采用反渗透技术。表 5-5 列出了反渗透技术的主要应用领域。

▶ 表 5-5　反渗透技术的主要应用领域

应用领域	用途举例
制水	海水和苦咸水淡化，纯水制造，锅炉、饮料、医药用水制造等
化学工业	石化废水处理，胶片废水回收药剂，造纸废水回收木质素和木糖等
医药	药液浓缩，热原去除，医药医疗用无菌水制造等
农畜	奶酪中蛋白质的回收，水产加工废水中蛋白质和氨基酸的回收与浓缩等
食品加工	果汁浓缩，糖液浓缩，淀粉工业废水处理等
纺染	染料废水中染料和助剂的去除、水回收利用，含纤维和油剂的废水处理等
石油石化	含油废水处理，石化废水再生利用等
表面处理	废水处理及有用金属回收等

(一) 反渗透原理

对透过的物质具有选择性的薄膜称为半透膜，一般将只能透过溶剂而不能透过溶质的薄膜称为理想半透膜。当把相同体积的稀溶液（例如淡水）和浓溶液（例如盐水）分别置于半透膜的两侧时，稀溶液中的溶剂将自然穿过半透膜而自发地向浓溶液一侧流动，这一现象称为渗透，如图 5-17（a）所示。当渗透达到平衡时，浓溶液侧的液面会比稀溶液侧的液面高出一定高度，即形成一个压差，此压差即为渗透压，如图 5-17（b）所示。渗透压的大小取决于溶液的固有性质，即与浓溶液的种类、浓度和温度有关，而与半透膜的性质无关。若在浓溶液一侧施加一个大于渗透压的压力时，溶剂的流动方向将与原来的渗透方向相反，开始从浓溶液向稀溶液一侧流动，这一过程称为反渗透，如图 5-17（c）所示。反渗透是渗透的一种反向迁移运动，是一种在压力驱动下、借助于半透膜的选择截留作用将溶液中的溶质与溶剂分开的分离方法。它已广泛应用于各种液体的提纯与浓缩，其中最普遍的应用便是在水处理工艺中，将原水中的无机离子、细菌、病毒、有机物及胶体等杂质去除，以获得高质量的纯净水。

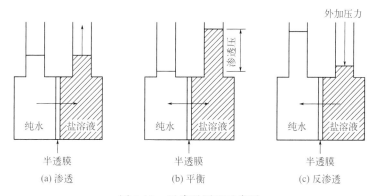

图 5-17　反渗透原理示意图

(二) 渗透压及计算

1. 渗透压

反渗透回去的溶剂分子随压力增加而变多。如图 5-17 所示，在反渗透中，当右侧压力增至某一数值时，单位时间反渗透回去的溶剂分子数目，恰等于单位时间内由左侧渗透到右侧的溶剂分子数目，便达到渗透动态平衡。渗透平衡时，右侧压力 p 与左侧压力 p_0 之差 $(p-p_0)$，即为该溶液的渗透压，用 π 表示。

反渗透过程必须满足两个条件：存在高选择性和高透过率的选择性透过膜；操作压力必须高于溶液的渗透压。在实际反渗透过程中膜两侧静压差还必须克服透过膜的阻力。

2. 渗透压的计算

早期从事反渗透装置设计时，常采用同浓度的 NaCl 水溶液的渗透压代替海盐水溶液的渗透压。对很稀的海盐水溶液来说，可近似地当作 NaCl 水溶液进行处理；但对于浓度大的海盐水溶液，除 NaCl 以外，其他盐的存在将对溶液渗透压产生不可忽视的影响。因此，渗透压是设计反渗透脱盐装置时必不可少的设计参数。

渗透压通常采用范托夫（van't Hoff）渗透压公式来计算：

稀的非电解质水溶液的渗透压为：

$$\pi = RTC_S \tag{5-4}$$

稀的电解质水溶液的渗透压为：

$$\pi = iRTC_S \tag{5-5}$$

式中　R——气体常数，$8.314 \mathrm{kPa \cdot L/(mol \cdot K)}$；

　　　π——渗透压，kPa；

　　　T——热力学温度，K；

　　　C_S——溶质的物质的量浓度，mol/L；

　　　i——电解质电离生成的离子数。

【例 5-1】 试用稀溶液范托夫渗透压公式求算 25℃ 下含 NaCl 3.5% 的海水和含 NaCl 0.1% 的苦咸水的渗透压（不考虑其他盐分的影响）。

解：含 NaCl 3.5% 的海水的渗透压：

$$\pi = iRTC_S = 2 \times 8.314 \times (273+25) \times \frac{3.5/58.5}{100/1000} = 2964.6(\mathrm{kPa})$$

含 NaCl 0.1% 的苦咸水的渗透压：

$$\pi = iRTC_S = 2 \times 8.314 \times (273+25) \times \frac{0.1/58.5}{100/1000} = 84.7(\mathrm{kPa})$$

值得注意的是，本例虽然按范托夫渗透压公式计算出了一定浓度溶液的渗透压，然而反渗透过程中所要施加的实际压力，在系统和膜强度允许的范围内，必须远大于上述计算值，一般为 π 值的几倍到近十倍。渗透压的大小是溶液的物性，且与溶质的浓度有关，本例附表列出了 25℃ 下不同浓度 NaCl 水溶液的渗透压。

▶ 例 5-1 附表　**25℃ 下不同浓度 NaCl 水溶液的渗透压**

浓度/(mol NaCl/kg H_2O)	0	0.01	0.10	0.50	1.0	2.0
渗透压/MPa	0	0.04762	0.4620	2.2849	4.6407	9.7475
密度/(kg/m³)	997.0	997.4	1001.1	1017.2	1036.2	1072.3

(三) 透过通量及计算

描述反渗透膜内溶质传递的机理有多种，目前一般认为溶解-扩散理论能较好地说明膜透过现象。根据溶解-扩散机理，溶剂和溶质透过膜的过程为：①原料液中的溶剂或溶质首先吸附在膜的表面并溶解于膜中；②在膜内浓度梯度和膜两侧压差的推动下以分子扩散方式透过膜；③在膜的另一侧解吸并进入透过液中。

溶剂透过膜的通量可表示为：

$$N_W = A_W(\Delta p - \Delta \pi) \tag{5-6}$$

式中　N_W——溶剂的透过通量，kg 溶剂/(m^2·s)；

　　　A_W——溶剂（水）的渗透常数，kg 溶剂/(m^2·s·Pa)；

　　　Δp——膜两侧的压力差（$\Delta p = p_1 - p_2$，p_1 为原料液的压力，p_2 为透过液的压力），Pa；

　　　$\Delta \pi$——膜两侧的渗透压差（$\Delta \pi = \pi_1 - \pi_2$，$\pi_1$ 为原料液的渗透压，π_2 为透过压），Pa。

类似地，溶质的透过通量方程为：

$$N_S = A_S(c_F - c_P) \tag{5-7}$$

式中　N_S——溶质（盐）的透过通量，kg 溶质/(m^2·s)；

　　　A_S——溶质的渗透常数，m/s；

　　　c_F——料液中溶质的浓度，kg 溶质/m^3；

　　　c_P——透过液中溶质的浓度，kg 溶质/m^3。

总透过通量为溶剂透过通量与溶质透过通量之和，即

$$N = N_W + N_S \tag{5-8}$$

式（5-6）及式（5-7）中的膜渗透常数 A_W 和 A_S，是表征膜性能的重要参数，其值与膜的性质和结构有关，需根据所用膜的类型由实验确定。对于常用的醋酸纤维素膜，水渗透常数 A_W 的范围约为（1~5）$\times 10^{-6}$ kg 溶剂/(m^2·s·kPa)，溶质的渗透常数 A_S（m/s）：NaCl 为 4.0×10^{-7}，KCl 为 6.0×10^{-7}，MgCl$_2$ 为 2.4×10^{-7}。

稳态下对溶质作质量衡算，可得溶质扩散通过膜的量应等于离开的透过液中的溶质量，即

$$N_S = \frac{N_W c_P}{c_{WP}} \tag{5-9}$$

式中　c_{WP}——透过液中溶剂的浓度，kg 溶剂/m^3。

如果透过液是稀溶液，则 c_{WP} 近似为溶剂的密度。

将式（5-6）和式（5-7）代入式（5-9）中，解得：

$$\frac{c_P}{c_F} = \frac{1}{1 + B(\Delta p - \Delta \pi)} \tag{5-10}$$

式中，$B = \dfrac{A_W}{A_S c_{WP}}$，单位为 Pa。

将式（5-10）代入式（5-2）中，可得反渗透过程的截留率为：

$$R = 1 - \frac{c_P}{c_F} = \frac{B(\Delta p - \Delta \pi)}{1 + B(\Delta p - \Delta \pi)} \tag{5-11}$$

【例 5-2】25℃下用反渗透膜分离 NaCl 水溶液。已知原料液浓度为 2.5kg NaCl/m^3，密度为 999kg/m^3。水的渗透常数为 $A_W = 4.747 \times 10^{-6}$ kg/(m^2·s·kPa)，NaCl 的渗透常数为 $A_S = 4.42 \times 10^{-7}$ m/s。操作压差 $\Delta p = 2.76$ MPa。试求水的透过通量 N_W、溶质的透过通

量 N_S、溶质的截留率 R 及产物溶液的 c_P。

解： 已知原料液浓度 $c_F = 2.5$ kg NaCl/m^3，其密度 $\rho_F = 999$ kg 溶液/m^3，因此 1m^3 原料液中含水 $999 - 2.5 = 996.5$（kg），1kg 水中含 NaCl 的物质的量为 $(2.5 \times 1000)/(996.5 \times 58.5) = 0.04289$（mol）。由例 5-1 附表，用内插法查得 $\pi_1 = 0.200$ MPa。

由于透过液浓度 c_P 是未知的，故先初设 $c_P = 0.1$ kg NaCl/m^3。因所设 c_P 值很低，可认为该透过液的密度近似等于同温度下（25℃）水的密度，即 $\rho_P = 997.0$ kg 溶液/m^3。同理，透过液中水的浓度亦可近似为水的密度，即 $c_{WP} \approx 997.0$ kg 水/m^3。这样，对于透过液，1kg 水中含 NaCl 的物质的量为 $(0.1 \times 1000)/(997.0 \times 58.5) = 0.00171$（mol）。由例 5-1 附表，用内插法查得 $\pi_2 = 0.00811$ MPa。

由式（5-6）得水的通量为：
$$N_W = A_W(\Delta p - \Delta \pi) = 4.747 \times 10^{-6} \times 1000 \times (2.76 - 0.200 + 0.00811)$$
$$= 1.220 \times 10^{-2} \text{ kg H}_2\text{O}/(\text{m}^2 \cdot \text{s})$$

$$B = \frac{A_W}{A_S c_{WP}} = \frac{4.747 \times 10^{-6}}{4.42 \times 10^{-7} \times 997.0} = 0.01077 (\text{kPa}^{-1}) = 10.77 (\text{MPa}^{-1})$$

由式（5-11），截留率为：
$$R = \frac{B(\Delta p - \Delta \pi)}{1 + B(\Delta p - \Delta \pi)} = \frac{10.77 \times (2.76 - 0.200 + 0.00811)}{1 + 10.77 \times (2.76 - 0.200 + 0.00811)} = 0.965$$

再由式（5-2）可得：
$$0.965 = 1 - \frac{c_P}{c_F} = 1 - \frac{c_P}{2.5}$$

解得
$$c_P = 0.0875 \text{ kg NaCl/m}^3$$

该值与初设值略有偏差，故将该值作为初值，重复以上计算步骤。结果表明 c_P 值没有明显变化。因此将 $c_P = 0.0875$ kg NaCl/m^3 作为计算的最终值。

由式（5-7）得溶质的通量：
$$N_S = A_S(c_F - c_P) = 4.42 \times 10^{-7} \times (2.5 - 0.0875) = 1.066 \times 10^{-6} [\text{kg NaCl}/(\text{m}^2 \cdot \text{s})]$$

(四) 浓差极化及其对膜通量的影响

在反渗透过程中，由于半透膜只允许溶剂透过，溶质不能或只有极少量透过，因此溶质在膜高压侧的表面上逐渐积累，致使膜表面处的浓度 c_m 高于主体溶液浓度 c_F，从而在膜表面到溶液主体之间形成一个厚度为 δ 的浓度边界层，引起溶质从膜表面向溶液主体的扩散，这一现象称为浓差极化。

发生浓差极化时，引起水的通量下降。这是因为渗透压 π_1 随着边界层浓度的增加而上升，总推动力 $(\Delta p - \Delta \pi)$ 下降。边界层内的溶质浓度增加同时也会引起溶质通量增加。因此，极化现象通常需要增加 Δp 以补偿推动力的下降，这会增加过程的能耗。

浓差极化的影响可以用浓差极化比 β 来表示，其定义为 $\beta = c_m / c_F$。据此，可将水透过膜的通量方程近似表示为：
$$N_W = A_W(\Delta p - \Delta \pi') \tag{5-12}$$

式中，$\Delta \pi' = \beta \pi_1 - \pi_2$。

由于渗透压与浓度近似成正比，因此亦可将溶质的通量方程式（5-7）修正为：

$$N_S = A_S(\beta c_F - c_P) \tag{5-13}$$

浓差极化比的计算往往是困难的，其值通常为 1.2～2.0，即边界层中的浓度是料液主体浓度的 1.2～2.0 倍。

(五) 反渗透膜分离规律

醋酸纤维素反渗透膜的性能具有以下规律性：

对无机离子的分离率，随离子价数的增高而增高，$Al^{3+} > Fe^{3+} > Ca^{2+} > Na^+$；价数相同时，随水合离子半径的增大而增高，$Mg^{2+} > Ca^{2+} > Li^+ > Na^+ > K^+$。

对多原子单价阴离子的分离率：$IO_3^- > BrO_3^- > ClO_3^-$。

对极性有机物的分离率：醛＞醇＞胺＞酸，叔胺＞仲胺≥伯胺，柠檬酸≥酒石酸＞苹果酸≥乳酸＞乙酸。

对异构体的分离率：特（*tert-*）＞异（*iso-*）＞仲（*sec-*）＞原（*pri-*）。对于同一族系，分子量大的分离性能好。

极性或非极性、离解或非离解的有机溶质的水溶液，当它们进行膜分离时，溶质、溶剂和膜间的相互作用力（静电力、氢键结合力、疏水性和电子转移）决定膜的选择透过性。一般溶质对膜的物理性质或传递性质影响都不大，只有酚和某些低分子量有机化合物会使醋酸纤维素在水溶液中溶胀，这些组分的存在，一般会使膜的水通量下降。

脱除率随离子电荷的增加而增加，绝大多数含二价离子的盐，基本上能被完全脱除。对碱式卤化物的脱除率随周期表次序下降，对无机酸则趋势相反。硝酸盐、高氯酸盐、氰化物、硫代氰酸盐的脱除效果不如氯化物好，铵盐的脱除效果不如钠盐。许多低分子量非电解质的脱除效果不好，其中包括某些气体溶液（如氨、氯、二氧化碳和硫化氢），以及硼酸之类的弱酸和有机分子。对分子量大于 150 的大多数组分，不管是电解质还是非电解质，都能很好地脱除。处理液浓度一定的情况下，溶质分离率受溶液 pH 值的影响。

在实际工作中，在理论指导的前提下，考虑到许多因素的相互制约性，必须进行试验验证，掌握物质的特性和规律，从而达到正确运用膜分离技术的目的。

三、电渗析

(一) 电渗析的定义及工作原理

在外加直流电场作用下，利用离子交换膜的选择透过性，即阳膜只允许阳离子透过、阴膜只允许阴离子透过，使溶液中的阴、阳离子做定向迁移，从而达到溶液分离、提纯和浓缩目的的物理化学过程称为电渗析。

典型的电渗析过程如图 5-18 所示。图中的 4 片选择性膜按阴、阳膜交替排列。阳离子交换膜（C）带负电荷，它吸引正电荷（阳离子）、排斥负电荷，只允许阳离子通过；阴离子交换膜（A）带正电荷，它吸引负电荷（阴离子），排斥正电荷，只允许阴离子通过。两类离子交换膜均不透水。当在阴、阳两电极上施加一定的电压时，则在直流电场作用下阴、阳离子分别透过相应的膜进行渗析迁移，其结果是使阴、阳离子在室 2 和室 4 被浓缩，从而获得一个浓缩的电解质溶液；而室 3 的离子浓度下降从而获得一个相对稀的电解质溶液。一般各室的压力保持平衡。

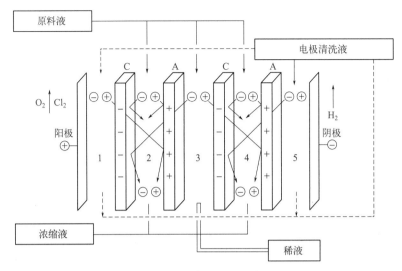

图 5-18　电渗析原理示意图

M5-5　电渗析器　　　　**M5-6　电渗析器工作原理**

　　例如，用电渗析方法处理含镍废水，在直流电场作用下，废水中的硫酸根离子向正极迁移，由于离子交换膜具有选择透过性，淡水室的硫酸根离子透过阴膜进入浓水室，但浓水室内的硫酸根离子不能透过阳膜而留在浓水室内；镍离子向负极迁移，并通过阳膜进入浓水室，浓水室内的镍离子不能透过阴膜而留在浓水室中。这样浓水室因硫酸根离子、镍离子不断进入而使这两种离子的浓度不断增高，淡水室由于这两种离子不断向外迁移而浓度降低。浓水系统是一个溶液浓缩系统，而淡水系统是一个净化系统。用电渗析法回收镍时，以硫酸钠溶液作为电极液，硫酸钠可减轻铅电极的腐蚀，浓水回用于镀槽，淡水用于清洗镀件。

　　在电渗析过程中，阳极和阴极上分别发生着的氧化反应和还原反应，称为电极反应，其结果是使阴极室因溶液呈碱性而结垢，阳极室因溶液呈酸性而腐蚀。因此，在极室中需要引入一股水流冲洗电极，以及时移走电极反应产物，同时维持 pH，保护电极，保证电渗析过程的安全运行。

　　阴极（还原反应）：$2H_2O + 2e^- \longrightarrow H_2 \uparrow + 2OH^-$

　　阳极（氧化反应）：$H_2O - 2e^- \longrightarrow 0.5O_2 \uparrow + 2H^+$ 或 $2Cl^- - 2e^- \longrightarrow Cl_2 \uparrow$

(二) 离子交换膜和电渗析器

1. 离子交换膜

　　离子交换膜可以理解为对离子具有选择透过能力的膜状功能高分子电解质。由于在高分子的主链或侧链上引入了具有特殊功能的基团，当该高分子聚合物膜处于溶液中时便会发生电离，从而形成固定的荷电基团，进而表现出促进或阻抑相关离子跨膜传递的能力。在这一点上与常用的醋酸纤维素等系列的中性反渗透膜截然不同。离子交换膜是电渗析的关键部件，其性能影响电渗析器的离子迁移效率、能耗、抗污染能力和使用期限等。

离子交换膜可基于膜功能、膜结构和膜材料等不同角度来加以认识。

① 根据所实现的功能可分为阳膜、阴膜、两性膜　阳膜带有阳离子交换基团（荷负电），可选择性地透过阳离子；阴膜带有阴离子交换基团（荷正电），可选择性地透过阴离子；两性膜同时含有阳离子交换基团和阴离子交换基团，阴离子和阳离子均可透过。

② 根据膜结构可分为异相膜、均相膜和半均相膜　异相膜通常是由离子交换树脂粉分散在起黏合作用的高分子材料中，经溶剂挥发或热压成型等工艺加工而成，因此离子交换基团在膜中的分布是不连续的。均相膜通常是由具有离子交换基团的高分子材料直接成膜，或是在高分子膜基体上键接离子交换基团而成，离子交换基团在这类膜中的分布是均一的。半均相膜也是将活性基团引入高分子支持物制成的，但两者不形成化学结合，其性能介于均相膜和非均相膜之间。

③ 按膜材料不同，可分为有机膜和无机膜。

2. 电渗析器

如图 5-19 所示，电渗析器的整体结构类似于板式换热器，主要由离子交换膜、隔板、电极和夹紧装置等部件组成，将这些部件按一定顺序组装并压紧，组成一定形式的电渗析器。电渗析器两端为端框，框上固定有电极，并分布着极水孔道、进料孔道、浓液孔道和淡液孔道等。电极内表面呈凹形，与膜贴紧时即形成电极冲洗室。相邻两膜之间有隔板，隔板边缘有垫片，当膜与隔板夹紧时即形成浓室和淡室，隔板、膜、垫片及端框上的孔对齐贴紧后即形成孔道。电渗析器的辅助设备还包括水泵、整流器等，组成了整体电渗析装置。

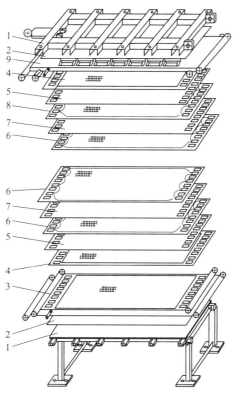

图 5-19　电渗析器的构造

1—夹紧板；2—绝缘橡胶板；3—电极（甲）；4—加网橡胶圈；5—阳离子交换膜；
6—浓（淡）水隔板；7—阴离子交换膜；8—淡（浓）水隔板；9—电极（乙）

(三) 极化现象与消除

电渗析器工作时，单位膜面积上通过的电流称为电流密度。当电流密度达到一定值时，膜界面层离子的迁移速度远低于膜内离子迁移速度，迫使膜界面处的水分子发生电离，依靠 H^+ 和 OH^- 来传递电流，这种膜界面现象称为浓差极化，此时的电流密度称为极限电流密度。极化发生后，在阳膜淡室侧富集着过量的 OH^-、浓室侧富集着过量的 H^+；而在阴膜淡室侧富集着过量的 H^+、浓室侧富集着过量的 OH^-。由于浓室中离子浓度高，则在浓室阴膜的一侧发生 $CaCO_3$ 等沉淀，从而增加膜电阻、加大电能消耗、减小膜的有效面积、降低出水水质、影响正常运行。

防止和消除极化现象的主要措施有：

① 控制操作电流，以避免极化现象发生；

② 定期倒换电极，使浓、淡室亦随之相应倒换，这样阴膜两侧表面上水垢的溶解与沉积相互交替，处于不稳定状态；

③ 定期酸洗，用浓度 $1\%\sim1.5\%$ 的盐酸溶液在电渗析器内循环清洗以清除结垢，酸洗周期从每周到每月一次，视实际情况而定。

(四) 电渗析技术的特点

目前，电渗析已发展成一个大规模的化工单元过程，在膜分离技术中占有重要地位，广泛应用于化工脱盐、海水淡化、食品医药和废水处理等领域，在某些地区已成为饮用水的主要生产方法。与其他分离、提取方法相比，电渗析技术具有如下特点。

1. 装置设计与系统应用灵活

系统脱盐率灵活可控，根据需要可在 $30\%\sim99\%$ 范围内选择。原水回收率较高，一般能达到 $40\%\sim90\%$。系统设计可灵活地采用不同形式，并联可增加产水量，串联可提高脱盐率，循环或部分循环可缩短工艺流程，可保证进水处理量在 $30\%\sim120\%$ 范围内选择。

2. 能量消耗低

电渗析过程无相变，是用清洁能源电力来将水中已离解的离子迁移掉，电耗低，动力消耗也较低，同时在常温下进行，是目前比较经济的水处理技术之一。

3. 对环境友好

电渗析器运行时，不像离子交换树脂那样有饱和失效问题，所以不用酸、碱频繁再生，也不需加入其他药剂，仅定时清洗时耗用少量的酸或碱，对环境基本无污染。与反渗透相比，也没有高压泵的强烈噪声。

4. 使用寿命长

装置预处理工艺简便，设备经久耐用。分离专用膜一般可用 5 年以上，电极可用 5 年以上，隔板可用 10 年以上。易于实现自动化控制，且操作、维修方便。

5. 抗污染能力强

电渗析技术由于不是过滤型，具有较强的抗污染能力，对原水的水质要求相对较低，其独特的分离方法是反渗透无法替代的。

四、气体膜分离

气体膜分离是在膜两侧分压差的作用下，利用气体混合物中各组分在膜中渗透速率的差异而实现分离的过程。其中，渗透快的气体称为"快气"，它优先透过膜而在渗透侧富集；渗透慢的组分称为"慢气"，它较多地滞留在原料气侧而成为渗余气。"快气"和"慢气"是针对不同体系而言的，由体系中的相对渗透速率来决定。例如，对于 O_2 和 H_2 体系，H_2 是"快气"，O_2 是"慢气"；而对于 O_2 和 N_2 体系，O_2 则变为"快气"，因其比 N_2 透过得快。

(一) 气体膜分离的机理

膜的结构不同，气体通过膜的传递扩散方式和分离机理也不同。

1. 非多孔膜

气体透过非多孔膜的传递过程通常采用溶解-扩散机理来解释。该模型认为气体透过膜的过程由下列步骤完成：

① 气体在膜的上游侧表面吸附溶解；

② 吸附溶解的气体在浓度差的推动下扩散透过膜；

③ 气体在膜的下游侧表面脱附。

当气体在膜表面的溶解符合亨利定律时，气体分子在膜内的扩散服从菲克定律。对于稳态一维扩散，组分 i 的渗透速率 J_i 可写为：

$$J_i = \frac{Q_i}{A(p_{i1} - p_{i2})} = \frac{P_i}{L} \tag{5-14}$$

式中　Q_i——通过膜的组分 i 的体积流量，m^3/s；

A——膜面积，m^2；

L——膜厚度，m；

P_i——组分 i 的渗透系数，其值只与膜材料和气体性质有关，$m^2/(s \cdot kPa)$；

p_{i1}，p_{i2}——膜高压侧和低压侧组分 i 的分压，kPa。

气体膜分离的分离系数 α_{ij} 定义为两种气体 i、j 的渗透系数之比。渗透系数为溶解度系数和扩散系数的乘积，溶解或扩散之间出现差异皆可实现分离。

$$\alpha_{ij} = \frac{P_i}{P_j} \tag{5-15}$$

采用亨利定律与菲克定律来描述传递过程时，忽略了混合气体中组分之间以及它们与膜材料之间相互作用的影响。对于低压和具有较大自由体积的膜材料，如橡胶类高分子，采用亨利定律是合适的；而对于玻璃态高分子材料膜，则常常观察到负偏差实验结果。描述玻璃态高分子膜传递行为常采用双吸附模型：气体在高分子网络中同时存在亨利和朗缪尔吸附，吸附浓度为二者作用之和。

当渗透气体对膜材料出现溶胀行为时，观察到正偏差实验结果。由于渗透气体与膜材料之间强的相互作用导致溶解系数增大，而渗透系数随着溶解系数增大而增大。这种情况下，溶解系数和扩散系数不再是恒定值，它们与组分浓度存在某种函数关系。这种函数关系反映了膜材料与组分之间以及各组分之间相互作用的耦合效应。

2. 多孔膜

多孔膜的分离性能与气体的种类、膜孔径等有关。其传递机理可分为努森扩散、黏性流动、表面扩散、分子筛分、毛细管凝聚等，具体如图 5-20 所示。

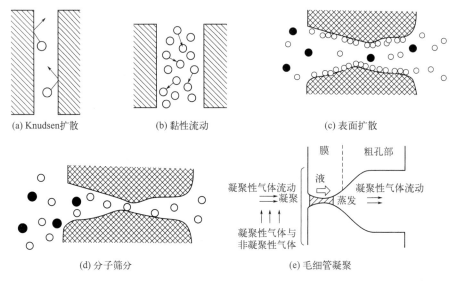

(a) Knudsen扩散　　　　(b) 黏性流动　　　　(c) 表面扩散

(d) 分子筛分　　　　　　(e) 毛细管凝聚

图 5-20　多孔膜传递机理

（1）努森（Knudsen）扩散　气体分子在膜孔内移动，如果孔径很小或气体压力很低时，气体分子与孔壁之间的碰撞概率远大于分子之间的碰撞概率，孔内分子流动受分子与孔壁之间碰撞作用支配，此时气体通过膜孔的传递过程称为努森扩散。对努森扩散，气体透过单位面积的流量 q 可表示为：

$$q = \frac{4}{3} r \varepsilon \left(\frac{2RT}{\pi M} \right)^{1/2} \times \frac{p_1 - p_2}{LRT} \tag{5-16}$$

式中　r——孔径，m；

ε——孔隙率，m^3/m^3；

T——测试时的室温，K；

M——组分的分子量，g/mol。

从式（5-16）可以看出，q 取决于被分离气体的分子量。显然只有分子量相差较大的气体才有明显的透过速率差，这时努森扩散才有分离效果。

（2）黏性流动　如果孔径 r 远远大于分子平均自由程 λ，气体分子与孔壁之间的碰撞概率远小于分子之间的碰撞概率，则孔内分子流动受分子之间碰撞作用支配，此时气体通过膜孔的传递过程为黏性流动。根据哈根-泊肃叶（Hagen-Poiseuille）定律，对黏性流动，气体透过单位面积的流量 q 为：

$$q = \frac{r^2 \varepsilon (p_1 + p_2)(p_1 - p_2)}{8 \eta LRT} \tag{5-17}$$

式中，η 为黏度，Pa·s。可见，q 取决于被分离气体的黏度。由于气体黏度一般差别不大，因此气体处于黏性流状态是没有分离性能的。

通常，由于聚合物膜孔具有孔径分布，在一定压力下，气体平均自由程可能处于最小孔径与最大孔径之间。这时，气体透过大孔的速度与黏度成反比，而透过小孔的速度与分子量平方根成反比，分子扩散与黏性流动共存。因此，气体透过整张膜的流量是分子扩散和黏性流动共同贡献的结果。

（3）表面扩散　气体分子可在膜表面发生吸附，并可沿表面运动。当存在压力梯度时，分子在膜表面的占据率是不同的，从而产生沿表面的浓度梯度，分子向表面浓度递减的方向进行扩散。通常沸点低的气体易被孔壁吸附，表面扩散显著；而且操作温度越低、孔径越小，表面扩散越明显。在表面扩散存在的情况下，气体通过膜孔的流量由努森扩散和表面扩散流叠加。

（4）分子筛分　如果膜孔孔径介于不同分子直径之间，当分子大小不同的气体混合物与膜接触后，此时直径小的分子可以通过膜孔，而直径大的分子则被截留，从而实现分离，即具有筛分效果。

（5）毛细管凝聚　于较低操作温度下，当气体通过微孔介质时，易冷凝组分达到毛细管冷凝压力时，孔道被易凝组分的冷凝液堵塞，从而阻止非冷凝组分渗透，出现毛细管冷凝分离。

(二)气体膜分离的流程

气体膜分离是一种以压力差为推动力的过程。当混合气体为高压气体时，采用膜法进行分离非常有效，因为此时不需外加功耗即可得到高的渗透流量。当混合气体为低压气体时，提供分离所需的压力差可有两种方式，一是在原料气侧加压，见图 5-21 （a），二是在渗透气侧抽真空形成负压，见图 5-21 （b）。两种提供压力差的方式各自适用于不同情况。

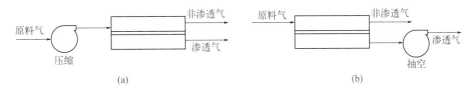

图 5-21　气体膜分离过程的推动力

气体膜分离过程常用单级渗透流程。当采用单级渗透流程不能满足分离要求时，则采用多级串联渗透流程（图 5-22），或采用各种循环级联流程（图 5-23）实现分离要求。

采用多级串联渗透流程时，如需要得到高纯度"慢气"组分，可采用图 5-22 （a）所示流程；如需同时得到高纯度"慢气"和"快气"组分产品，可以采用图 5-22 （b）流程来实现。

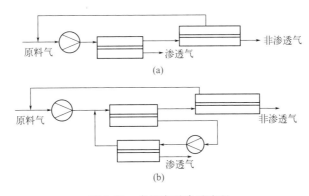

图 5-22　多级串联渗透流程

当存在高压气源时，采用图 5-23 （a）的循环流程可得高纯度的"快气"组分，而采用图 5-23 （b）流程可以得到高纯度的"慢气"组分。在低压操作时，采用图 5-23 （c）流程可以得到较高纯度的"慢气"组分。循环气级联流程尚可采用多种方式，视所需分离要求而定，但需考虑能耗和投资是否经济合理。

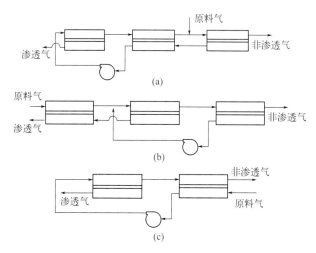

图 5-23 循环级联流程

(三) 气体分离膜的应用

1979 年美国孟山都（Monsanto）公司开发了 Prism 膜分离器，并成功地应用于从合成氨弛放气中回收 H_2，成为气体膜分离技术获得工业化应用的标志。近年来，随着高性能膜材料和先进制膜工艺的研究和开发，气体分离膜的应用领域不断扩大，已成为具有重要意义的单元操作过程之一。

1. 氢的分离回收

这是气体分离膜技术当前应用最广的一个领域。图 5-24 为合成氨弛放气二级膜分离回收氢系统的流程示意图。工业上氨是由含体积分数约为 60% H_2、20% N_2、5% Ar、15% CH_4 的气体在高温高压下反应生成。合成氨是一可逆反应，合成塔出口气体用冷凝法分离出大部分氨后，剩余气体作为循环气体返回合成系统。由于惰性气体 Ar 和 CH_4 不参与反应，在反应器内积累影响合成氨收率，为维持系统的物料平衡，必须从反应系统中排放掉部分循环气体，称为弛放气。反应系统中的 H_2 随弛放气排放作为燃料烧掉，造成极大浪费。由于弛放气为高压气体，特别适合采用膜分离法回收 H_2。弛放气经水洗塔除去其中的氨气后进入第一级膜分离器，透过气体作为高压氢气回收，它们返回合成压缩机中段，以节省能

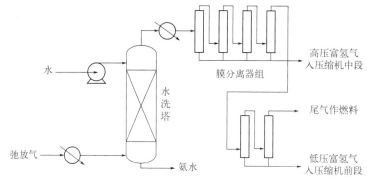

图 5-24 合成氨弛放气中回收氢气流程示意图

量；第一级透余气体流入第二级膜分离器，第二级膜分离器中的透过气体作为低压氢气回收，返回压缩机前段，透余气体作为废气燃烧。二级串联膜分离系统的回收率可以到 $88\%\sim90\%$，氢气纯度为 $90\%\sim95\%$。

2. 空气分离

膜分离技术在空气分离的三大技术（深冷法、PSA 法、膜法）中最具发展潜力。

高浓度氮气用途广泛，可用于油田三次采油、食品保鲜、医药工业、惰性气氛保护等。相同产能下，制备 95% 的富氮，膜法与 PSA 法操作费用大致相等，但前者投资费用比后者低 25%。在制备超纯氮气方面，膜法则不如其他两种方法。

富氧多用于高温燃烧和医疗保健目的。与深冷法和 PSA 法相比，膜法具有设备简单、操作方便、安全、启动快等优点。当氧质量分数在 30% 左右、规模小于 $15000\mathrm{m}^3/\mathrm{h}$ 时，膜法的投资、维修及操作费用之和仅为其他两种方法的 $2/3\sim3/4$，能耗低 30% 以上，并且规模越小越经济。

3. 酸性气体的分离回收

酸性气体主要指原料中含有的 CO_2、H_2S 等组分。脱除酸性气比较好的办法是采用固体脱硫、膜法脱 CO_2 和水集成工艺，充分发挥各技术的优势。另外，膜技术在实现"双碳"目标中也扮演着重要角色，如烟道气中 CO_2 的捕集。

4. 气体脱湿

在工业气体脱湿方面，美国、日本、加拿大等国在 20 世纪 80 年代开发膜分离技术，并已实现工业应用。我国于 90 年代开始研发，在天然气膜法净化方面已取得成功。

5. 挥发性有机物的分离回收

石化企业生产中会产生大量挥发性有机物（VOC），直接排放会造成环境污染，危害人体健康，必须加以回收利用。传统的冷凝法和炭吸附法能耗大、易造成二次污染，而膜法具有操作简便、高效、节能的优点。

五、渗透汽化

(一) 渗透汽化原理及特点

1. 渗透汽化原理

渗透汽化是以组分蒸气分压差为推动力，利用各组分在膜中的溶解与扩散速率的差异来实现液体混合物分离的过程。

按照形成膜两侧蒸气压差的方法，工业上常用的渗透汽化可分为如图 5-25 所示的四类。

（1）冷凝法　在膜后侧放置冷凝器，使部分蒸气凝结为液体，从而达到降低膜下游侧蒸气分压的目的。如果同时在膜的上游侧放置加热器，如图 5-25（a）所示，则称其为热渗透汽化过程。该法的缺点是不能有效地保证不凝气从系统中排出，同时蒸气从下游侧膜面到冷凝器表面完全依靠分子的扩散和对流，传递速度很慢，因此这种方法的实际应用意义不大。

（2）抽真空法　在膜后侧放置真空泵，从而达到降低膜下游侧蒸气分压的目的，如图 5-25（b）所示。这种操作方式对于一些膜后侧真空度要求比较高且没有合适的冷源来冷凝渗透物的情形比较适合。但由于膜后渗透物的排除完全依靠真空泵来实现，大大增加了真空泵的负荷，而且这种操作方式不能回收有价值的渗透物，因此不适合以渗透物作为目标产物的情形。

（3）冷凝与抽真空结合　膜后侧同时放置冷凝器和真空泵，使大部分的渗透物凝结成液体除去，少部分的不凝气通过真空泵排出，如图 5-25（c）所示。同单纯的膜后冷凝法相比，该法可使渗透物蒸气在真空泵作用下以主体流动的方式通过冷凝器，大大提高了传质速率；同单纯的膜后抽真空法相比，该法可大大降低真空泵的负荷，还可减轻对环境的污染，因此被广泛采用。

（4）载气吹扫法　载气吹扫法一般采用不易凝结、不与渗透物组分反应的惰性气体（如氮气）循环流动于膜后侧，如图 5-25（d）所示。在惰性载气流经膜面时，渗透物蒸气离开膜面进入主体气流，从而达到降低膜后侧组分蒸气分压的目的。混入渗透气体的载气离开膜组件后，一般也经过冷凝器，将其中的渗透蒸气冷凝成液体除去，载气则循环使用。

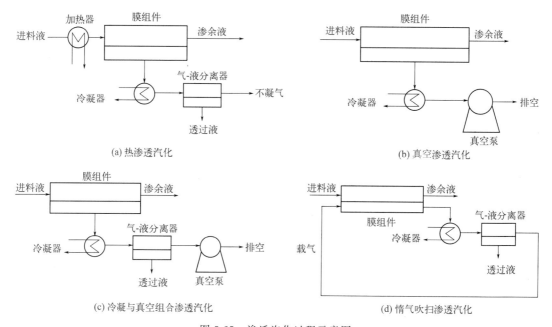

图 5-25　渗透汽化过程示意图

2. 渗透汽化的传质机理

渗透汽化过程是同时包括传质和传热的复杂过程。对其传递过程机理的描述有多种模型，如不可逆热力学模型、微孔模型、优先吸附-毛细管流模型、溶解-扩散模型等，其中以溶解-扩散模型的应用最为普遍。

如图 5-26 所示，渗透汽化过程可认为分为三步：

① 液体混合物在膜表面的选择性吸附，此过程与分离组分和膜材料的热力学性质有关，是热力学过程；

② 溶解于膜内的组分在膜内的扩散，涉及速率问题，是动力学过程；

③ 渗透组分在膜下游的汽化，膜下游的高真空度使得这一过程的传质阻力可以忽略。

3. 渗透汽化的特点

（1）高效节能　渗透汽化分离过程不需要将料液加热到沸点以上，因此比恒沸精馏等方法可节能 1/2～2/3；渗透汽化膜的分离系数一般可达几百甚至上千，分离效率远高于精馏等方法，因此所需装置体积小，资源利用率高。

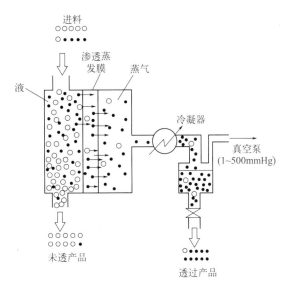

图 5-26　溶解-扩散机理图

（2）环境友好　渗透汽化技术在分离过程中不需要引入或产生第三组分，产品质量高，避免了对环境或产品造成污染，同时透过液可以回收处理并循环使用，也有利于环境保护。

（3）安全性高　渗透汽化膜分离工艺流程简单、操作条件温和、自动化程度高，因此其操作过程安全，更适合易燃、易爆溶剂体系的处理，并且由于操作温度可以维持较低，可用于一些热敏性物质的分离。

（4）操作稳定　与反渗透等过程相比，渗透汽化在操作过程中进料侧原则上不需加压，所以不会导致膜的压密，透过率也不会随时间的延长而减小。但同时带来的影响是渗透汽化的通量要小得多，一般在 $2000g/(m^2 \cdot h)$ 以下。

(二) 渗透汽化在化工生产中的应用

渗透汽化技术在化工生产上的应用十分广泛，主要用于有机溶剂的脱水、水中少量有机溶剂的脱除，以及有机/有机混合物的分离等。

1. 有机溶剂及混合溶剂的脱水

首个渗透汽化的中试装置是用于发酵乙醇产品的脱水。1985 年，第一个用于化学工业乙酸乙酯脱水的设备投入运行。目前，渗透汽化已广泛用于醇类、酮类、醚类、酯类、胺类等有机水溶液的脱水，例如润滑油生产中脱蜡溶剂的脱水。用于含少量水的有机溶剂（如苯、含氯的烃类化合物）中水的脱除有更大的优势。

2. 水中有机物的脱除

渗透汽化法进行水中有机物的脱除及回收于 20 世纪 90 年代初实现工业化。目前已经开发出包括硅橡胶膜在内的多种膜材料。目前，用渗透汽化技术提取或脱除有机物的主要应用有：从废水中去除有机污染物，如酚、苯、有机酸、酯、卤代烃等；从酒类中回收乙醇；从果汁、饮料中回收芳香物质，如酯类。

3. 有机/有机混合物的分离

化工生产中有相当一部分有机混合物是恒沸物、近沸物及同分异构物，用普通精馏方法不能或难以分离，用恒沸蒸馏或萃取精馏需加入第三组分。而渗透汽化从理论上说，分离程度不存在极限，因此是有机混合物分离中最具节能潜力的技术。如果这些应用取得突破性进展，那么渗透汽化在化学工业中将具有举足轻重的作用。

(三)渗透汽化集成过程

如上所述，渗透汽化过程的研究和应用，已从有机物中脱水发展到水中脱除有机物杂质以及有机物间的分离。考虑到渗透汽化在工业应用中的经济效益，一般将其与其他过程相集成，充分发挥渗透汽化的高效分离性能，做到扬长避短，达到优化的目的。目前，基于渗透汽化的集成过程，正在进行大量的研究和开发利用。

1. 渗透汽化-精馏集成过程

渗透汽化-精馏集成技术相对已比较成熟。采用此技术生产无水酒精，相较传统工艺省去了恒沸精馏塔和溶剂回收塔。对不同的生产能力和产品纯度要求，集成工艺比传统的恒沸精馏和萃取精馏工艺节省 10%～60% 的费用。目前已有采用大规模的渗透汽化与精馏结合，生产无水酒精的工业应用。另外也有用渗透汽化-精馏集成过程生产无水异丙醇的研究。

2. 渗透汽化-反应集成过程

在渗透汽化-反应集成过程中，可及时移去反应过程中产生的某种产物，使反应向右进行，提高转化率，并缩短反应时间。渗透汽化与反应过程相集成的方式有多种，可以将渗透汽化单元与化学反应室合二为一，即采用膜反应器的形式；也可以将渗透汽化分离器与化学反应室分开。渗透汽化-化学反应集成工艺的理想路线是连续不断地将生成物分离出反应体系，直接得到高纯度目的产物，同时促进正反应的进行，但由于合适渗透汽化膜的选择尚存在问题，目前大多是将反应副产物从反应体系中移走。

例如，在二羟甲基脲（DMU）的生产过程中有水、CO_2 及甲胺生成。按传统蒸馏法处理，需用 $NaOH$ 与 CO_2 反应生 Na_2CO_3，以防止塔顶和冷凝器中产生甲胺酸酯沉淀。用含有渗透汽化装置的集成工艺可除去溶液中的绝大部分水并将浓缩后的 CO_2 和氨返回反应器内。集成过程与传统过程相比较，氨的产生量减少了 86%，CO_2 的产生量减少了 91%。另外，设备费用降低，转化率大大提高。

 【任务实施】

项目情境中提到的河水净化制纯净水过程，采用反渗透分离过程可去除分子量大于 150～200 的有机物，一次脱盐率高达 95% 以上；同时，作为一个特殊的精密"过滤"过程，可以有效除去水中的细菌和病毒等微生物，制备无菌水，所以可选择反渗透分离技术。

 【思考与实践】

采用膜法、深冷法和变压吸附法均可对炼厂气中的 H_2 进行回收，请通过查阅不同案例，从原料气要求、产品纯度、投资费用、过程能耗等方面对三种方式进行比较；为兼具不同方法的优势，另请查阅一组合方法的应用实例。

2019 年 10 月 13 日，第五届中国"互联网＋"大学生创新创业大赛全国总决赛在浙江大学拉开帷幕，共有来自 124 个国家和地区、4093 所院校的 457 万名大学生报名参赛。西安建筑科技大学的参赛项目"盐湖卤水绿色提锂技术领航者"从众多参赛团队中脱颖而出，勇夺金奖。如此出类拔萃的项目，究竟有哪些过人之处呢？锂是我国重要的战略资源，被誉为"白色石油"。随着 3C（计算机 computer、通信 communication 和消费电子产品 consumer electronics）及新能源汽车的蓬勃发展，80% 的锂资源依赖进口，成为制约我国新能源产业的"卡脖子"问题。我国锂资源主要赋存于青海等地盐湖，由于水质特性复杂，尤其是高镁锂比的水质特点，使我国盐湖提锂成为世界级技术难题。该金奖项目团队针对青海省高镁锂比（1300∶1）、低锂浓度（0.07g/L）的卤水弃液，开发了以"固相离子束缚＋膜分离"为核心的高效、绿色、低成本提锂技术。固相离子束缚技术用于锂离子的富集，综合性能达到传统吸附剂的 20 倍；膜分离技术用于镁锂的深度分离。该技术电池级碳酸锂生产成本为 2 万～3 万元/吨，而同行为 4 万～7 万元/吨。为了加快科技成果的高效转化，依托该项目，孵化成立了膜技术相关公司。年产 3000吨电池级碳酸锂生产线（一期）建设完毕并投入生产。公司的愿景是打造行业龙头，改变全球锂资源供应链。

任务三　膜分离过程的操作与控制

 【任务描述】

选取某一水处理过程，已知原水的水质见表 5-6。

▶ 表 5-6　原水的水质表

名称	单位	数量	名称	单位	数量
Na^+	mg/L	3.5	HCO_3^-	mg/L	60
Ca^{2+}		41	SO_4^{2-}		52
Mg^{2+}		4.7	Cl^-		50
Fe^{3+}		0.024	SiO_2（胶体）		6
COD		5	SiO_2（活性）		18
总硬度	mmol/L	1.2	总固形物		297
总碱度		1.2	浊度	NTU	2～10
pH		7			

要求金属离子的去除率为 85%、浊度 NTU 不大于 0.1、细菌去除率 99.9%，且要除去 HCO_3^-、SO_4^{2-}、Cl^- 等离子，请用超滤法处理之。

【知识准备】

一、膜分离的开停车操作基本流程

本任务以膜分离中常用的超滤技术为例，介绍膜分离过程的操作与控制。膜分离装置操作简单，易于实现完全自动控制。但需注意的是开始启动应该手动，一旦所有的流速、压力和时间被设定好后，装置恢复自动，可编程逻辑控制器（PLC）系统可以有效监控系统的运行。一旦运行条件不满足，装置会自动采取保护措施。

1. 开车启动前的准备和检查

（1）超滤预处理系统运行正常，管路清洗干净，超滤进水符合设计要求；

（2）排水系统已准备完毕；

（3）PLC程序已经输入；

（4）电路系统检查已完毕；

（5）管路系统连接完成并已清洗干净；

（6）所有阀门处于关闭状态；

（7）所有泵处于关闭状态；

（8）打开冲洗阀门，开启清洗泵，维持较低的进水压力，连续冲洗至排放水无泡沫，避免保护液影响正常运行时的产水水质。

2. 启动运行

手动启动运行阀门，启动进料泵，然后启动循环泵，根据进水确定超滤装置的最大产水量、工作压力、冲洗压力，调整设备，记录相关数据。

当装置由手动控制将所有的流量、压力设置完毕后，关闭装置，然后以自动方式重新启动。调整进水、产水压力保护，当压力高于设定值装置自动停机。

3. 装置停机

开启自动冲洗程序，即打开冲洗阀门，开启清洗泵，冲洗至冲洗水再无颜色变化，关闭进料泵，然后关闭所有阀门。

组件如果短时间停用（2～3天），每天冲洗一次。

组件如长时间停用（7天以上），关停前对超滤装置进行一次酸碱交替清洗，然后向系统内注入保护液，关闭所有超滤装置的进出水阀门。每周用试纸检测一次系统内pH值，超出一定范围时更换保护液。

4. 超滤注意事项

（1）生化系统对膜过滤性能有直接关系，使用过程中应确保水处理流程中的生化系统正常；

（2）确保进水中不含有大颗粒、硬性物体，避免划伤膜表面而造成不可修复的伤害；

（3）避免膜组件遇到剧烈的温度变化，尤其是迅速的温度下降，应将膜组件缓慢地恢复到室温，再进行下一步操作，否则会严重影响膜质量；

（4）仪表必须按期校准，及时调整；

（5）超滤装置定期清洗维护；

（6）膜系统停机后，一定要及时进行冲洗，避免污泥沉积在膜管内，造成膜的污堵；

（7）膜系统运行过程中，一定要避免产生负压，造成膜管破裂。

二、膜分离过程的调节与控制

1. 操作压差

压差是超滤过程的推动力，对渗透通量产生决定性的影响。当过滤纯水时，渗透通量与压差成正比。在压差处于较小值的范围内，渗透通量随压差也保持正比关系。当压差较高时，由于浓差极化以及膜面污染、膜孔堵塞等原因，随着操作压差的增加，渗透通量的增长逐渐减慢，当膜面形成凝胶层时趋于定值，达到临界渗透通量。当料液浓度较高时，较低压差下渗透通量与压差就已不能保持正比关系，渗透通量很快达到临界值，临界渗透通量较低，形成凝胶层时膜阻大小对渗透通量已几乎没有影响，凝胶层的阻力决定了超滤过程的阻力。实际超滤过程应在接近临界渗透通量时操作。

2. 料液流速

工业超滤装置多采用错流操作，料液与膜面平行流动，料液流速影响靠近膜面的层流底层的厚度和浓度边界层的厚度。流速高，边界层厚度小，传质系数大，浓差极化减轻，膜面处的溶液浓度较低，有利于渗透通量的提高。但流速增加，料液流过膜器的压降增高，能耗增大。采用湍流促进器、脉冲流动等可以在能耗增大较少的条件下使传质系数得到较大提高。

3. 温度

温度高，料液黏度小，扩散系数大，传质系数高，有利于减轻浓差极化，提高渗透通量。因此，只要膜与料液的物化稳定性允许，应尽可能采用较高的温度。例如处理酶的最高温度为25℃，蛋白质则为55℃，而从纺织厂脱浆液中回收聚乙烯醇可在85℃下进行。

4. 截留液浓度

截留液浓度增加，黏度增大，浓度边界层增厚，容易形成凝胶，导致渗透通量降低。不同体系均有其允许的最大浓度。

5. 操作时间

随着超滤过程的进行，由于浓差极化、凝胶层的形成以及膜孔堵塞等原因，超滤的渗透通量将随时间逐渐下降，下降的速度随物料的种类不同有很大差别。含胶体粒子的料液超滤时，渗透通量衰减很快，而电泳涂料的超滤连续操作几个月，通量仍无明显下降。

三、膜分离过程中的常见异常现象及处理

膜分离操作中常见故障及处理方法见表5-7。

▶ 表 5-7　膜分离操作中常见故障及处理方法

项目	异常现象	原因	处理方法
微滤	膜孔堵或膜污染	①机械堵塞，即固体颗粒将膜孔堵塞 ②颗粒交叉堆积在一起形成架桥现象而使孔变小 ③膜孔内吸附了其他物质而堵塞 ④各种生物污染	①清洗堵塞膜孔的固体颗粒 ②防止架桥现象的发生 ③对膜进行处理或选择吸附性弱的膜 ④强化除菌处理或进行消毒处理

续表

项目	异常现象	原因	处理方法
微滤	扩散通量下降	①膜孔堵塞 ②膜表面形成不可流动的凝胶层 ③蛋白质等水溶性大分子在膜孔内表面吸附 ④各种生物污染 ⑤过滤速率下降 ⑥过滤压力波动 ⑦浓差极化	①清洗膜（物理和化学方法） ②防止凝胶层的产生 ③对膜进行处理或选择吸附性弱的膜 ④强化除菌处理或进行消毒处理 ⑤调整过滤速率 ⑥控制过滤压力 ⑦控制浓差极化
超滤	膜孔堵塞或膜污染	①膜孔堵塞 ②溶质被吸附在膜上 ③各种生物污染	①清洗膜或更换膜 ②提高料液流速，降低料液浓度 ③强化除菌处理或进行消毒处理
超滤	渗透速率下降	①膜的特性改变 ②料液的影响 ③浓差极化 ④膜的污染 ⑤过滤压力波动 ⑥凝胶层的影响 ⑦膜被压实	①清洗膜或更换膜 ②选取适宜的料液 ③控制浓差极化 ④更换组件、清洗 ⑤控制过滤压力 ⑥控制料液流速和料液浓度 ⑦停机松弛
超滤	截留量下降	①浓差极化 ②密封泄漏 ③膜破损	①大流量冲洗 ②更换密封 ③更换组件
超滤	压降增大	①流速增大 ②流体受阻	①减少浓水排放量 ②疏通水道
反渗透或纳滤	膜污染	①金属氧化物的污染 ②胶体污染 ③钙垢 ④生物污染 ⑤有机污染	①改进预处理，酸洗 ②改进预处理，高 pH 值下阴离子洗涤剂清洗 ③增加酸和防垢剂添加量 ④预处理或消毒 ⑤预处理，高 pH 值下清洗
反渗透或纳滤	压力波动	①膜被结晶物磨损 ②膜发生水解或降解 ③密封泄漏 ④回收率波动 ⑤前面膜污染的各种影响因素	①更换组件 ②校正设备 ③更换密封 ④校正传感器，增加数据分析 ⑤参照前面的膜污染处理
反渗透或纳滤	渗透流速波动	①膜被污染 ②压力波动 ③密封泄漏 ④渗盐率的波动 ⑤浓差极化	①更换组件 ②调整或控制压力 ③更换密封 ④控制渗盐率 ⑤控制浓差极化

四、膜分离过程操作与控制中的安全技术

膜分离操作是一种新型的分离技术，很多的工艺及生产问题还处于探索阶段，需要注意的安全问题如下。

（1）膜分离的特征是在较低温度下操作，无相变下进行。用在食品工业上时，应注意防止物质变质，对处理过程的卫生要求很高，如必须设加热杀菌、设备易于清洗、尽量减少设

备中料液的残留死角等。

（2）防止和减少膜污染和膜化学清洗的次数。

（3）检漏。通电启动，各管路出口阀关闭，检视接口是否有漏液现象。若有，必须解决到不漏为止。

（4）注意高压泵正确使用的安全问题。

（5）注意膜分离设备中的机械安全问题。按照机械设备操作规程进行；如有零件损伤则予以更换；如有设备的污染、堵塞，要加以清洗。

（6）注意膜的清洗和再生过程中不产生二次污染。

（7）对不能控制的结垢、污染或堵塞，需经常清洗以保持膜的性能。采用结垢或污染的早期识别新技术。

 【思考与实践】

请调研家用净水器的开关机步骤、正常运行注意事项，当遇到停电、停水或泵坏等故障时，如何处理？当出水通量下降或水质变差时，如何处理？小组合作，完成调研报告。

 【职业素养】

优秀企业文化展示

 中国石油

中国石油天然气集团有限公司

- 企业精神：石油精神、大庆精神、铁人精神。
- 愿景：建设基业长青世界一流综合性国际能源公司。
- 价值追求：绿色发展、奉献能源、为客户成长增动力、为人民幸福赋新能。
- 人才发展理念：生才有道、聚才有力、理才有方、用才有效。
- 质量健康安全环保理念：以人为本、质量至上、安全第一、环保优先。

 中国石化 SINOPEC

中国石油化工股份有限公司

- 使命：为美好生活加油。
- 愿景：打造世界领先洁净能源化工公司。
- 核心价值观：人本、责任、诚信、精细、创新、共赢。
- 企业作风：严、细、实。

 中国海油 CNOOC

中国海洋石油有限公司

- 核心价值观（海油精神）：爱国、担当、奋斗、创新。
- 使命：我为祖国献石油。

- 企业文化核心：碧海丹心，能源报国。
- 企业作风：严、实、快、新。

中国中化控股有限责任公司

- 价值理念：科学至上。
- 愿景：创建世界一流的化工企业　创造和谐共生的美好世界。
- 使命：奋力投身中华民族伟大复兴的光荣事业，积极服务国家发展战略持续创新技术和产品，持续优化经营管理水平，实现企业高质量、国际化发展，建立化学工业领域世界一流的国有控股企业集团，造福社会，造福客户，造福投资者，造福全体员工。
- 总体目标：科学技术驱动的创新型企业。

万华化学集团股份有限公司

- 使命：化学，让生活更美好！
- 愿景：创建受社会尊敬，让员工自豪，国际一流的化工新材料公司。
- 核心价值观：务实创新、追求卓越、客户导向、责任关怀、感恩奉献、团队致胜。
- 公司战略：以客户需求为先导，以优良文化为引领，以技术创新为核心，以卓越运营为基础，以人才为根本，围绕高技术、高附加值的化工新材料领域，实施一体化、相关多元化（技术/市场）、园区化、精细化和低成本的发展战略，致力于把万华发展成为全球化运营的一流化工新材料公司。

【本项目小结】

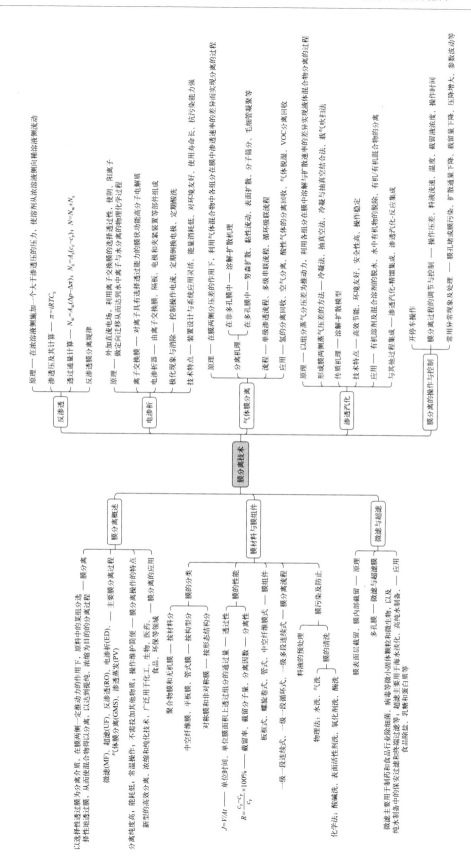

【习题】

一、简答题

1.什么是膜分离操作？按推动力和传质机理，膜分离过程可分为哪些类型？

2.比较反渗透、超滤和微滤过程的操作条件、膜性能及适用场合。

3.分离膜的分离性能用什么表示？

4.膜组件主要有哪几种形式？各有何特点？

5.依清洗药剂不同，膜的化学清洗可分为哪几种方法，各适用什么场合？

6.反渗透法海水脱盐的原理是什么？

7.反渗透过程的工艺流程有哪几种？如何选择？

8.电渗析过程的极化现象是如何产生的？如何消除？

9.气体膜分离的机理是什么？

10.气体膜分离的流程有哪几种？如何选择？

11.渗透汽化中形成膜两侧蒸气压差的方法有哪些？

二、计算题

计算 25℃ 下，含量为 1.0%（质量分数）的 NaCl 溶液的渗透压（稀溶液的密度近似按 $1000kg/m^3$ 计算）。

三、操作题

1.简述超滤操作中的常见故障及处理方法？

2.以自来水为原水，为一化工企业设计脱盐水生产工艺流程。

 【符号说明】

符号	意义	计量单位
A	膜的有效面积	m^2
c	浓度	kg/m^3
C	物质的量浓度	mol/L
i	电解质电离生成的离子数	
J	透过速率	$m^3/(m^2 \cdot h \cdot kPa)$ 或 $kg/(m^2 \cdot h \cdot kPa)$
L	膜厚度	m
M	分子量	g/mol
N	透过通量	$kg/(m^2 \cdot s)$
P	渗透系数	$m^2/(s \cdot kPa)$
p	分压	kPa
Q	体积流量	m^3/s
R	脱盐率	
R	气体常数	$J/(mol \cdot K)$
r	孔径	m
t	操作时间	h

T	热力学温度	K
V	透过组分的体积或质量	m^3 或 kg
x	摩尔分数（原料液）	
y	摩尔分数（透过液）	
η	黏度	Pa·s

希腊字母

α	分离因数
β	浓差极化比
ε	孔隙率
π	渗透压

下标

A	组分 A
B	组分 B
F	原料
i	组分
m	膜表面处
P	透过液
S	溶质
W	溶剂

非均相混合物分离技术

 【学习目标】

知识目标：

    1. 了解非均相混合物分离在化工生产中的应用。

    2. 掌握降尘室、旋风分离器、板框压滤机和真空转筒过滤机等设备的结构、参数计算及选型方法。

    3. 了解湿法除尘等气-固分离设备和离心机等液-固分离设备的结构、工作原理与应用场合。

技能目标：

    1. 能根据气-固或液-固混合物的特点与工程项目要求，选择合适的分离方法与设备。

    2. 会进行旋风分离器、板框压滤机和转筒真空过滤机等设备的操作与维护。

    3. 能根据安全或环保标准的升级提出非均相混合物分离系统的改造方案。

素质目标：

    1. 树立"源头预防是解决生态环境问题根本之策"的新发展理念。

    2. 弘扬劳动光荣、技能宝贵、创造伟大的时代精神。

    3. 培养大局观念、集体意识和团队合作精神。

项目情境

    【情境一】基于我国"富煤、缺油、少气"的基本国情，决定了煤炭清洁高效利用将是我国实现能源革命和达成"双碳"目标的必由之路。2021年9月13日，习近平总书记在陕西榆林考察时指出："煤化工产业潜力巨大、大有前途，要提高煤炭作为化工原料的综合利用效能，促进煤化工产业高端化、多元化、低碳化发展，把加强科技创新作为最紧迫任务，加快关键核心技术攻关，积极发展煤基特种燃料、煤基生物可降解材料等。"目前，基于低阶煤组成结构特征的粉煤热解分级转化联产燃料和化学品技术的商业化工程应用尚进展缓慢，主要原因在于低阶煤热解过程中由于颗粒破碎、热载体扰动等原因，使得热解气相产物中夹带较多的微细颗粒物，在与凝结的液相产物黏结、团聚后，会逐渐堵塞后续工艺管道，造成系统停车。因此热解过程粉尘的控制和高效气固分离技术成为了热解技术实现工程应用的技术瓶颈之一。

含尘热解气的分离是一个复杂的高温气固混合物分离问题。除了广泛应用的旋风除尘外，比较有应用前景的技术还包括颗粒床过滤除尘技术、静电除尘技术和洗涤除尘技术等。图 6-1 所示为陕煤集团自主研发的低阶粉煤气固热载体双循环快速热解技术（SM-SP）。本项目将以粉煤-空气为理想模型，完成气固混合物分离的学习任务。

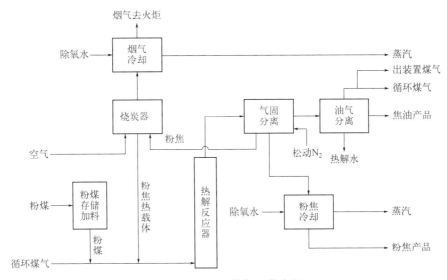

图 6-1　SM-SP 热解工艺流程

【情境二】我们继续讨论煤炭利用问题。原煤一般含有较高的灰分和硫分，为了满足不同用户对煤炭质量的指标要求，需要对其破碎、筛分，再用水进行浮选加工，将混杂在煤中的矸石以及与煤矸共生的夹矸煤与煤炭按照相对密度、外形及物理性状方面的差异加以分离。但是，在洗选过程中会产生大量的废水，废水中混有一定量的煤泥，这些煤泥粒度细、灰分高，直接排放会造成水体污染，同时也是资源的浪费。因此，需要对洗煤废水进行有效的处理并回收煤泥。从洗煤废水中回收煤泥是一个典型的液固混合物分离问题。

上述气固混合物的分离和液固混合物的分离均属于非均相物系分离问题。要想完成非均相物系的分离任务，需要依次解决下述子问题：

（1）对非均相混合物实施分离的依据是什么？怎样选择分离方法？

（2）非均相混合物分离的设备如何选择？

（3）非均相混合物分离的操作参数如何确定？

（4）如何实现非均相混合物分离的开停车操作和日常运行与维护？

项目导言

1. 非均相混合物分离的依据

混合物按其中各物质的聚集状态，可分为均相物系和非均相物系两大类。前面介绍的 5 个项目同为均相物系的分离技术。非均相物系是指物系中存在着两个或两个以上的相，表现为物系内部存在明显的相界面。气-固、液-固、气-液、液-液等体系均有可能形成非均相混合物。本项目主要介绍最为常见的气-固混合物和液-固混合物的分离技术。

非均相混合物中，处于分散状态的物质称为分散相或分散物质，如悬浮液中的固体颗粒、含尘气体中的尘粒。包围着分散相而处于连续状态的物质称为连续相或连续介质，如悬浮液中的液相、含尘气体中的气相。

非均相混合物的分离方法有很多，较为常见的是机械分离法，即利用非均相混合物中两相物理性质（如密度和粒度）的差异，使两相之间发生相对运动而得以分离的过程。其中，在某种外力场作用下，利用连续相和分散相之间的密度差异，使之发生相对运动而实现分离的操作称为沉降。沉降分离的外力通常包括重力、离心力和惯性力。以某种多孔物质为介质，在外力作用下，使悬浮液中的液体通过多孔介质的孔道，而固体颗粒被截留在介质上，从而实现固液分离的操作称为过滤。过滤分离的外力通常包括重力、压力差和离心力。

2. 非均相混合物分离在化工生产中的应用

（1）收集分散物质　例如，回收流化床反应器出来的气体中夹带的催化剂颗粒以循环使用；又如，收取气流干燥器出来的气体中的固体颗粒以得到产品。

（2）净化分散介质　例如，去除催化反应原料气中的固体杂质，以防止催化剂中毒；再如，分离压缩后的气体中的油滴而使气体得以净化。

（3）环境保护　工业生产中废气和废液的排放都要求环境污染物的含量低于一定的标准，以防止对大气、水体、土壤等的污染，同时也可回收其中的有用物质。

任务一　气固混合物分离的设备选择与参数计算

 【任务描述】

1.沉降有多种分类方法，请为项目情境一中提到的高温热解煤气选择一种适宜的沉降分离方式。

2.该沉降方式中，沉降设备如何进行选型？

 【知识准备】

一、重力沉降设备选择与参数计算

(一) 降尘室

利用重力沉降从气流中分离出固体颗粒的设备称为降尘室。典型降尘室的结构如图 6-2（a）所示。含尘气体进入降尘室后，流道截面积扩大，根据连续性方程，流动速度将减慢。颗粒在随气流以速度 u 向前运动的同时，在重力作用下以沉降速度 u_t 向下运动。颗粒在降尘室中的运动情况示于图 6-2（b）中，降尘室的长为 L、宽为 B、高为 H，单位均为 m。

要使最小颗粒能够从气流中分离出来，气体在降尘室内的停留时间 τ_r 至少需要等于颗粒从降尘室的最高点沉降至室底所需要的时间 τ_t。这是降尘室设计和操作的基本原则。

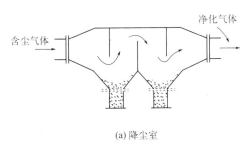
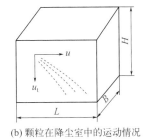

(a) 降尘室　　　　　　(b) 颗粒在降尘室中的运动情况

图 6-2　降尘室示意图

M6-1　沉降运动

位于降尘室最高点的颗粒沉降至室底所需要的时间为：

$$\tau_t = \frac{H}{u_t} \tag{6-1}$$

气体在降尘室内的停留时间为：

$$\tau_r = \frac{L}{u} \tag{6-2}$$

其中，气体在降尘室内的水平通过速度与气体的体积流量（即降尘室的生产能力，$\mathrm{m^3/s}$）以及降尘室尺寸的关系为：

$$u = \frac{q_V}{HB} \tag{6-3}$$

将式（6-1）～式（6-3）代入颗粒在降尘室内能够沉降分离出来的条件式（$\tau_r \geqslant \tau_t$）中并整理得：

$$q_V \leqslant BLu_t \tag{6-4}$$

式（6-4）表明，降尘室的生产能力只与降尘室的沉降面积（B 与 L 的乘积）和颗粒的沉降速度 u_t 有关，而与其高度 H 无关。因此，降尘室多设计成扁平形，或在室内均匀设置多层水平隔板，构成多层降尘室，如图 6-3 所示。

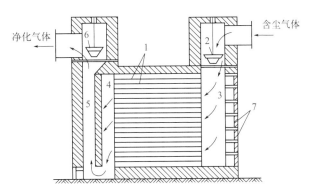

图 6-3　多层降尘室

1—隔板；2，6—调节闸阀；3—气体分配器；4—气体聚集道；5—气道；7—清灰口

多层降尘室的隔板间距一般为 40～100mm。若设置的水平隔板为 n 层，则生产能力为：

$$q_V \leqslant (n+1)BLu_t \tag{6-5}$$

需要指出的是，虽然降尘室的生产能力与高度无关，但如式（6-3）所示，气流水平通过降尘室内的速度 u 与高度有关。设计降尘室的高度时，应保证气体流经室内的速度为层流状态，因为气速过高会干扰颗粒的沉降或将已沉降的颗粒重新扬起，一般 u 不超过 $3m/s$。

降尘室结构简单，流体阻力小，生产能力大，且适合高温使用。但其体积庞大，分离效率低，通常只适用于分离粒径大于 $50\mu m$ 的较粗颗粒，作为预除尘设备使用。多层降尘室虽能分离较细颗粒且节省地面，但清灰比较困难。

图 6-4　重力沉降颗粒的受力分析

(二) 重力沉降参数的计算与分析

由上述分析可以看出，降尘室的设计与操作性能除了与其自身的结构相关外，还取决于颗粒的沉降速度。因此，需要进一步了解颗粒的沉降过程，计算出颗粒的沉降速度。

1. 球形颗粒的自由沉降速度

为便于描述颗粒的沉降规律，假设颗粒在流体中做自由沉降运动。自由沉降是指在沉降过程中，任一颗粒的沉降不因其他颗粒或容器壁面的存在而受到干扰。

重力场内，一个颗粒在静止的流体中降落时，会受到三个力的作用，重力 F_g、浮力 F_b 和阻力 F_D，如图 6-4 所示。重力向下、浮力向上，阻力与颗粒运动方向相反（即向上）。对于给定的颗粒和流体，重力和浮力的大小是固定的，而阻力会随降落速度的增大而增大。颗粒开始沉降的瞬间，初速度为零，因而阻力亦为零，此时加速度最大。随着降落速度的增加，阻力也相应增大，加速度越来越小，当速度增加至某一值时，颗粒所受合力为零，此后颗粒将以该速度做匀速沉降运动，称这一最终达到的速度为沉降速度，或终端速度，以 u_t 表示。颗粒的加速阶段很短，通常可以忽略，因此可认为颗粒的整个沉降过程为匀速运动。

若颗粒的密度为 ρ_p，直径为 d_p，流体的密度为 ρ，则颗粒所受的三个力分别为：

重力

$$F_g = \frac{\pi}{6} d_p^3 \rho_p g \tag{6-6}$$

浮力

$$F_b = \frac{\pi}{6} d_p^3 \rho g \tag{6-7}$$

阻力

$$F_D = \zeta A_p \frac{\rho u_t^2}{2} \tag{6-8}$$

式中　ζ——阻力系数，无量纲；

A_p——颗粒在垂直于沉降方向的平面上的投影面积，$A_p = \pi d_p^2 / 4$，m^2。

沉降过程进入匀速阶段时

有

$$F_g - F_b - F_D = 0 \tag{6-9}$$

即

$$\frac{\pi}{6} d_p^3 (\rho_p - \rho) g = \zeta \frac{\pi}{4} d_p^2 \frac{\rho u_t^2}{2} \tag{6-10}$$

则沉降速度的表达式为：

$$u_t = \sqrt{\frac{4 d_p (\rho_p - \rho) g}{3 \zeta \rho}} \tag{6-11}$$

2. 阻力系数

用式 (6-11) 计算沉降速度时，首先要确定阻力系数的大小。通过因次分析可知，ζ 是流体与颗粒相对运动时雷诺数 Re_p 和颗粒球形度 ϕ 的函数。即 $\zeta = f(Re_p, \phi)$，其中：

$$Re_p = \frac{d_p u_t \rho}{\mu} \tag{6-12}$$

$$\phi = \frac{S}{S_p} \tag{6-13}$$

式中　μ——流体的黏度，Pa·s；

　　　S——与颗粒等体积的圆球的表面积，m^2；

　　　S_p——颗粒的表面积，m^2。

由于同体积不同形状的颗粒中，球形颗粒的表面积最小。因此对于非球形颗粒，$\phi<1$；对于球形颗粒，$\phi=1$。

ζ 随 Re_p 和 ϕ 变化的关系由实验测得，如图 6-5 所示。对于球形颗粒，图中的曲线可分为三个区域。

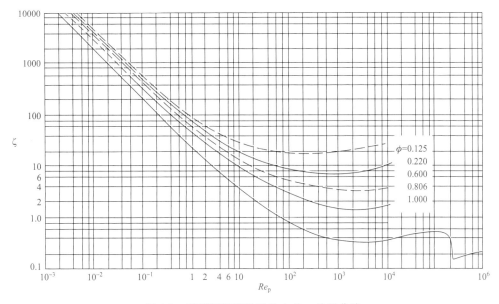

图 6-5　球形颗粒流动时的 $\zeta\text{-}Re_p$ 关系曲线

层流区或斯托克斯（Stokes）区（$Re_p \leqslant 1$），此区域内 $\zeta\text{-}Re_p$ 关系为直线，ζ 的表达式为：

$$\zeta = \frac{24}{Re_p} \tag{6-14}$$

过渡区或艾伦（Allen）区（$1<Re_p<10^3$），此区域内 ζ 的表达式为：

$$\zeta = \frac{18.5}{Re_p^{0.6}} \tag{6-15}$$

湍流区或牛顿（Newton）区（$10^3<Re_p<2\times10^5$），此区域内 ζ 近似为一定值：

$$\zeta = 0.44 \tag{6-16}$$

将式（6-14）、式（6-15）和式（6-16）分别代入式（6-11）中，可得到球形颗粒在各相应区域的沉降速度计算式，即

层流区——斯托克斯公式：

$$u_t = \frac{d_p^2(\rho_p-\rho)g}{18\mu} \tag{6-17}$$

过渡区——艾伦公式：

$$u_t = 0.27 \sqrt{\frac{d_p(\rho_p - \rho)g}{\rho} Re_p^{0.6}} \tag{6-18}$$

湍流区——牛顿公式：

$$u_t = 1.74 \sqrt{\frac{d_p(\rho_p - \rho)g}{\rho}} \tag{6-19}$$

对于球形颗粒，可直接用式（6-17）～式（6-19）计算重力沉降速度 u_t。但遇到的问题是，首先需要根据雷诺数 Re_p 判断流型，才能选用相应的计算公式。而 Re_p 中又含有 u_t，所以 u_t 的计算需采用试差法，即：

① 先假设沉降属于某一流型（如层流区），选用相应的沉降速度公式计算 u_t。

② 然后核算 Re_p，检验是否在原假设的流型区域内。

③ 如果与原假设区域一致，则计算的 u_t 有效；如果不一致，按计算出的 Re_p 所属的流型区域的沉降速度公式计算 u_t，直至二者相符为止。

需要指出的是，颗粒的直径通常较小，沉降速度也相应较小，所以多数情况下重力沉降处于层流区。

对于非球形颗粒，其形状及其投影面积均影响沉降速度。通常，非球形颗粒比同体积的球形颗粒沉降时遇到的阻力要大，所以沉降速度要慢一些。将非球形颗粒沉降时的雷诺数 Re_p 中的 d 用颗粒的当量直径 d_e 代替，则仍可用球形颗粒的计算公式计算非球形颗粒的沉降速度。

【例 6-1】 某企业拟采用降尘室回收常压炉气中所含的球形固体颗粒。降尘室底面积为 $14m^2$，宽和高均为 2m。操作条件下气体的密度为 $0.75kg/m^3$，黏度为 $2.6 \times 10^{-5} Pa \cdot s$，固体颗粒的密度为 $3000kg/m^3$。要求生产能力为 $2.5m^3/s$，试求：（1）理论上能完全捕集下来的最小颗粒直径；（2）粒径为 $40\mu m$ 颗粒的除尘效率（回收百分率）；（3）现要求该降尘室能将直径为 $9\mu m$ 的颗粒完全除去，问原降尘室内需设置几层水平隔板。

解：（1）理论上能完全捕集下来的最小颗粒直径

该降尘室能完全分离出来的最小颗粒的沉降速度可依式（6-3）求得，即

$$u_t = \frac{q_V}{BL} = \frac{2.5}{14} = 0.1786 (m/s)$$

假设沉降在层流区，用斯托克斯公式求得最小颗粒直径为：

$$d_{min} = \left[u_t / \frac{(\rho_p - \rho)g}{18\mu} \right]^{1/2} = \left[\frac{0.1786 \times 18 \times 2.6 \times 10^{-5}}{(3000 - 0.75) \times 9.81} \right]^{1/2} = 53.3 \times 10^{-6} (m) = 53.3 (\mu m)$$

校核沉降流型：

$$Re_p = \frac{d_p u_t \rho}{\mu} = \frac{53.3 \times 10^{-6} \times 0.1786 \times 0.75}{2.6 \times 10^{-5}} = 0.2746 < 1$$

原假设沉降在层流区正确，求得的 d_{min} 有效。

（2）粒径为 $40\mu m$ 颗粒的除尘效率

假设颗粒在炉气中是均匀分布的，则颗粒在降尘室内的沉降高度与降尘室高度之比即为该尺寸颗粒被分离下来的百分率。

由前面计算可推知，$40\mu m$ 颗粒的沉降必在层流区，用斯托克斯公式求 u_t，即：

$$u_t' = \frac{d_p^2(\rho_p - \rho)g}{18\mu} = \frac{(40 \times 10^{-6})^2 \times (3000 - 0.75) \times 9.81}{18 \times 2.6 \times 10^{-5}} = 0.1006 (m/s)$$

气体通过降尘室的时间为：

$$\tau = \tau_t = \frac{H}{u_t} = \frac{2}{0.1786} = 11.2(\text{s})$$

直径为 $40\mu m$ 的颗粒在 11.2s 内的沉降高度为：

$$H' = u'_t \tau = 0.1006 \times 11.2 = 1.127(\text{m})$$

则回收率为：

$$\frac{H'}{H} = \frac{1.127}{2} = 0.5635，即 56.35\%$$

由于各种尺寸颗粒在降尘室内的停留时间均相同，故 $40\mu m$ 颗粒的回收率也可用其沉降速度 u'_t 与 $53.3\mu m$ 颗粒的沉降速度 u_t 之比来确定，在斯托克斯定律区则为：

$$\frac{u'_t}{u_t} = \left(\frac{d'_t}{d_p}\right)^2 = \left(\frac{40}{53.3}\right)^2 = 0.5632，即 56.32\%$$

（3）将 $9\mu m$ 颗粒完全除去需设置的隔板数

由前面计算可知，$9\mu m$ 颗粒的沉降必在层流区，故：

$$u_t = \frac{d_p^2(\rho_p - \rho)g}{18\mu} = \frac{(9\times10^{-6})^2 \times (3000-0.75) \times 9.81}{18 \times 2.6 \times 10^{-5}} = 0.0051(\text{m/s})$$

由式（6-5）可得：

$$n = \frac{q_V}{BLu_t} - 1 = \frac{2.5}{14 \times 0.0051} - 1 = 34.01$$

现取 34 层，连同底面积共 35 层，则隔板间距为：

$$h = \frac{H}{n+1} = \frac{2}{35} = 0.057(\text{m})，即 57\text{mm}$$

本例属于操作型问题，即在降尘室尺寸一定的情况下预测操作结果。由本题求解结果可知，对于一定的降尘室，颗粒的直径越小，其能被除去的百分数就越低；欲完全除去更小直径的颗粒，可通过在单层降尘室内设置水平隔板改成多层结构来实现。

理论上，本例可通过在 2m 高度上加装 35 层隔板来实现分离 $9\mu m$ 颗粒的目的，但实际上隔板的安装、支撑、找平，以及运行时的排灰都很困难。更好的解决方法是在降尘室内加装一些立式角钢等，形成惯性除尘器，以除去 $10\sim20\mu m$ 以上的颗粒，然后串联旋风分离器分离掉 $9\mu m$ 左右的颗粒。惯性除尘和旋风分离除尘将在本项目后续内容中介绍。

3. 实际沉降速度的影响因素分析

以上得到了颗粒在流体中做自由沉降时的速度计算式。如果分散相的体积分数较高，颗粒间有明显的相互作用，或容器壁面对颗粒沉降的影响不可忽略，这时的沉降称为干扰沉降。在实际沉降操作中，需要考虑以下因素对沉降速度的影响。

（1）颗粒含量　当颗粒的体积分数小于 0.2% 时，用前述各沉降速度关系式计算的偏差在 1% 以内。当颗粒的体积分数较高时，颗粒间会发生相互摩擦、碰撞等相互作用，且颗粒沉降时被置换的流体向上运动，会阻滞其中的颗粒的沉降。因此，发生干扰沉降时颗粒的沉降速度小于按自由沉降计算出的速度。

（2）器壁效应　容器的壁面和底面会对沉降的颗粒产生曳力，使颗粒的实际沉降速度低于自由沉降速度。当容器尺寸远大于颗粒尺寸时（如相差 100 倍以上），器壁效应可以忽略。否则，应考虑器壁效应对沉降速度的影响，层流区内器壁对沉降速度的影响可用下式修正：

$$u_{t}' = \frac{u_{t}}{1+2.1(d/D)} \qquad (6\text{-}20)$$

式中　u_{t}'——颗粒的实际沉降速度，m/s；

　　　D——容器直径，m。

（3）颗粒形状　同一种固体物质，球形或近球形颗粒比同体积的非球形颗粒的沉降要快一些。非球形颗粒的形状及其投影面积均影响沉降速度。由图 6-5 可见，相同 Re_{p} 下，颗粒的球形度越小，阻力系数越大，但 ϕ 对 ζ 的影响在层流区内并不显著。随着 Re_{p} 的增大，这种影响逐渐变大。

（4）流体性质　颗粒与流体的密度差越大，沉降速度越大；流体黏度越大，沉降速度越小。因此，对于高温含尘气体的沉降，通常需先降温，以便获得更好的沉降效果。

（5）流体流动　流体的流动会对颗粒的沉降产生干扰，为了减少干扰，进行沉降时要尽可能控制流体流动处于稳定的低速。通常工业上的重力沉降设备尺寸很大，目的之一就是降低流速、消除流动干扰。

二、离心沉降设备选择与参数计算

(一) 旋风分离器

旋风分离器是利用离心沉降从气流中分离出尘粒的常用设备。标准型旋风分离器的结构如图 6-6 所示，上部为圆筒形、下部为圆锥形，各部位尺寸均与圆筒直径成比例。含尘气体

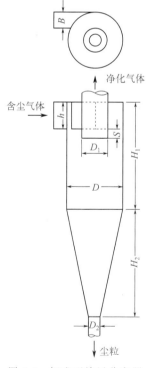

图 6-6　标准型旋风分离器

$h = D/2$；$B = D/4$；$D_1 = D/4$；$H_1 = 2D$；

$H_2 = 2D$；$S = D/8$；$D_2 = D/4$

M6-2　普通旋风除尘器

由圆筒上侧面的矩形进气管切向进入，受器壁约束由上向下做螺旋运动。颗粒在离心力的作用下被甩向器壁，与壁面撞击后，因失去自身能量而沿器壁落至锥底的排灰口排出。旋风分离器的底部是封闭的，因此被净化的气体达到底部后，在中心轴附近由下而上做螺旋运动，直至由顶部的中央排气管排出。

旋风分离器结构简单，造价低廉，没有任何活动部件，可用多种材料制造，适用温度范围广，分离效率较高，所以在化工、冶金、机械、食品等行业得到了广泛应用。旋风分离器一般用来除去气流中直径在 $5\mu m$ 以上的颗粒及雾沫，但黏性大、含湿量高及腐蚀性的粉尘不宜用旋风分离器处理。此外，气量的波动对除尘效果及设备阻力影响较大。

榜样力量

时铭显（1933—2009），化学工程与装备专家，中国工程院院士，党的十二大代表，为我国炼油工业催化裂化技术的发展做出了重要贡献。时铭显长期从事多相流动与分离工程的研究，尤其是高温气固分离技术的研究。为解决大庆石化总厂催化裂化装置能耗大、消耗快的难题，他带着三名年轻教师，建起了第一个旋风分离器实验室，依靠在实验中的精心观察及敏锐判断，抓准了导叶式旋风管中的主要矛盾——短路流引起的颗粒夹带，巧妙地利用旋流的急剧转向，解决了这个难题。由于长期高强度的工作，时铭显多次住院，但凭借顽强的意志，他依然承担了一个国际上公认的前沿科研难题——降低炼油催化裂化昂贵的催化剂损耗。经过多次实验总结分析，时铭显独创出了"旋风分离器尺寸分类优化"的观点，之后又在上万个数据基础上创出了全新的"用相似准数群关联的性能计算法"和"四参数优化组合设计法"，从而形成了一套我国独有的完整的旋风分离器优化设计理论与方法。该成果在鉴定会上获得了"这不亚于是旋风分离器设计技术上的一个里程碑"的高度赞誉。后来，他又主持完成了"催化裂化三级管旋风分离器技术"，与烟机配套，每年可节电近 4 亿～8 亿 $kW \cdot h$，折合人民币约 0.6 亿～1.2 亿元，使全国近 30 个厂家获得了巨大的经济效益。时铭显院士无私奉献、淡泊名利的态度令人敬佩，他用一生的时间诠释了何谓共产党人的坚定信仰，何谓科学家的执着坚守。

（二）离心沉降参数的计算与分析

1. 离心沉降速度

和颗粒在重力场中受到三个力的作用相似，离心力场中的颗粒也受到三个力的作用，即离心力、浮力和阻力。如图 6-7 所示，离心力的方向沿半径从旋转中心指向外，浮力等于颗粒所排开的流体所受的离心力，作用方向与离心力相反，阻力与颗粒运动方向相反。

设固体为球形颗粒，颗粒与中心轴的距离为 R，切向速度为 u_T，颗粒与流体在径向上的相对速度为 u_r，则上述三个力的大小分别为：

重力 $$F_g = \frac{\pi}{6} d_p^3 \rho_p \frac{u_T^2}{R}$$ （6-21）

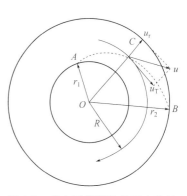

图 6-7　离心沉降颗粒的受力分析

浮力
$$F_b = \frac{\pi}{6} d_p^3 \rho \frac{u_T^2}{R} \tag{6-22}$$

阻力
$$F_D = \zeta \frac{\pi}{4} d_p^2 \frac{\rho u_r^2}{2} \tag{6-23}$$

上述三个力达到平衡时：
$$\frac{\pi}{6} d_p^3 (\rho_p - \rho) \frac{u_T^2}{R} - \zeta \frac{\pi}{4} d_p^2 \frac{\rho u_r^2}{2} = 0 \tag{6-24}$$

颗粒在径向上相对于流体的运动速度 u_r 便是它在此位置上的离心沉降速度，整理得：
$$u_r = \sqrt{\frac{4 d_p (\rho_p - \rho) u_T^2}{3 \zeta \rho} \frac{u_T^2}{R}} \tag{6-25}$$

比较式（6-25）与式（6-11）可以看出，颗粒的离心沉降速度 u_r 与重力沉降速度 u_t 具有相似的关系式，式（6-25）只是用离心加速度 u_T^2/R 代替了式（6-11）中的重力加速度 g。但是离心沉降速度 u_r 不是颗粒运动的绝对速度，而是绝对速度在径向上的分量，方向沿半径向外，且 u_r 随位置而变，不是恒定值。

球形颗粒离心沉降的阻力系数 ζ 仍可用式（6-14）～式（6-16）表示，只要用离心加速度 u_T^2/R 代替式（6-17）～式（6-19）中的重力加速度 g 即可。

同一颗粒所受的离心加速度与重力加速度的比值 α 称为离心分离因数，如式（6-26）所示。α 是反映离心分离设备性能的重要指标，利用圆周速度 u_T 和旋转半径 R 的变化，可使颗粒在离心沉降设备中获得远高于重力沉降设备中的分离效果。
$$\alpha = \frac{u_T^2}{Rg} \tag{6-26}$$

2. 旋风分离器的性能参数

（1）临界粒径 d_c 临界粒径是指理论上能够被旋风分离器 100% 分离下来的最小颗粒直径。临界粒径的大小很难精确测定，可在一定简化条件下推导出临界粒径的近似计算式。假设：

① 颗粒在层流区做自由沉降；

② 进入旋风分离器的气流严格按螺旋形路线做等速运动，其切向速度 u_T 恒等于进口气速 u_i，与所处位置无关；

③ 颗粒向器壁沉降时，所穿过的最大距离为进气管宽度 B。

根据假设①和②，颗粒的离心沉降速度为：
$$u_r = \frac{d_p^2 (\rho_p - \rho) u_i^2}{18 \mu} \frac{u_i^2}{R} \tag{6-27}$$

对于气固混合物，$\rho_p - \rho \approx \rho_p$，旋转半径 R 取平均值 R_m，则式（6-27）可写为：
$$u_r = \frac{d_p^2 \rho_p u_i^2}{18 \mu R_m} \tag{6-28}$$

根据假设③，颗粒到达器壁所需的沉降时间为：
$$\tau_t = \frac{B}{u_r} = \frac{18 \mu R_m B}{d_p^2 \rho_p u_i^2} \tag{6-29}$$

若气流的有效旋转圈数为 N_e，则气流在离心分离器内的停留时间为：

$$\tau = \frac{2\pi R_{m} N_{e}}{u_{i}} \tag{6-30}$$

若某尺寸颗粒所需的沉降时间 τ_{t} 恰好等于气流的停留时间 τ，则该尺寸颗粒就是理论上能被完全分离下来的最小颗粒，其直径即为临界粒径，用 d_{c} 表示，即

$$d_{c} = \sqrt{\frac{9\mu B}{\pi N_{e} \rho_{p} u_{i}}} \tag{6-31}$$

必须指出，式（6-31）只是一种用于参考的近似结果，因为推导此式的假设②、③与实际情况相差较大。但只要给出合适的 N_{e} 值，该式尚可使用。N_{e} 的数值一般为 $0.5 \sim 3.0$，对于标准旋风分离器，$N_{e} = 5$。

从式（6-31）可以看出，影响临界粒径的因素主要有以下两点：

① 旋风分离器的直径 D（$B = D/4$）越小，d_{c} 就越小，即分离效率随旋风分离器尺寸的减小而增大。所以，当气体的处理量很大时，常将若干个小尺寸的旋风分离器并联使用（称为旋风分离器组），以维持较高的除尘效率。旋风分离器组的结构示意图如图 6-8 所示。

② 入口气速 u_{i} 越大，d_{c} 越小，分离效率越高。但过高的气速会将已沉降的颗粒卷起，反而降低分离效率。

（2）分离效率

① 总效率。总效率即进入旋风分离器的全部颗粒被分离下来的质量分数：

$$\eta_{0} = \frac{c_{1} - c_{2}}{c_{1}} \tag{6-32}$$

式中 c_{1}，c_{2}——旋风分离器进、出口处气体中颗粒的质量浓度，g/cm^{3}。

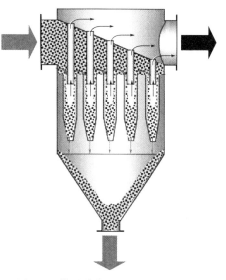

图 6-8 旋风分离器组的结构示意图

总效率是最易于测定的分离效率，但并不能表明旋风分离器对各种尺寸粒子的不同分离效果。因为含尘气流中的颗粒通常是大小不等的，由式（6-25）可以看出，颗粒的尺寸越小，沉降速度越小，能被分离下来的比例也就越小。因此，总效率相同的两台旋风分离器，其分离性能却可能相差很大。针对这个问题，引入粒级效率的概念。

② 粒级效率。粒级效率指按颗粒大小分别表示出其被分离下来的质量分数，即

$$\eta_{i} = \frac{c_{i,1} - c_{i,2}}{c_{i,1}} \tag{6-33}$$

式中 $c_{i,1}$，$c_{i,2}$——旋风分离器进、出口处气体中粒径为 $d_{p,i}$ 的颗粒浓度，g/cm^{3}。

粒级效率 η_{i} 与颗粒直径 $d_{p,i}$ 的对应关系可通过实测旋风分离器进、出气流中所含尘粒的浓度及粒度分布而获得，称为粒级效率曲线。图 6-9 为某旋风分离器的实测粒级效率曲线。根据计算，该旋风分离器的临界粒径 d_{c} 约为 $10\mu m$。理论上，凡直径大于 $10\mu m$ 的颗粒，其粒级效率都应为 100%，而小于 $10\mu m$ 的颗粒，粒级效率都应为零，即图中折线 $obcd$ 所示。但由图中实测的粒级效率曲线可知，对于直径小于 d_{c} 的颗粒，也有可观的分离效果，而直径大于 d_{c} 的颗粒，还有部分未被分离下来。这主要是因为直径小于 d_{c} 的颗粒中，有些在旋风分离器进口处已经很靠近壁面，故在停留时间内能够到达壁面上，或者在器内聚结

成了大的颗粒，因而具有较大的沉降速度。而直径大于 d_c 的颗粒中，有些受气体涡流的影响未能到达壁面，或者沉降后又被气流重新卷起而带走。

通常把粒级效率为 50% 的颗粒直径称为分割直径 d_{50}，其计算式为：

$$d_{50} = 0.27 \sqrt{\frac{\mu D}{u_i (\rho_p - \rho)}} \tag{6-34}$$

图 6-10 所示为标准旋风分离器的粒级效率与粒径比（$d_{p,i}/d_{50}$）的关系曲线。使用该图可方便地查得不同直径颗粒的粒级效率。对于同一形式且尺寸比例相同的旋风分离器，无论大小，皆可通用同一条 η_i-$d_{p,i}/d_{50}$ 曲线。

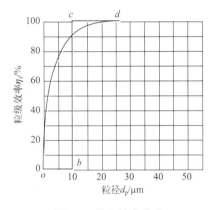

图 6-9　粒级效率曲线

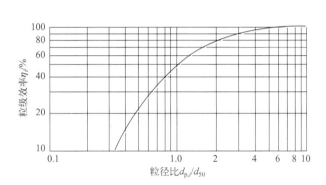

图 6-10　标准旋风分离器的 η_i-$d_{p,i}/d_{50}$ 曲线

由粒级效率曲线和含尘气体中各种颗粒的质量分数 w_i，可求出总效率：

$$\eta_0 = \sum_{i=1}^{n} w_i \eta_i \tag{6-35}$$

（3）压降　气体通过旋风分离器的压降，可用阻力系数 ζ_c 与气体进口动能的乘积表示，即

$$\Delta p = \zeta_c \frac{\rho u_i^2}{2} \tag{6-36}$$

对型式不同或尺寸比例不同的旋风分离器，其 ζ_c 不同，由实验测定。对于标准旋风分离器，$\zeta_c = 8.0$。

压降大小是评价旋风分离器性能好坏的一个重要指标。受整个工艺过程对总压降的限制及节能降耗的需要，气体通过旋风分离器的压降应尽可能低。压降的大小除了与设备的结构有关外，主要决定于气体的速度。气体速度越小，压降越低，但气速过小，又会使分离效率降低。因而要选择适宜的气速以满足对分离效率和压降的要求。一般进口气速以 $10 \sim 25 \text{m/s}$ 为宜，同时压降应控制在 2kPa 以下。

【例 6-2】某企业用一直径为 500mm 的标准旋风分离器处理某股含尘气流。已知操作条件下气体的处理量为 $0.625 \text{m}^3/\text{s}$，气体密度为 0.75kg/m^3，黏度为 $2.6 \times 10^{-5} \text{Pa·s}$，固体颗粒的密度为 3000kg/m^3。试求：（1）临界粒径；（2）气体通过该旋风分离器时的压降；（3）若进口气体的含尘量为 $3.2 \times 10^{-3} \text{kg/m}^3$，操作中收集到的尘粒量为 5.5kg/h，求该旋风分离器的总效率。

解：（1）对于标准旋风分离器，可根据其直径算出进气口尺寸。

$$B = \frac{D}{4} = \frac{500}{4} = 125(\text{mm}), \quad h = \frac{D}{2} = 250(\text{mm})$$

气流进口速度：

$$u_i = \frac{q_V}{Bh} = \frac{0.625}{0.125 \times 0.25} = 20(\text{m/s})$$

气流在标准旋风分离器内旋转圈数取为 5。假设具有临界粒径的颗粒在器内的沉降处于层流区，则临界粒径为：

$$d_c = \sqrt{\frac{9\mu B}{\pi N_e \rho_p u_i}} = \sqrt{\frac{9 \times 2.6 \times 10^{-5} \times 0.125}{3.14 \times 5 \times 3000 \times 20}} = 5.57 \times 10^{-6}(\text{m}) = 5.57(\mu\text{m})$$

校核该直径颗粒在器内的沉降是否处于层流区。

气流平均旋转半径：

$$R_m = \frac{D - B}{2} = \frac{500 - 125}{2} = 187.5(\text{mm})$$

则该颗粒的沉降速度：

$$u_r = \frac{d_c^2(\rho_s - \rho)u_T^2}{18\mu R_m} = \frac{(5.57 \times 10^{-6})^2 \times (3000 - 0.75) \times 20^2}{18 \times 2.6 \times 10^{-5} \times 0.1875} = 0.424(\text{m/s})$$

雷诺数为：

$$Re_p = \frac{d_p u_t \rho}{\mu} = \frac{5.57 \times 10^{-6} \times 0.424 \times 0.75}{2.6 \times 10^{-5}} = 0.0682 < 1$$

所以，该直径颗粒在器内的沉降处于层流区，所求得的临界粒径有效。

(2) 对于标准旋风分离器，阻力系数等于 8，则：

$$\Delta p = \zeta_c \frac{\rho u_i^2}{2} = 8 \times \frac{0.75 \times 20^2}{2} = 1200(\text{Pa})$$

(3) 该旋风分离器的总效率

$$c_1 = 3.2 \times 10^{-3}\text{kg/m}^3, \quad c_2 = 3.2 \times 10^{-3} - \frac{5.5}{0.625 \times 3600} = 7.56 \times 10^{-4}(\text{kg/m}^3)$$

$$\eta_0 = \frac{c_1 - c_2}{c_1} = \frac{3.2 \times 10^{-3} - 7.56 \times 10^{-4}}{3.2 \times 10^{-3}} = 76.4\%$$

本例如果使用更小直径的旋风分离器，则临界粒径可以变小，分离效率变高。但在处理量一定的情况下，进口气速也会变大，压降变高。如果气速过高，可能会将已沉降的颗粒卷起，反而降低分离效率。此时，为了提高分离效率，可将两个小直径的旋风分离器并联使用。

(三) 旋风分离器的类型与选择

1. 旋风分离器的选型原则

(1) 旋风分离器的直径应尽量小些，如果要求通过的风量较大，宜采用若干个小直径的旋风分离器并联。

(2) 旋风分离器进口气速宜保持在 18～23m/s，过低时除尘效率下降，过高时阻力损失增加，能耗增大，且除尘效率提高不明显。

(3) 旋风分离器应阻力损失小，且结构简单、维护方便。

（4）旋风分离器能捕集下来的最小尘粒应稍小于被处理气体中的粉尘粒度。

（5）旋风分离器结构的密闭要好，确保不漏风。尤其是负压操作，更应注意卸料锁风装置的可靠性。

（6）易燃易爆粉尘（如煤粉）应设有防爆装置，通常做法是在入口管道上加一个安全防爆阀门。

（7）当含尘气体温度很高时，要注意保温，避免水分在分离器内凝结造成露点腐蚀。如果粉尘不吸收水分，分离器的工作温度应高出露点 30℃左右；如果粉尘吸水性较强（如水泥、石膏和含碱粉尘等），分离器的工作温度应高出露点 40~50℃。

2. 旋风分离器的选型步骤

旋风分离器的选型包括确定设备类型、筒体直径以及个数等。具体步骤如下：

（1）根据所需处理气体的含尘质量浓度、粉尘性质及使用条件等初步选择旋风分离器的类型。

（2）依据含尘气体的体积流量、要求达到的分离效率及允许的压降计算旋风分离器的型号与个数：

① 根据允许的压降确定入口气速 u_i；

② 根据分离效率或除尘要求，求出临界粒径 d_c；

③ 根据 u_i 和 d_c 计算旋风分离器的直径 D；

④ 根据 u_i 与 D 计算每台旋风分离器的处理量，再根据气体流量确定旋风分离器的数目；

⑤ 校核分离效率与压降。

也可在选定旋风分离器的型式之后，直接查阅该型旋风分离器的性能表，表中载有各种尺寸的设备在若干个压降数值下的生产能力，据此确定型号。

当气体含尘质量浓度较高，或要求捕集的粉尘粒度较大时，应选用较大直径的旋风分离器；当要求净化程度较高，或要求捕集微细尘粒时，可选用较小直径的旋风分离器并联使用。

旋风分离器并联使用时，应采用同一型号，并需合理地设计连接风管，使每个分离器处理的气体量相等，以免分离器之间产生串流现象。彻底消除串流的办法是为每一分离器设置单独的集尘箱。

旋风分离器一般不宜串联使用。必须串联使用时，应采用不同性能的旋风分离器，并将低效者设于前面。

3. 常见旋风分离器的类型

旋风分离器只有各部分结构尺寸恰当，才能获得较高的分离效率和较低的压降。旋风分离器的结构设计中，主要从以下方面进行改进，来提高分离效率或降低气流阻力。

（1）采用细而长的器身　减小器身直径可增大惯性离心力，增加器身长度可延长气体停留时间，所以细而长的器身有利于分离效率的提高。

（2）减小上涡流的影响　含尘气体自进气管进入旋风分离器后，有一小部分气体向顶盖流动，然后沿排气管外侧向下流动，当达到排气管下端时汇入上升的内旋气流中，这部分气流称为上涡流，上涡流中的颗粒也随之由排气管排出，旋风分离器的分离效率降低。采用带有旁路分离室或异形进气管的旋风分离器，可以改善上涡流的影响。

（3）消除下旋流的影响　在标准旋风分离器内，内旋流运动到底部旋转上升时，会将沉积在锥底的部分颗粒重新扬起，特别是微细粉尘，而造成分离效率降低。扩散式旋风分离器的设计可以抑制这一不利因素。

下面介绍几种常用的旋风分离器形式。

① CLT/A 型。为基本螺旋型旋风分离器，结构特点是具有向下倾斜的螺旋切线型气体进口，倾角为 15°，同时将内圆筒部分加长，结构如图 6-11 所示。这种结构可在一定程度上减小上涡流的影响，并具有较低的气流阻力。

② XLP 型。为旁路式旋风分离器，按器体及旁路分离室形状的不同，XLP 又可分为 A 型和 B 型。XLP/A 型旋风分离器的旁路分离室为半螺旋形，外形呈双锥体形状；XLP/B 型为全螺旋形，外形呈具有较小圆锥角的单锥体形状，锥体较长。试验表明，同样条件下 A 型效率高于 B 型，A 型阻力也大于 B 型，B 型比 A 型结构简单。XLP 型旋风分离器的进气口位置较低，这样就有充分的空间形成上、下两股旋转气流，细小尘粒由上旋流带往上部，在顶盖下面形成强烈旋转的灰环，产生尘粒的聚集，并被从房路分离室上部洞口引出，再从下部回风口切向进入除尘器下部，与向下旋转的主气流汇合，灰尘被分离落入灰斗。图 6-12 所示为 XLP/B 型旋风分离器的结构图。

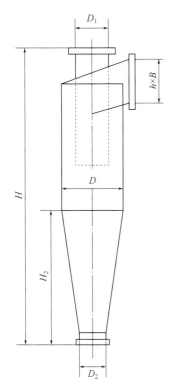

图 6-11　CLT/A 型旋风分离器
$h=0.66D$；$B=0.26D$；$D_1=0.6D$；$D_2=0.3D$；
$H_2=2D$；$H=(4.5\sim4.8)D$

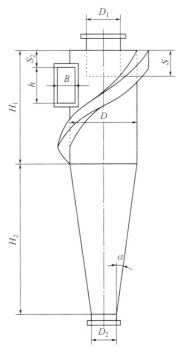

图 6-12　XLP/B 型旋风分离器
$h=0.6D$；$B=0.3D$；$D_1=0.6D$；$D_2=0.43D$；
$H_1=1.7D$；$H_2=2.3D$；$S=0.28D+0.3h$；
$S_2=0.28D$；$\alpha=14°$

③ XLK 型。为扩散式旋风分离器，具有上细下粗的外筒，并在底部装有表面光滑的圆锥形挡灰盘（又称反射屏），结构如图 6-13 所示。外筒内壁与圆锥形挡灰盘底缘之间留有一定缝隙，粉尘沿内壁滑落经此缝隙落入灰箱，气体则由挡灰盘上部旋转向上。这样就避免了

集尘箱内的粉尘被气流重新卷起而带走。

不同形式旋风分离器的性能比较如下：

① 分离效率：XLP/A 型和 XLP/B 型用于捕集粒径为 $5\mu m$ 以上的粉尘时，效率仍较高；而 XLK 型和 CLT/A 型较适宜于捕集粒径为 $10\mu m$ 以上的粉尘。

② 阻力损失：进口气速相同时，阻力损失由大至小的排列顺序为 XLK 型、XLP/A 型、XLP/B 型、CLT/A 型。

③ 浓度适应性：CLT/A 型在含尘浓度为 $3.5\sim50g/m^3$ 时分离效率稳定，在含尘浓度小于 $3.5g/m^3$ 时分离效率略有下降；XLP/A 型和 XLP/B 型在含尘浓度变化时分离效率变化不大，特别是在含尘浓度低至 $0.5g/m^3$ 时分离效率也无下降趋势，适应在低浓度下和串联流程中工作；XLK 型当含尘浓度在 $1.7\sim200g/m^3$ 范围内变化时，分离效率略有提高，而阻力系数变化不大，因此它的浓度适应性最好。

④ 结构繁简：CLT/A 型和 XLK 型较为简单，制造方便；而 XLP/A 型和 XLP/B 型由于设有螺旋形的灰尘隔离室，结构复杂些，尤其是 XLP/A 型。

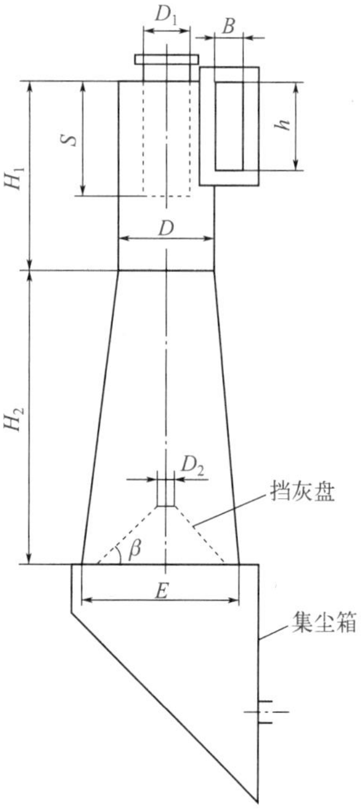

(四) 旋风分离器的操作与维护

1. 旋风分离器的操作

（1）旋风分离器通气前检查

① 确认旋风分离器安装正确，人孔、排污口法兰连接紧固；

② 确认旋风分离器上的压力表显示正确、在检定有效期内，否则进行检定和更换；

③ 确认排污阀、放空阀、喷淋清洗口已按要求关闭；

④ 确保各部件连接处密封良好，紧固件齐全、完好；

⑤ 检查分离器底部的阀套式排污阀、球阀及其手动机构是否完好，否则进行处理。

（2）旋风分离器的投用

① 对分离器做最后的检查，确保处于完好备投状态；

② 打开压力表等测量仪表的仪表阀；

③ 缓慢打开旋风分离器进口阀，听到有过气声音后停止开启，使旋风分离器中的压力逐渐升高；

④ 升压过程中要持续检漏，如果存在泄漏，立即停止升压，关闭进口阀，根据泄漏位置确定维修方案，维修完毕后再进行进一步升压操作；

⑤ 当旋风分离器与进口阀前压力平衡后，依次打开进、出口阀门；

⑥ 旋风分离器内压力稳定后，观察压力并作记录，注意分离器运行是否正常，有无异常声音。

（3）分离器排污　旋风分离器在投产、清管完毕后或者由于内部渣子过多造成较大压降时，需要对旋风分离器进行排污操作。

① 排污前准备。观察排污管地面段的牢固情况；准备安全警示牌、便携式可燃气体检

图 6-13　XLK 型旋风分离器
$h=D$；$B=0.26D$；$D_1=0.5D$；
$D_2=0.1D$；$H_1=2D$；
$H_2=3D$；$S=1.1D$；
$E=1.65D$；$\beta=45°$

测仪、隔离警示带等；检查分离器区及排污池放空区域周围情况，杜绝一切火种火源；检查、核实排污池液位高度。

② 排污操作。旋风分离器前后压差超过规定值时应进行排污操作。切换分离支路流程，将备用分离支路流程上下游球阀导通；关闭分离器进出口控制球阀；缓慢开启分离器的放空球阀，使分离器内的压力下降到一定值；缓慢开启分离器底部的排污球阀后，缓慢打开阀套式排污阀（操作阀套式排污阀时，要仔细听阀内流体声音，判断排放的是气体还是液体，一旦听到气流声，立即关闭阀套式排污阀，然后关闭排污球阀。注意阀套式排污阀开启时应缓慢开启，阀的开度要适中，关闭阀套式排污阀时应快速）；观察排污池立管喷出气体的颜色，判断是否有粉尘；待排污池液面稳定后，记录排污池液面高度，出现大量粉尘时，注意控制排放速度。

2. 旋风分离器的维护

旋风分离器构造简单，没有运动部件（卸灰间除外），运行管理相对容易，但是一旦出现漏风、磨损、堵塞等故障时将严重影响除尘效果。

（1）稳定运行参数

① 入口气流速度。对于尺寸一定的旋风分离器，入口气速度增大，不仅可提高处理气量，还可有效地提高分离效率，但压降也随之增大。当入口气速提高到某一数值后，分离效率可能下降，且磨损加剧，设备使用寿命缩短。因此，入口气速应控制在规定的适宜范围（18～23m/s）内。

② 所处理气体的温度。气体温度升高，黏度变大，分离效率会下降。

③ 含尘气体的入口质量浓度。浓度高时，大颗粒粉尘对小颗粒粉尘有明显的携带作用，表现为分离效率提高。

（2）防止漏风 旋风分离器一旦漏风将严重影响除尘效果。漏风部位主要有三处：

① 进出口连接法兰处。主要原因是螺栓没有拧紧、垫片厚薄不均匀、法兰面不平整等。

② 除尘器本体。主要原因是磨损，特别是下锥体。据使用经验，当含尘浓度超过 10g/m^3 时，不到 100 天时间里可以磨坏 3mm 钢板。

③ 卸灰装置。主要原因是机械自动式（如重锤式）卸灰阀密封性差。

（3）预防关键部位磨损 影响关键部位磨损的因素有负荷、气流速度、粉尘颗粒，磨损的部位有壳体、圆锥体和排尘口。防止磨损的技术措施包括：

① 防止排尘口堵塞。选择优质卸灰阀，使用中加强对卸灰阀的调整和检修。

② 防止过多的气体倒流入排灰口。卸灰阀要严密，配重得当。

③ 在粉尘颗粒冲击部位，使用可以更换的抗磨板或增加耐磨层。

④ 尽量减少焊缝和接头，必须有的焊缝应磨平。

⑤ 除尘器壁面处的气流切向速度和入口气速应保持在临界范围以内。

（4）避免粉尘堵塞和积灰 旋风分离器的堵塞和积灰主要发生在排尘口附近，其次发生在进排气的管道里。预防措施通常为：在吸气口增加栅网；在排尘口上部增加手掏孔（孔盖加垫片并涂密封膏）；进排气口避免出现粗糙的直角、斜角等死区位置。

三、气固分离过程中的安全技术

旋风分离器运行过程中，内部粉尘有爆炸的风险。粉尘爆炸应具备三个要素：点火源、可燃性粉尘、粉尘悬浮于空气中形成爆炸浓度范围内的粉尘云。只要消除其中一个条件，即可防止爆炸的发生。

1. 减少积灰

旋风分离器发生粉尘爆炸的原因之一为分离器积灰不能及时排除，解决措施见"旋风分离器的维护——避免粉尘堵塞和积灰"。

2. 设置安全孔（阀）

设置安全孔（阀）的目的不是使其阻止爆炸发生，而是限制爆炸范围和减少爆炸次数。大多数处理爆炸性粉尘的除尘器都是在设置安全孔的条件下进行运转的。安全孔的设计应保证万一出现爆炸事故，能切实起到作用。平时要加强对安全孔的维护管理。

3. 配备检测和消防措施

（1）消防设施　主要有水、CO_2 和惰性灭火剂。

（2）温度检测　为了解分离器温度的变化情况，控制着火点，一般在分离器入口处和灰斗上分别装上若干温度计。

（3）CO 检测　对于大型分离设备，有时在距温度计测点较远处发生燃烧现象难以从温度计上反映出来，可在分离器出口处装设一台 CO 检测装置，只要除尘器内任何地方发生燃烧现象，烟气中的 CO 浓度便会升高，此时把 CO 浓度报警与除尘系统控制联锁，以便及时停止系统除尘器的运行。

（4）设备接地措施　防爆分离器因运行安全需要常露天布置，甚至露天布置在高大的钢结构上，根据要求，除尘设备必须采取接地避雷措施。

4. 选用防爆配件

配套部件防爆是旋风分离器防爆必不可少的措施。电气负载元件必须全部选用防爆型部件，杜绝爆炸诱导因素产生，保证设备运行和操作安全。

 【任务实施】

气固混合物的沉降分离可分为重力沉降和离心沉降。其中，重力沉降能够分离粒径大于 $50\mu m$ 的较粗颗粒，用于含尘气体的预分离。而离心沉降则可将粒径大于 $5\mu m$ 的颗粒进行有效分离。对于项目情境一中提到的热解气-煤粉颗粒的分离，大部分煤粉颗粒直径在 $10\mu m$ 以上，由于需要得到高纯度的热解气产品，所以选择离心沉降，设备形式选为具有高分离效率的 XLP/A 型旋风分离器。

热解气主要成分为甲烷，因此本任务以甲烷-煤粉颗粒为理想模型，对旋风分离器进行选型计算。已知 300℃ 下，甲烷的密度为 $0.717\mathrm{kg/m^3}$，黏度为 $2.12\times10^{-5}\mathrm{Pa\cdot s}$；煤粉颗粒的直径为 $10\mu m$，密度为 $1200\mathrm{kg/m^3}$；旋风分离器允许压降为 1.5kPa，旋风分离器内气体的有效回转圈数为 5。

已知 XLP/A 型旋风分离器的 $\zeta=8.0$。

由 $\Delta p=\zeta_c\dfrac{\rho u_i^2}{2}$ 可算得最大允许进口气速为：

$$u_i=\sqrt{\frac{2\Delta p}{\zeta_c\rho}}=\sqrt{\frac{2\times1.5\times10^3}{8\times0.717}}=22.9(\mathrm{m/s})$$

由 $d_c = \sqrt{\dfrac{9\mu B}{\pi N_e \rho_p u_i}}$ 可算得进气口宽度为：

$$B = \frac{d_c^2 \pi N_e \rho_p u_i}{9\mu} = \frac{(10 \times 10^{-6})^2 \times 3.14 \times 5 \times 1200 \times 22.9}{9 \times 2.12 \times 10^{-5}} = 0.23(\text{m})$$

筒体直径：$D = 4B = 4 \times 0.23 = 0.92$（m）；

入口高度：$h = D/2 = 0.92/2 = 0.46$（m）；

入口截面积：$A = h^2/3 = 0.46^2/3 = 0.07$（m^2）。

旋风分离器各部位尺寸见本任务附表。

▶ **任务一附表　旋风分离器各部位尺寸**

尺寸内容	XLP/A	数值
入口宽度	$(A/3)^{1/2}$	0.256m
入口高度	$(3A)^{1/2}$	0.46m
筒体直径	上 $3.58B$/下 $0.7D$	上 0.823m/下 0.644m
排出口直径	$0.6D$	0.552m
筒体长度	上 $1.35D$/下 $1.0D$	上 1.242m/下 0.92m
锥体长度	上 $0.5D$/下 $1.0D$	上 0.46m/下 0.92m
排灰口直径	$0.296D$	0.272m
锥体角度	上 27°/下 23°	上 27°/下 23°
排出管插入深度	$0.5D + 0.3h$	0.598m
入口内缘与排出管间距	$0.195D$	0.146m
入口面积/出口面积	0.69	0.69
ζ	8.0	8.0

【技术拓展】

一、惯性除尘设备

惯性除尘设备是利用惯性力的作用使尘粒从气流中分离出来的除尘装置，如利用含尘气体与某种障碍物撞击或者急剧改变气流方向来达到分离粉尘的目的。惯性除尘器的工作原理如图 6-14 所示。当含尘气流以速度 u_1 进入装置后，粒径为 d_1 的较大粒子在 T_1 点由于惯性力的作用离开曲率半径为 R_1 的气流撞在挡板 B_1 上，碰撞后的粒子受重力作用沉降下来而被捕集。粒径为 d_2 的较小粒子则与气流一起以曲率半径 R_1 绕过挡板 B_1，然后以曲率半径 R_2 随气流做回旋运动，当运动到 T_2 点时，将脱离以速度 u_2 流动的气流而撞击到挡板 B_2 上被捕集下来。因此，惯性除尘是惯性力、离心力和重力共同作用的结果。

惯性除尘器有碰撞式和反转式两种类型。碰撞式除尘器一般是在气流流动的通道内增设挡板构成的，图 6-15 所示即为碰撞式除尘器。挡板可以是单级，也可以是多级，多级挡板交错布置。实际工作中常采用多级式以增加撞击的机会，提高除尘效率。反转式除尘器是采用内部构件使气流急剧折转，利用气体和尘粒在折转时所受惯性力的不同，将尘粒在折转处从气流中分离出来的设备，如图 6-16 所示。反转式除尘器又分为弯管型、百叶窗型和多层

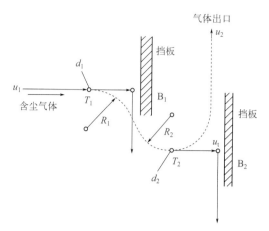

图 6-14　惯性除尘器的工作原理示意图

隔板塔型，前两者与碰撞式除尘器一样，都适合安装在烟道上使用；多层隔板塔型主要用于分离烟雾，能捕集粒径为几微米的雾滴。反转式除尘器的气流折转角越大，折转次数越多，气流速率越高，除尘效果越好，但阻力也越大。

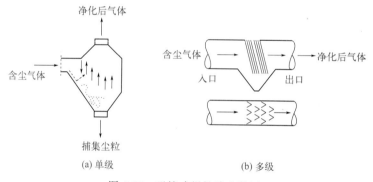

(a) 单级　　　　　　　　　　(b) 多级

图 6-15　碰撞式惯性除尘装置

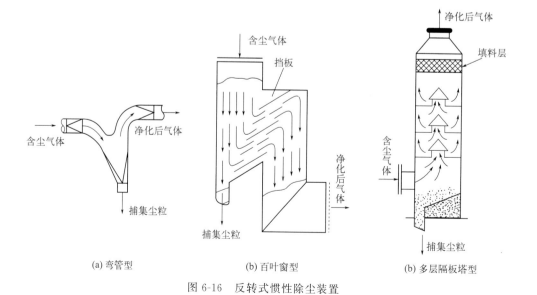

(a) 弯管型　　　　　(b) 百叶窗型　　　　　(b) 多层隔板塔型

图 6-16　反转式惯性除尘装置

惯性除尘器结构简单，阻力较小（压力损失在 $100\sim1000\mathrm{Pa}$）。其中，碰撞式适于捕集较粗粒子，反转式适于捕集较细粒子。但总体来说，惯性除尘器除尘效率低，常用于粒径大于 $10\sim20\mu\mathrm{m}$ 颗粒的初级除尘，例如用于净化密度和粒径较大的金属或矿物性粉尘。

二、湿法除尘设备

湿法除尘设备，也称为洗涤式除尘器，是使含尘气体与液体密切接触，利用液网、液膜或液滴来捕集尘粒或使粒径增大的装置，并兼具吸收有害气体的作用。

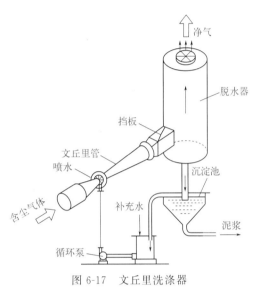

文丘里洗涤器是湿法除尘中分离效率最高的一种设备，常用于高温烟气的降温和除尘。文丘里洗涤器由文丘里管和旋风分离器组合而成，其结构如图 6-17 所示。文丘里管由收缩管、喉管及扩散管组成。液体由文丘里管喉管处的小孔吸入，含尘气体以 $50\sim100\mathrm{m/s}$ 的速度高速通过喉管时，将液体迅速雾化，形成很大的接触面积，尘粒被强制湿润和凝聚，形成较大的颗粒，在扩散管凝聚过程继续进行。最后，含尘的水在旋风分离器或其他设备中进行分离，从而实现除尘的全过程。收缩管的中心角一般不大于 $25°$，扩散管的中心角为 $7°$ 左右，液体用量约为气体体积流量的千分之一。文丘里洗涤器的特点是构造简单，操作方便，分离效率高，但流体阻力大。如气体中尘粒粒径为 $0.5\sim1.5\mu\mathrm{m}$ 时，除尘效率可达 99%，压降一般为 $26.6\sim66.6\mathrm{kPa}$。

图 6-17　文丘里洗涤器

此外，塔式设备也常用于洗涤除尘，如重力喷淋式洗涤器（空心喷淋塔）、板式洗涤器（如泡沫洗涤塔）、填料式洗涤器（填料塔、湍球塔）等。泡沫洗涤器的结构如图 6-18 所示，气体与液体接触时，在筛板上形成一层剧烈运动的泡沫层，气液接触面积很大，而且随泡沫的不断破灭和形成而更新，从而造成捕尘的良好条件。泡沫洗涤器的分离效率较高，气体中所含的微粒大于 $5\mu\mathrm{m}$ 时，分离效率可达 99%，而阻力仅为 $4\sim23\mathrm{kPa}$。填料塔洗涤器与“气体吸收分离技术”项目中的填料吸收塔基本相同，此处不再赘述。湍球塔将流化床原理应用到洗涤除尘设备中，它使球形填料处于流化状态，从而带动气体和液体形成气-液-固三相流化床，大大增加了气-液两相接触和碰撞的机会，因而能达到高效除尘的目的，并可有效防止塔内结垢和堵塞，其结构如图 6-19 所示。一般对于粒径为 $2\mu\mathrm{m}$ 的细尘，湍球塔除尘效率可达 99% 以上。

三、过滤除尘设备

过滤除尘设备是使含尘气体通过滤材或者滤层，将粉尘分离和捕集下来的设备。袋滤器是利用纤维编织物做成的滤袋作为过滤介质，将含尘气体中的尘粒阻留在滤袋上，从而使颗粒物从废气中分离出来。当含尘气体通过洁净滤袋时，由于滤袋的网孔较大，大部分微细粉尘会随气流从滤袋的网孔中通过，只有粗大的尘粒能被阻留下来，并在网孔中产生“架桥”现象。一段时间后，滤袋表面积聚一层粉尘，这层粉尘被称为初层。初层形成后，流道变

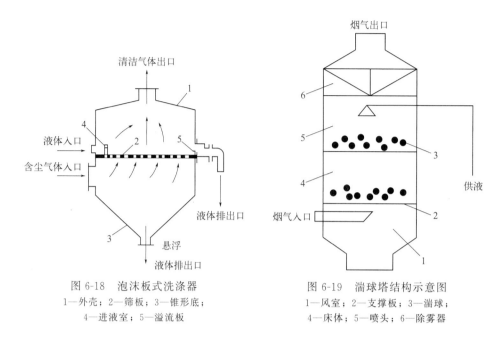

图 6-18   泡沫板式洗涤器
1—外壳；2—筛板；3—锥形底；
4—进液室；5—溢流板

图 6-19   湍球塔结构示意图
1—风室；2—支撑板；3—湍球；
4—床体；5—喷头；6—除雾器

细，即使很细的粉尘，也能被截留下来。此时的滤布只起支撑骨架作用，真正起过滤作用的是尘粒形成的过滤层。因此，袋滤器往往能除去 $1\mu m$ 以下的微粒，效率可高达 99.9% 以上，故常用在旋风分离器后作为末级除尘设备，其流程如图 6-20 所示。

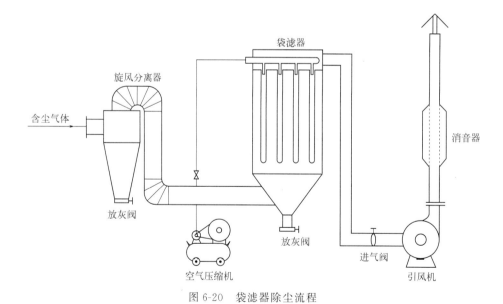

图 6-20   袋滤器除尘流程

随着粉尘在滤布上的积累，除尘效率不断增加，同时阻力也不断增加。当阻力达到一定程度时，滤袋两侧的压力差会把有些微细粉尘从微细孔道中挤压过去，反而使除尘效率下降。另外，除尘器的阻力过高，也会使风机功耗增加。因此当阻力达到一定值后，要及时进行清灰。清灰是袋滤器运行中十分重要的一环，注意清灰时不要破坏初层，以免造成除尘效率下降。常用的清灰方式有三种：机械振动式、气流反吹式、脉冲喷吹式。图 6-20 中的袋滤器采用的是脉冲喷吹式清灰，利用 $0.4\sim0.7MPa$ 的压缩空气反吹，压缩空气的脉冲产生冲击波，使滤袋振动，粉尘层脱落。

袋滤器因除尘效率高、适应性强、操作弹性大、操作简单、适宜回收有价值的细小颗粒物而得到了越来越广泛的应用。但袋滤器也具有投资较高、占用空间较大、受滤布耐温耐腐蚀限制等缺点。袋滤器不适宜带电荷或黏结性、吸湿性强的尘粒的捕集，也不适宜处理尘粒浓度超过尘粒爆炸下限的含尘气体。用于处理湿度较高的气体时，应注意气温需高于露点。

四、静电除尘设备

静电除尘器是利用电力进行收尘的装置。它由除尘器本体和高压电源两部分组成。本体包括气流分布装置、放电极、集尘极、灰斗、振打清灰装置、绝缘子等。放电极带负电，集尘极带正电，两极间维持一个足以使气体电离的静电场，气体电离后产生的电子、阴离子与阳离子附着在通过电场的粉尘上，使粉尘带电。荷电粉尘在电场力的作用下便向极性相反的电极运动而沉降在电极上，从而使粉尘与气体分离。通过清灰装置把附着在电极上的粉尘振落，使其掉入灰斗中。按气流方向，静电除尘器分为卧式和立式电除尘器；按集尘极形状，主要分为板式和管式电除尘器，其中板式为工业上的主要应用形式，管式用于气体流量小、含雾滴气体，或需要用水洗刷电极的场合。图 6-21 为卧式板式静电除尘器的组成结构示意。

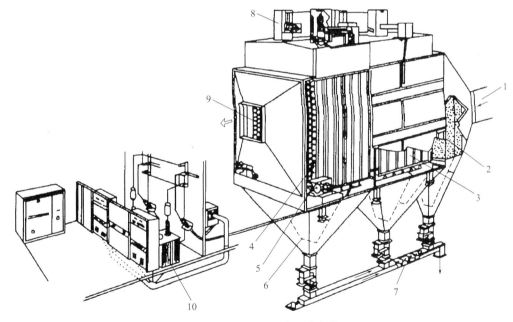

图 6-21　卧式板式静电除尘器
1—含尘气体入口；2—气流分布板；3—集尘极；4—放电极；5—振打机械；6—灰斗；
7—出灰装置；8—绝缘子室；9—清洁气体出口；10—高压电源

静电除尘器的优点包括：①除尘效率高，目前工业上应用的电除尘器正常运行时，除尘效率一般高于 99%，能够捕集 $0.01\mu m$ 以上的细粒粉尘；②烟气处理量大，工业上净化量为 $10^5 \sim 10^6 \, m^3/h$ 烟气的除尘器已得到普遍应用；③适应范围广，适于含尘浓度高达每立方米数十克至上百克，温度高达 $400℃$ 的烟气；④能量消耗低，压力损失小，一般耗电量为 $0.2 \sim 0.8 kW \cdot h/(1000m^3/h)$ 烟气，阻力损失为 $150 \sim 300Pa$；⑤可完全实现操作自动控制，运行可靠，维护保养简单。缺点是一次投资费用高，对粉尘比电阻有一定要求。

 【思考与实践】

请查阅传统的硫酸厂尾气处理流程。现因环保要求升级，请在了解目前市场除尘新技术的基础上，为企业提出一种硫酸厂尾气处理改造方案。

任务二 液固混合物分离的设备选择与参数计算

 【任务描述】

1. 项目情境二中所描述的洗煤废水处理及回收煤泥任务中，分离的对象为液态非均相物系，连续相为液体，分散相为固体，请为该物系选择适宜的分离方法。

2. 确定了合适的分离方法后，请选择分离设备，并学会正确地操作与维护该设备。

 【知识准备】

一、过滤原理的分析

气固混合物分离中学习的重力沉降与离心沉降同样适用于液固混合物的分离，但过滤操作在液固混合物的分离中更为常用，因为液固分离通常需要回收固体颗粒。

过滤操作示意图见图 6-22。在过滤操作中，悬浮液称为滤浆或料浆，多孔性介质称为过滤介质，过滤介质截留的固体颗粒层称为滤饼，通过介质的清液称为滤液。

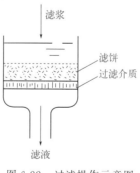

滤浆

滤饼
过滤介质

滤液

图 6-22　过滤操作示意图

M6-3　过滤原理

(一) 过滤原理

1. 过滤方式

按过滤机理，过滤可分为饼层过滤和深层过滤两种方式。

(1) 饼层过滤　滤浆中固体颗粒大小不一。在过滤的开始阶段，直径小于过滤介质微细孔道尺寸的细小颗粒会与滤液一起穿过介质层，因此过滤之初可能会出现滤液浑浊现象。但不久细小颗粒就会在孔道中发生"架桥"现象，如图 6-23 所示，此后小于介质孔道尺寸的细小颗粒也能被截留，滤饼开始形成，滤液逐渐变清，过滤真正开始。可见，对于饼层过滤，真正发挥截留颗粒作用的主要是滤饼层而不是过滤介质。过滤开始阶段得到的浑浊液应待滤饼形成后返回滤浆槽重新处理。饼层过滤的特点是滤饼层随着过滤时间的延长而增厚，过滤阻力亦随之增大。饼层过滤通常用来处理固体浓度较高（固相体积分数大于 1%）的悬浮液，可以得到滤液产品，也可以得到滤饼产品。

（2）深层过滤　深层过滤的过滤介质层很厚，孔道弯曲而细长，颗粒尺寸比孔道直径小得多。颗粒随着液体进入床层内弯曲的孔道时，由于表面力和静电的作用而附着在孔道壁上，被截流在过滤介质床层内部，不会形成滤饼，其原理如图 6-24 所示。深层过滤适合悬浮液中含有的固体颗粒尺寸很小且含量很少（固相体积分数在 0.1% 以下）的情况，如自来水厂采用石英砂层净化饮用水。

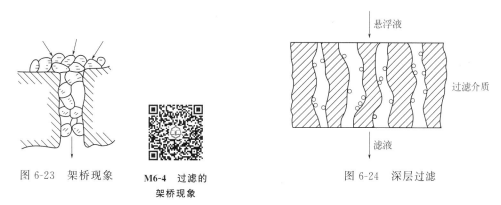

图 6-23　架桥现象　　　　**M6-4　过滤的架桥现象**　　　　图 6-24　深层过滤

化工生产中所处理的悬浮液浓度往往较高，其过滤操作多属饼层过滤，故本节着重讨论饼层过滤问题。

2. 过滤介质

过滤介质的作用是使滤液通过，截留固体颗粒，并支承滤饼，故不仅要求其具有多孔性（但孔道又不宜太大，以免颗粒通过）、足够的机械强度，还应对所处理的悬浮液具有耐腐蚀性等。工业上常用的过滤介质有以下几种。

（1）织物介质　指用天然纤维（棉、麻、丝、毛等）和合成纤维织成的滤布，亦有用金属丝（铜、不锈钢等）编织成的滤网。这类介质可根据需要采用不同编织方法控制其孔道的大小，清洗和更换也很方便，截留颗粒的最小直径通常为 5~65μm，在工业上的应用最为广泛。

（2）堆积介质　可用砂、木炭等颗粒物堆积，亦可用玻璃等非编织纤维堆积而成，多用于深层过滤中。

（3）多孔性固体介质　指具有很多微细孔道的固体材料，如多孔陶瓷、多孔塑料或多孔金属制成的管或板，能拦截 1~3μm 的微细颗粒。

过滤介质的选择要考虑悬浮液中固体颗粒的含量和粒度范围，介质所能承受的温度和它的化学稳定性，机械强度等因素。合适的介质可带来以下效益：滤液清洁，固体粒子损失量小，滤饼容易卸除，过滤时间短，过滤介质不会因突然或逐渐的堵塞而破坏，过滤介质容易获得再生等。

3. 助滤剂

滤饼分为不可压缩性滤饼和可压缩性滤饼。在过滤操作中，可压缩性滤饼会因两侧的压力差增大或滤饼层加厚而使颗粒的形状发生变化、颗粒间隙减小，单位厚度饼层的流动阻力随压力差的增大而增大。为了避免滤布的早期堵塞及减小流动阻力，可加入某些助滤剂来改变滤饼的结构。

助滤剂是一种质地坚硬且形状不规则的固体颗粒或纤维状物质。加入助滤剂后，形成的滤饼结构疏散，几乎不可压缩。常用的助滤剂有硅藻土、珍珠岩、炭粉、石棉粉等。

助滤剂的使用方法有两种：一种是将助滤剂混入待过滤的悬浮液中一起过滤，这样得到的滤饼较疏松，压缩性小，但若过滤的目的是回收固体颗粒（即滤饼是产品），则这种方法不宜使用；另一种方法是将助滤剂配成悬浮液，先预涂在过滤介质表面形成一层助滤剂层，然后再进行悬浮液的过滤，这样可以防止细小的颗粒将滤布孔道堵死。

(二) 过滤操作参数的计算

1. 饼层过滤模型

饼层过滤中，大量固体颗粒堆积在一起形成颗粒床层。由于流体流经颗粒床层时流速较小，颗粒保持静止状态，所以饼层过滤时对应的床层为固定床。固定床由颗粒和空隙组成，滤液在固定床中的流动实际是在颗粒间的空隙内流动，而这些空隙所构成的流道彼此交错连通，大小和形状很不规则。因此，流体在固定床中的流动情况难以精确描述，只能采用简化模型来处理：

① 不规则孔道由一组平行细管所组成，孔道长度与滤饼厚度成正比；

② 孔道内表面积之和等于全部颗粒的外表面积；

③ 孔道内全部流动空间等于床层中空隙的体积。

上述简化模型可用图 6-25 表示。为了定量地表达该模型，需要引入几个描述颗粒床层特性的参数。

（1）床层的空隙率 指床层中空隙所占的体积分数，以 ε 表示，即

$$\varepsilon = \frac{\text{床层体积} - \text{颗粒体积}}{\text{床层体积}} \tag{6-37}$$

空隙率的大小与颗粒形状、粒度分布、床层的填充方式等因素有关。颗粒的球形度越小，床层的空隙率越大；由大小不均匀的颗粒所填充成的床层，小颗粒可以嵌入大颗粒之间的空隙中，因此粒度分布越不均匀，床层的空隙率越小；颗粒表面越光滑，床层的空隙率亦越小；采用"湿装法（即在容器中先装入一定高度的水，然后再逐渐加入颗粒）"形成的床层通常空隙率较大；容器壁面附近空隙率较大，器壁对空隙率的这种影响称为壁效应，改善壁效应的方法通常是限制床层直径与颗粒直径之比不得小于某极限值。

床层的空隙率可通过充水法或称量法测定。充水法是在体积为 V 的颗粒床层中加水，直至水面达到床层表面，测定加入水的体积 $V_{水}$，则床层空隙率为 $\varepsilon = V_{水}/V$。称量法是称量体积为 V 的床层中颗粒的质量 G，若固体颗粒的密度为 ρ_{s}，则空隙率为 $\varepsilon = (V - G/\rho_{s})V$。

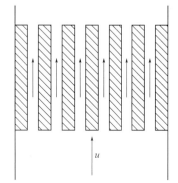

图 6-25 饼层过滤的简化模型

（2）床层的自由截面积　指床层截面上未被颗粒占据的流体可以自由通过的面积。各向同性床层的自由截面积与床层截面积之比在数值等于床层的空隙率。

（3）床层的比表面积　指单位体积床层中具有的颗粒表面积（即颗粒与流体接触的表面积）。如果忽略床层中颗粒间相互重叠的接触面积，则床层的比表面积 a_b 与颗粒物料的比表面积 a（颗粒表面积与颗粒体积之比）之间的关系为：

$$a_b = a(1-\varepsilon) \tag{6-38}$$

2. 过滤基本方程

过滤过程中，滤液通过饼层的流速通常较低，一般处于层流状态。则滤液通过滤饼孔道的流动阻力 Δp_c 可用哈根-泊肃叶方程表示：

$$\Delta p_c = \frac{32\mu l' u'}{d_e^2} \tag{6-39}$$

式中　l'——滤饼孔道的平均长度，与滤饼厚度 L 成正比，m；

u'——滤液在孔道中的实际流速，m/s；

d_e——孔道的当量直径，m。

非圆形管道当量直径 d_e 的定义为：

$$d_e = 4 \times 水力半径 = 4 \times \frac{流通截面}{润湿周边} \tag{6-40}$$

将式（6-40）的分子、分母同时乘以流道长度，则该式变为：

$$d_e = 4 \times \frac{流道容积}{流道表面积} = \frac{4\varepsilon}{a(1-\varepsilon)} \tag{6-41}$$

将式（6-41）代入式（6-39），并整理得：

$$u' \propto \frac{\varepsilon^2}{a^2(1-\varepsilon)^2} \cdot \frac{\Delta p_c}{\mu L} \tag{6-42}$$

按整个床层截面计算的滤液平均流速为：

$$u = u'\varepsilon \tag{6-43}$$

实验表明，对于层流流动，式（6-42）的比例系数为 1/5，即

$$u = \frac{\varepsilon^3}{5a^2(1-\varepsilon)^2} \cdot \frac{\Delta p_c}{\mu L} \tag{6-44}$$

单位时间获得的滤液体积称为过滤速率。若过滤过程中其他因素维持不变，则由于滤饼厚度不断增加，过滤速度会逐渐变小。任一瞬间的过滤速率可写成：

$$\frac{dV}{d\theta} = uA = \frac{\varepsilon^3}{5a^2(1-\varepsilon)^2} \cdot \frac{A\Delta p_c}{\mu L} \tag{6-45}$$

式中　V——滤液体积，m^3；

A——过滤面积，m^2；

θ——过滤时间，s。

令 $\dfrac{1}{r} = \dfrac{\varepsilon^3}{5a^2(1-\varepsilon)^2}$，则式（6-45）可写成：

$$\frac{dV}{d\theta} = \frac{A\Delta p_c}{r\mu L} \tag{6-46}$$

式中　r——滤饼的比阻，单位厚度滤饼的阻力，$1/m^2$。

式（6-46）中，rL 为滤饼阻力。该式表明，过滤速率＝过滤推动力/过滤阻力，可见，过滤与传热、传质过程的速率具有同样的规律。

同样，滤液穿过过滤介质时的速率：

$$\frac{dV}{d\theta}=\frac{A\Delta p_e}{r\mu L_e}\tag{6-47}$$

式中　Δp_e——过滤介质两侧的压力差，Pa；

　　　　L_e——过滤介质的当量滤饼厚度，m。

用过滤总推动力与总阻力表示的过滤速率为：

$$\frac{dV}{d\theta}=\frac{A(\Delta p_c+\Delta p_e)}{r\mu(L+L_e)}=\frac{A\Delta p}{r\mu(L+L_e)}\tag{6-48}$$

设每获得 $1m^3$ 滤液所形成的滤饼体积为 v，则滤饼厚度 L 可表示为：

$$L=\frac{vV}{A}\tag{6-49}$$

过滤介质的当量滤饼厚度也写成类似的形式：

$$L_e=\frac{vV_e}{A}\tag{6-50}$$

如果滤饼可压缩，则滤饼的比阻可用下列经验公式表示：

$$r=r'(\Delta p)^s\tag{6-51}$$

式中　r'——单位压强差下滤饼的比阻，$1/m^2$；

　　　　s——压缩性指数，无量纲，其值由实验测定。通常 $s=0\sim1$，对不可压缩性滤饼，$s=0$。

将式（6-49）～式（6-51）代入式（6-48），得到的过滤速率表达式称为过滤基本方程，即

$$\frac{dV}{d\theta}=\frac{A^2\Delta p^{1-s}}{r'\mu v(V+V_e)}\tag{6-52}$$

过滤基本方程为微分形式，表达的是某一瞬间的过滤速率与各有关因素间的关系，还不便于直接应用。基于该式，可推导出便于应用的恒压（或恒速）过滤方程。此外，该式也可用于分析得到提高过滤速率的途径。

3. 恒压过滤计算

过滤过程中，为便于操作，通常保持 Δp 不变。由过滤基本方程可以看出，随着过滤时间的增长，滤饼层厚度增加，过滤阻力亦随之增大，即恒压过滤的速率不断减小。

对于一定的悬浮液，r'、μ 和 v 皆可视为常数，令：

$$k=\frac{1}{r'\mu v}\tag{6-53}$$

k 为表征过滤物料特性的常数，单位为 $m^4/(N\cdot s)$。将式（6-53）代入式（6-52）得：

$$\frac{dV}{d\theta}=\frac{kA^2\Delta p^{1-s}}{V+V_e}\tag{6-54}$$

过滤压力恒定时，k、A、s、V_e 也均为常数，令：

$$K=2k\Delta p^{1-s}\tag{6-55}$$

则式（6-54）可写为：

$$\frac{dV}{d\theta} = \frac{KA^2}{2(V+V_e)} \tag{6-56}$$

K 称为过滤常数，单位为 m^2/s，其值由实验测定。将式（6-56）分离变量积分，得：

$$V^2 + 2VV_e = KA^2\theta \tag{6-57}$$

当过滤介质阻力可以忽略时，$V_e = 0$，式（6-57）可简化为：

$$V^2 = KA^2\theta \tag{6-58}$$

令 $q = V/A$，$q_e = V_e/A$，则式（6-57）和式（6-58）可分别写为：

$$q^2 + 2q_e q = K\theta \tag{6-57a}$$

$$q^2 = K\theta \tag{6-58a}$$

式（6-57）和式（6-58）称为恒压过滤方程式，表明了恒压条件下滤液体积和过滤时间之间的关系。该方程可用来计算获得一定量的滤液（或滤饼）所需要的过滤时间。

4. 恒压过滤常数的测定

为获取恒压过滤方程中的过滤常数 K 和 $V_e(q_e)$，通常是在相同条件下，用相同物料，在小型实验设备上进行恒压过滤实验。

（1）K 和 $V_e(q_e)$ 的测定　将恒压过滤方程式（6-57a）两侧同时除以 Kq，整理得：

$$\frac{\theta}{q} = \frac{1}{K}q + \frac{2}{K}q_e \tag{6-57b}$$

式（6-57b）表明 θ/q 与 q 呈直线关系，直线的斜率为 $1/K$，截距为 $2q_e/K$。由此可设计出某悬浮料浆在一定的过滤介质及压差下的过滤常数测定方法：恒压下，在过滤面积为 A 的过滤设备上对待测的悬浮料浆进行过滤，每隔一定时间测定所得滤液体积，并由此算出相应的 q 值。在直角坐标系中标绘 θ/q 与 q 间的函数关系，可得一条直线，由直线的斜率及截距的数值便可求得 K 和 q_e，再用 $V_e = q_e A$ 即可求出 V_e。

当进行过滤实验比较困难时，只要能够获得指定条件下的过滤时间与滤液量的两组对应数据，即可用式（6-57a）求解出过滤常数 K 和 $V_e(q_e)$。但其准确性完全依赖于这仅有的两组数据，可靠程度往往较差。

（2）压缩性指数 s 的测定　将式（6-55）两侧取对数，得

$$\lg K = (1-s)\lg(\Delta p) + \lg(2k) \tag{6-59}$$

因 k 为常数，故 K 与 Δp 的关系在双对数坐标上标绘时应为直线，直线的斜率为 $1-s$。由不同压差下对指定物料进行过滤实验的数据可得滤饼的压缩性指数 s。需要指出的是，上述求压缩性指数的方法是建立在物料特性常数 k 值恒定的条件上的，这就要求在过滤压力变化范围内，滤饼的空隙率应没有显著的改变。

5. 提高过滤速率的途径

过滤速率为单位时间内获得的滤液体积，表明了设备的生产能力。通过分析过滤基本方程式可知，采用下述途径可以提高过滤速率。

（1）增大过滤面积　过滤速率与过滤面积的平方成正比，所以增大过滤面积可增大过滤速率。

（2）增大过滤推动力　一般来说，对于不可压缩滤饼，增大压强差可以增大过滤速率。但对于可压缩滤饼，加压不一定能有效地增大过滤速率。

（3）降低悬浮液的黏度　黏度越小，过滤速率越快。在条件允许时，提高悬浮液的温度

可使黏度减小。在不影响滤液的情况下，可将滤浆加以稀释再进行过滤。

（4）降低过滤的阻力 过滤介质的作用是促进滤饼的形成，要根据悬浮液中的颗粒选用合适的过滤介质。对于可压缩滤饼，可通过添加助滤剂改变滤饼结构的方法获得较高的过滤速率。当滤饼厚度增大到一定程度时，将滤饼卸除，进行下一个周期操作。

（5）采用动态过滤 传统过滤的主要阻力来自滤饼。为了保持过滤介质上不积存或积存少量滤饼的高过滤速率，可采用机械、水力或电场等多种方法人为地限制滤饼的增长，在运动中进行过滤，这种过滤方式称为动态过滤。动态过滤的典型设备为旋叶压滤机。

二、过滤设备的选择与操作

(一) 常用的过滤设备

1. 板框压滤机

（1）结构与工作原理 板框压滤机是工业生产中应用最早且至今仍在广泛应用的一种间歇操作的过滤设备。它由若干块滤板和滤框交替排列于机架组装而成，其结构如图 6-26 所示，板和框的构造如图 6-27 所示。与板式换热器的结构类似，每一块滤板和滤框的角上皆有孔，压紧后，板和框叠合即构成供滤浆、滤液和洗涤液流动的通道。板的表面具有凹凸纹路，形成了许多供滤液流动的沟槽。框的两侧覆以滤布，空框与滤布便构成了容纳滤浆及滤饼的空间。板又有洗涤板和过滤板之分。为了便于区别，常在板和框外侧铸有小钮或其他标志，通常过滤板为一钮、框为二钮、洗涤板为三钮。板与框以 1-2-3-2-1-2-3-2-1…… 的顺序排列。

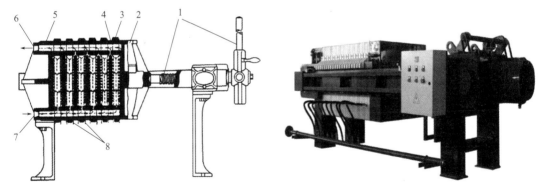

图 6-26 板框压滤机

1—压紧装置；2—可动头；3—滤框；4—滤板；5—固定头；6—滤液出口；7—滤浆进口；8—滤布

过滤操作时，悬浮液在压力作用下经滤浆通道由滤框角端的暗孔进入滤框内，滤液穿过滤框两侧滤布，再经两侧滤板表面流到滤液出口排出，固体则被截留于框内，滤框被滤饼充满后停止过滤。过滤过程中液体的流径如图 6-28（a）所示。很多情况下要求用洗水对滤渣进行洗涤。此时，将洗水由洗水通道压入，洗水经洗涤板角端的暗孔进入板面与滤布之间，横穿过整个厚度的滤饼及滤框两侧的滤布，最后由过滤板下部的滤液出口排出，注意此时应关闭洗涤板下部的滤液出口。洗涤过程中液体的流径如图 6-28（b）所示，这种操作方式称为横穿洗涤法。

M6-5 板框式压滤机

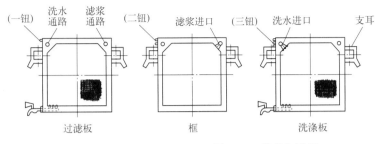

图 6-27 滤板和滤框

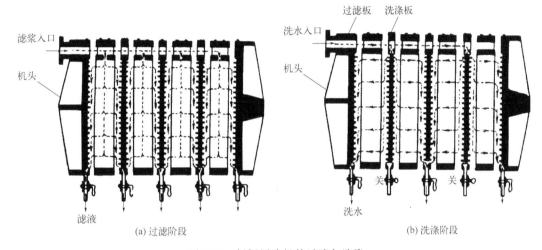

(a) 过滤阶段 (b) 洗涤阶段

图 6-28 板框压滤机的过滤与洗涤

过滤结束后，松开板框，取出滤渣，将滤板、滤框和滤布洗净后重新装合，即可进行下一次操作循环。

板框压滤机的优点是结构简单、制造方便、过滤推动力大、对物料的适应能力强、占地面积小而过滤面积大，且过滤面积可根据生产任务通过加减滤板进行调节，故其应用颇为广泛。其主要缺点是间歇操作，劳动强度大、耗时长、滤布损耗也较快。近年来，随着各种全自动操作板框压滤机的出现，上述缺点在很大程度上得到了改善。

M6-6 板框式压滤机的过滤和洗涤

（2）型号说明 我国已制定板框压滤机系列标准（JB/T 4333—2013《厢式压滤机和板框压滤机》）及规定代号。各字母和数字的含义如下：

X/B：过滤元件形式，X 指厢式、B 指板框式；

M/A：液流形式，M 指明流、A 指暗流；

Y/J/S/Z：压紧方式，Y 指液压、J 指机械、S 指手动、Z 指自动；

G：表示隔膜滤板；

U/S：滤板材质，U 指增强聚丙烯、S 指不锈钢（标注在过滤面积后，洗涤方式前）；

B/K：滤饼洗涤，B 指不可洗、K 指可洗；

数字：表示过滤面积和外形尺寸。

例如，XAZG200/1250-UK 按字母和数字顺序表示：厢式、暗流、自动压紧、隔膜滤板、过滤面积 $200m^2$、滤板边长 1250mm、聚丙烯滤板、可洗压滤机。

（3）生产能力　如上所述，板框压滤机为间歇式操作设备，一个操作循环由过滤、洗涤、卸渣、清理、装合等步骤组成。在每一循环周期中，只有部分时间在进行过滤，那么如何计算其生产能力呢？板框压滤机的生产能力是指该设备在单位时间内获得的滤液量，计算时应以整个操作周期为基准，即

$$Q = \frac{3600V}{T} = \frac{3600V}{\theta + \theta_w + \theta_D} \tag{6-60}$$

式中　Q——板框过滤机的生产能力，m^3/h；

V——一个操作循环所获得的滤液体积，m^3；

T——完成一个操作周期所需的总时间，包括过滤时间 θ、洗涤时间 θ_w 和卸渣、清理、装合等辅助时间 θ_D，s。

在一个操作周期中，过滤时间短，则非过滤时间所占比例相对较大，生产能力不会太高；相反，过滤时间长，形成的滤饼厚，过滤后期速率很慢，使过滤的平均速率减小，生产能力也不会太高。可以推导出，在介质阻力可忽略不计的情况下，过滤时间和洗涤时间之和等于辅助时间，即式（6-61）成立时，过滤机的生产能力最大。

$$\theta + \theta_w = \theta_D \tag{6-61}$$

【例6-3】　在 245kPa 的恒压条件下，用一台过滤面积为 $0.4m^2$ 的板框过滤机过滤某悬浮液。2h 后得滤液 35m^3，过滤介质阻力忽略不计。试问：

（1）其他情况不变，过滤面积加倍，可得滤液多少？

（2）其他情况不变，将过滤时间缩短到 1.5h，可得滤液多少？

（3）其他情况不变，过滤 2h 后，用 $4m^3$ 水洗涤滤饼，洗涤时间为多少？

解：（1）对于恒压过滤，过滤介质阻力忽略不计时的过滤方程式为 $V^2 = KA^2\theta$，由此式可得：

$$\frac{V_1^2}{V^2} = \frac{KA_1^2\theta}{KA^2\theta}$$

其他情况不变，过滤面积加倍时：

$$V_1 = V\frac{A_1}{A} = 2V = 2 \times 35 = 70(m^3)$$

（2）其他情况不变，过滤时间缩短为 1.5h：

$$V_1 = V\sqrt{\frac{\theta_2}{\theta}} = 35 \times \sqrt{\frac{1.5}{2}} = 30.3(m^3)$$

（3）分析过滤基本方程式可知，若洗涤时采用与过滤终了时相同的压力差，并假定洗水黏度与滤液黏度相近，则横穿洗涤法的洗涤速率为过滤终了时过滤速率的 1/4，即

$$\left(\frac{dV}{d\theta}\right)_w = \frac{1}{4}\left(\frac{dV}{d\theta}\right)_E$$

将 $V^2 = KA^2\theta$ 微分并整理得：

$$\frac{dV}{d\theta} = \frac{KA^2}{2V}$$

所以洗涤速率为：

$$\left(\frac{dV}{d\theta}\right)_w = \frac{KA^2}{8V} = \frac{V^2/\theta}{8V} = \frac{V}{8\theta} = \frac{35}{8 \times 2} = 2.19(m^3/h)$$

洗涤时间为：

$$\theta_w = \frac{V_w}{\left(\dfrac{dV}{d\theta}\right)_w} = \frac{4}{2.19} = 1.83(h)$$

【例 6-4】 生产中拟用过滤面积为 $20m^2$、滤框内总容量为 $0.62m^3$ 的板框压滤机来过滤含钛白的水悬浮液，操作压力为 $250kPa$。为了获得过滤常数，现用一实验装置在同样条件下过滤该悬浮液，测得 $K = 2.5 \times 10^{-4} m^2/s$，$q_e = 0.01 m^3/m^2$，滤液体积与滤渣体积之比为 $1：0.06$。试计算：

(1) 当滤框内全部充满滤渣时所需要的过滤时间；

(2) 过滤后用相当于滤液量 10% 的清水洗涤滤渣，求洗涤时间；

(3) 卸渣及重新装合等辅助时间共需 $20min$，求该压滤机的生产能力。

解：(1) 滤框内全部充满滤渣时所产生的滤液量为：

$$V = \frac{0.62}{0.06} = 10.33(m^3)$$

过滤终了时单位过滤面积的滤液量为：

$$q = \frac{V}{A} = \frac{10.33}{20} = 0.5165(m^3/m^2)$$

将实验所测得的数据代入恒压过滤方程式 $q^2 + 2qq_e = K\theta$ 得：

$$0.5165^2 + 2 \times 0.5165 \times 0.01 = 2.5 \times 10^{-4}\theta$$

解得
$$\theta = 1108s = 0.308h$$

(2) 过滤终了时的过滤速率为：

$$\frac{dV}{d\theta} = \frac{KA}{2(q+q_e)} = \frac{2.5 \times 10^{-4} \times 20}{2 \times (0.5165 + 0.01)} = 4.75 \times 10^{-3}(m^3/s)$$

洗涤液用量为：

$$V_w = 0.1V = 0.1 \times 10.33 = 1.033(m^3)$$

则洗涤时间为：

$$\theta_w = \frac{V_w}{\left(\dfrac{dV}{d\theta}\right)_w} = \frac{V_w}{\dfrac{1}{4}\left(\dfrac{dV}{d\theta}\right)} = \frac{1.033}{\dfrac{1}{4} \times 4.75 \times 10^{-3}} = 870(s) = 0.242(h)$$

(3) 生产能力：

$$Q = \frac{V}{\theta + \theta_w + \theta_D} = \frac{10.33}{0.308 + 0.242 + \dfrac{20}{60}} = 11.7(m^3/h)$$

2. 加压叶滤机

加压叶滤机由一个垂直或水平放置的密闭圆柱滤槽和许多滤叶组成。图 6-29 所示为一垂直放置的加压圆形滤叶过滤机的示意图。滤叶是叶滤机的过滤元件，其由金属多孔板或金属网制造，内部具有空间，外罩滤布。工作时将滤浆用泵送至机壳内，滤液穿过滤布进入滤叶内，汇集至总管后排出机外，颗粒则积集于滤布外侧形成滤饼。

若滤饼需要洗涤，则于过滤完毕后通入洗涤水，洗涤水的路径与滤液相同，这种洗涤方法称为置换洗涤法。洗涤过后，打开机壳上盖，拨出滤叶，用压缩空气、蒸气或清水卸除滤饼。

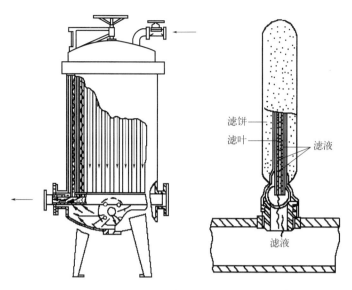

图 6-29　加压叶滤机

M6-7　叶滤机的构造

加压叶滤机亦是间歇操作设备，其优点是过滤速度快、洗涤效果好、劳动强度轻、占地面积小、因密闭操作而改善了操作条件；缺点是造价较高，更换过滤面比较麻烦。加压叶滤机主要用于悬浮液含固体量少（约为1%）和需要的是液体而不是固体的场合。例如，用于饮料工业，所得产品为啤酒或果汁等。

3. 转筒真空过滤机

（1）结构与工作原理　转筒真空过滤机是一种工业上应用较广的连续操作过滤设备。过滤机的主体部分包括转筒、分配头、滤浆槽和搅拌器等，其结构如图 6-30 所示。转筒一般被分隔成 10～30 个彼此独立的扇形小滤室，在小滤室的圆弧形外壁上装有金属网，网上覆盖滤布形成过滤面，筒的下部浸入滤浆中。每个小滤室都有管路通向分配头。分配头由紧密贴合着的转动盘与固定盘构成，运行时转动盘随着筒体一起旋转，固定盘保持不动，其内侧面各凹槽分别通向作用不同的各种管道。这样在圆筒连续运转时，转筒表面上各区域分别完成不同的操作，整个过滤过程在转筒表面连续进行。

工作时，转筒约 30%～40% 的面积浸没于滤浆中，转速通常在 0.1～3r/min 范围内调整。每旋转一周，每个扇形表面依次进行过滤、洗涤、吸干、吹松、卸饼等操作。滤饼厚度一般保持在 40mm 以内，滤饼中液体含量多在 10% 以上，通常在 30% 左右。

转筒真空过滤机可连续自动操作，节省人力，生产能力大，特别适合于处理量大而容易过滤的料浆，对过滤性较差的胶体物系或含细微颗粒的悬浮液，可采用预涂助滤剂的措施。转筒真空过滤机的缺点是附属设备较多，过滤面积不大，滤饼的洗涤也不充分；由于是真空操作，过滤推动力有限，且尤其不能过滤温度较高（或饱和蒸气压较大）的滤浆，另滤饼易在被吸干过程中形成裂缝而使大量空气被吸入，增加能耗。

（2）生产能力　计算转筒真空过滤机的生产能力时，首先用恒压过滤方程，即式（6-57），计算出转筒旋转一周（即一个操作周期）所获得的滤液量，然后计算出该设备每小时共获得多少滤液量。

转筒转速为 n（单位为 r/min）的过滤机旋转一周所用的时间 T（单位为 s）为：

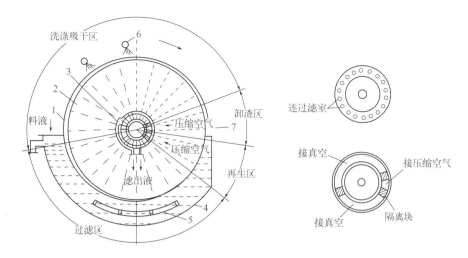

图 6-30 转筒真空过滤机的结构
1—转鼓；2—过滤室；3—分配间；4—料液槽；5—摇摆式搅拌器；6—洗涤液喷嘴；7—刮刀

$$T = \frac{60}{n} \qquad (6-62)$$

**M6-8 转筒真空
过滤机**

转筒表面浸入滤浆中的分数称为浸没度，以 ψ 表示，$\psi=$ 浸没角度/360°，则一个过滤周期内，转筒表面上任何一块过滤面积所经历的过滤时间均为：

$$\theta = \psi T = \frac{60\psi}{n} \qquad (6-63)$$

转筒每旋转一周所得到的滤液体积为：

$$V = \sqrt{KA^2\theta + V_e^2} - V_e = \sqrt{KA^2\frac{60\psi}{n} + V_e^2} - V_e \qquad (6-64)$$

转筒真空过滤机每小时所获得的滤液体积，即生产能力为：

$$Q = 60nV = 60\left(\sqrt{60KA^2\psi n + V_e^2 n^2} - V_e n\right) \qquad (6-65)$$

当滤布阻力可以忽略（即 $V_e = 0$）时，上式可简化为：

$$Q = 60\sqrt{60KA^2\psi n} = 465A\sqrt{K\psi n} \qquad (6-66)$$

从式（6-66）可以看出，对于特定的连续操作过滤机，其转速越高、浸没度越大，生产能力越大。但实际上，浸没度过大会使其他操作的面积过小而导致操作困难，而且旋转过快会导致滤饼太薄而难以卸除，也不利于洗涤，而且功率消耗增大，合适的转速需经实验确定。

4. 过滤设备的改进

（1）提高设备的生产能力　为了适应大规模生产的需要，过滤机朝向大型化发展，如转筒过滤机的直径达到近 4m、长约 6m，使处理量大大增加。板框压滤机在增大过滤面积的同时，使滤板带有弹性压榨隔膜，使滤饼含湿量进一步降低，并且缩短了过滤周期。

（2）提高设备的自动化程度　特别是间歇操作的板框压滤机，采用了厢式压滤，已能达到较高的自动化程度，使劳动环境和劳动强度得到了很大改善。

（3）选用新型制造材质　在过滤设备的制造选材中，大量选用非金属材料（聚合物材料居多）制造过滤元件，使设备成本降低、质量减轻。

（4）采用复合过滤技术　复合过滤技术被认为是提高过滤速率的简单有效的方法，它是采用两种或更多种过滤设备逐步降低固体含量或液体黏度来达到提高过滤速率的目的。这些过滤机可以是相同种类但过滤介质及过滤常数等不同，也可以是不同种类的过滤机组合在一起。常见过滤机的类型特征如表 6-1 所示。

▶ **表 6-1　过滤机的特性**

特征	真空旋转式	加压容器式	板框压滤式
助剂、洗涤、通气脱水	可	可	通常不适
操作	连续	间歇、滤饼自动剥离机构简单	间歇、滤饼自动剥离机构复杂
省力化	可能	可能	难
设备大型化	可	有限度	可
过滤压力/MPa	<0.1	<0.3	<2.0
滤浆处理量	中～大	小～中	大
单位过滤面积固体处理量	小～中	中	大
滤饼的脱水能力	小	中	大
对应的滤浆过滤性	容易和稍难过滤性	稍难和难过滤性	难和极难过滤性

(二) 过滤设备开停车操作基本流程

1. 板框压滤机（以最常用的液压压紧设备为例）

（1）开车前准备

① 检查机架各连接零部件有无松动，润滑部位是否保持良好的润滑。

② 检查电源接线是否正确。

③ 检查液压站是否正常，油是否加到油位线。

④ 检查滤板排列是否整齐，顺序是否正确，滤布安装有无折叠。

⑤ 检查各管路阀门开关情况。

⑥ 开启空气压缩机，将压缩空气送入储浆罐，观察压缩空气压力表的读数，待压力达到规定值，准备开始过滤。

（2）开车操作

① 压紧滤板，接通电源后按加压按钮。

② 当压力达到规定压力时，自动停止并保持压力，压紧压力的大小以不泄漏为佳，压力不宜太高。

③ 在保压状态下，再次检查各管路阀门开闭状态，确认无误后启动进料泵，缓慢开启进料阀，将滤浆送入压滤机，过滤开始。

④ 观察滤液，滤液为清液时表明过滤正常，若发现滤液浑浊或带有滤渣，说明过滤过程中出现问题，应停止过滤，检查滤布及安装情况，滤板和滤框是否变形、有无裂纹，管路有无泄漏等。

⑤ 当出口处滤液量变得很小时，说明滤框中已充满滤渣，这时关闭进料泵和进料阀，停止过滤。

⑥ 洗涤。开启洗水出口阀，再开启过滤机洗涤水进口阀，向过滤机内送入洗涤水，在相同压力下洗涤滤渣，直至洗涤符合要求。

（3）停车操作

① 关闭过滤压力表前的调节阀及洗水进口阀。压滤机在自动运行模式下，按松开按钮，松开滤板，压板退回到位后会自动停止，同时拉板自动往复进行卸滤饼。

② 清洗滤板、滤框和滤布，以备下一轮循环使用。

2. 转筒真空过滤机

（1）开车前准备

① 检查滤布。滤布应清洁无损，不能有干浆。

② 检查滤浆。滤浆槽内不能有沉淀物或杂物。

③ 检查转鼓与刮刀之间的距离，一般为 $1\sim2mm$。

④ 检查真空系统真空度和压缩空气系统压力是否符合要求。

⑤ 给分配头、主轴瓦、压辊系统、搅拌器和齿轮等传动机构加润滑脂和润滑油，检查和补充减速机的润滑油。

（2）开车操作

① 观察各传动机构运转情况，如运行平稳、无振动、无碰撞声，可试空车和洗车 15min。

② 开启滤浆进口阀向滤槽内注入滤浆，当液面达到滤槽高度的 1/2 时，打开真空、洗涤、压缩空气等阀门，开始正常生产。

（3）正常生产

① 经常检查滤槽内液面高低，保持液面高度为滤槽的 $60\%\sim75\%$，高度不够会影响滤饼的厚度。

② 经常检查各管路、阀门是否有渗漏，如有渗漏应停车修理。

③ 定期检查真空度、压缩空气压力是否达到规定值，洗涤水分布是否均匀。

④ 定时分析过滤效果，如滤饼的厚度、洗涤水是否达标等。

（4）停车操作

① 关闭滤浆入口阀，再依次关闭洗涤水阀、真空和压缩空气阀门。

② 洗车，除去转鼓和滤槽内的物料。

(三)过滤过程中的常见异常现象与处理

1. 板框压滤机

板框压滤机常见故障及处理方法见表 6-2。

▶ 表 6-2　板框压滤机常见故障与处理方法

常见故障	故障原因	处理方法
局部泄漏	①滤框有裂纹或穿孔缺陷，滤框和滤板边缘磨损 ②滤布未铺好或破损 ③物料内有杂物 ④进料泵压力或流量超高 ⑤液压系统油压不足	①更换新滤框和滤板 ②重新铺平或更换新滤布 ③清除干净 ④重新调整 ⑤调整、更换溢流阀或油缸密封圈，或补充液压油
压紧程度不够	①滤框变形 ②滤框、滤板和传动件之间有障碍物	①更换合格滤框 ②清除障碍物
滤液浑浊	①滤布选择不当 ②滤布破损或开孔过大	①重做实验，更换合适滤布 ②及时更换
搅拌器振动	①轴瓦缺油或者磨损 ②连杆不同心 ③框架腐蚀薄，强度不够 ④销轴过紧或者过松	①修理或者加油 ②修理或者更新 ③更新或者加固 ④更换销轴

2. 转筒真空过滤机

转筒真空过滤机常见故障及处理方法见表 6-3。

▶ 表 6-3　转筒真空过滤机常见故障与处理方法

常见故障	故障原因	处理方法
分配头振动	①分配头与套筒轴的间隙小或者缺油 ②轴头螺栓拧得过紧 ③各连接管线刚性大或两个分配头同轴度偏差大	①调整间隙，加润滑油 ②调松螺母 ③调整管线或者校正找直
滤饼厚度达不到要求、滤饼不干	①真空度达不到要求 ②滤槽内滤浆液面低 ③滤布长时间未清洗或者清洗不干净	①检查真空管路有无漏气 ②增加进料量 ③清洗滤布
真空度过低	①分配头磨损漏气 ②真空泵效率低或者管路漏气 ③滤布有破损 ④错气蹿风	①检修分配头 ②检查真空泵和管路 ③更换滤布 ④调整操作区域

三、液固分离过程中的安全技术

液固分离操作基本是对各种过滤设备的操作，所涉及的安全防护实质上主要是减少和避免机械伤害。机械伤害主要指机械设备运动（静止）部件、工具、加工件直接与人体接触引起的夹击、碰撞、剪切、卷入、绞、碾、割、刺等形式的伤害。机械伤害事故的形式惨重，当发现有机械伤害情况发生时，虽及时紧急停车，但因设备惯性作用，仍可造成伤亡。

1. 形成机械伤害事故的主要原因

① 检修、检查机械时忽视安全措施。如人进入设备检修、检查作业，不切断电源，未挂、错挂警示牌，未设专人监护等措施而造成严重后果；也有因受定时电源开关作用或发生临时停电等因素误判而造成事故；也有虽然对设备断电，但未等至设备惯性运转彻底停住就下手工作而造成的严重后果。

② 缺乏安全装置。如有的机械传动带、齿机、接近地面的联轴节、皮带轮、飞轮等易伤害人体部位没有完好的防护装置，还有的人孔、投料口、绞笼井等部位缺护栏及盖板，无警示牌，人若疏忽误接触这些部位，就会造成事故。

③ 电源开关布局不合理。一种是有了紧急情况不立即停车；另一种是好几台设备开关设在一起，极易造成误开设备引发严重后果。

④ 自制或任意改造设备，不符合安全要求。

⑤ 设备运行中进行清理、卡料、上皮带蜡等作业。

⑥ 任意进入设备运行危险作业区（采样、干活、借道、拣物等）。

⑦ 不具备操作设备素质的人员上岗或其他人员乱动设备。

2. 防止机械伤害事故的主要措施

① 检修设备必须严格执行断电、挂禁止合闸警示牌和设专人监护制度。

② 人手直接频繁接触的设备，必须有完好的紧急制动装置；设备各传动部位必须有可靠防护装置；各人孔、投料口、螺旋输送机等部位必须有盖板、护栏和警示牌。

③ 各设备开关布局必须合理，必须符合两条标准：一是便于操作者紧急停车；二是避免误开动其他设备。

④ 严禁无关人员进入危险因素大的设备作业现场。

⑤ 操作各种设备人员必须经过专业培训，能掌握该设备性能的基础知识，经考试合格，持证上岗。

⑥ 操作前应对机械设备进行安全检查，先空车运转，确认正常后再投入使用。

 【任务实施】

液固分离设备可以分为三类：一是借助重力或离心力的沉降设备；二是使用过滤介质的真空抽滤或压滤设备；三是借助流体运动的流态化分级及旋流器等设备。选择时应从工艺需求、物系性质及生产成本等多角度综合评定。

沉降设备结构简单、投资低，因此一般作为液固分离的首选设备。其中重力沉降借助重力场中的液固密度差，少用能源，最为经济。重力沉降一般用作预处理过程，底流或溢流后续再采用过滤等分离方法。要增大过程的推动力，可以把重力场提升为离心力场，离心沉降可根据工艺的需要，有较大的幅度可供选择。

过滤推动力可变幅度较大，因而过滤设备操作范围相对较宽，装置的类型也随之繁多。过滤虽然可以连续作业、自动化控制，但相对来说需要更多的人力监管，而且投资和运转费用明显高于沉降作业。

利用流态化分离（或分级）装置以及水力旋流器不能获得清液，底流的固体也不能与液体彻底分开，因而其操作弹性不大，只能作为中间的液固分离辅助设备。但由于其设备紧凑、动力消耗低、连续作业、可多级串联使用、易于实现自动化，因此也具有良好的发展前景。

液固分离的最终目的是要将液体与固体尽可能完全地分开。对于性质复杂的物系，在单一的分离设备中是很难做到的，同时也受到经济因素的限制。为了降低分离能耗，可采用的措施有：①采用两种或两种以上分离手段的合理搭配；②采用凝聚与絮凝等手段提高沉降速度，采用添加助滤剂等手段改善过滤性能；③利用电场、磁场等辅助手段促进过滤分离。

洗煤废水的主要特点是颗粒表面带有较强的负电荷，悬浮颗粒细小、含量高，同性电荷间的斥力以及布朗运动的影响使得煤泥水性质复杂化，它不仅具有悬浮液的特点还具有胶体的某些性质。针对洗煤废水的特性，目前主要的处理方法为絮凝法，其流程如图 6-31 所示。洗煤废水汇入集水池，为了达到泥水分离的目的，先投加合适的混凝剂破坏胶体的稳定性和降低电位，然后进入沉降池 1，清液经化学处理后进入沉降池 2，两个沉降池的底流汇入集泥池，浓稠液体用压滤机过滤得到污泥饼。

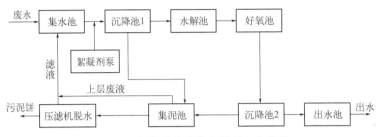

图 6-31　絮凝法洗煤废水处理工艺流程

其中煤泥浓缩属于大量悬浮物过滤，要求滤饼的含湿率低，因此可选用大型加压操作的板框过滤机。为保证生产的连续性，需用 2 台以上的过滤机。

中国智造

煤矸石是在成煤过程中与煤层伴生的一种含碳量较低、比煤坚硬的黑灰色岩石。为提高煤炭燃烧效果，需在燃烧前将煤矸石从煤中进行去除。目前广泛使用的煤矸分离方法有以下几种：人工手选方式，效率低下且不安全；风力分选方式，煤矸石中带煤多，煤炭损失大；动筛跳汰机分选方式，设备庞大、造成水污染；重介浅槽分选方式，设备复杂，运行费用高；X 射线照射分拣方式，成本高昂，X 射线对人体健康有害。

然而在开滦集团林西矿业公司洗煤厂准备车间，人工智能（AI）煤矸分选机器人完全代替了人工选矸，这在全国尚属首例。AI 分选机器人使用机器视觉技术判别煤和矸，用深度学习方法不断提高煤与矸的识别率，并通过机械手进行快速分选。AI 分选机器人的使用，理论效率是人工手选效率的 3 倍，更重要的是让员工摆脱了恶劣的工作环境，同时有效降低了浮选工序的水资源消耗。

行业企业通过科技创新来变革传统生产方式，是一种良好的示范效应。化工行业的发展与煤炭行业相似，以数字化、网络化、智能化为核心的新一轮工业革命必将重塑化工企业的发展模式。行业的转型升级为既懂得现代信息技术，又有化工专业背景的复合型人才搭建了可以大有作为的广阔舞台。

【技术拓展】

一、沉降槽

利用液固两相的密度差，将分散在悬浮液中的固体颗粒于重力场中进行分离，称为重力沉降法。根据分离目的及要求的不同，液固重力沉降可分为澄清、浓缩和分级三种类型。根据设备操作形式不同，可分为间歇式、半连续式和连续式三种类型。

　　化工生产和环保部门中广泛使用的是连续式沉降槽（又称增稠器）。与降尘室的设计原理相同，沉降槽的形状为一大直径浅槽，其结构如图 6-32 所示，底部略成锥状，以利于排泥。沉降槽的直径小者为数米，大者可达数百米，高度为 2.5～4m。悬浮液经中央进料口送到液面以下 0.3～1.0m 处，在尽可能减小扰动的情况下分散到整个横截面上，清液向上流动，经由槽顶端四周的溢流堰连续流出，称为溢流；固体颗粒下沉至槽底，沉渣由徐徐转动的转耙聚拢到底部中央的排渣口连续排出，称为底流。

　　连续沉降槽结构简单、处理量大，但设备占地面积大、分离效率较低，因此适于处理固体微粒不太小、浓度不太高，但处理量较大的悬浮液。

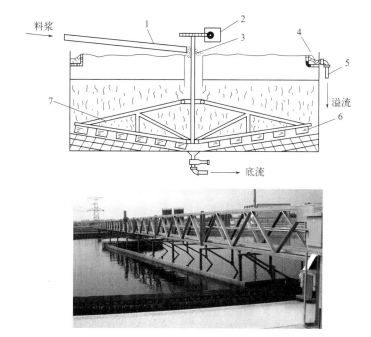

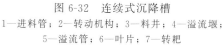

图 6-32　连续式沉降槽
1—进料管；2—转动机构；3—料井；4—溢流堰；
5—溢流管；6—叶片；7—转耙

M6-9　增稠器

二、旋液分离器

　　旋液分离器又称水力旋流器，是利用离心沉降原理从悬浮液中分离固体颗粒的设备，其操作原理和旋风分离器类似，结构如图 6-33 所示。因液固密度差小于气固密度差，故在一定的切线进口速度下，较小的旋转半径才可使颗粒受到较大的离心力；同时，锥形部分加长可延长悬浮液在器内的停留时间，有利于液固分离。所以，旋液分离器的结构特点是直径小而圆锥部分长。

　　旋液分离器不仅可用于悬浮液的增浓、分级（顶部排出清液的操作称为增浓，顶部排出含细小颗粒液体的操作称为分级），而且还可用于不互溶液体的分离、气液分离等操作中。在进行旋液分离器设计或选型时，应根据工艺的不同要求，对技术指标或经济指标加以综合权衡，以确定设备的最佳结构及尺寸比例。例如，用于分级时，分割粒径通常为工艺所规定；而用于增浓时，则往往规定总收率或底流浓度。从分离角度考虑，在给定处理量时，选用若干小直径旋液分离器并联运行，其效果要优于使用一个大直径的旋液分离器。

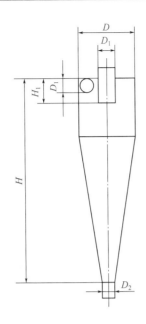

图 6-33 旋液分离器

旋液分离器构造简单，无运动部件，单位容积的生产能力较大，占地面积小。因颗粒沿器壁快速运动，对器壁产生严重磨损，因此旋液分离器应采用耐磨材料制造或采用耐磨材料作内衬。

三、离心机

利用惯性离心力分离非均相混合物的设备称为离心机。与前面介绍的旋液分离器不同的是，离心机是由设备（转鼓）本身旋转而产生离心力。由于离心机可产生很大的离心力（重力的作用可忽略不计），故可用来分离一般方法难以分离的悬浮液或乳状液。

离心设备有多种分类形式。按照分离方式，可分为过滤式、沉降式和分离式离心机；按照操作方式，可分为间歇式和连续式离心机；按照转鼓结构和卸渣方式，可分为管式、室式、无孔转鼓式、螺旋卸料式和碟式（盘式）离心机；按照分离因数，可分为常速、高速和超速离心机。下面介绍几种常用的离心机。

1. 三足式离心机

三足式离心机是间歇操作、人工卸料的立式离心机，在工业上应用较早，目前仍是国内应用最广的一种离心机，其结构如图 6-34 所示。

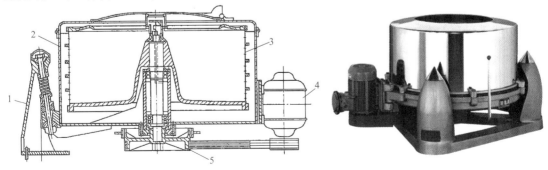

图 6-34 典型三足式离心机
1—支脚；2—外壳；3—转鼓；4—马达；5—皮带轮

三足式离心机分过滤式和沉降式两种类型。过滤式离心机于转鼓壁上开孔，在鼓内壁上覆以滤布，悬浮液加入鼓内并与转鼓一起旋转，液体受离心力作用被甩出而颗粒被截留在鼓内形成滤饼。沉降式或分离式离心机的鼓壁上没有开孔，受离心力的作用，密度较大的颗粒沉积于转鼓内壁而液体集于中央并不断引出。离心机的转鼓借助三根拉杆弹簧

悬挂于三足支柱上，以减轻由于加料或其他原因造成的冲击。国产三足式离心机技术参数如下：转鼓直径 450～1500mm，有效容积 20～400L，转速 730～1950r/min，分离因数 450～1170。

三足式离心过滤机结构简单，制造方便，运转平稳，适应性强，滤饼中颗粒不易受损伤，适用于过滤周期较长、处理量不大、要求滤渣含液量较低的场合。其缺点是生产能力低，劳动强度大，转动部件检修不方便。近年来已在卸料方式等方面不断改进，出现了自动卸料及连续生产的三足式离心机。

2. 卧式刮刀卸料离心机

卧式刮刀卸料离心机是连续式操作设备，也可分为过滤式和沉降式两种类型。卧式刮刀卸料过滤式离心机的结构如图 6-35 所示，转鼓在全速运动中自动地依次进行加料、分离、洗涤、甩干、卸料、洗网等操作，每一工序的操作时间可根据工艺要求实行自动控制。操作时，悬浮液从进料管进入高速旋转的转鼓内，滤液经滤网及鼓壁小孔被甩到鼓外，再经机壳的排液口流出。留在鼓内的固相被耙齿均匀分布在滤网面上。当滤饼达到指定厚度时，进料阀门自动关闭，并进行冲洗，再经甩干一定时间后，刮刀自动上升，滤饼被刮下并经倾斜的溜槽排出。刮刀升至极限位置后自动退下，同时冲洗阀又开启，对滤网进行冲洗，至此完成一个操作循环，然后重新开始进料，进行下一操作循环。

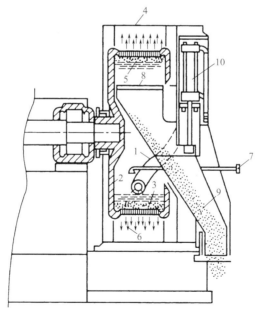

图 6-35　卧式刮刀卸料过滤式离心机
1—进料管；2—转鼓；3—滤网；4—外壳；5—滤饼；6—滤液；
7—冲洗管；8—刮刀；9—溜槽；10—液压缸

卧式刮刀卸料离心机可连续自动运转，生产能力大，适合于大规模连续生产。目前在石油、化工、食品等行业中得到了广泛应用，如硫铵、尿素、聚氯乙烯、食盐、糖等物料的脱水。由于用刮刀卸料，易造成颗粒破碎，所以对于要求必须保持晶粒完整的物料不宜采用该设备。

3. 碟片式离心机

碟片式离心机的结构如图 6-36 所示。转鼓装在立轴上端，通过传动装置由电动机驱动而高速旋转。转鼓内有一组互相套叠在一起的碟片，碟片与碟片之间留有很小的间隙。各碟片在两个相同位置上都开有小孔，当各碟片叠起时，可形成几个通道。悬浮液（或乳浊液）由位于转鼓中心的顶部中心管加入离心机内，流到底部后再上升，在各碟片间分布成薄液层。固体颗粒（或液滴）在离心力作用下沉降到碟片上形成沉渣（或液层），沉渣沿碟片表面滑动而脱离碟片并积聚在转鼓内直径最大的部位，固体可在离心机停机后拆开转鼓由人工清除，或通过排渣机在不停机的情况下从转鼓中排出；分离后的液体从出液口排出转鼓。

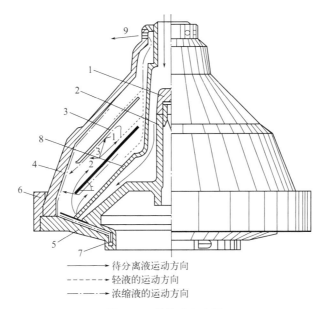

图 6-36　碟片式离心机
1—大螺帽；2—轴套；3—碟片；4—转鼓盖；5—转鼓底；6—紧固螺圈；
7—浓液出口；8—碟片组支撑板；9—轻液出口

碟片式离心机因转鼓中安装了大量碟片而具有很高的生产能力，其可用于分离或澄清两种场合，适合黏性液体与细小固体颗粒组成的悬浮液或密度相近的液体组成的乳浊液等难分离物料的分离，且可实现连续生产。因此，碟片式离心机近年来成了应用最广的沉降离心机。

4. 管式高速离心机

管式高速离心机是一种能产生高强度离心力场的离心机，具有很高的分离因数（15000～60000），转鼓的转速可达 8000～50000r/min。为尽量减小转鼓所受的应力，需采用较小的鼓径，因而在一定的进料量下，悬浮液沿转鼓轴向运动的速度较大。为此，应增大转鼓的长度，以保证物料在鼓内有足够的时间沉降，于是转鼓成了如图 6-37 所示的直径小而高度相对很大的管式结构。

工作时，乳浊液或悬浮液由底部进料管送入转鼓，鼓内有径向安装的挡板（图中未画出），以便带动液体迅速旋转。如处理乳浊液，则液体分轻、重两层，各由上部不同的出口流出；如处理悬浮液，则只用一个液体出口，微粒附着于鼓壁上，经一定时间后停车取出。

管式高速离心机生产能力（$0.1 \sim 0.4 \text{m}^3/\text{h}$）小，但能分离普通离心机难以处理的物料，适于固体颗粒粒度 $0.01 \sim 100 \mu\text{m}$、固体密度大于 0.01g/cm^3、体积浓度小于 1% 的悬浮液或乳浊液的分离。常用于油水、细菌、微生物、蛋白质的分离及香精油、硝酸纤维素的澄清作业。

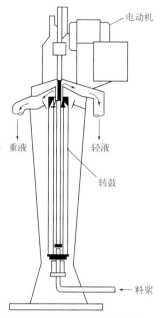

图 6-37　管式高速离心机

 【思考与实践】

催化剂在石油和化工生产中具有非常重要的作用。我国生产的一些催化剂的性能已经达到或者超过世界同类产品的水平，目前我国石油化工生产中 90% 以上的催化剂品种都是由国内供应的。在催化剂的生产工艺中需要大量用到固液分离操作。转筒真空过滤机和三足式离心过滤机因滤饼洗涤效果不佳，目前已大多被洗涤效果好、生产强度高、连续操作的带式真空过滤机所替代。请查阅带式真空过滤机的工作原理与设备结构，并与本任务中学习的各种固液分离设备做一对比。

 【职业素养】

化工企业有效的工作方法工具——PDCA 循环

PDCA 循环，即 plan（计划）、do（执行）、check（检查）和 act（处理）的首字母组合，是美国质量管理专家休哈特首先提出的，由戴明采纳、宣传，获得普及，所以又称戴明环。PDCA 循环是全面质量管理的思想基础和方法依据。

PDCA 循环可以使我们的思想方法和工作步骤更加条理化、系统化、图像化和科学化。PDCA 循环的应用非常广泛，既是企业管理各项工作的基本方法，也是个人进行自我管理的有效工具。

1. 循环的四个阶段

P（计划 plan）：确定方针和目标，以及制订活动规划；

D（执行 do）：实施行动计划；

C（检查 check）：评估结果，看是否符合计划的预期结果；

A（处理 act）：根据检查结果进行处理，成功的经验予以标准化，失败的教训予以总结，对于没有解决的问题提交给下一个 PDCA 循环去解决。

要点："处理（A）"阶段是解决问题、总结经验和吸取教训的阶段，是 PDCA 循环的关键，该阶段的重点又在于修订标准。

2.PDCA 循环的特点

（1）大环套小环，小环保大环，互相促进，推动大循环。

PDCA 循环作为质量管理的基本方法，不仅适用于整个企业，也适用于企业内的科室、工段、班组和个人。各级部门根据企业的方针目标，都有自己的 PDCA 循环。大环是小环的母体和依据，小环是大环的分解和保证。

（2）PDCA 循环是爬楼梯上升式的循环，每转动一周，质量就提高一步。

PDCA 循环不是在同一水平上循环，每循环一次，就解决一部分问题，取得一部分成果。每通过一次 PDCA 循环，都要进行总结，提出新目标，再进行第二次 PDCA 循环。PDCA 每循环一次，品质水平和治理水平均更进一步。

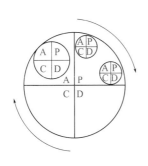 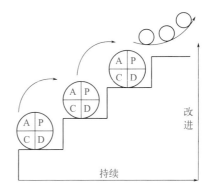

3.个人如何使用 PDCA

P：今日计划要做的几件事情——计划内容，考核标准，完成情况。

D：实际工作内容——当天执行的具体工作、活动结果，完成状态。

C：检查问题点——工作过程中发现的问题，潜在风险，应注意事项，如何解决。

A：今日反省——当天工作亮点、工作心得、工作教训，提出改进措施。

P：明日计划——明天该做什么事，明天该怎么做好该做的事。

【本项目小结】

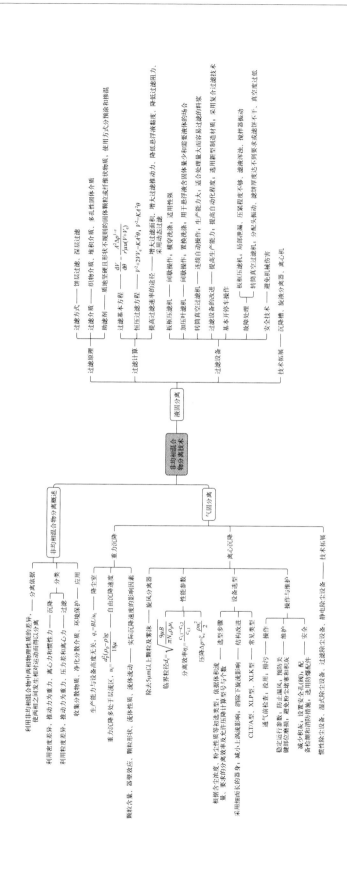

【习题】

一、简答题

1. 为了增大重力沉降速度，可以采取哪些措施？

2. 影响旋风分离器临界粒径的因素有哪些？

3. 工业上气体的除尘是放在冷却之前还是冷却之后进行？悬浮液的过滤是放在冷却之前还是冷却之后进行？为什么？

4. 为什么旋风分离器的直径不宜太大？采用旋风分离器除尘，当处理的含尘气体量较大时，要达到工业分离要求，可采取什么措施？

5. 基于过滤基本方程，分析提高过滤速率的途径。

6. 试分析过滤压力差对过滤常数的影响。

7. 离心机有哪些类型？各用于什么场合？

二、计算题

1. 粒径为 $90\mu m$，密度为 $3500kg/m^3$ 的球形颗粒在 20℃ 水中做自由沉降，水在容器中的深度为 $0.6m$，试求颗粒沉降至容器底部需要多长时间。

2. 一种测定黏度的仪器由一钢球及玻璃筒组成，测试时筒内充满被测液体，记录钢球下落一定距离的时间。今测得钢球的直径为 $6mm$，在糖浆中下落 $200mm$ 距离所用时间为 $6.36s$。已知钢球密度为 $7800kg/m^3$，糖浆密度为 $1400kg/m^3$，试计算糖浆的黏度。

3. 密度为 $1800kg/m^3$ 的固体颗粒在 323K 和 293K 水中按斯托克斯定律沉降时，沉降速度相差多少？如果微粒的直径增加一倍，在 323K 和 293K 水中沉降时，沉降速度又相差多少？

4. 长 $3m$、宽 $2.4m$、高 $2m$ 的降尘室与锅炉烟气排出口相接。操作条件下，锅炉烟气量为 $2.5m^3/s$，气体密度为 $0.720kg/m^3$，黏度为 $2.6×10^{-5}Pa·s$；飞灰可看作球形颗粒，密度为 $2200kg/m^3$。要求 $75\mu m$ 以上飞灰完全被分离下来，锅炉的最大烟气量是多少？

5. 体积流量为 $0.95m^3/s$，温度为 20℃，压力为 $9.81×10^4Pa$ 的含尘气体，在进入反应器之前需除尘并升温至 400℃。尘粒密度为 $1800kg/m^3$，降尘室的底面积为 $60m^2$，试求：（1）若先预热后除尘，理论上可全部除去的最小颗粒直径；（2）若先除尘后预热，为保持除去的最小颗粒直径不变，则空气的流量为若干？

6. 用直径为 $600mm$ 的标准旋风分离器来收集药物粉尘，粉尘的密度为 $2200kg/m^3$，入口空气的温度为 473K，流量为 $3800m^3/h$，求临界粒径。

7. 密度为 $1050kg/m^3$ 的速溶咖啡粉，其直径为 $60\mu m$，用温度为 250℃ 的热空气带入旋风分离器中，进入时切线速度为 $18m/s$，在分离器中旋转半径为 $0.5m$，求其径向沉降速度。

8. 对密度为 $1120kg/m^3$，含有 20% 固相的悬浮液进行过滤，在过滤悬浮液 $15m^3$ 后，能获得湿滤渣的量是多少？已知滤渣内含水分 25%。

9. 用一板框压滤机在恒压下过滤某一悬浮液，要求经过 3h 能获得 $4m^3$ 滤液，若已知过滤常数 $K=1.48×10^{-3}m^2/s$，滤布阻力略不计，若滤框尺寸为 $1000mm×1000mm×30mm$，则需要滤框和滤板各几块。

10. 用 BMS50/810-25（38 个框）板框压滤机过滤 $CaCO_3$ 的水悬浮液。已知料浆中固相质量分数为 13.9%，滤饼中水的质量分数为 32%，$1m^3$ 滤饼含固相 1180kg。在 200kPa 下测得恒压过滤方程式为 $(q+3.45\times10^{-3})^2=2.72\times10^{-5}(\theta+0.439)$，式中 θ 的单位为 s。试计算：（1）滤饼充满滤框所需时间；（2）滤毕，用 $1m^3$ 清水于过滤终了相同条件下洗涤，所需洗涤时间；（3）每批操作的辅助时间 30min，求过滤机的生产能力 Q（m^3 滤液/h）。

11. 板框过滤机的滤框为内边长 500mm 的正方形，10 个滤框。恒压下过滤 30min 获得滤液 $5m^3$，滤饼不可压缩，过滤介质阻力可忽略。试求：（1）过滤常数 K，m^2/s；（2）再过滤 30min，还可获得多少滤液？

12. 用过滤面积为 $0.4m^2$ 的板框机恒压过滤某种悬浮液，2h 得滤液 $3.5m^3$，若过滤介质阻力忽略不计，试计算：（1）其他情况不变，过滤面积加倍，可得滤液量；（2）其他情况不变，过滤 1.5h 得滤液量；（3）其他情况不变，过滤 2h 后，用 $0.4m^3$ 清水洗涤滤饼，所需的洗涤时间。

13. 某叶滤机的过滤面积为 $0.4m^2$，在 2×10^2kPa 的恒压差下过滤 4h 得到滤液 $4m^3$，滤饼不可压缩，且过滤介质阻力可忽略，试求：（1）其他条件不变，将过滤面积增大 1 倍，过滤 4h 可得滤液多少？（2）其他条件不变，过滤压差加倍，过滤 4h 可得滤液多少？（3）在原条件下过滤 4h，而后用 $0.4m^3$ 清水洗涤滤饼，所需洗涤时间是多少？

14. 在 60kPa 真空度下用转筒真空过滤机过滤某悬浮液。操作条件下的过滤常数 K 为 $5.2\times10^{-5}m^2/s$，过滤介质阻力忽略不计，已知转速为 0.5r/min，转筒浸没度为 1/3，过滤面积为 $5.06m^2$，每获得 $1m^3$ 滤液可获得滤饼 $0.183m^3$，试计算：（1）过滤机的生产能力；（2）转筒表面滤饼厚度。

三、操作题

1. 根据颗粒沉降原理，设计一个简单的装置来测定液体的黏度。

2. 过滤得到的滤饼是浆状物质，使过滤很难进行，试讨论解决方案。

3. 简述板框过滤机的工作过程及操作注意事项。

4. 在过滤操作实验中，有哪些危险源，列出预防方案。

5. 试分析采取下列措施后，转筒过滤机的生产能力将如何变化，再分析上述各项措施的可行性（已知过滤介质阻力可忽略，滤饼不可压缩）：（1）转筒尺寸按比例增大 50%；（2）转筒浸没度增大 50%；（3）操作真空度增大 50%；（4）转速增大 50%；（5）滤浆中固相体积分数由 10% 增至 15%，已知滤饼中固相体积分数为 60%；（6）升高滤浆温度，使滤液黏度减小 50%。

Σ 【符号说明】

符号	意义	计量单位
a	颗粒的比表面积	m^2/m^3
a_b	床层的比表面积	m^2/m^3
A	过滤面积	m^2
B	降尘室宽度	m
	旋风分离器的进口管宽度	m
c	悬浮物系中颗粒的质量浓度	g/cm^3
D	设备直径	m

d_{50}	旋风分离器的分割粒径	m
d_c	旋风分离器的临界粒径	m
d_p	颗粒直径	m
F	作用力	N
g	重力加速度	m/s^2
H	除尘室高度	m
k	过滤物料的特性常数	$m^4/(N \cdot s)$
K	过滤常数	
K_c	分离因数	
L	降尘室长度	m
	滤饼厚度	m
L_e	过滤介质的当量滤饼厚度	m
n	转筒的转速	r/min
N	气流的旋转圈数	
Δp	压强降或过滤推动力	Pa
q	单位过滤面积获得的液体体积	m^3/m^2
Q	过滤机的生产能力	m^3/h
q_e	单位过滤面积上的当量滤液体积	m^3/m^2
q_V	体积流量（降尘室的生产能力）	m^3/s
r	滤饼的比阻	$1/m^2$
r'	单位压强差下滤饼的比阻	$1/m^2$
R	颗粒与中心轴的距离	m
Re_p	等速沉降时的雷诺数	
s	滤饼的压缩性指数	
S	与颗粒等体积的圆球的表面积	m^2
S_p	颗粒的表面积	m^2
T	操作周期或回转周期	s
u_i	旋风分离器的进口气速	m/s
u_r	离心沉降速度（径向速度）	m/s
u_T	切向速度	m/s
u_t	（终端）沉降速度	
v	滤饼体积与滤液体积之比	
V	每个操作周期所得滤液体积	m^3
V_e	过滤介质的当量滤液体积	m^3
V_w	洗水体积	m^3

希腊字母

ε	滤饼床层的空隙率	m^3/m^3
ζ	阻力系数	

η	分离效率	
θ	过滤时间	s
θ_D	辅助时间	s
θ_w	洗涤时间	s
μ	流体黏度或滤液黏度	Pa·s
ρ	流体密度	kg/m^3
ρ_p	颗粒密度	kg/m^3
τ_r	气体在降尘室内的停留时间	s
τ_t	沉降时间	s
ϕ	颗粒的球形度	
Ψ	转筒过滤机的浸没度	

下标

b	浮力的
c	离心力的；滤饼的；临界的
D	阻力的
e	有效的；当量的；与过滤介质阻力相当的
g	重力的
i	进口的；第 i 段的
m	介质的；平均的
p	颗粒的；粒级的
r	停留；径向的
s	固相的、分散相或滤饼的
t	沉降；终端的
T	切向的
1	进口
2	出口

一、一些二元物系的气-液平衡数据

1. 苯-甲苯 （101.3kPa）

温度/℃	苯的摩尔分数		温度/℃	苯的摩尔分数	
	液相	气相		液相	气相
110.6	0.0	0.0	89.4	0.592	0.789
106.1	0.088	0.212	86.8	0.700	0.853
102.2	0.200	0.370	84.4	0.803	0.914
98.6	0.300	0.500	82.3	0.903	0.957
95.2	0.397	0.618	81.2	0.950	0.979
92.1	0.489	0.710	80.2	1.000	1.000

2. 甲醇-水 （101.3kPa）

温度/℃	甲醇的摩尔分数		温度/℃	甲醇的摩尔分数	
	液相	气相		液相	气相
92.9	0.0531	0.2834	77.8	0.2909	0.6801
90.3	0.0767	0.4001	76.7	0.3333	0.6918
88.9	0.0926	0.4353	76.2	0.3513	0.7347
86.6	0.1257	0.4831	73.8	0.4620	0.7756
85.0	0.1315	0.5455	72.7	0.5292	0.7971
83.2	0.1674	0.5585	71.3	0.5937	0.8183
82.3	0.1818	0.5775	70.0	0.6849	0.8492
81.6	0.2083	0.6273	68.0	0.7701	0.8962
80.2	0.2319	0.6485	66.9	0.8741	0.9194
78.0	0.2818	0.6775		0.2909	0.6801

3. 乙醇-水（101.3kPa）

温度/℃	乙醇的摩尔分数		温度/℃	乙醇的摩尔分数	
	液相	气相		液相	气相
100	0.0000	0.0000	82.45	0.2425	0.5522
99.5	0.0012	0.0157	81.9	0.2612	0.5671
99.0	0.0031	0.0373	81.4	0.3234	0.5839
95.8	0.0161	0.1634	81.0	0.3698	0.6029
91.9	0.0373	0.2812	80.6	0.4209	0.6222
89.2	0.0598	0.3583	80.2	0.4774	0.6421
87.4	0.0841	0.4127	79.75	0.5400	0.6692
85.95	0.1100	0.4541	79.5	0.6102	0.7029
84.8	0.1377	0.4868	78.95	0.6892	0.7469
83.85	0.1677	0.5127	78.5	0.7788	0.8042
83.3	0.2000	0.5309	78.15	0.8941	0.8941

4. 苯-环己烷（101.3kPa）

温度/℃	苯的摩尔分数		温度/℃	苯的摩尔分数	
	液相	气相		液相	气相
79.5	0.101	0.131	77.4	0.571	0.564
78.9	0.171	0.211	77.6	0.665	0.645
78.4	0.256	0.293	77.9	0.759	0.728
77.8	0.343	0.376	78.2	0.81	0.777
77.5	0.428	0.445	78.6	0.863	0.834
77.4	0.525	0.529	79.3	0.945	0.926

二、一些气体在水中的亨利系数

气体	温度/℃											
	0	5	10	15	20	25	30	35	40	45	50	60
	$E/10^6\text{kPa}$											
H_2	5.87	6.16	6.44	6.70	6.92	7.16	7.39	7.52	7.61	7.70	7.75	7.75
N_2	5.35	6.05	6.77	7.48	8.15	8.76	9.36	9.98	10.5	11.0	11.4	12.2
空气	4.38	4.94	5.56	6.15	6.73	7.30	7.81	8.34	8.82	9.23	9.59	10.2
CO	3.57	4.01	4.48	4.95	5.43	5.88	6.28	6.68	7.05	7.39	7.71	8.32

续表

气体	温度/℃											
	0	5	10	15	20	25	30	35	40	45	50	60
O_2	2.58	2.95	3.31	3.69	4.06	4.44	4.81	5.14	5.42	5.70	5.96	6.37
CH_4	2.27	2.62	3.01	3.41	3.81	4.18	4.55	4.92	5.27	5.58	5.85	6.34
NO	1.71	1.96	2.21	2.45	2.67	2.91	3.14	3.35	3.57	3.77	3.95	4.24
C_2H_6	1.28	1.57	1.92	2.90	2.66	3.06	3.47	3.88	4.29	4.69	5.07	5.72
$E/10^5 kPa$												
C_2H_4	5.59	6.62	7.78	9.07	10.3	11.6	12.9	—	—	—	—	—
N_2O	—	1.19	1.43	1.68	2.01	2.28	2.62	3.06	—	—	—	—
CO_2	0.738	0.888	1.05	1.24	1.44	1.66	1.88	2.12	2.36	2.60	2.87	3.46
C_2H_2	0.73	0.85	0.97	1.09	1.23	1.35	1.48	—	—	—	—	—
Cl_2	0.272	0.334	0.399	0.461	0.537	0.604	0.669	0.74	0.80	0.86	0.90	0.97
H_2S	0.272	0.319	0.372	0.418	0.489	0.552	0.617	0.686	0.755	0.825	0.689	1.04
$E/10^4 kPa$												
SO_2	0.167	0.203	0.245	0.294	0.355	0.413	0.485	0.567	0.661	0.763	0.871	1.11

三、扩散系数

1.气体的扩散系数（101.3kPa）

物系	温度/K	扩散系数/$(10^{-5}m^2/s)$	物系	温度/K	扩散系数/$(10^{-5}m^2/s)$
空气-氨	273	1.98	氢-氧	273	6.97
空气-苯	298	0.96	氢-乙醇	340	5.86
空气-二氧化碳	273	1.36	氢-二氧化硫	323	6.10
空气-二硫化碳	273	0.88	氮-氨	293	2.41
空气-氯	273	1.24	氮-乙烯	298	1.63
空气-乙醇	298	1.32	氮-氢	288	7.43
空气-乙醚	293	0.896	氮-氧	273	1.81
空气-甲醇	298	1.62	氮-正丁烷	298	0.96
空气-汞	614	4.73	氮--氧化碳	373	3.18
空气-氧	273	1.75	氮-二氧化碳	298	1.67
空气-二氧化硫	273	1.22	氧-二氧化碳	293	1.53
空气-氢	273	6.61	氧-氨	293	2.53
空气-水	298	2.60	氧-苯	293	0.94
氢-氨	293	8.49	氧-乙烯	293	1.82
氢-甲烷	298	7.26	水-二氧化碳	307	2.02
氢-氮	298	7.84			

2. 浓度很低时，某些非电解质在水中的扩散系数

物质	温度/K	扩散系数/($10^{-9} m^2/s$)	物系	温度/K	扩散系数/($10^{-9} m^2/s$)
氢	293	5.00	甲醇	283	0.84
氦	293	6.80	乙醇	283	0.84
一氧化碳	293	2.03	正丁醇	288	0.77
二氧化碳	293	1.92	醋酸	293	1.19
氩	298	1.25	丙酮	293	1.16
氧	298	2.10	苯	293	1.02
氮	293	2.60	苯甲酸	298	1.00
氨	285	1.64			

四、塔板结构参数标准

单流型塔板系列参数

塔径 D/mm	塔截面积 A_T/m^2	塔板间距 H_T/mm	弓形降液管		降液管面积 A_f/m^2	A_f/A_T	L_w/D
			堰长 L_w/mm	管宽 W_d/mm			
600	0.2610	300	406	77	0.0188	7.2	0.677
		350	428	90	0.0238	9.1	0.714
		450	440	103	0.0289	11.02	0.734
700	0.3590	300	466	87	0.0248	6.9	0.666
		350	500	105	0.0325	9.06	0.714
		450	525	120	0.0395	11.0	0.750
800	0.5027	350	529	100	0.0363	7.22	0.661
		450					
		500	581	125	0.0502	10.0	0.726
		600	640	160	0.0717	14.2	0.800
1000	0.7854	350	650	120	0.0534	6.8	0.650
		450					
		500	714	150	0.0770	9.8	0.714
		600	800	200	0.1120	14.2	0.800
1200	1.1310	350	794	150	0.0816	7.22	0.661
		450					
		500	876	190	0.1150	10.2	0.730
		600					
		800	960	240	0.1610	14.2	0.800

续表

| 塔径 D/mm | 塔截面积 A_T/m² | 塔板间距 H_T/mm | 弓形降液管 | | 降液管面积 A_f/m² | A_f/A_T | L_w/D |
			堰长 L_w/mm	管宽 W_d/mm			
1400	1.5390	350	903	165	0.1020	6.63	0.645
		450					
		500	1029	225	0.1610	10.45	0.735
		600					
		800	1104	270	0.2065	13.4	0.790
1600	2.0110	450	1056	199	0.1450	7.21	0.660
		500					
		600	1171	255	0.2070	10.3	0.732
		800	1286	325	0.2918	14.5	0.805
1800	2.5450	450	1165	214	0.1710	6.74	0.647
		500					
		600	1312	284	0.2570	10.1	0.730
		800	1434	354	0.3540	13.9	0.797
2000	3.1420	450	1308	244	0.2190	7.0	0.654
		500					
		600	1456	314	0.3155	10.0	0.727
		800	1599	399	0.4457	14.2	0.799
2200	3.8010	450	1598	344	0.3800	10.0	0.726
		500					
		600	1686	394	0.4600	12.1	0.766
		800	1750	434	0.5320	14.0	0.795
2400	4.5240	450	1742	374	0.4524	10.0	0.726
		500					
		600	1830	424	0.5430	12.0	0.763
		800	1916	479	0.6430	14.2	0.798

双流型塔板系列参数

| 塔径 D/mm | 塔截面积 A_T/m² | 塔板间距 H_T/mm | 弓形降液管 | | | 降液管面积 A_f/m² | A_f/A_T | L_w/D |
			堰长 L_w/mm	管宽 W_d/mm	管宽 W_d'/mm			
2200	3.8010	450	1287	208	200	0.3801	10.15	0.585
		500						
		600	1368	238	200	0.4561	11.8	0.621
		800	1462	278	240	0.5398	14.7	0.665

五、常用填料的特性参数

1. 常用散装填料的特性参数

填料类型	公称直径 /mm	外径×高×厚 /mm×mm×mm	比表面积 /(m²/m³)	空隙率 /(m³/m³)	个数 /(个/m³)	堆积密度 /(kg/m³)	干填料因子/m⁻¹
陶瓷拉西环填料	8	8×8×1.5	570	64	1465000	600	2500
	10	10×10×1.5	440	70	720000	700	1500
	15	15×15×2	330	70	250000	690	1020
	25	25×25×2.5	190	78	49000	505	450
	40	40×40×4.5	126	75	12700	577	350
	50	50×50×4.5	93	81	6000	457	205
金属拉西环填料	25	25×25×0.8	220	95	55000	640	257
	38	38×38×0.8	150	93	19000	570	186
	50	50×50×1.0	110	92	7000	430	141
金属鲍尔环填料	25	25×25×0.5	219	95	51940	393	255
	38	38×38×0.6	146	95.9	15180	318	165
	50	50×50×0.8	109	96	6500	314	124
	76	76×76×1.2	71	96.1	1830	308	80
聚丙烯鲍尔环填料	25	25×25×1.2	213	90.7	48300	85	285
	38	38×38×1.44	151	91.0	15800	82	200
	50	50×50×1.5	100	91.7	6300	76	130
	76	76×76×2.6	72	92.0	1830	73	92
金属阶梯环填料	25	25×12.5×0.5	221	95.1	98120	383	257
	38	38×19×0.6	153	95.9	30040	325	173
	50	50×25×0.8	109	96.1	12340	308	123
	76	76×38×1.2	12	96.1	3540	306	81
塑料阶梯环填料	25	25×12.5×1.4	228	90	81500	97.8	312
	38	38×19×1.0	132.5	91	27200	57.5	175
	50	50×25×1.5	114.2	92.7	10740	54.8	143
	76	76×38×3.0	90	92.9	3420	68.4	112
金属环矩鞍填料	25（铝）	25×20×0.6	185	96	101160	119	209
	38	38×30×0.8	112	96	24680	365	126
	50	50×40×1.0	74.9	96	10400	291	84
	76	76×60×1.2	57.6	97	3320	244.7	63

2. 常用规整填料的特性参数

填料类型	型号	理论板数 /(1/m)	比表面积 /(m²/m³)	空隙率 /(m³/m³)	液体负荷 /[m³/(m²·h)]	最大 F 因子 /[m/s·(kg/m³)⁰·⁵]	压降 /(MPa/m)
金属孔板波纹填料	125Y	1～1.2	125	98.5	0.2～100	3	2.0×10^{-4}
	250Y	2～3	250	97	0.2～100	2.6	3.0×10^{-4}
	350Y	3.5～4	350	95	0.2～100	2.0	3.5×10^{-4}
	500Y	4～4.5	500	93	0.2～100	1.8	4.0×10^{-4}
	700Y	6～8	700	85	0.2～100	1.6	$4.6\times10^{-4}\sim6.6\times10^{-4}$
	125X	0.8～0.9	125	98.5	0.2～100	3.5	1.3×10^{-4}
	250X	1.6～2	250	97	0.2～100	2.8	1.4×10^{-4}
	350X	2.3～2.8	350	95	0.2～100	2.2	1.8×10^{-4}
金属丝网波纹填料	BX	4～5	500	90	0.2～20	2.4	1.97×10^{-4}
	BY	4～5	500	90	0.2～20	2.4	1.99×10^{-4}
	CY	8～10	700	87	0.2～20	2.0	$4.6\times10^{-4}\sim6.6\times10^{-4}$
塑料孔板波纹填料	125Y	1～2	125	98.5	0.2～100	3	2.0×10^{-4}
	250Y	2～2.5	250	97	0.2～100	2.6	3.0×10^{-4}
	350Y	3.5～4	350	95	0.2～100	2.0	3.0×10^{-4}
	500Y	4～4.5	500	93	0.2～100	1.8	3.0×10^{-4}
	125Y	0.8～0.9	125	98.5	0.2～100	3.5	1.4×10^{-4}
	250X	1.5～2	250	97	0.2～100	2.8	1.8×10^{-4}
	350X	2.3～2.8	350	95	0.2～100	2.2	1.3×10^{-4}
	500X	2.8～3.2	500	93	0.2～100	2.0	1.8×10^{-4}

参考文献

[1] 汪燮卿.中国炼油技术（上、中、下册）[M].4版.北京：中国石化出版社，2021.

[2] 柴诚敬，贾绍义.化工原理（上、下册）[M].3版.北京：高等教育出版社，2017.

[3] 丁忠伟，刘伟，刘丽英.化工原理（下册）[M].北京：高等教育出版社，2014.

[4] 柴诚敬，夏清.化工原理学习指南[M].3版.北京：高等教育出版社，2019.

[5] 丁忠伟.化工原理学习指导[M].2版.北京：化学工业出版社，2014.

[6] 吴红.化工单元过程及操作[M].2版.北京：化学工业出版社，2015.

[7] 王志魁，向阳，王宇，等.化工原理[M].5版.北京：化学工业出版社，2017.

[8] 王湛，王志，高学理，等.膜分离技术基础[M].3版.北京：化学工业出版社，2018.

[9] 陈敏恒，丛德滋，齐鸣斋，等.化工原理（下册）[M].5版.北京：化学工业出版社，2020.

[10] 潘艳秋，肖武.化工原理（下册）[M].5版.北京：高等教育出版社，2022.

[11] 戴猷元.液液萃取化工基础[M].北京：化学工业出版社，2015.

[12] 廖传华，江晖，黄诚.分离技术、设备与工业应用[M].北京：化学工业出版社，2018.

[13] 徐忠娟，周寅飞.化工单元过程及设备的选择与操作（上、下册）[M].2版.北京：化学工业出版社，2020.

[14] 丁玉兴.化工单元过程及设备[M].2版.北京：化学工业出版社，2015.

[15] 蒋丽芬.化工原理[M].2版.北京：高等教育出版社，2014.

[16] Narasimhan K S，Reddy C C，Chari K S. Solubility and equilibrium data of phenol-water-n-butyl acetate system at 30℃ [J]. Journal of Chemical & Engineering Data，1962，7 (3)：340-343.

[17] 丁启圣，王维一.新型实用过滤技术[M].4版.北京：冶金工业出版社，2017.

[18] 罗运柏.化工分离——原理、技术、设备与实例[M]，北京：化学工业出版社，2013.

[19] 潘文群，何灏彦.传质分离技术[M].2版.北京：化学工业出版社，2015.

[20] 王壮坤，李洪林.传质与分离技术[M].2版.北京：化学工业出版社，2018.

[21] 李晋，张桃先.化工单元操作（下册）[M].北京：化学工业出版社，2018.

[22] 蒋维钧，余立新.新型传质分离技术[M].2版.北京：化学工业出版社，2011.

[23] 吕树申，莫冬传，祁存谦.化工原理[M].3版.北京：化学工业出版社，2022.

[24] 何潮洪，南碎飞，安越，等.化工原理习题精解（下册）[M].北京：科学出版社，2018.

[25] 马江权，冷一欣.化工原理学习指导[M].2版.上海：华东理工大学出版社，2012.

[26] 张木全，云智勉，邰晓曦.化工原理[M].广州：华南理工大学出版社，2013.

[27] 郭俊旺，徐燏.化工原理[M].武汉：华中科技大学出版社，2010.

[28] 李殿宝，张建中.化工原理（高职高专教育）[M].2版.大连：大连理工大学出版社，2009.

[29] 张浩勤.化工原理学习指导[M].北京：化学工业出版社，2016.

[30] 谭天恩，窦梅.化工原理（下册）[M].2版.北京：化学工业出版社，2018.

[31] 张浩勤，陆美娟.化工原理（下册）[M].2版.北京：化学工业出版社，2013.

[32] 刘爱民，王壮坤.化工单元操作技术[M].北京：高等教育出版社，2006.

[33] 匡国柱，史启才.化工单元过程及设备课程设计[M].2版.北京：化学工业出版社，2008.

[34] 贾绍义，柴诚敬.化工传质与分离过程[M].3版.北京：化学工业出版社，2020.

[35] 王国胜，化工原理课程设计[M].3版.大连：大连理工大学出版社，2013.

［36］管国锋，赵汝溥.化工原理［M］.北京：化学工业出版社，2008.

［37］陈欢林.新型分离技术［M］.北京：化学工业出版社，2005.

［38］杨祖荣.化工原理［M］.北京：高等教育出版社，2021.

［39］马秉骞.化工设备使用与维护［M］.2版.北京：高等教育出版社，2013.

［40］李春利，段丛.立体传质塔板（CTST）高效分离塔板技术进展［J］.化工进展，2020，39（6）：2262-2274.

［41］李群生，杨金苗.高效导向筛板的原理及其在炼油化工中的应用［J］.炼油与化工，2005，16（3）：4-7.